"十二五"普通高等教育本科国家级规划教材

普通高等学校计算机教育"十二五"规划教材

C# 程序设计及应用教程

（第3版）

C# PROGRAMMING AND APPLICATIONS
(3rd edition)

马骏 ◆ 主编

人民邮电出版社

北京

图书在版编目（ＣＩＰ）数据

C#程序设计及应用教程 / 马骏主编. -- 3版. -- 北京：人民邮电出版社，2014.1(2019.11重印)
普通高等学校计算机教育"十二五"规划教材
ISBN 978-7-115-33160-1

Ⅰ. ①C… Ⅱ. ①马… Ⅲ. ①C语言－程序设计－高等学校－教材 Ⅳ. ①TP312

中国版本图书馆CIP数据核字(2013)第247024号

内　容　提　要

本书主要介绍 C#语言、WinForm 和 WPF 应用程序开发的基础知识。全书共 14 章，前 6 章介绍 C# 语言和 WinForm 开发的基础知识，包括开发环境、基本数据类型、流程控制语句、类和结构、接口委托与事件、泛型与 LINQ、目录与文件操作等；后 8 章介绍如何开发 WPF 应用程序，包括 WPF 控件、资源与样式控制、动画与多媒体、数据绑定与数据验证、数据库与实体数据模型、二维图形图像处理、三维图形和三维呈现。同时附录中给出了本书的上机练习和综合实验。

本书提供配套的 PPT 课件、在 VS2012 下调试通过的所有参考源程序，以及书中全部习题参考解答。

本书可作为高等院校计算机及相关专业的教材，也可作为初、中级程序员的参考用书。

◆ 主　　编　马　骏
责任编辑　邹文波
责任印制　彭志环　焦志炜

◆ 人民邮电出版社出版发行　北京市丰台区成寿寺路 11 号
邮编　100164　电子邮件　315@ptpress.com.cn
网址　http://www.ptpress.com.cn
三河市君旺印务有限公司印刷

◆ 开本：787×1092　1/16
印张：30.5　　　　　　　2014 年 1 月第 3 版
字数：808 千字　　　　　2019 年 11 月河北第 12 次印刷

定价：59.80 元

读者服务热线：(010)81055256　印装质量热线：(010)81055316
反盗版热线：(010)81055315

第 3 版前言

C#语言是一种完全面向对象的基于.NET 的编程语言，先后被欧洲计算机制造商协会和国际标准化组织批准为高级语言开发标准（ECMA–334、ISO/IEC 23270）。随着.NET 技术的普及，C#语言已经成为开发基于.NET 的企业级应用程序的首选语言。

本书第 2 版以高度的实用性和通俗易懂的讲解，受到读者的普遍欢迎。第 3 版在继承第 2 版特色的基础上，结合作者多年的教学经验和项目研发经验，并特别根据近几年教学改革的实践以及对人才培养的高标准要求，对内容做了进一步的精选、优化和完善。特别是针对初学者比较容易糊涂的地方做了更为精准的阐述。

本书共分 14 章，各章的主要内容如下。

第 1 章介绍 C#代码的编写基础，包括 C#的开发环境、项目组织结构等，这些知识是学习 C#应用程序项目开发的重要基础。

第 2 章介绍 C#基本类型和流程控制语句，该章是理解和学习后续章节内容的基础，要求读者必须掌握。

第 3 章和第 4 章主要介绍 C#面向对象编程的基本知识。其中第 3 章介绍类和结构的定义等面向对象编程基础知识，第 4 章主要介绍接口、委托、事件、序列化与反序列化等高级面向对象编程的知识。

第 5 章和第 6 章分别介绍泛型类的用法、LINQ 查询和目录与文件管理和读写操作的相关用法。其中第 5 章介绍的 LINQ 查询是后续章节中将要学习的 ADO.Net Entity FrameWork 的基础。

第 7 章和第 8 章介绍 WPF 应用程序入门知识和 WPF 控件的基本方法。

第 9 章到第 11 章介绍 WPF 中资源与样式控制的方法、使用 WPF 实现动画的基本方法和 WPF 中的数据验证方法。

第 12 章主要介绍数据库以及 ADO.Net Entity Framework 的相关知识，通过本章的学习，读者应学会如何对数据库进行操作。

第 13 章和第 14 章介绍二维图形图像处理和三维图形处理的相关知识。

各高校在教学过程中，可以根据专业课程体系和学期总学时数，选取本书的全部或部分内容讲解，建议各章学时分配如下。

54 学时				72 学时			
第 1 章	4 学时	第 8 章	6 学时	第 1 章	4 学时	第 8 章	9 学时
第 2 章	4 学时	第 9 章	4 学时	第 2 章	4 学时	第 9 章	6 学时
第 3 章	3 学时	第 10 章	4 学时	第 3 章	4 学时	第 10 章	6 学时
第 4 章	2 学时	第 11 章	2 学时	第 4 章	3 学时	第 11 章	3 学时
第 5 章	4 学时	第 12 章	4 学时	第 5 章	5 学时	第 12 章	6 学时
第 6 章	5 学时	第 13 章	3 学时	第 6 章	6 学时	第 13 章	4 学时
第 7 章	6 学时	第 14 章	3 学时	第 7 章	8 学时	第 14 章	4 学时

　　本书由马骏担任主编，侯彦娥、谢毅、周兵、杨阳担任副主编，马骏对全书进行了规划、组稿、统稿、修改和定稿。马骏、侯彦娥、谢毅、周兵、杨阳、李众、鲁旭涛、闫俊伢、王洪海、杨秋黎、韩道军、黄亚博、刘扬、左宪禹、凡高娟、贾培艳、李铁柱、王强分别承担了本书具体的编写工作。

　　为了配合教学需要，本书还提供配套 PPT 教学课件、全书所有源程序代码以及所有书中习题参考解答。读者可到人民邮电出版社教学服务与资源网（http://www.ptpedu.com.cn）上下载。

　　由于编者水平有限，书中难免存在错误之处，敬请读者批评指正。

编　者
2014 年 1 月

目　录

第 1 篇
C#程序设计基础

C#是一种完全面向对象的高级程序设计语言，同时也是一种面向组件的编程语言。用 C#开发应用程序项目时，必须首先掌握一些基本知识，包括：数据类型、语句、类和对象、结构、属性、方法、继承、接口、委托、事件以及 LINQ 等。

控制台是一个操作系统级别的命令行窗口，学习 C#基本概念及其用法时，一般用控制台应用程序来实现，这样可以避免其他代码的干扰，但这些基本知识同样适用于 Windows 窗体应用程序、WPF 应用程序、Silverlight 应用程序，以及其他类型的应用程序。

Windows 窗体应用程序是微软公司推出 Windows XP 操作系统时重点推出的基于.NET 和 GDI+的应用程序编程模型，开发在 Windows XP 操作系统上运行的应用程序项目时，一般用这种编程模型来实现。

WPF 应用程序和 Silverlight 应用程序是微软公司推出的基于.NET 和 DirectX 的应用程序编程模型。开发在 Windows 7 操作系统上运行的客户端应用程序时，建议用 WPF 应用程序来实现，这样可以充分发挥 GPU 硬件加速的性能优势。

但是，由于 WPF 应用程序的很多概念是建立在开发人员已经对 Windows 窗体应用程序有所了解的前提下的，因此在学习 WPF 应用程序之前，我们还需要学习 Windows 窗体应用程序的一些基本概念和用法。

本书第 1 篇（第 1~6 章）分别用控制台应用程序和 Windows 窗体应用程序来讲解 C#编程的基本知识。

第1章
C#代码编写基础

作为本书的入门知识，这一章我们先简单了解 C#语言、VS2012 开发环境和常用应用程序的分类，并通过控制台应用程序和 WinForm 应用程序学习 C#的基本编程方法，主要目标是理解如何用它设计最基本的界面以及实现数据的输入和输出，体会不同应用程序的优缺点和适用环境，为后续章节的学习做准备。

1.1　C#语言和 VS2012 开发环境

C#（读作"C sharp"）是一种完全面向对象的基于 Microsoft.NET 框架（简称.NET）的高级程序设计语言，Visual Studio 2012（简称 VS2012）是微软公司研制的基于.NET 平台的软件开发工具，该开发工具除了支持 C#以外，还支持 C++等其他开发语言。

1.1.1　C#语言和.NET 框架

C#是专门为快速编写在.NET 框架上运行的各种应用程序而设计的。该语言在保持 C 和 C++语言风格的表现力和简洁特征的同时，简化了 C++的复杂性（如没有宏以及不允许多重继承等），同时综合了 VB 简单的可视化操作和 C++的高效率运行，以其强大的操作能力、优雅的语法风格、创新的语言特性和便捷的面向组件编程的支持而备受开发人员青睐。C#凭借许多方面的创新，实现了应用程序的快速开发，成为.NET 平台的首选编程语言。

1．C#语言的特点

C#语言主要有以下特点。

（1）语法简洁。C#用最简单、最常见的形式进行类型描述，语法简洁、优雅。

（2）精心的面向对象设计。C#语言一开始就是完全按照面向对象的思想来设计的，因此，它具有面向对象所应有的所有特性。除此之外，C#还为面向组件的开发提供了方便的实现技术。

（3）与 Web 的紧密结合。在 C#语言中，复杂的 Web 编程看起来更像是对本地对象进行操作，从而简化了大规模、深层次的分布式开发。用 C#语言构建的 Web 组件能够方便地作为 Web 服务（Web Service），并可以通过 Internet 被各种编程语言所调用。

（4）可靠的安全性与强大的错误处理能力。语言的安全性与错误处理能力是衡量一种语言是否优秀的重要依据。C#语言可以消除许多软件开发中的常见错误，并提供了完整的安全开发性能。如提供了完善的边界与溢出检查，不允许使用未初始化的局部变量等。另外，自动垃圾回收机制也极大地减轻了开发人员对内存管理的负担。

（5）可靠的版本控制技术。C#语言内置了版本控制功能，不会出现发布或安装应用程序时与其他软件冲突等情况。同时，智能客户端技术使客户端软件的下载、升级变得非常简单，开发人员只需要关注软件开发，而软件部署以及升级后的更新和维护则由系统自动去实现。

（6）灵活性和兼容性。灵活性是指用 C#语言编写的组件可以与其他语言编写的组件进行交互，兼容性是指 C#语言也可以与 COM 以及操作系统底层的 API 进行交互。

2．Microsoft.NET 框架

Microsoft.NET 框架是生成、运行.NET 应用程序和 Web Service 的组件库。基于.NET 框架开发的应用程序，不论使用的是哪种高级语言，均必须在安装了.NET 框架的计算机上才能运行。这种架构与 Java 应用程序必须由 Java 虚拟机支持相似。

.NET 框架包括两个主要组件，一个是公共语言运行库（Common Language Runtime，CLR），另一个是类库。

公共语言运行库提供.NET 应用程序所需要的核心服务；类库是与公共语言运行库紧密集成的可重用的类的集合，旨在为开发和运行.NET 应用程序提供各种支持。

.NET 框架 4.5 版的类库由近 5 000 个类组成，这些类提供了 Internet 和企业级开发所需要的各种功能，为开发各种.NET 应用程序提供了很大的方便。

类库中的每个类均按照功能划分到不同的命名空间下。

1.1.2　VS2012 开发环境

微软公司推出的 C#语言开发环境是 Visual Studio 系列开发工具，目前的最新版本是 VS2012。在学习本书之前，需要安装和配置开发环境。

1．安装 VS2012

VS2012 分为速成版（Express Edition，免费，但功能有限制）、专业版（Professional Edition，收费，团队开发有些功能不提供）和旗舰版（Ultimate Edition，功能最全的版本）。

本书所有的例子全部都在 VS2012 简体中文旗舰版开发环境下调试通过。

调试本书例子的具体安装要求如下。

（1）操作系统：Windows 7（32 位或者 64 位），建议使用 64 位 Windows 7。

（2）内存：至少 2GB。建议 4GB 或者更高。

由于 VS2012 的安装过程比较简单，所以这里不再介绍具体安装步骤。

2．安装 VS2012 SP2

Blend for Visual Studio 2012 是微软公司研制的针对 VS2012 的界面和原型设计工具，设计 XAML 动画和生成 XAML 格式的三维模型时，都需要使用这个工具。

在 Windows 8 下安装 VS2012 后，它会自动安装 Blend for VS2012，但该版本在没有安装 VS2012 SP2 的情况下无法在 Windows 7 操作系统下运行。由于本书使用的操作系统是 Windows 7，因此安装 VS2012 后，还需要安装 VS2012 SP2，以便使用 Blend for VS2012。

从微软公司的网站下载 VS2012 SP2 后直接安装即可。

3．配置 VS2012 开发环境的界面风格

VS2012 的界面风格默认为浅色风格，但它同时也提供了深色风格。在光线明亮的环境下，使用浅色风格效果较好；在光线比较暗的环境下，则使用深色风格效果较好。

本书使用 VS2012 默认的浅色风格。如果读者希望在 VS2012 中使用深色风格，可按照下面的步骤更改选项设置。

运行 VS2012，新建一个项目，如控制台应用程序项目，选择主菜单的【工具】→【选项】命令，在弹出的窗口中，选择【环境】下的【常规】，即可看到如图 1-1（a）所示的配置界面，其颜色主题默认为"浅色"。若将选项改为"深色"，单击【确定】按钮，即可看到深色主题风格的开发环境，如图 1-1（b）所示。

（a）配置颜色主题　　　　　　　　　　　　　（b）深色主题的界面风格

图 1-1　浅色主题风格和深色主题风格

更改设置以后，其他类型的应用程序界面风格也会自动更改。

由于其他选项设置与此类似，所以这里不再分别介绍不同选项的设置办法。

1.2　C#项目的组织

在 VS2012 中，C#程序是通过解决方案中的项目来组织的。默认情况下，一个解决方案中只包含一个项目，解决方案名和项目名默认相同。但是，在实际的应用开发中，一个解决方案往往会包含多个项目。

C#源文件的扩展名为.cs，如 Welcome.cs。一个 C#源文件中一般只包含一个类，但也可以包含多个类；文件名和类名可以相同，也可以不同。

在 VS2012 调试环境下，项目编译后生成的文件默认保存在项目的 bin\debug 文件夹下。

1.2.1　命名空间

VS2012 开发环境为开发人员提供了非常多的类，利用这些类可快速完成各种各样复杂的功能。根据功能不同，这些类分别划分到不同的命名空间中。

命名空间的划分方法有点类似于子目录和文件划分的方式，不同命名空间下的类名可以相同，也可以不同。调用某命名空间下某个类提供的方法时，命名空间、类名之间都用点（.）分隔，一般语法如下：

命名空间.命名空间……命名空间.类名称.静态方法名（*参数，……*）；

若方法为实例方法，需要先进行类的实例化，然后再通过实例访问方法，一般语法如下：

实例名称.方法名（*参数，……*）；

语法中的下画线表示其内容需要用实际的代码替换。例如：

```
System.Console.WriteLine ("Hello World");
```

这条语句调用 System 命名空间下 Console 类的 WriteLine 方法输出字符串"Hello World"。

1.2.2　using 关键字

在 C#中，有一个特殊的关键字，称为 using 关键字。该关键字有如下用途。

（1）作为引用指令，用于为命名空间导入其他命名空间中定义的类型。

为了快速引用需要的功能，一般在程序的开头引用命名空间来简化代码表示形式。如果在程序的开头加上：

```
using System;
```

则：

```
System.Console.WriteLine("Hello World");
```

就可以直接写为

```
Console.WriteLine("Hello World");
```

（2）作为别名指令，用于简化命名空间的表达形式。

除了指定引用的命名空间外，还可以使用 using 简化命名空间的层次表达形式，例如：

```
using System.Windows.Forms;
```

可以表示为

```
using WinForm=System.Windows.Form;
```

这样一来，语句

```
System.Windows.Form.MessageBox.Show("hello");
```

就可以简写为

```
WinForm.MessageBox.Show("hello");
```

（3）作为语句，用于定义一个范围。

在 C#语言中，using 关键字还可用来创建 using 语句，该语句的作用是定义一个用大括号包围的范围，程序执行到此范围的末尾，就会立即释放在 using 的小括号内创建的对象。例如：

```
static void Main()
{
    using (TextWriter w = File.CreateText("test.txt"))
    {
        w.WriteLine("Line one");
        w.WriteLine("Line two");
        w.WriteLine("Line three");
    }
}
```

这段代码中的 using 语句表示程序执行到它所包含的语句块的末尾"}"时，会立即释放 TextWriter 对象占用的内存资源。

如果某个范围内有多个需要立即释放的对象，可以用嵌套的 using 语句来实现。

1.2.3　Main 方法

C#的每一个应用程序都有一个入口点，以便让系统知道该程序从哪里开始执行。为了让系统能找到入口点，入口方法名规定为 Main。注意："Main"的首字母大写，而且 Main 方法后面的小括号不能省略。

Main 方法只能声明为 public static int 或者 public static void，这是 C#程序的规定。另外，每一个方法都要有一个返回值，对于没有返回值的方法，必须声明返回值类型为 void。

Mian 方法的返回值只能有两种类型，一种是 int，另一种是 void。int 类型的返回值用于表示应用程序终止时的状态码，其用途是退出应用程序时返回程序运行的状态（0 表示成功返回，非零值一般表示某个错误编号，错误编号所代表的含义也可以由程序员自己规定）。

当 Main 方法的返回类型为 void 时，返回值始终为零。

Main 方法可以放在任何一个类中，但为了让开发人员容易找到入口点，控制台应用程序和 Windows 窗体应用程序默认将其放在 Program.cs 文件的 Program 类中。

1.2.4　代码注释

在源代码中加上注释是优秀编程人员应该养成的好习惯。C#语言中添加注释的方法主要有以下几种形式。

1. 常规注释方式

单行注释：以"//"符号开始，任何位于"//"符号之后的本行文字都视为注释。

块注释：以"/*"开始，"*/"结束。任何介于这对符号之间的文字块都视为注释。

2. XML 注释方式

"///"是一种 XML 注释方式，只要在用户自定义的类型如类、接口、枚举等，或者在其成员上方，或者命名空间的声明上方连续键入 3 个斜杠字符"/"，系统就会自动生成对应的 XML 注释标记。添加 XML 注释的步骤举例如下。

（1）首先定义一个类、方法、属性、字段或者其他类型。如在 Studentinfo.cs 中定义一个 PrintInfo 方法。

（2）在类、方法、属性、字段或者其他类型声明的上面键入 3 个斜杠符号"/"，此时开发环境就会自动添加对应的 XML 注释标记。例如，先编写一个 PrintInfo 方法，然后在该方法的上面键入 3 个斜杠符号后，就会得到下面的 XML 注释代码：

```
/// <summary>
///
/// </summary>
public void PrintInfo ( )
{
    Console.WriteLine("姓名：{0},年龄：{1}", studentName, age);
}
```

（3）在 XML 注释标记内添加注释内容。例如在<summary>和</summary>之间添加方法的功能描述。

以后调用该方法时，就可以在键入方法名和参数的过程中直接看到用 XML 注释的智能提示。

3. #region 注释方式

如果用鼠标拖放的办法一次性选中某个范围内的多行代码，然后用鼠标右击选择"外侧代码"，再选中"#region"选项，系统就会用该预处理指令将鼠标拖放选择的代码包围起来（#前缀表示该代码段是一条预处理指令），此时就可以给这段被包围的代码添加注释，而且被包围的代码还可以折叠和展开。例如：

```
#region 程序入口
static void Main(string[] args)
{
    Welcome welcome = new Welcome();
    StudentInfo studentInfo = new StudentInfo();
    studentInfo.PrintInfo();
    Console.ReadKey();
```

```
    }
#endregion
```

#region 预处理指令一般用于给程序段添加逻辑功能注释，让某一部分代码实现的逻辑功能看起来更清晰。其他预处理指令的功能和用法请读者参考相关资料，本书不再介绍。

1.2.5　通过断点调试 C#程序

断点是调试程序时使用的一种特殊标识。如果在某条语句前设置断点，则当程序执行到这条语句时会自动中断程序运行，进入调试状态（注意，此时还没执行该语句）。断点的设置方法与使用的调试工具有关。

利用断点查找程序运行的逻辑错误，是调试程序常用的手段之一。

1. 设置和取消断点

在 VS2012 中，设置和取消断点的方法有下面几种。

方法 1：用鼠标单击某代码行左边的灰色区域。单击一次设置断点，再次单击取消断点。

方法 2：用鼠标右键单击某代码行，从弹出的快捷菜单中选择【断点】→【插入断点】或者【删除断点】命令。

方法 3：用鼠标单击某代码行，直接按<F9>键设置或取消断点。

断点设置成功后，在对应代码行的左边会显示一个红色的实心圆标志，同时该行代码也会突出显示。

断点可以有一个，也可以有多个。

2. 利用断点调试程序

设置断点后，即可运行程序。程序执行到断点所在的行，就会中断运行。需要注意的是，程序中断后，断点所在的行还没有执行。

当程序中断后，如果将鼠标放在变量或实例名的上面，调试器就会自动显示执行到断点时该变量的值或实例信息。

观察以后，可以按<F5>键继续执行到下一个断点。

如果大范围调试仍然未找到错误之处，也可以在调试器执行到断点处停止后，按<F11>键以逐语句执行方式进行调试，即按一次执行一条语句。

还有一种调试的方法，即按<F10>键"逐过程"执行，它和"逐语句"执行的区别是，在该方法中系统会把一个过程（如类、方法等）当作一条语句，而不再转入到过程内部。

1.2.6　C#代码编写命名规范

C#代码编写命名规范对字段、变量、类、方法和属性等均规定了统一的命名约定，主要内容如下。

* 类名、方法名和属性名全部使用 Pascal 命名法，即所有单词连写，每个单词的第一个字母大写，其他字母小写。例如：HelloWorld、GetData 等。
* 变量名、一般对象名、控件对象名以及方法的参数名全部使用 Camel 命名法，即所有单词连写，但是第一个单词全部小写，其他每个单词的第一个字母大写。例如：userName、userAge 等。
* 如果是私有字段，为了和具有相同名字的属性名区分，私有的字段名也可以用下画线（"_"）开头，例如属性名为 Age，私有字段名可以为 age 或者_age。

关于控件对象的命名，有两种常用的命名形式，一种是"有意义的名称+控件名"，如

nameButton、ageButton 等；另一种是"控件名+有意义的名称"，如 buttonName、buttonAge 等。两种命名形式各有优缺点，C#代码编写规范并没有对其进行约定，编写实际的应用程序时，使用哪种命名形式，一般由设计者的编程习惯或项目开发团队的统一规定决定。

1.3 控制台应用程序

控制台是一个操作系统级别的命令行窗口。利用它用户可通过键盘输入文本字符串，并在显示器上将文本显示出来。在 Windows 系列操作系统中，控制台也称为命令提示窗口，可以接受 MS-DOS 命令。

控制台应用程序的优点是占用的内存资源极少，特别适用于对界面要求不高的场合。不论是哪种编程语言，控制台应用程序都是最基本的应用程序。

在学习和理解 C#基本概念时，使用控制台应用程序可以让我们重点关注基本知识和程序逻辑，而不被其他代码干扰。因此值得去研究。这些 C#语言的基本知识和概念同样适用于其他各种类型的应用程序。

1.3.1 控制台应用程序的输入与输出

控制台应用程序实际上应该在命令行窗口下运行，即在命令行提示符下，键入可执行文件名（.exe 文件）和参数，然后按回车键来运行程序。但是，在 VS2012 开发环境下，为了避免频繁地在开发环境和命令行提示窗口之间切换，也可以直接按<F5>键编译并调试运行控制台应用程序，可在运行时，程序员会发现屏幕一闪就过去了，无法看清楚输出的内容。为了在调试环境下能直接观察输出的结果，一般在 Main 方法结束前加上 Console.ReadKey();语句，意思是读取键盘输入的任意一个字符，按一下键盘上的空格键、回车键或者其他任何一个字符键，就又返回到开发环境下了。

1. 控制台输出

默认情况下，System 命名空间下的 Console 类提供的 Write 方法和 WriteLine 方法自动将各种类型的数据转换为字符串写入标准输出流，即输出到控制台窗口中。

Write 方法与 WriteLine 方法的区别是后者在输出数据后，还自动输出一个回车换行符，即将光标自动转到下一行。

下面是 Write 方法和 WriteLine 方法的一些基本用法示例。

```
int age = 18;
string s = "abc";
Console.Write(age);
Console.Write(s);
Console.WriteLine(age);
Console.WriteLine(s);
```

这段代码的输出结果如下：

```
18abc
18
abc
```

2. 控制台输入

System 命名空间下的 Console 类提供了一个 ReadLine 方法，该方法可从标准输入流依次读取从键盘输入的字符，并将被按下的字符立即显示在控制台窗口中，而且在用户按下回车键之前会一直等待输入，直到用户按下回车键为止。

下面的代码演示了 ReadLine 方法的简单用法。

```
string s = Console.ReadLine();
if (s == "abc")
{
    Console.WriteLine("OK");
}
```

除了 ReadLine 方法之外，还可以用 ReadKey 方法读取用户按下的某一个字符或功能键，并将被按下的键值显示在控制台窗口中。ReadKey 方法返回的是一个 ConsoleKeyInfo 类型的对象，该对象描述了用户按下的是哪个键。例如：

```
ConsoleKeyInfo c;
do
{
    c = Console.ReadKey( );
}
while (c.Key != ConsoleKey.Escape);
```

上面这段代码的功能是一直接受用户按下的键，直到用户按下<Esc>键为止。

3. 快速输入 C#代码

编写 C#代码时，系统提供了很多可直接插入的代码段，利用这些代码段可加快 C#代码编写的速度。例如输入"for"3 个字母后，连续按两次<Tab>键，系统就会自动插入如下的代码段：

```
for (int i = 0; i < length; i++)
{

}
```

此时可继续按<Tab>键跳转到代码段的某个修改位置，按回车键完成修改。

也可以在希望的位置，用鼠标右击选择"外侧代码"的办法来插入代码段。

1.3.2　在控制台应用程序中输出格式化数据

在控制台应用程序的 Console.Write 方法和 Console.WriteLine 方法的参数中，可以直接定义数据转换为字符串后的输出格式。常用形式为

Console.WriteLine(*"格式化表示"*, *参数序列*);

或者

Console.Write(*"格式化表示"*, *参数序列*);

带下画线的斜体字表示需要用具体内容替换。例如：

```
int x=10, y=20, z=30;
Console.WriteLine("{0}+{1}+{2}={3}", x, y, z, x+y+z);  //输出 10+20+30=60
Console.WriteLine("{3}={1}+{2}+{0}", x, y, z, x+y+z);  //输出 60=20+30+10
```

1. 格式化表示的一般形式

使用格式化表示时，用"{"和"}"将格式与其他输出字符区分开。一般形式为：

{N [, *M*] [: *格式码*]*}*

格式中的中括号表示其内容为可选项。

假如参数序列为 x、y、z，格式中的含义如下。

- *N*：指定参数序列中的输出序号。例如{0}表示 x，{1}表示 y，{2}表示 z。
- *M*：指定参数输出的最小长度，如果参数的长度小于 *M*，就用空格填充；如果大于等于 *M*，

则按实际长度输出；如果 M 为负，则左对齐；如果 M 为正，则右对齐；如果未指定 M，默认为零。例如{1,5}表示将参数 y 的值转换为字符串后按 5 位右对齐输出。

- 格式码：为可选的格式化代码字符串。例如{1:00000}的输出结果为 00020，含义是将参数 y 按 5 位数字输出，不够 5 位左边补零，超过 5 位按实际位数输出。

表 1-1 列出了常用的格式码及其用法示例。

表 1-1　　　　　　　　　　　常用格式码

格 式 符	含　　义	示　　例	输出结果
C	将数字按照金额形式输出	Console.WriteLine("{0:C}",10); Console.WriteLine("{0:C}",10.5);	￥10.00 ￥10.50
D 或 d	输出十进制整数。D 后的数字表示输出位数，不够指定的位数时，左边补 0	Console.WriteLine("{0:D}",10); Console.WriteLine("{0:D5}",10);	10 00010
F 或 f	小数点后固定位数（四舍五入），F 后面不指定位数时，默认为两位	Console.WriteLine("{0:F}",10); Console.WriteLine("{0:F4}",10.56736); Console.WriteLine("{0:F2}",12345.6789); Console.WriteLine("{0:F3}",123.45);	10.00 10.5674 12345.68 123.450
N 或 n	整数部分每 3 位用逗号分隔；小数点后固定位数（四舍五入），N 后面不指定位数时，默认为两位	Console.WriteLine("{0:n4}",12345.6789);	12,345.6789
P 或 p	以百分比形式输出，整数部分每 3 位用逗号分隔；小数点后固定位数（四舍五入），P 后面不指定位数时，默认为两位	Console.WriteLine("{0:p}",0.126);	12.60%
X 或 x	按十六进制格式输出。X 后的数字表示输出位数，不够指定的位数时，前面补 0	Console.WriteLine("{0:X}",10); Console.WriteLine("{0:X4}",10);	A 000A
0	0 占位符，如果数字位数不够指定的占位符位数，则左边补 0；如果数字位数超过指定的占位符位数，则按照实际位数原样输出。如果小数部分的位数超出指定的占位符位数，则多余的部分四舍五入	Console.WriteLine("{0:00000}", 123); Console.WriteLine("{0:000}", 12345); Console.WriteLine("{0:0000}", 123.64); Console.WriteLine("{0:00.00}", 123.6484);	00123 12345 0124 123.65

续表

格 式 符	含　义	示　例	输出结果
#	#占位符。对整数部分，去掉数字左边的无效0；对小数部分，按照四舍五入原则处理后，再去掉右边的无效0。如果这个数就是0，而又不想让它显示的时候，#占位符很有用	Console.WriteLine("{0:####}", 123); Console.WriteLine("{0:####}", 123.64); Console.WriteLine("{0:####.###}", 123.64); Console.WriteLine("{0:####.##}", 0); Console.WriteLine("{0:####.##}", 123.648);	123 124 123.64 123.65

在格式化表示形式中，有两个特殊的用法：

- 如果恰好在格式中也要使用大括号，可以用连续的两个大括号表示一个大括号，例如"{{、}}"。
- 如果希望格式中的字符或字符串包含与格式符相同的字符，但是又希望让其原样显示时，可以用单引号将其括起来。

2. 利用 string.Format 方法格式化字符串

也可以利用 string.Format 方法将某种类型的数据按照希望的格式转换为对应的字符串，该方法既可以在控制台应用程序中使用，也可以在其他应用程序中使用。例如：

```
int i = 123;
string s = string.Format("{0:d6}", i);        //d6 表示不够 6 位左边补零
Console.WriteLine(s);                         //结果为 000123
double j = 123.45;
//下面的{0,-7}表示第 0 个参数左对齐，占 7 位，不够 7 位右边补空格
//      {1,7}表示第 1 个参数右对齐，占 7 位，不够 7 位左边补空格
string s2 = string.Format("i:{0,-7}, j:{1,7}", i, j);
Console.WriteLine(s2);    //结果 i:123    ,j: 123.45
string s3 = string.Format("{0:###,###.00}", i);
Console.WriteLine(s3);    //结果 12.00
int num = 0;
string s4 = string.Format("{0:###}", num);
Console.WriteLine(s4);    //结果输出长度为 0 的空字符串
```

3. 利用 ToString 方法格式化字符串

如果是一个变量，使用 ToString 方法更简单。例如：

```
int n1 = 12;
string s1 = n1.ToString("X4"); //X 格式表示用十六进制输出。结果为：000C
string s2 = n1.ToString("d5"); //结果：00012
```

不论是控制台应用程序，还是 WinForm 应用程序、WPF 应用程序，或是其他类型的应用程序，都可以利用 string.Format 方法或者 ToString 方法定义数据的格式。

4. 控制台应用程序示例

下面通过例子说明控制台应用程序的基本设计方法。

【例 1-1】 演示控制台应用程序的基本设计方法，以及如何在一个解决方案中包含多个应用程序项目。

该例子的功能是让用户从键盘输入任意两个整数 x 和 y，程序自动计算这两个数的乘积

（$z = x*y$），并将计算结果 z 在屏幕上显示出来。这个例子虽然非常简单，但却能让我们快速了解基本的应用程序编程思路和方法。

（1）运行 VS2012，单击【新建项目】按钮，在弹出的窗体中，选择【控制台应用程序】模板，将【名称】改为 ConsoleExamples，将【位置】改为希望存放的文件夹位置（本例子为E:\V3CSharp\ch01），将【解决方案名称】改为 ch01，如图 1-2 所示。单击【确定】按钮。

图 1-2　创建控制台应用程序项目

（2）观察【解决方案资源管理器】中的项目组织，此时会发现在 ch01 解决方案下有一个ConsoleExamples 项目。

（3）将 Program.cs 的 Main 方法改为下面的代码。

```
static void Main(string[] args)
{
    Console.Write("请输入 x 和 y（例如 12,15）,然后按回车键: ");
    string s = Console.ReadLine();
    string[] a = s.Split(',');
    int x = int.Parse(a[0]);
    int y = int.Parse(a[1]);
    int z = x * y;
    Console.WriteLine("x*y={0}", z);
    Console.WriteLine("请按任意键结束程序。");
    Console.ReadKey();
}
```

当然，该例子目前的实现代码有很多缺陷，比如，没有对输入数据的格式和合法性进行检查，没有对数据转换失败的异常情况进行处理等。在后面的章节中，我们还会逐步学习解决这些问题的办法。

（4）按<F5>键调试运行，效果如图 1-3 所示。

图 1-3　例 1-1 的运行效果

（5）按任意键结束程序运行，然后退出 VS2012 开发环境，观察解决方案文件夹下生成的所有文件和子目录，以及子目录下包含的文件。

此时可发现在 ch01 子目录下，有一个 ch01.sln 文件，以后需要再次打开这个解决方案时，双击该文件即可。

　　　　备份项目时，应该将解决方案文件夹下的所有文件和子目录全部复制到 U 盘或者移动硬盘中，不能只复制其中的一部分文件，否则将无法正常打开该解决方案。

（6）观察 bin\Debug 子目录下的文件，可发现在该文件夹下有一个 ConsoleExamples.exe 文件，这就是项目生成的可执行文件。

（7）将 ConsoleExamples.exe 文件复制到其他文件夹，如复制到桌面上，双击该文件再次运行观察结果。这一步的目的是为了让读者明白，安装到用户机器上时实际上只需要这一个可执行文件即可，其他都是帮助调试用的文件。

实际发布项目时，一般不再使用调试方式，而是通过修改快捷工具栏中的解决方案配置，将其生成到 bin\release 子目录下。

下面我们将其改为在 DLL 文件中实现运算。

（8）双击 ch01.sln 打开解决方案。

（9）在【解决方案资源管理器】中，鼠标右击解决方案名，选择【添加】→【新建项目】命令，在弹出的窗体中，选择【类库】模板，将【名称】改为 ClassLibraryExample，然后单击【确定】按钮。

（10）在"解决方案资源管理器"中，将 Class1.cs 换名为 MyClass.cs，然后将代码改为下面的内容。

```
namespace ClassLibraryExample
{
    public class MyClass
    {
        public int Multiplication(int x, int y)
        {
            int z = x * y;
            return z;
        }
    }
}
```

（11）鼠标右击解决方案名，选择"重新生成解决方案"，此时在 ClassLibraryExample 项目的 bin\Debug 文件夹下即生成了 ClassLibraryExample.dll 文件。

（12）在【解决方案资源管理器】中，鼠标右击 ConsoleExamples 项目，在快捷菜单中选择【项目依赖项】命令，在弹出的对话框中，勾选 ClassLibraryExample 选项，单击【确定】按钮。

（13）鼠标右击 ConsoleExamples 项目的【引用】，选择【添加引用】命令，在弹出的对话框中，勾选 ClassLibraryExample 选项，单击【确定】按钮。

（14）将 Main 方法的 int z = x * y; 用下面的语句替换。

```
int z = ClassLibraryExample.MyClass.Multiplication(x, y);
```

（15）按<F5>键运行应用程序，观察运行效果。

（16）再次观察 ConsoleExamples 项目目录下的 bin\Debug 子目录下的文件，此时会发现该子目录下既有 ConsoleExamples.exe 文件，又有 ClassLibraryExample.dll 文件。

到此，我们了解了用 C#调用 DLL 文件的基本用法。

如果读者学过 C++或者 Java 语言，还可以比较一下 C#与这些语言编写的程序有哪些相似和不同之处，从而对 C#编程有一个直观的感性认识。

1.4　Windows 窗体应用程序

控制台应用程序虽然具有占用资源极少的优点，但其界面输出都是在命令行方式下以文本字符串的形式逐行显示的，这意味着无法用它高效率地编写丰富的图形用户界面，因此，我们还需要学习其他的应用程序编程模型。

Windows 窗体应用程序（简称 WinForm）的主要特点是提供图形化的操作界面，而不是像控制台应用程序那样，只能进行简单字符串的输入和输出。

1.4.1　Windows 窗体应用程序的特点

Windows 窗体应用程序是在 Windows XP 操作系统上开发客户端窗体应用程序的主要开发模型，这种开发模型利用 GDI+和操作系统交互。

在这里我们还需要简单了解什么是 GDI。

GDI（Graphics Device Interface，图形设备接口）是 Windows 2000 操作系统内核提供的技术，它提供了二维图形和文本处理功能，以及功能有限的图像处理功能，但 GDI 没有三维图形、音频、视频等多媒体处理功能。随着 Windows 2000 操作系统逐渐退出历史舞台，使用 GDI 技术的开发人员也越来越少。

GDI+是 Windows XP 操作系统内核提供的技术，它在 GDI 的基础之上，又增加了一套基于.NET 框架的编程接口，从而让我们能使用 C#等基于.NET 框架的编程语言快速实现窗体界面的绘制功能。GDI+引入了二维图形的反走样、浮点数坐标、渐变以及单个像素的 Alpha 支持，同时还支持多种图像格式。但是，GDI+没有 GPU 硬件加速功能，所有图形图像处理功能全部都是靠软件来实现。

从应用开发的角度来看，WinForm 已有多年的历史，其技术高度成熟，如果开发的程序不是包含动画、多媒体以及三维图形等对性能要求比较高的程序，使用 WinForm 编程模型可以获得比较高的开发效率和运行性能。在 Windows XP 操作系统下运行的应用程序，一般就用这类应用程序开发模型来开发。Windows 7、Windows 8 操作系统仍然继续支持这类应用程序的开发。

1.4.2　Windows 窗体应用程序的启动和退出

WinForm 的程序入口也是 Main 方法。但由于这种应用程序是基于消息循环和线程来管理应用程序，因此，其用法与控制台应用程序不同。

在 WinForm 编程模型的 Main 方法中,使用 Application 类提供的静态方法来启动、退出应用程序。Application 类提供的常用方法如下。

- Run 方法:用于在当前线程上启动应用程序消息循环,并显示窗体。
- Exit 方法:用于停止应用程序消息循环,即退出应用程序。

消息循环的概念超出了本书介绍的范围,因此,我们不必对其做过多深究,读者只需要了解利用 WinForm 编程模型自动生成的 Main 方法中各语句的大概含义即可。

创建一个 Windows 窗体应用程序后,在"解决方案资源管理器"中即自动生成了 Program.cs 文件,该文件中包含了 Main 方法,其中的部分代码如下:

```
static class Program
{
    ......
    static void Main()
    {
        ......
        Application.Run(new Form1());
    }
}
```

在这段代码中,Run 方法用于让窗体 Form1 显示出来。如果我们希望程序启动后显示的是另一个窗体,直接修改这条语句即可。

1.4.3　窗体的创建、显示、隐藏和关闭

Windows 窗体应用程序提供了以下创建窗体的方式。

1. 创建并显示窗体

要显示一个窗体,必须先创建该窗体类的实例,再调用该实例提供的方法将其显示出来。例如:

```
MyForm myForm = new MyForm();
myForm.Show();
```

或者

```
MyForm myForm = new MyForm();
myForm.ShowDialog();
```

Show 方法将窗体显示出来后就立即返回,接着程序会执行 Show 方法后面的语句代码,而不会等待该窗口关闭,因此,打开的窗口不会阻止用户与应用程序中的其他窗口交互。这种类型的窗口称为"无模式"窗口。

如果使用 ShowDialog 方法来打开窗口,该方法将窗体显示出来以后,在该窗体关闭之前,应用程序中的所有其他窗口都会被禁用,并且仅在该窗体关闭后,程序才继续执行 ShowDialog 方法后面的代码。这种类型的窗口称为"模式"窗口。

2. 隐藏打开的窗体

对于"无模式"窗口,调用 Hide 方法即可将其隐藏起来。例如隐藏当前打开的窗体可以用下面的语句:

```
this.Hide();
```

隐藏其他窗体可以调用实例名的 Hide 方法,例如:

```
myForm.Hide();
```

窗体隐藏后,其实例仍然存在,因此,可以重新调用 Show 方法再次将其显示出来。

3. 关闭窗体

代码中可以直接调用 Close 方法关闭窗体。例如，下面的语句将关闭当前打开的窗体：

```
this.Close();
```

如果要关闭其他窗体，如关闭用语句 Form2 fm = new Form2( );创建的窗体，则使用下面的语句即可。

```
fm.Close();
```

还有一点要注意，不论程序打开了多少个窗体，也不论当前窗体是哪个，只要调用了 Application 的 Exit 方法，整个应用程序就会立即退出，用法为

```
Application.Exit();
```

4. 注册事件

事件是响应用户操作的一种技术。在 Windows 窗体应用程序中，有 3 种注册事件的办法。

（1）在窗体的设计界面中双击控件，此时默认会自动注册最常用的事件，如按钮的最常用事件是 Click 事件，所以双击按钮注册的是 Click 事件。

（2）选择某个控件，然后单击【属性】窗口中的"雷电"符号，就会看到该控件对应的各种事件，双击指定的事件，即可注册对应的事件。

（3）在代码中通过+=注册指定的事件，通过–=注销指定的事件。当熟悉代码后，这种办法是最灵活的，也是方便的。

下面通过例子说明具体用法。

【例 1-2】 演示 Windows 窗体应用程序的基本用法。

（1）双击 ch01.sln 打开解决方案。

（2）在【解决方案资源管理器】中，鼠标右击 ch01，在弹出的快捷菜单中，选择【添加】→【新建项目】，在弹出的窗体中，选择【Windows 窗体应用程序】模板，输入项目名 WinFormExamples，如图 1-4 所示。输入完毕后单击【确定】按钮。

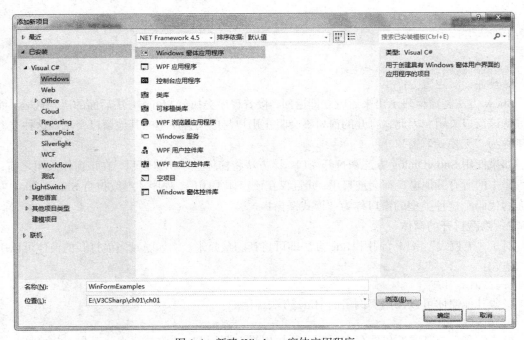

图 1-4　新建 Windows 窗体应用程序

（3）在【解决方案资源管理器】中，鼠标右击 WinFormExamples，在弹出的快捷菜单中，选择【设为启动项目】。

（4）按<F5>键运行该项目，观察结果。

（5）鼠标右击 WinFormExamples 项目，在弹出的快捷菜单中，选择【添加】→【新建文件夹】，在该项目下新建一个名为 Forms 的文件夹。

（6）鼠标右击 Forms 文件夹，在弹出的快捷菜单中，选择【添加】→【Windows 窗体】，添加一个名为 HelloWorldForm.cs 的窗体，然后从【工具箱】中向该窗体拖放一个 Label 控件，并在【属性】窗口中观察该 Label 的【Name】属性值。

每个控件都有一个 Name 属性，在代码隐藏类中用 C#编写逻辑代码时，需要通过它区分是哪个控件。

（7）将 label1 的 Text 属性值设置为"Hello World"，如图 1-5（a）所示。

（a）HelloWorldForm 的设计界面　　　　　　　　　（b）重命名文件对话框

图 1-5　设计界面和重命名文件对话框

（8）在"解决方案资源管理器"中，鼠标右击 Form1.cs，选择【重命名】，将 Form1.cs 换名为 MainForm.cs。

也可以单击 Form1.cs，再次单击，然后直接将其改为 MainForm.cs。

不论采用哪种方式，此时都会弹出如图 1-5（b）所示的对话框，单击【是】，将所有引用全部执行重命名操作。

（9）在 MainForm.cs 的设计模式下，向窗体拖放一个 Button 控件，在【属性】窗口中将其【Name】属性值修改为"ButtonHelloWorld"，将【Text】属性值修改为"显示新窗体"，然后按照相同的办法，依次添加其他按钮，并修改对应的属性，最终得到的设计界面如图 1-6 所示。

图 1-6　主窗体设计界面

（10）鼠标右击设计界面，选择【查看代码】，添加下面的命名空间引用：

```
using WinFormExamples.Forms;
```

（11）在构造函数的 InitializeComponent(); 语句的下面，添加语句设置主窗体的启动位置。

```
this.StartPosition = FormStartPosition.CenterScreen;
```

输入枚举类型的值时有一个小技巧：先输入 this.StartPosition =，然后按空格键，系统就会自动弹出快捷菜单可选项，选择合适的选项，回车即可。

（12）注册 Button 按钮的 Click 事件。注册办法为：先输入 ButtonHelloWorld.Click +=，然后按两次<Tab>键，就会自动得到下面的代码：

```
public MainForm()
{
    InitializeComponent();
```

```
            this.StartPosition = FormStartPosition.CenterScreen;
            ButtonHelloWorld.Click += ButtonHelloWorld_Click;
        }
        private void ButtonHelloWorld_Click(object sender, EventArgs e)
        {
            throw new NotImplementedException();
        }
```

（13）鼠标右键单击 ButtonHelloWorld_Click，选择【重构】→【重命名】，将其换名为 button_Click。

（14）修改 button_Click 的事件处理程序，将代码改为下面的内容。

```
        void button_Click(object sender, EventArgs e)
        {
            Button btn = sender as Button;
            Form fm = null;
            switch (btn.Text)
            {
                case "显示新窗体":
                    fm = new HelloWorldForm();
                    break;
            }
            if (fm != null)
            {
                fm.Owner = this;
                fm.StartPosition = FormStartPosition.CenterParent;
                fm.ShowDialog(this);
            }
        }
```

这段代码的 switch 语句中目前只有一个 case 块，在后面的例子中，我们还会继续添加其他 case 块。

（15）按<F5>键编译并运行应用程序，单击【显示新窗体】按钮，观察结果。

（16）退出 VS2012 开发环境。

1.4.4 消息框（MessageBox）

在 Windows 窗体应用程序中，MessageBox 是一个预定义的模式对话框，程序员可以通过调用 MessageBox 类的静态 Show 方法来显示消息对话框，并可以通过检查 Show 方法返回的值来确定用户单击了哪个按钮。注意这里虽然使用 Show 方法显示消息框，但由于它本身是模式窗口，所以在消息框关闭前，不会继续执行该方法后面的代码。

MessageBox 的 Show 方法提供了多种重载形式，常用的重载形式有：

```
public static DialogResult Show(string text)
public static DialogResult Show(string text, string caption)
public static DialogResult Show(
    string text, string caption, MessageBoxButtons buttons, MessageBoxIcon icon)
```

方法中各参数的含义如下。

- text：在消息框中显示的文本。

- caption：在消息框的标题栏中显示的文本。

- buttons：MessageBoxButtons 枚举值之一，指定在消息框中显示哪些按钮。枚举值有 OK、OKCancel、YesNoCancel 和 YesNo。

- icon：MessageBoxIcon 枚举值之一，指定在消息框中显示哪个图标。枚举值有 None（不显示图标）、Hand（手形）、Question（问号）、Exclamation（感叹号）、Asterisk（星号）、Stop（停止）、Error（错误）、Warning（警告）和 Information（信息）。

下面的代码演示了 MessageBox 的典型用法。

用法 1：

```
MessageBox.Show ("输入的内容不正确");
```

用法 2：

```
MessageBox.Show ("输入的内容不正确", "警告");
```

消息框关闭后，Show 方法的返回值是 DialogResult 枚举值之一。DialogResult 枚举值有：None（消息框未返回值）、OK、Cancel、Yes 和 No。

【例 1-3】　演示消息框的基本用法。

（1）双击 ch01.sln 打开解决方案。

（2）修改 MainForm.cs，在构造函数中添加下面的代码。

```
this.FormClosing += MainForm_FormClosing;
```

输入 this.FormClosing +=后，按两次<Tab>键，它就会自动添加对应的事件处理程序。

利用 FormClosing 事件，可控制是否退出应用程序。

（3）将 FormClosing 的事件处理程序改为下面的代码。

```
void MainForm_FormClosing(object sender, FormClosingEventArgs e)
{
    DialogResult result = MessageBox.Show("是否退出应用程序? ", "提示",
        MessageBoxButtons.YesNo, MessageBoxIcon.Question);
    if (result != DialogResult.Yes)
    {
        e.Cancel = true; //取消关闭窗体
    }
}
```

（4）按<F5>键编译并运行应用程序，观察关闭主窗体时弹出的消息框，如图 1-7 所示。

图 1-7　消息框

1.4.5　利用 WinForm 控件实现输入和输出

除了 Button 控件以外，在【工具箱】中，可看到还有很多控件，这些控件给 Windows 窗体界面设计以及输入和输出带来了很大方便。下面我们学习一些常用的基本控件。

1．分组（Panel、GroupBox）

Panel 控件和 GroupBox 控件均用于对控件进行分组，不同组的控件放置在不同的 Panel 控件和 GroupBox 控件内即可。Panel 控件与 GroupBox 控件的不同之处在于：Panel 控件不能显示标题但可以有滚动条，而 GroupBox 控件可显示标题但不能显示滚动条。

2．标签（Label）和文本框（TextBox）

Label 控件用于提供控件或窗体的描述性文字，以便为用户提供相应的信息。Label 控件常用的属性是 Text 属性，该属性表示显示的文本内容。

TextBox 控件的主要作用是允许用户在应用程序中输入或编辑文本，也可以将控件的 ReadOnly 属性设为 true，以使其只显示文本，而不允许用户编辑文本框中所显示的内容。

在 TextBox 中编辑的文本可以是单行的，也可以是多行的此外，还可以设置为密码字符屏蔽状态作为密码输入框。

常用属性如下：

● Name：指定控件的名称，以便 C#代码可通过它访问控件。

● Text：获取或设置文本框中的内容。

● PasswordChar：指定作为密码输入时文本框中显示的字符，一般用"*"来显示。

【例 1-4】 演示 TextBox 控件的基本用法。

（1）双击 ch01.sln 打开解决方案。

（2）在 Forms 文件夹下，添加一个名为 TextBoxExample.cs 的窗体，向该窗体中拖放两个 Label 控件、一个 Panel 控件、一个 Button 控件、3 个 TextBox 控件。设计界面如图 1-8 所示。

按照表 1-2 所示设置对应的属性。

图 1-8 例 1-4 的设计界面

表 1-2 设置界面中控件的属性

控 件	属 性 名	属 性 值
第 1 个 Label	Text	姓名：
第 2 个 Label	Text	密码：
Button	Name	buttonOK
第 1 个 TextBox	Name	textBoxName
第 2 个 TextBox	Name	textBoxPwd
	PasswordChar	*
第 3 个 TextBox	Name	textBoxPwdInfo
	ReadOnly	true
Panel	BorderStyle	FixedSingle

（3）双击 textBoxPwd 添加 TextChanged 事件，将代码改为下面的内容。

```
private void textBoxPwd_TextChanged(object sender, EventArgs e)
{
    textBoxPwdInfo.Text = textBoxPwd.Text;
}
```

（4）双击 buttonOK 添加 Click 事件，将代码改为下面的内容。

```
private void buttonOK_Click(object sender, EventArgs e)
{
    MessageBox.Show("OK");
    this.Close();
}
```

（5）修改 MainForm.cs，添加下面的代码。

```
public MainForm()
{
    ......
    buttonTextBox.Click += button_Click;
}
void button_Click(object sender, EventArgs e)
{
    ......

        case "TextBox 示例":
            fm = new TextBoxExample();
```

```
        break;
      ......
    }
```

（6）按<F5>键运行程序，单击【TextBox 示例】按钮进入该例子的界面，分别输入姓名和密码，观察界面变化。

3. 复选框（CheckBox）和单选按钮（RadioButton）

CheckBox 用于选择一个或者多个选项，每个选项一般用选中和非选中两种状态表示。

与 CheckBox 可做多选不同，RadioButton 是以单项选择的形式出现的，即一组 RadioButton 按钮中只能有一个处于选中状态。一旦某一项被选中，则同组中其他 RadioButton 按钮的选中状态自动清除。

【例 1-5】　演示 CheckBox 控件和 RadioButton 控件的基本用法。

（1）双击 ch01.sln 打开解决方案。

（2）在 Forms 文件夹下，添加一个名为 CheckBoxRadioButton.cs 的窗体，并设计如图 1-9 所示的界面。

（3）用鼠标拖放的办法同时选中 3 个 CheckBox 控件，然后在【属性】窗口中，将其 CheckedChanged 事件的事件处理程序名设置为 checkBox_CheckedChanged，并将代码改为下面的内容。

图 1-9　TextBoxExample.cs 的设计界面

```
private void checkBox_CheckedChanged(object
sender, EventArgs e)
{
    string s = "";
    s += checkBox1.Checked ? checkBox1.Text + "、" : "";
    s += checkBox2.Checked ? checkBox2.Text + "、" : "";
    s += checkBox3.Checked ? checkBox3.Text + "、" : "";
    textBox1.Text = s.Trim('、');
}
```

（4）用类似的办法添加 3 个 RadioButton 的 CheckedChanged 事件，将代码改为下面的内容。

```
private void radioButton_CheckedChanged(object sender, EventArgs e)
{
    RadioButton r = sender as RadioButton;
    if (r.Checked == true)
    {
        textBox1.Text = r.Text;
    }
}
```

（5）修改 MainForm.cs，添加下面的代码。

```
public MainForm()
{
    ......
    buttonCheckBox.Click += button_Click;
}
void button_Click(object sender, EventArgs e)
{
    ......

        case "CheckBox 和 RadioButton 示例":
```

```
            fm = new CheckBoxRadioButton();
            break;
    ......
    }
```

（6）按<F5>键运行程序，单击"CheckBox 和 RadioButton 示例"按钮进入该例子的界面，分别选择不同的选项，观察界面变化。

4．列表（ListBox）和下拉列表（ComboBox）

ListBox（列表框）控件和 ComboBox（下拉框）控件均用于显示一组条目，以便操作者从中选择一条或者多条信息，并对其进行相应的处理。两个控件的用法基本上完全一样，不同之处仅仅在于控件的外观不一样。

这两个控件的常用属性和方法如下。

- SelectedIndex 属性：获取或设置当前选择项的索引序号，−1 表示没有选择项。
- SelectedItem 属性：获取或设置当前选择项的值。
- Count 属性：获取项的个数。
- Items.Add 方法：添加项。
- Items.Clear 方法：清除所有项。
- Items.RemoveAt 方法：删除指定的项。

【例 1-6】演示 ListBox 控件和 ComboBox 控件的基本用法。

（1）双击 ch01.sln 打开解决方案。

（2）在 Forms 文件夹下，添加一个名为 ListBoxComboBox.cs 的窗体，设计如图 1-10 所示的界面。其中界面下方的 TextBox 控件的 ReadOnly 属性设置为 True，3 个按钮的 Name 属性分别设置为 buttonAdd、buttonRemove、buttonClear。

（3）分别双击 3 个按钮，添加对应的 Click 事件。

图 1-10　例 1-6 的设计界面

（4）将 ListBoxComboBox.cs 改为下面的内容。

```
public partial class ListBoxComboBox : Form
{
    public ListBoxComboBox()
    {
        InitializeComponent();
        listBox1.Items.Add("高等数学");
        listBox1.Items.Add("数据结构");
        listBox1.Items.Add("操作系统");
        comboBox1.Items.Add("C++");
        comboBox1.Items.Add("C#");
        comboBox1.Items.Add("Java");
    }
    private void buttonAdd_Click(object sender, EventArgs e)
    {
        listBox1.Items.Add("新项" + listBox1.Items.Count + 1);
        comboBox1.Items.Add("新项" + comboBox1.Items.Count + 1);
    }
    private void buttonRemove_Click(object sender, EventArgs e)
    {
        int n = listBox1.SelectedIndex;
        if (n != -1)
```

```
        {
            listBox1.Items.RemoveAt(n);
        }
        listBox1.SelectedIndex = -1;  //-1 表示不选择任何项
        n = comboBox1.SelectedIndex;
        if (n != -1)
        {
            comboBox1.Items.RemoveAt(n);
        }
        comboBox1.SelectedIndex = -1;
    }
    private void buttonClear_Click(object sender, EventArgs e)
    {
        listBox1.Items.Clear();
        comboBox1.Items.Clear();
    }
}
```

（5）修改 MainForm.cs，添加下面的代码。

```
public MainForm()
{
    ......
    buttonListBox.Click += button_Click;
}
void button_Click(object sender, EventArgs e)
{
    ......
        case "ListBox 和 ComboBox 示例":
            fm = new ListBoxComboBox();
            break;
    ......
}
```

（6）按<F5>键运行程序。

1.4.6　错误提示（ErrorProvider）

ErrorProvider 组件一般用于提示用户输入的信息有错误，利用该组件可在指定的控件（如文本框）旁显示一个闪烁的错误图标，当用户将鼠标指针放在闪烁的图标上时，会自动显示错误信息。

【例 1-7】　演示 ErrorProvider 组件的基本用法。

（1）双击 ch01.sln 打开解决方案。

（2）在 Forms 文件夹下，添加一个名为 ErrorProviderExample.cs 的窗体，设计如图 1-11（a）所示的界面。

（a）设计界面

（b）运行效果

图 1-11　例 1-7 的设计界面和运行效果

（3）向设计窗体拖放一个 ErrorProvider 组件。

（4）将两个按钮的 Name 属性设置为 buttonOk、buttonCancel，然后分别双击两个按钮添加 Click 事件。

（5）在 ErrorProviderExample.cs 的事件处理程序中，将代码改为下面的内容。

```
private void buttonOK_Click(object sender, EventArgs e)
{
    int n;
    if (int.TryParse(textBox1.Text, out n) == false)
    {
        errorProvider1.SetError(textBox1, "无法将字符串转换为整数");
        return;
    }
    if (n < 1 || n > 10)
    {
        errorProvider1.SetError(textBox1, "整数不在 1~10 范围内");
        return;
    }
    errorProvider1.SetError(textBox1, null);
    MessageBox.Show("OK");
}
private void buttonCancel_Click(object sender, EventArgs e)
{
    this.Close();
}
```

（6）修改 MainForm.cs，添加下面的代码。

```
public MainForm()
{
    ......
    buttonError.Click += button_Click;
}
void button_Click(object sender, EventArgs e)
{
    ......
        case "错误提示示例":
            fm = new ErrorProviderExample();
            break;
    ......

}
```

（7）按<F5>键运行程序，测试该例子的运行效果，如图 1-11（b）所示。

1.5 WPF 和 Silverlight 应用程序

虽然 WinForm 应用程序实现简单，开发方便，但由于这种应用程序开发模型最初是为开发在 Windows XP 操作系统上运行的程序而设计的，当需要高效率运行动画、三维图形和音频、视频等多媒体功能时，由于 WinForm 应用程序只能靠软件来实现，无法直接利用 GPU 的硬件加速功能，因此微软公司又在 WinForm 的基础上推出了 WPF 技术。

1.5.1　WPF 应用程序

WPF 是 Windows 7、Windows 8 操作系统内核默认提供的技术。在 Windows 7、Windows 8 快速流行，Windows XP 用户数量迅速减少的今天，用 WPF 开发应用程序已成为软件公司开发的主流。

为了让读者理解 WPF 应用程序和 WinForm 应用程序的区别，我们还需要了解 DirectX 的一些基本知识。

1. DirectX 简介

DirectX 是由微软公司研发的多媒体编程接口，其主要功能是加强三维图形和声音效果以及 GPU 硬件加速功能，并提供一个所有图形卡都支持的硬件驱动标准。这样一来，开发人员就不必针对每一品牌的硬件（声卡、显卡、GPU）分别编写不同的应用程序，从而有效地降低了对硬件的依赖和限制。

DirectX 的发展经历了以下几个时代。

1995 年，DirectX 1.0 诞生，它提供了直接读取图形硬件（显卡）的功能，但该版本还不包括 3D 功能。当时流行的编程接口是 OpenGL，DirectX 1.0 刚推出时，由于众多的硬件厂家均不支持 DirectX，该版本基本没有获得成功。

1996 年，微软公司推出 DirectX 2.0。该版本在 DirectX 中加入了 Direct3D，用于访问 3D 硬件加速的高级图形功能，通过提供通用的 COM（组件对象模型）编程接口使硬件和设计完全分离。

1997 年，微软公司推出 DirectX 3.0。此时 3D 游戏逐渐深入人心，不少显卡生产厂家开始支持 DirectX，并陆续推出三维图形加速卡。随后微软直接推出 DirectX 5.0（没有出现 4.0 版），增强 3D 功能。从该版开始，其 3D 效果已经与当时流行的 OpenGL 不分上下。至此，DirectX 从刚开始的弱势一下子变得强势起来。当 DirectX 6.0 推出时，由于加入了双线性过滤、三线性过滤等优化三维图像质量的技术，使游戏中的 3D 技术逐渐走入成熟阶段。此时 DirectX 也得到了大多数知名厂商的认可和强力支持。

DirectX 7.0 开始支持"坐标转换和光源"，从此 DirectX 确立了 3D 技术的权威地位。

2001 年，微软公司发布了 DirectX 8.0。DirectX 8.0 的推出在当时引发了一场显卡革命，该版本首次引入了像素渲染引擎（Vertex Shader）与顶点渲染引擎（Pixel Shader）的概念，反映在特效上就是动态光影效果。

2002 年，微软公司发布 DirectX 9.0。在 DirectX 9.0 中，引入了全新的 VertexShader（顶点着色引擎），突破了以前限制桌面计算机图形图像质量的在数学上的精度障碍，让开发者更容易、更轻松地创造出漂亮逼真的效果。

2006 年，微软公司推出 DirectX 10.0。DirectX 10.0 加入了 Shader 4.0 技术，并首度实现 RayTracing 光线追踪，将位移贴图 Displacement 作为标准之一。同时微软公司推出了用于企业业务逻辑应用开发框架的 WPF，并将 DirectX 作为 Windows Vista 操作系统的底层接口，但由于 Vista 只是昙花一现，所以我们很少使用这种操作系统。

2009 年，微软公司推出多线程渲染的 DirectX 11.0。该版本引入了 Shader Model 5.0，以便让 GPU 从事更多的通用计算工作，而不仅仅是 3D 运算，从而鼓励开发人员更好地将 GPU 作为并行处理器来使用。随后，微软公司将 DirectX 作为 Windows 7、Windows 8 操作系统底层默认的核心编程接口。而对其封装后的 WPF 和 HTML5 的实现则同时支持 Windows 7 和 Windows 8 操作系统以及 IE 9.0 和 IE10.0 浏览器。

但是，IE 9.0 仅提供了对 HTML5 的部分支持，而正式推出的 IE 10.0 则以全新的形式提供对

HTML5 的全面支持。

IE 10.0 刚开始只是准备作为 Windows 8 的内置浏览器，2013 年初微软公司推出了能在 Windows 7 上运行的 IE 10.0 正式版。

2. WPF 应用程序和 Windows 窗体应用程序的区别与联系

WPF 的界面技术是通过操作系统底层支持的 DirectX 和 GPU 硬件加速来实现而不是通过 GDI+来实现。WPF 应用程序用于生成能带给用户震撼视觉体验的 Windows 客户端应用程序。它除了具有传统 WinForm 应用程序的一般功能外，还具有音频、视频、文档、样式、动画以及二维和三维图形等一体化设计功能。

WPF 提供的图形界面呈现技术和布局控件都是矢量形式的，因此可以对窗口进行任意级别的缩放，而且画面的质量不会有任何的损耗。这是基于 GDI+的 WinForm 应用程序无论如何优化都无法做到的。

在 Windows 7、Windows 8 操作系统上，用 WPF 应用程序模板来开发客户端应用程序能获得非常高的性能。而在 Windows XP 操作系统上，虽然也能运行 WPF 应用程序，但由于它没有操作系统的底层支持，运行性能会大打折扣，显得有些力不能及。

当然，Windows 7、Windows 8 操作系统仍然继续支持 GDI+，即仍然继续提供 Windows 窗体应用程序的实现，但是由于 GDI+和 DirectX 是两套完全不同的实现技术，因此 WinForm 和 WPF 本质上也是两种完全不同的应用程序开发技术。

1.5.2　Silverlight 应用程序

Windows 窗体应用程序以及 WPF 应用程序主要用于开发基于 C/S 的桌面客户端应用程序，而 Silverlight 是一种插件式的富客户端浏览器应用程序，其功能类似于 Flash。

Silverlight 主要是靠客户端浏览器（IE、Firefox、Chrome）来承载运行，但也可以独立运行。

对于桌面计算机来说，Silverlight 应用程序不需要在客户端安装.NET 框架，因为它是靠安装在客户端的 Silverlight 插件来运行的，就像运行 Flash 程序时要求必须在客户端安装 Flash 插件一样。

对于开发人员来说，从 API 层面上来看，Silverlight 应用程序和 WPF 应用程序出奇地相似，全部都是用 XAML 来编写页面，后台代码用 C#语言来编写。但从内部实现来看，由于 Silverlight 应用程序需要解决跨浏览器、安装 Windows Phone 操作系统的手机以及 Xbox 360 游戏机 3 种平台的问题，因此它实际上是另一种解决方案和实现技术。

微软公司对 Silverlight 的定位是主要用来开发基于 Windows Phone 7 操作系统（简称 WP7）或者 Windows Phone 8 操作系统（简称 WP8）的程序，WP 8 可安装在平板电脑、移动手机、游戏机、电视机和车载娱乐系统上。

在桌面计算机上，如果客户端使用 Windows 7、Windows 8 操作系统，而且希望通过 IE（建议使用 IE 10.0）或者 Firefox 浏览器来访问基于 Web 的企业级应用程序，用 Silverlight 来实现开发效率也非常高，但由于 Silverlight 应用程序受浏览器的沙盒限制（即使提升权限也仍然有一定限制），所以它提供的功能没有基于 C/S 的 WPF 应用程序强大。

Silverlight 和 WPF 的语法极其相似，实际上，读者只要学会 WPF 应用程序和 XAML 语法，再来学习如何用 Silverlight 编写富客户端浏览器应用程序可以说是轻而易举，甚至连实现的 XAML 和 C#代码大部分也都是完全相同的。另外，在浏览器中运行时，由于 HTML5 支持能在各种操作系统上运行的各种浏览器，比 Silverlight 更通用，所以本书主要介绍基于 C/S 的 WPF 应用程序基本编程技术，而不再介绍 Silverlight 的实现。

1.6　其他应用程序模板

除了上面介绍的编程模型以外，VS2012 还提供了很多其他类型的应用程序编程模型，比如 WCF 应用程序、ASP.NET Web 应用程序、ASP.NET MVC 应用程序以及只能在 Windows 8 操作系统上运行的 Metro 样式的应用程序等。

1.6.1　WCF 应用程序

WCF 应用程序将 Web Service、HTTP、TCP、远程调用、SOAP、JSON 等功能集为一体，是一种基于 SOA（Service-Oriented Architecture，面向服务的体系结构）的一体化 Web 服务解决方案。主要用于编写在服务器端运行的应用程序，即通过 Internet 提供各种服务，供 Windows 窗体应用程序、WPF 应用程序、Silverlight 应用程序以及 Web 应用程序（ASP.NET、ASP.NET MVC）和其他应用程序调用。

1.6.2　ASP.NET 和 ASP.NET MVC 应用程序

WPF 应用程序和 Silverlight 应用程序虽然能在 Windows 系列操作系统上发挥最大的性能，但无法在 Linux 系列操作系统平台上运行，而 ASP.NET Web 应用程序和 ASP.NET MVC Web 应用程序则是可以跨 Windows、Linux 等各种操作系统平台的 Web 应用程序编程模型，这类应用程序的客户端代码用 HTML、CSS 以及 JavaScript 来实现，服务器代码用 C#来实现。

通过 Web 服务器部署 ASP.NET Web 应用程序或者 ASP.NET MVC Web 应用程序后，即可在客户端通过安装在操作系统上的任何一种浏览器来访问它们，但 ASP.NET 和 ASP.NET MVC 只能通过浏览器来访问，无法在浏览器之外运行。

1. ASP.NET Web 窗体应用程序

ASP.NET Web 窗体应用程序通过 Internet 来传递可以被客户浏览器（如 IE 浏览器、Firefox 浏览器、Chrome 浏览器等）访问的页面，目前流行的各类网站以及基于 Web 的网络办公系统等都可以用 ASP.NET 来开发。

在 VS2012 开发环境中，ASP.NET 对 HTML5（指 HTML 5.0+CSS 3.0+JavaScript 5.0）标准的实现提供了全面的支持。换言之，VS2012 中的 ASP.NET 内置了对 HTML5 标准的全面实现，而在 VS2010 需要单独安装插件才能实现。

HTML5 是 VS2012 开发环境默认的编程环境。利用【ASP.NET 空 Web 应用程序】模板，或者利用自动包含学习代码的【ASP.NET Web 窗体应用程序】模板，通过 HTML 5.0、CSS 3.0、JavaScript 5.0 以及 C#语言设计基于 ASP.NET 和 HTML5 标准的 Web 页面时，只需要安装 VS2012 开发环境即可，不需要安装其他的模板或插件。

2. ASP.NET MVC 4 Web 应用程序

ASP.NET MVC 4 Web 应用程序是 VS2012 内置的应用程序编程模板，该模板内置了对 HTML5 标准的全面支持，是一种基于测试驱动的编程模型，一般用于大型 Web 应用程序项目的开发。该模板除了默认使用 HTML5 和 Razor 视图引擎供 Internet（互联网，即把世界各地的计算机网、数据通信网以及公用电话网通过路由器与各种通信线路连接起来实现相互通信）访问之外，还提供了用于 Intranet（在一个单位或企业内建立的网络，可以是一个局域网也可以是一个广域网，通过防火墙与外界隔离）以及用于通用手机 Web 开发的模型。如果是进行企业级 Web 应用开发，或者要开发适用于各种手机操作系统的移动 Web 应用，用【ASP.NET MVC 4 Web 应用程序】模板比较方便。

ASP.NET Web 窗体应用程序属于基于事件驱动的敏捷快速开发模型，一般用于开发中小型 Web 应用程序。

当然，也可以用 ASP.NET MVC 4 Web 应用程序开发中小型 Web 应用程序，或者用 ASP.NET Web 窗体应用程序开发大型 Web 应用程序，两者的区别仅仅是开发环境提供的编程模型不同而已。

这里需要说明一点，如果要开发针对于某一种手机操作系统的应用程序（指开机运行的应用程序，而不是通过手机浏览器来访问的应用程序），一般使用专用的开发工具。例如开发适用于谷歌的 Android 手机操作系统的应用程序应使用 Java 语言和 Android 开发工具，开发适用于苹果的 iOS 手机操作系统的应用程序使用 Objective-C 及相应开发工具，开发适用于微软的 Windows Phone 手机操作系统的应用程序使用 Silverlight for Windows Phone 应用程序。这些应用程序都与手机操作系统紧密集成，无法适用于安装其他操作系统的手机。

1.6.3　Metro 样式的应用程序

Metro 样式的应用程序（也叫 Windows 应用商店应用程序）是微软针对 Windows 8 操作系统推出的一种新的编程模型，在其他操作系统上无法运行。

随着 WPF 和 Silverlight 在使用上的区别越来越难以区分，Metro 样式的应用程序可以说是提供了一个将两种 XAML 技术"合二为一"的解决方案。

微软公司之所以推出 Windows 8，是希望让桌面计算机、平板电脑、移动手机、电视机，以及车载导航仪和娱乐设备等都使用同一个内核 API。而 Windows 8 是首次使用该内核的操作系统，可将 Windows 8 操作系统安装到桌面计算机和平板电脑上。Windows Phone 8 也是首次使用该内核的操作系统，可以安装到手机等其他设备上。目前已经有多家大型服务商将该系统作为预装的手机操作系统，如诺基亚、三星等。

Metro 样式应用程序的开发思路就是不论是 Windows 8 还是 Windows Phone 8，都可以用 XAML、HTML5 以及 C#、C++、C、VB、JavaScript 等编程语言调用相同的 API，这个相同的 API 称为 Windows Runtime APIs，简称 WinRT。

在 Windows 8 操作系统上，DirectX 成为操作系统的原生（Native）核心实现，就像 Win32 是 Windows XP、Windows 7 的原生核心实现一样。换句话说，Windows 8 将 WinRT 作为内核提供的核心 API 之后，C#、C、C++以及 VB 都具有同等的地位和运行效率，即都可以用于开发桌面计算机、平板电脑、手机、电视机以及车载导航和娱乐设备等应用程序，并且都可以直接调用操作系统级别的 API，如图 1-12 所示。

图 1-12　Windows 8 操作系统下 Metro 样式的应用程序开发模式

　　Windows 8 操作系统的这种设计模型意味着什么呢？对于 C#开发人员来说，它打破了 C#只能运行基于.NET 框架的应用程序这种限制，同时又保持了 C/C++、Java、VB、JavaScript 等其他语言无法比拟的简洁、优雅的语法和快速开发的特点。或者说，原来只能用 C++才能实现的底层开发以及嵌入式开发等功能，在 Windows 8 操作系统下也可以用 C#来直接轻松实现了，而不必再通过调用 C++程序与操作系统的底层功能进行交互。

　　但是，也正是因为这个原因，在 Windows 8 操作系统上开发的 Metro 样式的应用程序无法在其他操作系统上运行，这是一种操作系统级别的革命，无论是最终用户还是应用程序开发人员，都必然会有短暂的不适应。

　　当然，如果不是开发 Metro 样式的应用程序，而是其他的应用程序类型，VS2012 仍继续提供可以在 Windows XP、Windows 7、Windows 8 等操作系统上运行的应用程序开发模板，包括 Windows 窗体应用程序、ASP.NET Web 应用程序、WPF 应用程序、Silverlight 应用程序等。换言之，在 VS2012 中，除了.NET 被升级到 4.5 版本、ASP.NET 内置了 HTML5 以及 MVC 4、C#增加了异步编程关键字之外，桌面应用程序原有的各种开发模式基本上没有什么大的变化，但程序调试功能、运行性能以及方便性都比 VS2010 增强了很多。

　　另外需要说明的是，Windows 7 操作系统属于桌面操作系统，不能将其安装到平板电脑上，而对于更早期的 Windows XP 操作系统来说，由于其性能提升非常困难，目前正在迅速被市场淘汰，用户量也正在急速减少。

　　但是，考虑到 Windows 8 操作系统的全面流行尚需时日，用户更新操作系统的成本也比较高，而且还有操作习惯的问题，这些因素都会延迟用户更新操作系统到 Windows 8 的时间，特别是对于高校来说，更新操作系统到 Windows 8 的时间会更晚些。所以本书介绍 C#和 XAML 编程方法时，仍以目前流行的 Windows 7 操作系统为主要开发环境，但这些应用程序在 Windows 8 操作系统上一样可以调试和运行。

　　实际上，只要掌握了 C#基本编程方法和 XAML 开发技术，就能很容易地开发在 Windows 8 操作系统上运行的 Metro 样式的应用程序。另外，Web 应用程序开发人员只要学习过 HTML、CSS 以及 JavaScript，也能非常容易地立即开发 Metro 样式的 Web 应用程序。

1.7　独立应用程序和浏览器运行的应用程序

　　承担一个应用项目后，根据软件部署环境来选择合适的应用程序编程模板非常重要。如果开发语言和模板选择正确，很多功能就可以用很简单的代码去实现，效率高，周期短，功能稳定，扩展也很方便。反之，如果模板选择得不合适或者开发语言和工具选择得不合适，虽然也可以勉强实现要求的功能，但很可能会走很多弯路。比如，需要靠在开发环境下安装很多第三方插件才能实现的功能（特别是个人版的免费插件，其开发初衷只是为了分享一种设计思路和基本实现让其他初学者学习和借鉴，所以不可能像专业软件那样所有功能都经过严格的测试，有 bug 也就在所难免），如果开发人员不是深刻理解这些开源的代码精髓，而是为了赶项目进度而直接拿来使用，就会让开发的系统变得臃肿、难维护、难扩展，而且还容易引起系统的不稳定。不但欲速而不达，延长项目开发周期，同时还会给系统的安装和部署带来很大难度。

1.7.1 服务器操作系统和客户端操作系统的分类

开发一个应用程序项目时，必须考虑用户使用的是哪种操作系统，以便有针对性地最大化发挥操作系统本身的性能优势。

当然，对于性能要求不高的应用程序（比如管理类应用项目），由于所有操作系统都具有这些基本功能的支撑，此时选择能跨各种操作系统平台的语言和开发工具以最大化用户群也是一种优先考虑的方向。但如果需求对性能的要求比较高，这时跨各种操作系统平台就不一定是一种万全的办法，这时建议将用户会使用哪种操作系统作为最优先考虑的因素，在此基础上，再考虑选择哪种开发工具比较合适。

1. 服务器操作系统和 Web 服务器

目前服务器使用的操作系统有两大类，一类是商业版操作系统（Windows 系列的有 Windows Server 2008、Windows Server 2012 等，Unix 系列流行的有 HPUX、AIX 等），另一类是完全免费或者部分免费的操作系统（主要是 Linux 系列的操作系统，如 Ubuntu、OpenSUSE、RedHat、CentOS 等）。

目前流行的 Web 服务器主要有如下一些。

- IIS：商业版 Web 服务器，适用于商业版 Windows 系列的服务器操作系统。
- IIS Express：免费版 Web 服务器，用 C#语言和 VS2012 调试 Web 应用程序或者 Silverlight 应用程序时，默认的 Web 服务器是 IIS Express，在实际部署时再改用商业版的 IIS 即可。
- Apache：免费版 Web 服务器，内置.NET 框架和 JRE，可部署基于.NET 的 Web 应用程序，也可部署基于 Java 的 Web 应用程序。操作系统一般用 Linux 系列。
- Tomcat：免费版 Web 服务器，用 Java 语言和 Eclipse 开发工具常用的调试环境。可在实际部署时再改用商业版 Web 服务器。
- Web Logic：商业版 Web 服务器，适用于商业版 HPUX 操作系统。
- Web Sphere：商业版 Web 服务器，适用于商业版 AIX 操作系统。

除了这些流行的 Web 服务器之外，还有其他一些颇受欢迎的 Web 服务器，如 Nginx，此处不再介绍。

2. 客户端操作系统和桌面浏览器

客户端使用的桌面操作系统也有两大类，一类是商业版操作系统（Windows 系列的有 Windows 7、Windows 8、Windows XP 等，Linux 系列流行的有如 Ubuntu、红旗、OpenSUSE 等），另一类是完全免费或者部分免费版（主要是 Linux 系列的操作系统，如 Ubuntu、OpenSUSE、RedHat、CentOS 等）。部分免费是指操作系统服务商每年收取一定的服务费。

对绝大部分用户来说，他们实际上并不关心服务器端使用的是哪种 Web 服务器，而是只关心在自己机器上安装的操作系统和浏览器是否好用，速度是否快，性能是否稳定。

目前比较流行的浏览器有如下一些。

IE（10.0、9.0）：在 Windows 8、Windows 7 操作系统上能发挥最大性能。

Firefox：分别提供 Firefox for Windows、Firefox for Linux 版本。

Chrome：分别提供 Chrome for Windows、Chrome for Linux 版本。

除了这 3 种最流行的浏览器之外，还有其他的一些浏览器，这里不再介绍。

1.7.2　独立应用程序的部署和运行

独立应用程序是指安装后可独立运行，即通过开始菜单、桌面或者任务栏上提供的快捷方式来运行，而不是通过浏览器运行的应用程序。

一般用独立应用程序编写 C/S 模式（客户端/服务器模式）的应用程序，C/S 模式要求开发人员分别编写服务器程序和客户端程序。

用 WPF 应用程序模板、Windows 窗体应用程序模板以及控制台应用程序模板开发的程序都是独立应用程序。

对于独立应用程序，有两种部署办法：ClickOnce 部署或者 Windows Installer 部署。

1. ClickOnce 部署

ClickOnce 部署是建议的部署办法，技术先进，客户端能够自动升级。

用 C#开发的独立应用程序一般都采用 ClickOnce 部署。具体步骤是：程序编写完成后，利用 ClickOnce 发布，并将发布后的软件部署在 Web 服务器上，同时在 Web 服务器上提供一个下载页面让有下载权限的用户（由付费或免费决定）通过浏览器下载。之后应用程序即可安装和在客户端机器上独立运行。

以后升级版本时，只需要将新版软件继续使用 ClickOnce 发布并部署在 Web 服务器上即可（不需要卸载现有版本），服务器部署后客户端就能自动检测到新版本并自动升级。编写应用程序时，还可以通过代码控制自动升级时是否提示用户，如果用户选择不升级，还能继续使用现有的版本。

2. Windows Installer 部署

Windows Installer 是传统的部署办法，该技术推出得比较早，早期编写的软件大部分使用的都是这种办法。

为了和传统的技术兼容，用 C#编写的独立应用程序一样也可以采用这种部署形式。具体步骤是：程序编写完成后，制作一个安装程序。如果用户数很少，就直接安装到用户的机器上。如果用户数很多，就将安装程序压缩为一个文件，并在 Web 服务器上提供一个下载页面，让用户通过浏览器下载后安装，然后应用程序直接在客户端机器上独立运行。以后升级时，要求用户先卸载旧版本，然后再安装升级版本。

传统的商业经营模式一般都是将安装程序复制到光盘上销售，然后在用户的机器上运行安装程序完成部署。现代的经营模式基本上都是在 Web 服务器上提供一个下载页面，让有下载权限的用户通过浏览器下载和安装。

用 Windows Installer 部署的应用程序一般无法多个版本共存。

3. 独立应用程序的运行权限

无论是使用 ClickOnce 部署还是使用 Windows Installer 部署，独立应用程序都要求必须以用户完全信任的方式运行。

用 Windows Installer 部署的独立应用程序，安装时会自动被授予用户完全信任的权限，也就是说，它能对本机进行不受限制的访问。

用 ClickOnce 部署的独立应用程序，安装时默认不自动授予完全信任的权限，当用户下载并安装应用程序时，系统会自动显示一个安全警告对话框，用户接受后应用程序才能继续安装并被授予完全信任，否则放弃安装。

1.7.3 Web 应用程序的部署和运行

Web 应用程序部署在 Web 服务器上，客户端只能通过浏览器访问 Web 应用程序。

如果希望应用程序真正跨 Windows、Linux 等所有操作系统平台，使用 VS2012 开发应用程序时，应该使用基于 HTML、CSS、JavaScript 的 Web 应用程序，这些应用程序发布后，传送到客户端的都是符合通用 Web 标准的代码，因而能被安装在各种操作系统上的客户端浏览器访问。

用 VS2012 开发在服务器上运行的 Web 应用程序时，Windows 服务器操作系统建议使用 IIS 作为 Web 服务器，Linux 服务器操作系统建议使用 Apache 作为 Web 服务器。而客户端对操作系统以及浏览器都没有限制。

程序编写完成后，利用 ClickOnce 发布，并将发布后的软件部署在 Web 服务器上。部署后客户端即可通过各种浏览器直接访问。这类应用程序使用【ASP.NET Web 应用程序】模板或者【ASP.NET MVC 4 Web 应用程序】模板均可。

如果希望是手机操作系统不受限制，建议使用【ASP.NET MVC 4 Web 应用程序】模板。

习　　题

1. 什么是命名空间？命名空间和类库的关系是什么？
2. 举例说明 using 关键字有哪些主要用途。
3. 分别写出下列语句执行的结果。

（1）Console.WriteLine("{0}--{0:p}good",12.34F);

（2）Console.WriteLine("{0}--{0:####}good",0);

（3）Console.WriteLine("{0}--{0:00000}good",456);

第2章
基本数据类型和流程控制语句

任何一种应用程序，都是由数据类型和语句组合而成的。这一章我们主要通过控制台应用程序和 Windows 窗体应用程序学习 C#数据类型和流程控制语句的基本用法，这些基本用法在其他应用程序编程模型中同样适用。

2.1   数据类型和运算符

数据类型、运算符和表达式是构成 C#代码的基础。这一节我们主要学习 C#数据类型的划分以及常用的运算符和表达式。

2.1.1   C#的类型系统

C#语言的类型系统除了通过.NET 框架提供了一些内置的数据类型外，还允许开发人员用类型声明（type declaration）来创建自定义的类型，包括类类型（简称类）、结构类型（简称结构）、接口类型（简称接口）、枚举类型（简称枚举）、数组类型（简称数组）和委托类型（简称委托）等。

1. 类型划分

不论是内置的类型还是开发人员自定义的类型，这些类型从大的方面来看可分为两种，一种是值类型，另一种是引用类型。如表 2-1 所示。

表 2-1 C#类型系统的划分

类　别		说　明
值类型	简单类型	有符号整型：sbyte、short、int、long 无符号整型：byte、ushort、uint、ulong Unicode 字符：char IEEE 浮点型：float、double 高精度小数型：decimal 布尔型：bool
	枚举	enum E {...}形式的用户自定义的类型
	自定义结构类型	struct S {...}形式的用户自定义的类型
	可空类型	具有 null 值的值类型的扩展，例如： int? i=null; //int?表示可以为 null 的 int 类型

类　别		说　明
引用类型	类	所有其他类型的最终基类：object Unicode 字符串：string class C {...}形式的用户自定义的类型
	接口	interface I {...}形式的用户定义的类型
	数组	一维和多维数组，例如 int[ ]和 int[,]
	委托	delegate int D(...)形式的用户定义的类型

可以为 null 的值类型一般用于处理数据库中未赋值的数据。

2．值类型和引用类型的区别

值类型和引用类型的区别在于，值类型变量直接在堆栈中保存变量的值，引用类型的变量在堆栈保存的是对象的引用地址。

当把一个值类型的变量赋给另一个值类型的变量时，系统会在堆栈（stack）中保存两个完全相同的值；而把一个引用变量赋给另一个引用变量，在堆栈中的两个值虽然相同，但是由于这两个值都是堆（heap）中对象的引用地址，所以实际上引用的是同一个对象。

进行数据操作时，对于值类型，由于每个变量都有自己的值，因此对一个变量的操作不会影响到其他变量；对于引用类型的变量，对一个变量的数据进行操作就是对这个变量在堆中的数据进行操作，如果两个引用类型的变量引用同一个对象，对一个变量的操作同样也会影响另一个变量。

表 2-2 所示为值类型和引用类型的区别。

表 2-2　　　　　　　　　值类型和引用类型的区别

特　性	值 类 型	引用类型
变量中保存的内容	实际数据	指向实际数据的引用指针
内存空间配置	堆栈（stack）	受管制的堆（managed heap）
内存需求	较少	较多
执行效率	较快	较慢
内存释放时间点	超过变量的作用域时	由垃圾回收机制负责回收

在 C#语言中，不论是值类型还是引用类型，其最终基类都是 Object 类（也可以用小写的 object）。例如，值类型都是从 System.ValueType 派生的，而 System.ValueType 是从 System.Object 派生的，所以值类型的最终基类也都是 System 命名空间下的 Object 类。

2.1.2　常量与变量

不论是常量还是变量，其名称都是以字母或者下画线开头，后跟字母或数字的组合。

1．常量

对于固定不变的、多个地方都需要使用的常数，在程序中一般用常量来表示。这样可以让程序容易阅读和理解，修改常量的值也比较方便。

C#用 const 关键字声明常量。例如：

```
const int pi=3.1415927;
```

对程序进行编译的时候，编译器会把所有声明为 const 的常量全部替换为实际的常数。

2. 变量

变量通常用来表示一个数值、一个字符串值，或者一个类的实例。变量存储的值可能会发生更改，但变量名保持不变。

下面的例子说明了如何声明变量：

```
int a = 100;                        //声明一个整型变量 a，并赋初值为 100
```

或者：

```
int a;                              //声明一个整型变量 a
a = 100;                            //为整型变量 a 赋值为 100
```

也可以把多个变量的声明和初始化用一条语句完成，各个变量之间用逗号分隔。例如：

```
int a = 100, b, c = 200,d;          //声明整型变量 a、b、c、d，并将 a 赋值 100，c 赋值 200
```

3. 匿名类型的局部变量

如果是局部变量，在 C#中还可以用 var 来声明其类型，当开发人员记不清楚它到底是哪种数据类型时，使用 var 声明非常方便。实际上采用这种方式声明的仍然是一种强类型的数据，只是具体的类型由编译器负责推断而已。例如：

```
var key = Console.ReadKey();
```

这条语句和下面的语句是等价的：

```
ConsoleKeyInfo key = Console.ReadKey();
```

显然，用 var 声明要方便得多。

2.1.3　运算符与表达式

表达式由操作数和运算符构成。

1. 运算符

按操作数的个数来分，C#语言提供了 3 大类运算符。

一元运算符：只带一个操作数的运算符称为"一元"运算符，如 i++。

二元运算符：带有两个操作数的运算符称为"二元"运算符，如 x + y。

三元运算符：带有三个操作数的运算符称为"三元"运算符。

表 2-3 所示为 C#提供的常用运算符及其说明。

表 2-3　　　　　　　　　　　　　常用运算符

运算符类型	说　　明
点运算符	指定类型或命名空间的成员，如 System.Console.WriteLine("hello");
圆括号运算符( )	有 3 个用途：（1）指定表达式运算顺序；（2）用于显示转换；（3）用于方法或委托，即将参数放在括号内

方括号运算符[ ]	（1）用于数组和索引。例如：
	　　int[ ] a; a = new int[100]; a[0] = a[1] = 1;for (int i = 2; i < 100; ++i) a[i] = a[i - 1] + a[i - 2];
	（2）用于特性（Attribute）。例如： [Conditional("DEBUG")] void TraceMethod( ) {}
	（3）用于指针（非托管模式）。例如：
	　　unsafe void M( )
	　{　int[ ] nums = {0,1,2,3,4,5};
	　　fixed (int* p = nums)
	　{　p[0] = p[1] = 1;
	　　　for(int i=2; i<100; ++i) p[i] = p[i-1] + p[i-2];
	　}
	　}

续表

运算符类型	说　　明
new 运算符	（1）用于创建对象和调用构造函数，如 Class1 obj ＝ new Class1( ); （2）用于创建匿名类型的实例
递增递减运算符	"++"运算符将变量的值加 1，如 x++;　++x;　"--"运算符将变量的值减 1，如 x--;　--x;
赋值运算符	=、+=、-=、*=、/=、%=、<<=、>>=、&=、^=、|= 例如：x += y 相当于 x=x+y;　x << y 相当于 x = x <<y
算术运算符	加（+）、减（-）、乘（*）、除（/）、求余数（%），如 x % y

关系运算符	大于（>）、小于（<）、等于（==）、不等于（!=）、小于等于（<=）、大于等于（>=）
	例如 if(x>=y)x++;
	if(x==y)x++;
	if(x!=y)x--;

条件运算符	&& 条件"与"，如 x && y 的含义是仅当 x 为 true 时计算 y || 条件"或"，如 x||y 的含义是仅当 x 为 false 时计算 y ?:
?? 运算符	如果类不为空值时返回它自身，如果为空值则返回之后的操作。例如： int j = i ?? 0;　//如果 i 不为 null，则 j 为 i，否则 j 为 0
?:运算符	三元运算条件，如 a = x ? y : z 的含义是如果 x 为 true 则 a 为 y，如果 x 为 false 则 a 为 z
逻辑运算符 （按位操作运算 符）	逻辑与（&）、逻辑或（|）、逻辑非（!）、逻辑异或（^） 按位求反（~）、逻辑左移（<<）、逻辑右移（>>） 如 x << y 含义是将 x 向左移动 y 位
typeof 运算符	获取类型的 System.Type 对象，如 System.Type type = typeof(int);
is 运算符	检查对象是否与给定类型兼容，x is T 含义为如果 x 为 T 类型，则返回 true；否则返回 false 例如：static void Test(object o) { if (o is Class1) { a = (Class1)o; }
as 运算符	x as T 含义为返回类型为 T 的 x，如果 x 不是 T，则返回 null。例如： Class1 c = new Class1( ); Base b = c as Base; if (b != null){……}

　　当一个表达式包含多个操作符时，表达式的值就由各操作符的优先级决定。如果搞不清楚操作符的运算优先级，编程时最好采用小括号"( )"进行指定，以保证运算的顺序正确无误，也可使程序看起来一目了然。

2. 表达式

　　表达式是可以计算且结果为单个值、对象、方法或命名空间的代码片段。

　　表达式可以使用运算符，而运算符又可以将其他表达式用作参数，或者使用方法调用，而方法调用的参数又可以是其他方法调用，因此表达式既可以非常简单，也可以非常复杂。

　　例如，x+y 是最简单的表达式之一，它既可以表示两个值类型的数据相加，又可以表示两个字符串连接；而(x+y>z) && (x>y)则是稍微复杂的表达式，其实际含义是：如果 x 加 y 大于 z 并且 x 大于 y，则结果为 true，否则结果为 false。

　　C#语言的表达式与 C、C++、Java 的表达式都非常相似，所以这里不再过多介绍。

2.2　简　单　类　型

　　简单类型包括整型、浮点型、布尔型和字符型，这些都属于内置的值类型。

2.2.1　整型

在计算机组成原理中，我们学习过定点数。在 C#中，用整型来表示定点整数。

根据变量在内存中所占的位数不同，C#语言提供了 8 种整数类型，分别表示 8 位、16 位、32 位和 64 位有符号和无符号的整数值。其表示形式及取值范围如表 2-4 所示。

表 2-4　　　　　　　　　　　　　　整数类型表示形式及取值范围

类　型	说　　明	取值范围	常数指定符
Sbyte	1 字节有符号整数（8 位）	$-2^7 \sim +(2^7-1)$，即$-128 \sim +127$	
Byte	1 字节无符号整数（8 位）	$0 \sim (2^8-1)$，即 $0 \sim 255$	
Short	2 字节有符号整数（16 位）	$-2^{15} \sim +(2^{15}-1)$，即$-32\ 768 \sim +32\ 767$	
ushort	2 字节无符号整数（16 位）	$0 \sim (2^{16}-1)$，即 $0 \sim 65\ 535$	
Int	4 字节有符号整数（32 位）	$-2^{31} \sim +(2^{31}-1)$ 即$-2\ 147\ 483\ 648 \sim +2\ 147\ 483\ 647$	如果是十六进制数需要加 0x 前缀
Uint	4 字节无符号整数（32 位）	$0 \sim (2^{32}-1)$，即 $0 \sim 4294967295$	后缀：U 或 u
Long	8 字节有符号整数（64 位）	$-2^{63} \sim +(2^{63}-1)$，即$-9\ 223372036854775808 \sim +9\ 223372036854775807$	后缀：L 或 l
Ulong	8 字节无符号整数（64 位）	$0 \sim (2^{64}-1)$，即 $0 \sim 18446744073709551615$	后缀：UL 或 ul

类型指定符用于赋值为常数的情况，指定符放在常数的后面，大小写均可。如果在给变量赋常数值时没有使用类型指定符，则默认将 int 类型的数值隐式地转换为该类型进行赋值。例如：

```
long y = 1234;          //int 型的数值 1234 隐式地转换为 long 类型
```

由于小写字母容易和数字混淆，所以 Uint、Long、Ulong 类型的常量指定符一般都用大写字母。例如：

```
long x = 1234L;
```

给变量赋值时，可采用十进制或十六进制的常数。如果是十六进制常数，在程序中必须加前缀 "0x"。例如：

```
long x = 0x12ab;        //声明一个长整型变量 x，并为其赋值为十六进制的数据 12AB
```

2.2.2　浮点型

C#语言中的浮点类型有 float、double 和 decimal，它们均属于值类型，如表 2-5 所示。

表 2-5　　　　　　　　　　　　　　浮点型表示形式

类型表示	说　　明	精　　度	取值范围	类型指定符
float	4 字节 IEEE 单精度浮点数	7	$1.5 \times 10^{-45} \sim 2.4 \times 10^{38}$	F 或 f
double	8 字节 IEEE 双精度浮点数	15 ~ 16	$5.0 \times 10^{-324} \sim 1.7 \times 10^{308}$	D 或 d
decimal	16 字节浮点数	28 ~ 29	$1.0 \times 10^{-28} \sim 7.9 \times 10^{28}$	M 或 m

在计算机内部，float 和 double 分别使用 32 位单精度和 64 位双精度的 IEEE 754 格式表示。程序员可以使用下面的几种形式给浮点型变量赋值：

```
float x = 2.3f;         //x 的值为 2.3，由于不加后缀默认为 double 型，所以需要加 f 后缀
double y = 2.7;         //y 的值为 2.7
```

```
double z = 2.7E+23;    //z 的值为 2.7×10²³，这是一种科学表示法
```

对于实数来说，如果常数后没有后缀，默认为 double 类型，double 类型也可以加 D 或 d 后缀。例如 15d、1.5d、1e10d 和 122.456D 都是 double 类型。

注意在实数中，小数点后必须始终是十进制数字。例如，1.3F 是实数（F 表示该数为 float 类型的常数），但 1.F 不是，因为 F 不是十进制数字。

小数型（decimal）是一种特殊的浮点型数据，它的特点是精度高，但表示的数值范围并不大。从计算机内部结构来讲，就是它的尾数部分位数多，而阶码部分的位数并不多。这种类型特别适用于财务和货币计算等需要高精度数值计算的领域。例如：

```
decimal myMoney = 300.5M;
decimal y = 999999999999999999999999999M;
decimal x = 122.123456789123456789M;
```

2.2.3　布尔型（bool）

布尔型用 bool 表示，bool 类型只有两个值：true 和 false。例如：

```
bool myBool = false;
bool b = (i>0 && i<10);
```

在 C#语言中，条件表达式的运算结果必须是 bool 型的，如以下用法是错误的：

```
int i = 5, j = 6;
if(i) j += 10;   //错误
if(j = 15) j += 10;  //错误
```

正确用法应该是：

```
int i = 5, j = 6;
if(i != 0) j += 10;
if(j == 15) j += 10;
```

2.2.4　字符（char）

字符类型属于值类型，用 char 表示，表示单个 Unicode 字符。一个 Unicode 字符的标准长度为两字节。字符型常量用单引号引起来，例如：

```
char c1 = 'A';
```

C#语言中还可以使用十六进制的转义符前缀（"\x"）或 Unicode 表示法前缀（"\u"）表示字符型常量，例如：

```
char c2 = '\x0041';    //字母 "A" 的十六进制表示
char c3 = '\u0041';    //字母 "A" 的 Unicode 编码表示
```

对于一些特殊字符，包括控制字符和图形符号，一样可以用转义符来表示。表 2-6 所示为常用的转义符。

表 2-6　　　　　　　　　　　　　　　常用的转义符

转　义　符	字　　　符	十六进制表示
\'	单引号	0x0027
\"	双引号	0x0022
\\	反斜杠	0x005C
\0	空字符	0x0000
\a	发出一声响铃	0x0007

续表

转 义 符	字　　符	十六进制表示
\b	退格	0x0008
\r	回车	0x000D
\n	换行	0x000A

除了这些特殊字符外，其他的字符不需要使用转义符。

2.2.5　枚举（enum）

枚举类型表示一组同一类型的常量，其用途是为一组在逻辑上有关联的值一次性提供便于记忆的符号，从而使代码的含义更清晰，也易于维护。

在 C#语言中，可以将一组常量用一个类型来表示，该类型称为枚举类型，简称枚举。

下面的代码定义一个称为 MyColor 的枚举类型：

```
public enum MyColor{ Red, Green, Blue}
```

这行代码的含义是：定义一个类型名为 MyColor、基础类型是 int 的枚举类型。它包含 3 个常量名：Red、Green、Blue。3 个常量都是 int 类型，常量值分别为：0、1、2。

上面这行代码也可以写为

```
public enum MyColor{ Red=0, Green=1, Blue=2}
```

定义枚举类型时，枚举中的所有常量值必须是同一种基础类型。基础类型只能是 8 种整型类型之一，如果不指定基础类型，默认为 int 类型。

如果希望基础类型不是 int 类型，定义时必须用冒号指定是哪种基础类型。例如：

```
public enum Number:byte{x1=3, x2=5};
```

该枚举类型定义了两个常量 x1、x2，两个常量都是 byte 类型，常量值分别为 3、5。

也可以在定义时只指定第 1 个常量的值，此时后面的常量值会自动递增 1。例如：

```
public enum MyColors{ Red=1, Green, Blue}   // Red: 1,Green: 2,Blue: 3
public enum Number:byte{x1 = 254,x2};       //x1:254,x2:255
```

注意下面的写法是错误的：

```
enum Number:byte{x1 = 255,x2};
```

这是因为 x1 的值为 255，x2 递增 1 后应该是 256，而 byte 类型的取值范围是 0~255，所以这条语句会产生编译错误。

不过，一般不需要指明基础类型，也不需要指明各个常量的值。默认情况下，系统使用 int 型作为基础类型，且第一个元素的值为 0，其后每一个元素的值依次递增 1。例如：

```
public enum Days {Sun,Mon,Tue };           //Sun:0,Mon:1,Tue:2
```

这条语句定义了一个类型名为 Days 的枚举类型。

枚举类型定义完成后，就可以像声明任何一种类型那样声明枚举类型的变量，并可以用"枚举类型名.常量名"的形式使用每个枚举值。例如：

```
MyColor color= MyColor.Red;
```

也可以使用显式转换将枚举值转换为整型值，反之亦然。例如：

```
int i = (int)Days.Tue;      //相当于 int i = 2;
Days day = (Days)2;         // 相当于 Days day = Days.Tue;
```

使用枚举的好处是可以利用.NET 框架提供的 Enum 类的一些静态方法对枚举类型进行各种操

作。例如，当我们希望将枚举定义中的所有成员的名称全部显示出来供用户选择，此时可以用 Enum 类提供的静态 GetNames 方法来实现。

下面通过例子说明枚举的基本用法。

【例 2-1】 定义一个 MyColor 枚举类型，然后声明 MyColor 类型的变量，通过该变量使用枚举值。再通过 Enum 类提供的静态 GetNames 方法将 MyColor 的所有枚举值全部显示出来。

（1）运行 VS2012，单击【新建项目】按钮，在弹出的窗体中，选择【控制台应用程序】模板，将解决方案名改为 ch02，项目名改为 ConsoleExamples，修改项目保存的位置为合适的文件夹位置（如 E:\V3CSharp），输入完毕后单击【确定】按钮。

（2）在项目下添加一个名为 Examples 的文件夹。

（3）在 Examples 文件夹下添加一个名为 enumExample.cs 的类，将代码改为下面的内容。

```csharp
......
namespace ConsoleExamples.Examples
{
    /// <summary>
    /// 自定义颜色
    /// </summary>
    public enum MyColor
    {
        /// <summary>
        /// 黑色
        /// </summary>
        Black,
        /// <summary>
        /// 白色
        /// </summary>
        White,
        /// <summary>
        /// 蓝色
        /// </summary>
        Blue
    };
    class enumExample
    {
        public enumExample()
        {
            MyColor myColor = MyColor.Black;
            //输出枚举值
            Console.WriteLine(myColor);
            //获取枚举类型中定义的所有符号名称
            string[] colorNames = Enum.GetNames(typeof(MyColor));
            //输出所有枚举成员
            Console.WriteLine(string.Join(",", colorNames));
            Console.ReadKey();
        }
    }
}
```

（4）在 Program.cs 文件中，添加下面的引用。

```csharp
using ConsoleExamples.Examples;
```

（5）将 Program.cs 文件的 Main 方法改为下面的内容。

```
static void Main(string[] args)
{
    while (true)
    {
        Console.Clear();
        Console.WriteLine("请选择: ");
        Console.WriteLine("0: 退出");
        Console.WriteLine("1: enumExample");
        var key = Console.ReadKey(true);  //true 表示不显示输入的字符
        Console.WriteLine("{0}{1}{0}{0}", new string('_', 5), key.KeyChar);
        switch (key.KeyChar)
        {
            case '0': return;
            case '1': enumExample p = new enumExample(); break;
        }
    }
}
```

这段代码中使用了 switch 语句，在后面的例子中，还会在此基础上继续添加更多的选项和判断条件。

（6）按<F5>键调试运行，输出结果如图 2-1 所示。

在这个例子中，为 MyColor 枚举添加了 XML 注释，目的是为了我们在 Main 方法中调用 MyColor 时能看到智能提示。实际上，类、接口、委托、枚举、字段、方法、属性等都可以按这种方式添加 XML 注释。

图 2-1　例 2-1 的运行效果

添加 XML 注释是在程序中输入代码时能看到智能提示的主要手段，在实际的项目中，要养成对类、接口、委托、枚举、字段、方法、属性都添加 XML 注释的好习惯。为了节省篇幅，本书以后不再对每个例子都添加 XML 注释，但绝不意味着 XML 注释不重要。

添加 XML 注释时，一定要先定义，然后再在定义的上面按 3 个斜杠（///）添加注释，而不应先输入 XML 注释后再定义。

另外，如果输入源代码时格式比较混乱，希望快速调整源程序的格式，可将源程序文件中的最后一个右大括号删除，然后再键入刚删除的右大括号，此时该文件内整个源程序就会按格式自动重新排列。

2.2.6　可空类型

可空类型表示可以包含 null 的值类型。例如 int?读作"可以为 null 的 Int32 类型"，就是说可以将其赋值为任一个 32 位整数值，也可以将其赋值为 null。

下面是可空类型的示例：

```
int? age = 0;
int? n = null;
double? d = 4.108;
bool? isFlag = false;
```

在处理数据库中元素的数据类型时，可以为 null 的值类型特别有用。例如，数据库中的布尔型字段可以存储值 true 或 false，但是如果该字段未定义，则用 null 表示。

2.3 字　符　串

在 C#语言中，字符串是由一个或多个 Unicode 字符构成的一组字符序列。

C#中定义了一个引用类型的 String（第 1 个字母大写）或者 string（第 1 个字母小写）。利用 string（或者 String）类型，可以方便地实现字符串的定义、复制、连接等各种操作。用 string 声明字符串变量，和使用 String 声明字符串变量效果完全相同。

2.3.1　字符串的创建与表示形式

string 类型的常量用双引号将字符串引起来。例如：

```
string str1 = "ABCD";
string str2 = mystr1;
int i = 3;
string str3 = str1 + str2;
string str4 = str1 + i;
```

创建字符串的方法有多种，最常用的一种是直接将字符串常量赋给字符串变量，例如：

```
string s1 = "this is a string.";
```

另一种常用的操作是通过构造函数创建字符串类型的对象。下面的语句通过将字符 'a' 重复 4 次来创建一个新字符串：

```
string s2 = new string('a',4);                    //结果为 aaaa
```

也可以直接利用格式化输出得到希望的字符串格式。例如：

```
string s = string.Format("{0, 30}", ' ');     //s 为 30 个空格的字符串
string s1 = string.Format("{0, -20}", "abc");  //s1 为左对齐长度为 20 的字符串
```

和 char 类型一样，字符串也可以包含转义符。例如下面表示法中的两个连续的反斜杠看起来很不直观：

```
string filePath = "C:\\CSharp\\MyFile.cs";
```

为了使表达更清晰，C#规定：如果在字符串常量的前面加上@符号，则字符串内的所有内容均不再进行转义，例如：

```
string filePath = @"C:\CSharp\MyFile.cs";
```

这种表示方法和带有转义的表示方法效果相同。

需要注意的是，string 是 Unicode 字符串，即每个英文字母占两个字节，每个汉字也是两个字节。也就是说，计算字符串长度时，每个英文字母的长度为 1，每个汉字的长度也是 1。例如：

```
string str = "ab 张三 cde";
Console.WriteLine(str.Length);                    //输出结果：7
```

2.3.2　字符串的常用操作方法

任何一个应用程序，都离不开对字符串的操作，因此掌握常用的字符串操作方法，是进行 C# 程序设计的基本要求。

字符串的常用操作有字符串比较、查找、插入、删除、替换，求子串、移除首尾字符、合并与拆分字符串以及字符串的大小写转换等。

1．字符串比较

要精确比较两个字符串的大小，可以用 string.Compare(string s1,string s2)方法，它返回 3 种可能的结果：

如果 s1 大于 s2，结果为 1；

如果 s1 等于 s2，结果为 0；

如果 s1 小于 s2，结果为-1。

例如：

```
string s1 = "this is a string.";
string s2 = s1;
string s3 = new string('a',4);
Console.WriteLine(string.Compare(s1,s2));    //结果为 0
Console.WriteLine(string.Compare(s1,s3));    //结果为 1
Console.WriteLine(string.Compare(s3,s1));    //结果为-1
```

另外，还可用 string.Compare（string s1,string s2,bool ignoreCase）方法比较两个字符串大小以决定是否区分大小写。

如果仅仅比较两个字符串是否相等，最好直接使用两个等号或者用 Equals 方法来比较。例如：

```
Console.WriteLine(s1 == s2);                 //结果为 True
Console.WriteLine(s1.Equals(s2));            //结果为 True
```

对于引用类型的对象来说，"=="是指比较两个变量是否引用同一个对象，要比较两个对象的值是否完全相同，应该使用 Equals 方法。但是对于字符串来说，"=="和 Equals 都是指比较两个对象的值是否完全相同。之所以这样规定，主要是因为字符串的使用场合比较多，用"=="书写起来比较方便。

2．字符串查找

除了可以直接用 string[index]得到字符串中第 index 个位置的单个字符外（index 从 0 开始编号），还可以使用下面的方法在字符串中查找指定的子字符串。

（1）Contains 方法

Contains 方法用于查找一个字符串中是否包含指定的子字符串，语法为

```
public bool Contains( string value )
```

例如：

```
if(s1.Contains("abc")) Console.WriteLine("s1 中包含 abc");
```

（2）StartsWith 方法和 EndsWith 方法

StartsWith 方法和 EndsWith 方法用于从字符串的首或尾开始查找指定的子字符串，并返回布尔值（true 或 false）。例如：

```
string s1 = "this is a string";
Console.WriteLine(s1.StartsWith("abc"));     //结果为 False
Console.WriteLine(s1.StartsWith("this"));    //结果为 True
Console.WriteLine(s1.EndsWith("abc"));       //结果为 False
Console.WriteLine(s1.EndsWith("ing"));       //结果为 True
```

输出结果中的 True、False 是布尔值 true、false 转换为字符串的输出形式。

（3）IndexOf 方法

IndexOf 方法用于求某个字符或者子串在字符串中出现的位置。该方法有多种重载形式，最

常用的有如下两种形式。

① public int IndexOf(string s)

这种形式返回 s 在字符串中首次出现的从零，开始索引的位置。如果字符串中不存在 s，则返回−1。

② public int IndexOf(string s, int startIndex)

这种形式从 startIndex 处开始查找 s 在字符串中首次出现的从零开始索引的位置。如果找不到 s，则返回−1。

例如：

```
string s1 = "123abc123abc123";
int x = s1.IndexOf("c1");  //x 的结果为 5
int count = 0;
int startIndex =0;
while(true)
{
    int y = s1.IndexOf("c1", startIndex);
    if (y != -1)
    {
        count++;
        startIndex = y + 1;
    }
    else
    {
        break;
    }
}
Console.WriteLine("\"c1\"在 s1 中共出现了{0}次", count); //count 结果为 2
```

（4）IndexOfAny 方法

如果要查找某个字符串中是否包含某些字符（多个不同的字符），虽然用 IndexOf 方法分别查找也可以达到希望的结果，但是比较麻烦。在这种情况下，应该用 IndexOfAny 方法进行查找。IndexOfAny 方法的常用语法为

```
public int IndexOfAny( char[ ] anyOf )
```

该方法返回 Unicode 字符数组中的任意字符在字符串实例中第一个匹配项的从零开始索引的位置，如果未找到 anyOf 中的任何一个字符，则返回−1。例如：

```
string s1 = "123abc123abc123";
char[ ] c = { 'a', 'b', '5', '8' };
int x = s1.IndexOfAny(c); //x 结果为 3
```

这段代码的含义为：在 s1 中查找是否包含（'a'、'b'、'5'、'8'）之中的任何一个字符，并返回首次找到的索引位置。

3. 获取字符串中的单个字符或者子字符串

如果要得到字符串中的某个字符，直接用中括号指明字符在字符串中的索引序号即可，例如：

```
string myString = "some text";
//求字符串 myString 的第 2 个字符，结果为 m（第 0 个为 s，第 1 个为 o）
char myChar = myString[2];
```

如果希望得到一个字符串中从某个位置开始的子字符串，可以用 Substring 方法。例如：

```
string s1 = "abc123";
//从第 2 个字符 c 开始（第 0 个为 a，第 1 个为 b）取到字符串末尾，结果为"c123"
```

```
string s2 = s1.Substring(2);
//从第 2 个字符 c 开始（第 0 个为 a，第 1 个为 b）取 3 个字符，结果为"c12"
string s3 = s1.Substring(2, 3);
```

4. 字符串的插入、删除与替换

在一个字符串中插入、删除、替换子字符串的语法如下。

- 从 startIndex 开始插入子字符串 value。

```
public string Insert( int startIndex,   string value)
```

- 删除从 startIndex 到字符串结尾的子字符串。

```
public string Remove(int startIndex)
```

- 删除从 startIndex 开始的 count 个字符。

```
public string Remove(int startIndex, int count)
```

- 将 oldChar 的所有匹配项均替换为 newChar。

```
public string Replace(char oldChar, char newChar)
```

- 将 oldValue 的所有匹配项均替换为 newValue。

```
public string Replace(string oldValue, string newValue)
```

以上语法中的 startIndex 表示字符串中从零开始索引的起始位置，startIndex 参数的值的范围为从零到字符串实例的长度减 1。

例如：

```
string s1 = "abcdabcd";
string s2 = s1.Insert(2, "12");        //结果为"ab12cdabcd"
string s3 = s1.Remove(2);              //结果为"ab"
string s4 = s1.Remove(2,1);            //结果为"abdabcd"
string s5 = s1.Replace('b','h');       //结果为"ahcdahcd"
string s6 = s1.Replace("ab","");       //结果为"cdcd"
```

5. 移除首尾字符

利用 TrimStart 方法可以移除字符串首部的一个或多个字符，从而得到一个新字符串；利用 TrimEnd 方法可以移除字符串尾部的一个或多个字符；利用 Trim 方法可以同时移除字符串首部和尾部的一个或多个字符。

这 3 种方法中，如果不指定要移除的字符，则默认移除空格。例如：

```
string s1 = "   this is a book";
string s2 = "that is a pen    ";
string s3 = "  is a pen        ";
Console.WriteLine(s1.TrimStart());     //移除首部空格
Console.WriteLine(s2.TrimEnd());       //移除尾部空格
Console.WriteLine(s2.Trim());          //移除首部和尾部空格
string str1 = "Hello World!";
char[ ] c = { 'r', 'o', 'W', 'l', 'd', '!', ' ' };
string newStr1 = str1.TrimEnd(c); //移除 str1 尾部在字符数组 c 中包含的所有字符（结果为"He"）
string str2 = "北京北奥运会京北京";
char[ ] c1 = { '北', '京' };
string newStr2 = str2.Trim(c1);        //newStr2 得到的结果为"奥运会"
```

6. 字符串中字母的大小写转换

将字符串的所有英文字母转换为大写可以用 ToUpper 方法，将字符串的所有英文字母转换为小写可以用 ToLower 方法。例如：

```
string s1 = "This is a string";
string s2 = s1.ToUpper( );  //s2结果为 THIS IS A STRING
string s3 = Console.ReadLine( );
if (s2.ToLower( ) == "yes")
{
    Console.WriteLine("OK");
}
```

2.3.3　String 与 StringBuilder

String 类表示的是一系列不可变的字符。例如，在 myString 的后面连接上另一个字符串：

```
string myString = "abcd";
myString += " and 1234 ";  //结果为"abcd and 1234"
```

第 2 条语句的实际操作并不是在原来的 myString 后面直接附加上第二个字符串，而是返回一个新 String 实例，即重新为新字符串分配内存空间。显然，如果这种操作非常多，对内存的消耗是非常大的。因此，字符串连接要考虑如下两种情况：如果字符串连接次数不多（如 10 次以内），使用"+"号直接连接比较方便；如果有大量的字符串连接操作，应该使用 System.Text 命名空间下的 StringBuilder 类，这样可以大大提高系统的性能。例如：

```
StringBuilder sb = new StringBuilder( );
sb.Append("string1");
sb.AppendLine("string2");
sb.Append("string3");
string s = sb.ToString( );
Console.WriteLine(s);
```

这段代码的输出结果如下：

```
string1string2
string3
```

2.4　数　　组

C#中的数组一般用于存储同一种类型的数据。或者说，在 C#中，数组表示相同类型的对象的集合。

C#数组是引用类型而不是值类型。数组类型的声明通过在某个类型名后加一对方括号来构造。表 2-7 所示为常用数组的语法声明格式。

表 2-7　　　　　　　　　　常用数组的语法声明格式

数组类型	语　　法	示　　例
一维数组	数据类型[ ] 数组名;	int[ ] myArray;
二维数组	数据类型[,] 数组名;	int[,] myArray;
三维数组	数据类型[,,] 数组名;	int[,,] myArray;
交错数组	数据类型[ ][ ] 数组名;	int[ ][ ] myArray;

数组的秩（rank）是指数组的维数，如一维数组秩为 1，二维数组秩为 2。

数组长度是指数组中所有元素的个数。例如：

```
int[] a = new int[10];     //定义一个有 10 个元素的数组，数组元素分别为 a[0]、a[1]、…、a[9]
```

```
int[,] b = new int[3, 5]; //数组长度为3*5=15，其中第 0 维长度为 3，第 1 维长度为 5
```

在 C#中，数组的最大容量默认为 20GB。换言之，只要内存足够大，绝大部分情况都可以利用数组在内存中对数据直接进行处理。

从.NET 框架 4.5 开始，在 64 位平台上（如 Windows 7 64 位）还可以一次性加载大于 20GB 的数组。例如在 WPF 应用程序中，通过在 App.xaml 中配置<gcAllowVeryLargeObjects>元素即可达到这个目的。

2.4.1　一维数组

数组的下标默认从 0 开始索引。假如数组有 30 个元素，则一维数组的下标范围为 0~29。

可以在程序中通过在中括号内指定下标来访问某个元素。例如：

```
int[] a = new int[30];
a[0] = 23;       // 为 a 数组中的第一个元素赋值 23
a[29] = 67;      // 为 a 数组中的最后一个元素赋值 67
```

在一维数组操作中，常用的一个属性是 Length 属性，它表示数组的长度。例如：

```
int arrayLength = a.Length;
```

声明一维数组时，既可以一开始就指定数组元素的个数，也可以一开始不指定元素个数，而是在使用数组元素前才动态地指定元素个数。

不论采用哪种方式，一旦元素个数确定后，数组的长度就确定了。例如：

```
int[] a1 = new int[30];  //a1 共有 30 个元素，分别为 a1[0]~a1[29]
int number = 10;
string[] a2 new String[number];  // a2 共有 number 个元素
```

此外，在声明语句中也可以直接用简化形式为各元素赋初值，例如：

```
string[] a = {"first","second","third"};
```

或者写为

```
string[ ] a = new string[ ]{"first","second","third"};
```

但是要注意，不带 new 运算符的简化形式只能用在声明语句中，比较下面的写法：

```
string[] a1 = { "first", "second", "third" };               //正确
string[] a2 = new string[] { "first", "second", "third" };   //正确
string[] a3;
a3 = { "first", "second", "third" };                        //错误
string[] a4;
a4 = new string[] { "first", "second", "third" };           //正确
```

语句中的 new 运算符用于创建数组并将数组元素初始化为它们的默认值。例如，int 类型的数组每个元素初始值默认为 0，bool 类型的数组每个元素默认初始值为 false 等。如果数组是引用类型，则实例化该类型时，数组中的每个元素默认为 null。

2.4.2　多维数组

多维数组指维数大于 1 的数组，常用的是二维数组，例如用二维数组描述表格的行和列。下面的 3 条语句作用相同，都是创建一个 3 行 2 列的二维数组：

```
int[,] n1 = new int[3, 2] { {1, 2}, {3, 4}, {5, 6} };
int[,] n2 = new int[,] { {1, 2}, {3, 4}, {5, 6} };
int[,] n3 = { {1, 2}, {3, 4}, {5, 6} };
```

引用二维数组的元素时，也是使用中括号，如 n1[2,1]的值为 6。

【例 2-2】 编写一个控制台应用程序，演示二维数组的声明与初始化，并分别输出数组的秩、数组长度以及数组中的每个元素的值。运行结果如图 2-2 所示。

（1）双击 ch02.sln 打开解决方案，在 Console Examples 项目的 cs 文件夹下，添加一个名为 ArrayExample1.cs 的类，然后在 class 内添加下面的代码。

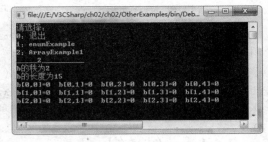

图 2-2 例 2-2 的运行效果

```csharp
public void PrintArray()
{
    int[,] b = new int[3, 5];
    Console.WriteLine("b 的秩为{0}", b.Rank);          //结果为 2
    Console.WriteLine("b 的长度为{0}", b.Length);      //结果为 15
    for (int i = 0; i < b.GetLength(0); i++)      // b.GetLength(0)指获取第 0 维的长度
    {
        for (int j = 0; j < b.GetLength(1); j++)  // b.GetLength(1)指获取第 1 维的长度
        {
            Console.Write("b[{0},{1}]={2}  ", i, j, b[i, j]);
        }
        Console.WriteLine();
    }
    Console.ReadKey();
}
```

（2）修改 Program.cs 中的 Main 方法，在其中添加下面的语句。

```csharp
Console.WriteLine("2: ArrayExample1");
......
case '2':
    ArrayExample1 ae1 = new ArrayExample1();
    ae1.PrintArray();
    break;
```

（3）按<F5>键运行程序。

2.4.3 交错数组

交错数组相当于一维数组的每一个元素又是一个数组，也可以把交错数组称为"数组的数组"。下面是交错数组的一种定义形式：

```csharp
int[][] n1 = new int[2][]
{
    new int[] {2,4,6},
    new int[] {1,3,5,7,9}
};
```

注意

初始化交错数组时，每个元素的 new 运算符不能省略。

上面定义的数组也可以写为

```csharp
int[][] n1 = new int[][] { new int[] {2,4,6}, new int[] {1,3,5,7,9} };
```

或者写为

```
int[][] n1 = { new int[] {2,4,6}, new int[] {1,3,5,7,9} };
```

还有一点要说明，交错数组的每一个元素既可以是一维数组，也可以是多维数组。例如，下面的语句中每个元素又是一个二维数组：

```
int[][,] n4 = new int[3][,]
{
    new int[,] { {1,3}, {5,7} },
    new int[,] { {0,2}, {4,6}, {8,10} },
    new int[,] { {11,22}, {99,88}, {0,9} }
};
```

【例 2-3】　演示交错数组的基本用法。

该例子的源程序见 ArrayExample2.cs 文件，主要代码如下。

```
class ArrayExample2
{
    public void PrintArray()
    {
        string[][] a = new string[3][];
        a[0] = new string[2] { "a11", "a12" };
        a[1] = new string[3] { "a21", "a22", "a23" };
        a[2] = new string[5] { "a", "e", "i", "o", "u" };
        for (int i = 0; i < a.Length; i++)
        {
            for (int j = 0; j < a[i].Length; j++)
            {
                Console.Write("a[{0}][{1}]={2}\t", i, j, a[i][j]);
            }
            Console.WriteLine();
        }
        Console.ReadKey();
    }
}
```

Program.cs 文件的 Main 方法中的相关代码如下。

```
Console.WriteLine("3: ArrayExample2");
……
case '3':
    ArrayExample2 ae2 = new ArrayExample2();
    ae2.PrintArray();
    break;
```

运行程序，输出结果如图 2-3 所示。

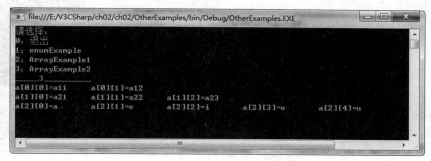

图 2-3　例 2-3 的运行效果

2.4.4　数组的常用操作方法

对数组的常用操作除求值和统计运算外，还有排序、查找以及将一个数组复制到另一个数组中。

1. 数组的统计运算及数组和字符串之间的转换

在实际应用中，我们可能需要计算数组中所有元素的平均值、求和、求最大数以及求最小数等，这些可以利用数组的 Average 方法、Sum 方法、Max 方法和 Min 方法来实现。

对于字符串数组，可以直接利用 string 的静态 Join 方法和静态 Split 方法实现字符串和字符串数组之间的转换。

Join 方法用于在数组的每个元素之间串联指定的分隔符，从而产生单个串联的字符串。它相当于将多个字符串插入分隔符后合并在一起。语法为

```
public static string Join( string separator, string[] value )
```

Split 方法用于将字符串按照指定的一个或多个字符进行分离，从而得到一个字符串数组。常用语法为

```
public string[] Split( params char[] separator )
```

这种语法形式中，分隔的字符参数个数可以是一个，也可以是多个。如果分隔符是多个字符，各字符之间用逗号分开。当有多个参数时，它表示只要找到其中任何一个分隔符，就将其分离。例如：

```
string[] sArray1 = { "123", "456", "abc" };
string s1 = string.Join(",", sArray1);          //结果为"123,456,abc"
string[] sArray2 = s1.Split(',');               //sArray2 得到的结果与 sArray1 相同
string s2 = "abc 12;34,56";
string[] sArray3 = s2.Split(',', ';', ' ');     //分隔符为逗号、分号、空格
Console.WriteLine(string.Join(Environment.NewLine,sArray3));
```

这段代码的输出结果如下：

```
abc
12
34
56
```

下面通过具体例子说明相关的用法。

【例 2-4】 演示如何统计数组中的元素，以及如何实现数组和字符串之间的转换。输出结果如图 2-4 所示。

该例子的完整源程序见 ArrayExample2.cs 文件，主要代码如下。

```
class ArrayExample3
{
    public void PrintArray()
    {
        int[] a = { 10, 20, 4, 8 };
        string[] s = GetStrings(a);  //将数组中的所有元素值
```
全部转换为对应的字符串
```
        Console.WriteLine("初始值：{0}",
string.Join(",", s));
        Console.WriteLine("平均值：{0}",
```

图 2-4　例 2-4 的运行效果

```
a.Average());
        Console.WriteLine("和: {0}", a.Sum());
        Console.WriteLine("最大值: {0}", a.Max());
        Console.WriteLine("最小值: {0}", a.Min());
        Console.ReadKey();
    }
    private string[] GetStrings(int[] a)
    {
        string[] s = new string[a.Length];
        for (int i = 0; i < a.Length; i++)
        {
            s[i] = a[i].ToString();
        }
        return s;
    }
}
```

2. 数组元素的复制、排序与查找

Array 是所有数组类型的抽象基类。对数组进行处理时，可以使用 Array 类提供的静态方法，例如对元素进行排序、反转、查找等。常用有以下方法。

- Copy 方法：将一个数组中的全部或部分元素复制到另一个数组中。
- Sort 方法：使用快速排序算法，将一维数组中的元素按照升序排列。
- Reverse 方法：反转一维数组中的元素。

另外，还可以使用该类提供的 Contains 方法和 IndexOf 方法查找指定的元素。

【例 2-5】演示一维数组的复制和排序。

该例子的源程序见 ArrayExample4.cs 文件，主要代码如下。

```
class ArrayExample4
{
    public void PrintArray()
    {
        int[] a = { 23, 64, 15, 72, 36 };
        int[] b = new int[a.Length];
        Array.Copy(a, b, a.Length);              //将数组 a 的值全部复制到数组 b 中
        PrintValues("原始整数数组: ", a);          //输出数组中的原始值
        Array.Reverse(a);                        //反转数组 a 的值，结果仍保存到 a 中
        PrintValues("反转后的值: ", a);            //输出反转后的结果
        Array.Sort(b);                           //将数组 b 升序排序，排序结果仍保存到 b 中
        PrintValues("升序排序后的值: ", b);         //输出升序排序后的结果
        Array.Reverse(b);                        //反转排序后的值，得到降序结果仍保存到 b 中
        PrintValues("降序排序后的值: ", b);         //输出降序排序后的结果
        //对字符串排序
        string[] books = { "Java", "C#", "C++", "VB.NET" };
        Console.Write("原始字符串数组: ");
        Console.WriteLine("\t{0}",string.Join(", ", books));
        Array.Sort(books);
        Console.Write("升序排序后的字符串数组: ");
        Console.WriteLine("{0}",string.Join(", ", books));
        Console.ReadKey();
    }
```

```
    private static void PrintValues(string tip, int[] array)
    {
        Console.Write("{0,-10}", tip);
        for (int i = 0; i < array.Length; i++)
        {
            Console.Write("\t{0}", array[i]);
        }
        Console.WriteLine();
    }
}
```

Program.cs 文件的 **Main** 方法中的相关代码如下。

```
Console.WriteLine("5: ArrayExample4");
......
case '5':
    ArrayExample4 ae4 = new ArrayExample4();
    ae4.PrintArray();
    break;
```

运行程序，输出结果如图 2-5 所示。

图 2-5 例 2-5 的运行结果

2.5 数据类型之间的转换

在 C#中，有些数据类型可以转换为另一种数据类型。

2.5.1 值类型之间的数据转换

如果是一种值类型转换为另一种值类型，或者一种引用类型转换为另一种引用类型，比较常用的转换方式是：隐式转换与显式转换。

对于不同值类型之间的转换，除了隐式转换与显式转换外，还可以使用 Convert 类提供的静态方法。

1. 隐式转换

隐式转换就是系统默认的、不需要加以声明就可以进行的转换，如从 int 类型转换到 long 类型：

```
int k = 1;
long i = 2;
i = k;          //隐式转换
```

　　对于不同值类型之间的转换，如果是从低精度、小范围的数据类型转换为高精度、大范围的数据类型，可以使用隐式转换。这种转换一般没有问题，原因是大范围类型的变量具有足够的空间存放小范围类型的数据。

2. 显式转换

　　显式转换又称强制转换。显式转换需要用户明确地指定转换的类型。例如：

```
long k = 5000;
int i = (int)k;
```

　　所有的隐式转换也都可以采用显式转换的形式来表示。例如：

```
int i = 10;
long j = (long)i;
```

　　将大范围类型的数据转换为小范围类型的数据时，必须特别谨慎，因为此时可能有丢失数据的危险。例如：

```
long r = 3000000000;
int i = (int)r;
```

　　执行上述语句之后，得到的 i 值为-1 294 967 296，显然是不正确的。原因是上述语句中，long 型变量 r 的值比 int 型变量的最大值+2 147 483 647 还要大，而语句中又使用了强制类型转换，系统对这种转换不会报错，只有强制执行，但是结果是不是希望的值。这种情况只有靠程序员自己来判断了。

　　如果需要使用显式转换，但又不知是否会丢失数据，可以使用 checked 运算符来检查转换是否安全。如上面的语句可以写为

```
long r = 3000000000;
int i = checked((int)r);
```

　　这种情况下，当出现丢失数据的情况时，系统就会在运行时抛出一个异常。

　　另外，使用 Convert 类提供的方法也能进行各种值类型之间的转换。

2.5.2　值类型和引用类型之间的转换

　　值类型和引用类型之间的转换是靠装箱和拆箱来实现的。

　　C#的类型系统是统一的，因此任何类型的值都可以按对象处理。这意味着值类型可以"按需"将其转换为对象。由于这种统一性，使用 Object 类型的通用库（如.NET 框架中的集合类）既可以用于引用类型，又可以用于值类型。

1. Object 类

　　System 命名空间下有一个 Object 类，该类是所有类型的基类。C#语言中的类型都直接或间接地从 Object 类继承，因此，可以将 Object 类的对象显式转换为任何一种对象。

　　但是，值类型如何与 Object 类型之间转换呢？举个例子，在程序中可以直接这样写：

```
string s = (10).ToString( );
```

　　数字 10 只是一个在堆栈上的 4 字节的值，怎么能实现调用它上面的方法呢？实际上，C#语言是通过装箱操作来实现的，即先把 10 转换为 Object 类型，然后再调用 Object 类型的 ToString 方法来实现转换功能。

2. 装箱

　　装箱（boxing）操作是将值类型隐式地转换为 Object 类型。装箱一个数值会为其分配一个对象实例，并把该数值复制到新对象中。例如：

```
int i = 123;
```

```
object o = i;          //装箱
```

这条装箱语句执行的结果是在堆栈（Stack）中创建了一个对象 o，该对象引用了堆（heap）上 int 类型的数值，而该数值是赋给变量 i 的数值的备份。

3. 拆箱

拆箱（unboxing）操作是指显式地把 Object 类型转换为值类型。拆箱操作包括以下两个步骤。

（1）检查对象实例，确认它是否包装了值类型的数。

（2）把实例中的值复制到值类型的变量中。

下面的语句演示了装箱和拆箱操作。

```
int i = 123;           //值类型
object box = i;        //装箱操作
int j = (int)box;      //拆箱操作
```

可以看出，拆箱正好是装箱的逆过程，但必须注意的是，装箱和拆箱必须遵循类型兼容的原则。

2.6 流程控制语句

一个应用程序由很多语句组合而成。在 C#提供的语句中，最基本的语句就是声明语句和表达式语句。声明语句用于声明局部变量和常量。表达式语句用于对表达式求值。例如：

```
static void Main()
{
    int a;                          //声明语句
    int b = 2, c = 3;               //声明语句
    const float pi = 2.14f;         //声明语句
    const int r = 25;               //声明语句
    a = b + c + 1;                  //表达式语句
    double m = pi * r * r;          //表达式语句
}
```

除了最基本的语句之外，还有一些控制程序流程的语句，如分支语句、循环语句、异常处理语句等。

2.6.1 分支语句

当程序中需要进行两个或两个以上的选择时，可以使用分支语句判断所要执行的分支。C#语言提供了两种分支语句：if 语句和 switch 语句。

1. if 语句

if 语句是最常用的条件语句，它的功能是根据布尔表达式的值（true 或者 false）选择要执行的语句序列。注意 else 应和最近的 if 语句匹配。

一般形式为

if (*条件表达式 1*)

{

　　　条件表达式 1 为 true 时执行的语句序列

}

```
else if (条件表达式2)
{
    条件表达式2为true时执行的语句序列
}
else if (条件表达式3)
{
    条件表达式3为true时执行的语句序列
}
......
else
{
    所有条件均为false时执行的语句序列
}
```

在上面的语法表示形式中，*带下画线的斜体* 表示需要用实际内容替换。C#严谨的语法形式实际上是用正则表达式来表示的，非常复杂，为了便于理解，我们没有用它来表示。如果读者希望深入研究 C#语法，请参看微软公司的 MSDN，以及 ECMA 和 ISO 公布的 C#语言标准规范。

如果只有两个分支，可以直接用 if 和 else。例如：

```
string s1 = Console.ReadLine();
string s2 = Console.ReadLine();
if (s1.Length > s2.Length)
{
    Console.WriteLine("s1 的长度大于 s2 的长度");
}
else
{
    Console.WriteLine("s1 的长度不大于 s2 的长度");
}
```

也可以不包括 else 只使用 if 语句，例如：

```
string s1 = Console.ReadLine();
string s2 = Console.ReadLine();
if (s1.Length > s2.Length)
{
    Console.WriteLine("s1 的长度大于 s2 的长度");
}
```

如果块内只有一条语句，还可以省略大括号。

下面通过例子说明 if 语句的基本用法。从这个例子开始，我们将用 Windows 窗体应用程序来实现。

【例 2-6】 设有如下数学表达式，编写程序从键盘接收 x 的值，然后根据 x 的值计算 y 的值，并输出计算结果。

$$y = \begin{cases} -1 & x < 0 \\ 0 & x = 0 \\ +1 & x > 0 \end{cases}$$

（1）双击 ch02.sln 打开解决方案。

（2）在"解决方案资源管理器"中，鼠标右击解决方案名，在该解决方案下添加一个名为 WinFormExamples 的 Windows 窗体应用程序项目。

（3）鼠标右击该项目，将其设为启动项目。

（4）鼠标右击项目名，选择【添加】→【新建文件夹】，在项目下新建一个名为 Forms 的文件夹。

（5）在 Forms 文件夹下添加一个名为 ifExampleForm.cs 的窗体，然后向该窗体添加两个 Label 控件、一个 TextBox 控件、一个 Button 控件、一个 Panel 控件，通过【属性】窗口分别修改控件的 Text 属性值，最终得到的设计界面如图 2-6 所示。

（6）在设计界面中双击 Button1 添加默认的 Click 事件，在代码隐藏类中，修改代码为如下内容。

图 2-6　例 2-6 的设计界面

```
......
public partial class ifExampleForm : Form
{
    public ifExampleForm()
    {
        InitializeComponent();
        panel1.BorderStyle = BorderStyle.FixedSingle;
    }
    private void button1_Click(object sender, EventArgs e)
    {
        int x;
        if (int.TryParse(textBox1.Text, out x) == false)
        {
            labelResult.Text = "无法将输入的字符串转换为整数。";
        }
        else
        {
            labelResult.Text = Calculate(x).ToString();
        }
    }
    public int Calculate(int x)
    {
        if (x > 0) return 1;
        else if (x == 0) return 0;
        else return -1;
    }
}
```

（7）鼠标右击 Form1.cs，选择【重命名】，将 Form1.cs 换名为 MainForm.cs。

也可以先单击 Form1.cs，再次单击，然后直接将其改为 MainForm.cs。

（8）在 MainForm.cs 的设计模式下，向窗体拖放一个 GroupBox 控件、多个 RadioButton 控件、一个 Button 控件，并设计界面如图 2-7 所示。

图 2-7　MainForm.cs 的设计界面

依次将各 RadioButton 的 Name 属性设置为下面的值：rbIf、rbSwitch、rbFor、rbForeach、rbWhile、rbDoWhile、rbTryCatch，然后将 Button 的 Name 属性值设置为 buttonOK。

（9）鼠标右键单击设计界面，选择【查看代码】，添加下面的命名空间引用：

```
using WinFormExamples.Forms;
```

（10）在构造函数的 InitializeComponent();语句的下面，添加语句设置主窗体的启动位置。

```
this.StartPosition = FormStartPosition.CenterScreen;
```

输入枚举类型的值时有一个小技巧：先输入 this.StartPosition =，然后按空格键，它就会自动弹出可选项，选择合适的选项，回车即可。

（11）注册 Button 按钮的 Click 事件。注册办法为：输入 buttonOK.Click +=，然后按两次<Tab>键，就会自动得到下面的代码：

```
public MainForm()
{
    InitializeComponent();
    rbIf.Checked = true;
    this.StartPosition = FormStartPosition.CenterScreen;
    buttonOK.Click += buttonOK_Click;
}
private void buttonOK_Click(object sender, EventArgs e)
{
    throw new NotImplementedException();
}
```

（12）修改 buttonOK_Click 的事件处理程序，将代码改为下面的内容。

```
private void buttonOK_Click(object sender, EventArgs e)
{
    foreach (var v in groupBox1.Controls)
    {
        RadioButton r = v as RadioButton;
        if (r.Checked == true) ShowExample(r.Name);
    }
}
private void ShowExample(string name)
{
    Form fm = null;
    switch (name)
    {
        case "rbIf": fm = new ifExampleForm(); break;
    }
    if (fm != null)
    {
        fm.Owner = this;
        fm.StartPosition = FormStartPosition.CenterParent;
        fm.ShowDialog(this);
    }
    else
    {
        MessageBox.Show("未找到对应示例！",
            "警告", MessageBoxButtons.OK, MessageBoxIcon.Error);
    }
}
```

这段代码中的 ShowExample 方法中目前只有一个 case 块，在后面的例子中我们还会继续添加其他的 case 块。

（13）按<F5>键编译并运行应用程序，观察结果是否正确，如图 2-8 所示。

图 2-8　例 2-6 的运行效果

2. switch 语句

当一个条件具有多个分支时，虽然可以用 if 语句来实现，但程序的可读性差，这种情况下，可以使用 switch 语句来实现。

switch 语句中可包含许多 case 块，每个 case 标记后可以指定一个常量值。常量值是指 switch 中的条件表达式计算的结果，如字符串"张三"、字符'a'、整数 25 等。switch 语句常用形式为

```
switch (条件表达式)
{
    case 常量1：
        语句序列1
        break;
    case 常量2：
        语句序列2
        break;
    ......
    default：
    {
        语句序列n
        break;
    }
}
```

例如：

```
static void Main(string[] args)
{
    int n = args.Length;
    switch (n)
    {
        case 0:
            Console.WriteLine("无参数");
            break;
        case 1:
            Console.WriteLine("有一个参数");
            break;
        default:
            Console.WriteLine("有{0}个参数", n);
            break;
    }
}
```

使用 switch 语句时，需要注意以下几点：

- 条件表达式和每个 case 后的常量值可以是 string、int、char、enum 或其他类型。
- 每个 case 的语句块可以用大括号括起来，也可以不用大括号。
- 在一个 switch 语句中，不能有相同的 case 标记。

switch 语句的执行原则如下。

- 如果条件表达式的值和某个 case 标记后的常量值相等，此时：
  - ➤ 如果 case 块中有语句块，则它只执行该 case 的语句块，而不再对其他的 case 标记进行判断，所以要求该 case 的语句块中必须至少包含 break 语句、goto 语句或者 return 语句三者之一。
  - ➤ 如果 case 块中没有语句，则会从这个 case 块直接跳到下一个 case 块。
- 当所有 case 标记后的常量值和 switch 参数中条件表达式的值都不相等时，才检查是否包含 default 标记，如果包含则执行该 default 块，否则退出 switch 语句。换句话说，即使将 default 放在所有 case 块的最前面，它也不会先执行。

下面通过例子说明 switch 语句的基本用法。

【例 2-7】 从键盘接收一个成绩，按优秀（90～100）、良好（70～89）、及格（60～69）、不及格（60 分以下）输出成绩等级。程序运行效果如图 2-9 所示。

图 2-9　switchExampleForm.cs 的运行效果

（1）双击 ch02.sln 打开该解决方案。

（2）在 Forms 文件夹下添加一个名为 switchExampleForm.cs 的窗体，然后向窗体拖放两个 Label 控件、一个 TextBox 控件、一个 Button 控件、一个 Panel 控件、一个 ErrorProvider 控件，并设计界面如图 2-9 中所示。

（3）修改 switchExampleForm.cs，主要代码如下。

```
public partial class switchExampleForm : Form
{
    public switchExampleForm()
    {
        InitializeComponent();
        panel1.BorderStyle = BorderStyle.FixedSingle;
        buttonOK.Click += buttonOK_Click;
        textBox1.TextChanged += textBox1_TextChanged;
    }
    void textBox1_TextChanged(object sender, EventArgs e)
    {
        GetGradeLevel();
    }
    void buttonOK_Click(object sender, EventArgs e)
```

```
    {
        GetGradeLevel();
    }
    private void GetGradeLevel()
    {
        int grade;
        if (int.TryParse(textBox1.Text, out grade) == false)
        {
            errorProvider1.SetError(textBox1, "无法将输入的信息转换为整数");
            labelResult.Text = "";
            return;
        }
        if (grade < 0 || grade > 100)
        {
            errorProvider1.SetError(textBox1, "成绩不在 0~100 范围内");
            labelResult.Text = "";
            return;
        }
        errorProvider1.SetError(textBox1, null);
        switch (grade / 10)
        {
            case 10:
            case 9: labelResult.Text = "优秀"; break;
            case 8:
            case 7: labelResult.Text = "良好"; break;
            case 6: labelResult.Text = "及格"; break;
            default: labelResult.Text = "不及格"; break;
        }
    }
}
```

（4）修改 MainForm.cs，在 switch 块内添加下面的代码。

```
case "rbSwitch": fm = new switchExampleForm(); break;
```

（5）按<F5>键运行应用程序，选择该例子，测试运行结果。

2.6.2　循环语句

循环语句可以重复执行一个程序模块，C#语言提供的循环语句有 for 语句、while 语句、do 语句和 foreach 语句。

1. for 语句

for 语句的功能是以"初始值"作为循环的开始，当"循环条件"满足时进入循环体，开始执行"语句序列"，语句序列执行完毕返回"循环控制"，按照控制条件改变局部变量的值，并再次判断"循环条件"，决定是否执行下一次循环，以此类推，直到条件不满足为止。For 语句的一般形式为

for （ *初始值* ； *循环条件* ； *循环控制* **）**

{

　　语句序列

}

例如：

```
for (int i = 0; i < 10; i++)
```

```
    {
        Console.WriteLine(i);
    }
```

在初始值、循环条件以及循环控制中，还可以使用多个变量，例如：

```
for (int i = 0, j = 100; i < 10 || j>70; i++, j-=2)
{
    Console.WriteLine("i={0},j={1}", i, j);
}
```

【例 2-8】 用 for 语句编写程序，输出九九乘法表。运行效果如图 2-10 所示。

图 2-10 例 2-8 的运行效果

该例子的源程序见 forExampleForm.cs 文件，在这个例子中，通过设置 textBox1 的 Dock 属性让其填充整个窗体，设置 MultiLine 属性让其多行显示。主要代码如下。

```
public partial class forExampleForm : Form
{
    public forExampleForm()
    {
        InitializeComponent();
        textBox1.Multiline = true;
        textBox1.Dock = DockStyle.Fill;
        Print();
        textBox1.Select(0, 0);
    }
    public void Print()
    {
        string s = "";
        for (int i = 1; i <= 9; i++)
        {
            for (int j = 1; j <= i; j++)
            {
                s += string.Format("{0}×{1}={2}\t", j, i, i * j);
            }
            s += "\r\n";
        }
        textBox1.Text = s;
    }
}
```

2. foreach 语句

foreach 语句特别适合对集合对象的存取。可以使用该语句逐个提取集合中的元素，并对集合中每个元素执行语句序列中的操作。foreach 语句的一般形式为

foreach (*类型 标识符* in *表达式*)

{

    语句序列

}

"类型"和"标识符"用于声明循环变量，"表达式"为操作对象的集合。注意在循环体内不能改变循环变量的值。另外，类型也可以使用 var 来表示，此时其实际类型由编译器自行推断。

集合的例子有数组、泛型集合类以及用户自定义的集合类等。

【例 2-9】 使用 foreach 语句提取系统提供的所有命名颜色。运行效果如图 2-11（a）所示。

（a）例 2-9 的运行效果　　　　（b）例 2-10 的运行效果　　　　（c）例 2-11 的运行效果

图 2-11　例 2-9、例 2-10 和例 2-11 的运行效果

系统提供的命名颜色是一个枚举，枚举类型为 System.Drawing.KnownColor，通过遍历该枚举中的所有枚举值，即可得到所有的命名颜色。

该例子的源程序见 foreachExampleForm.cs 文件，主要代码如下。

```
public partial class foreachExampleForm : Form
{
    public foreachExampleForm()
    {
        InitializeComponent();
        textBox1.ScrollBars = ScrollBars.Vertical;  //显示垂直滚动条
        button1.Click += button1_Click;
    }
    void button1_Click(object sender, EventArgs e)
    {
        textBox1.Clear();
        foreach (var colorName in Enum.GetNames(typeof(KnownColor)))
        {
            textBox1.Text += colorName + "\r\n";
        }
    }
}
```

3. while 语句

while 语句用于循环次数不确定的场合。在条件为 true 的情况下，它会重复执行循环体内的语句序列，直到条件为 false 为止。一般形式为

while（_条件表达式_**）**

{

　　语句序列

}

显然，循环体内的程序可能会执行多次，也可能一次也不执行。

【例 2-10】 使用 while 语句计算并输出 1~20 以内所有能被 3 整除的自然数。运行效果如图 2-11（b）所示。

该例子的源程序见 whileExampleForm.cs 文件，主要代码如下。

```
public whileExampleForm()
{
    InitializeComponent();
    textBox1.Multiline = true;
    textBox1.Dock = DockStyle.Fill;
    int x = 1;
    while (x <= 20)
    {
        if (x % 3 == 0)
        {
            textBox1.Text += x.ToString() + "\r\n";
        }
        x++;
    }
    textBox1.Select(0, 0);
}
```

4. do 语句

do 语句也是用来重复执行循环体内的程序，其一般形式为

do
{

　　语句序列

}while (*条件表达式*);

与 while 语句不同的是，do 语句循环体内的程序至少会执行一次。每次执行后再判断条件是否为 true，如果为 true，则继续下一次循环。

【例 2-11】　用 do-while 语句求正整数 n 的阶乘，例如 4 的阶乘为 $4 \times 3 \times 2 \times 1 = 24$。运行效果如图 2-11（c）所示。

该例子的源程序见 dowhileExampleForm.cs 文件，主要代码如下。

```
public partial class dowhileExampleForm : Form
{
    public dowhileExampleForm()
    {
        InitializeComponent();
        textBox2.ReadOnly = true;
    }
    private void button1_Click(object sender, EventArgs e)
    {
        int n;
        if (int.TryParse(textBox1.Text, out n) == false)
        {
            MessageBox.Show("无法将输入的字符串转换为整数！");
            return;
        }
        if (n <= 0)
        {
            return;
        }
        int x = n;
        //求 x 的阶乘
        double y = 1;
        do
        {
```

```
        y *= n--;  //即 y=y*n;n=n-1;
    } while (n > 1);
    textBox2.Text = string.Format("{0}的阶乘为：{1}", x, y);
    }
}
```

2.6.3 跳转语句

在条件和循环语句中，程序的执行都是按照条件的测试结果来进行的，但是在实际使用时，可能会使用跳转语句来配合条件测试和循环的执行。

在跳转语句中，常用的是 break、continue 和 return 语句。

1. break 语句

break 语句的功能是退出最近的封闭 switch、while、do、for 或 foreach 语句。

格式：

break;

例如：

```
static void Main()
{
    while (true) {
        string s = Console.ReadLine();
        if (s == null) break;
        Console.WriteLine(s);
    }
}
```

2. continue 语句

continue 语句的功能是不再执行 continue 语句后面循环块内剩余的语句，而是将控制直接传递给下一次循环，此语句可以用在 while、do、for 或 foreach 语句块的内部。

格式：

continue ;

例如：

```
static void Main(string[] args)
{
    for (int i = 0; i < args.Length; i++) {
        if (args[i].StartsWith("/")) continue;
        Console.WriteLine(args[i]);
    }
}
```

3. return 语句

return 语句的功能是将控制返回到出现 return 语句的函数成员的调用方。

格式：

return;

或

return _表达式_ ;

带表达式的 return 语句用于方法的返回类型不为 null 的情况。

例如：

```
static int Add(int a, int b)
{
```

```
    return a + b;
}
static void Main() {
    Console.WriteLine(Add(1, 2));
    return;
}
```

4. goto 语句

goto 语句的功能是将控制转到由标识符指定的语句。

格式：

goto 标识符；

例如：

```
static void Main(string[] args) {
    int i = 0;
    goto check;
loop:
    Console.WriteLine(args[i++]);
check:
    if (i < args.Length) goto loop;
}
```

需要注意的是，虽然 goto 语句使用比较方便，但是容易引起逻辑上的混乱。因此，除了以下两种情况外，其他情况下不要使用 goto 语句。

- 在 switch 语句中从一个 case 标记跳转到另一个 case 标记时。
- 从多重循环体的内部直接跳转到最外层的循环体外时。

下面的代码说明了如何利用 goto 语句从循环体内直接跳出到循环体的外部。

```
for (int i = 0; i < 100; i++)
{
    for (int j = 0; j < 100; j++)
    {
        if ((j+i)/7 == 0) goto Exit;
    }
}
Exit:
Console.WriteLine("The number k is {0}", k);
```

可见，在特殊情况下，使用 goto 语句还是很方便的。

2.6.4　异常处理语句

异常是指在程序运行过程中可能出现的不正常情况。异常处理是指程序员在程序中可以捕获到可能出现的错误并加以处理，如提示用户通信失败或者退出程序等。

从程序设计的角度来看，错误和异常的主要区别在于：错误是指程序员可通过修改程序解决或避免的问题，如编译程序时出现的语法错误、运行程序时出现的逻辑错误等；异常是指程序员可捕获但无法通过程序加以避免的问题，如在网络通信程序中，可能会由于某个地方网线断开导致通信失败，但"网线断开"这个问题无法通过程序本身来避免，这就是一个异常。

在程序中进行异常处理是非常重要的，一般情况下，应尽可能考虑并处理可能出现的各种异常，如在对数据库进行操作时可能出现的异常、对文件操作时可能出现的异常等。

C#提供的异常处理语句为 try 语句，try 语句又可以进一步细分为 try-catch、try-finally、try-catch-finally 3 种形式。

在 catch 块内，还可以使用 throw 语句将异常抛给调用它的程序。

1. try–catch 语句

C#语言提供了利用 try-catch 捕捉异常的方法。在 try 块中的任何语句产生异常，都会执行 catch 块中的语句来处理异常。常用形式为

```
try
{
    语句序列
}
catch
{
    异常处理语句序列
}
```

或者

```
try
{
    语句序列
}
catch（异常类型 标识符）
{
    异常处理语句序列
}
```

在程序运行正常的时候，执行 try 块内的程序。如果 try 块中出现了异常，程序就立即转到 catch 块中执行。

在 catch 块中可以通过指定异常类型和标识符来捕获特定类型的异常。也可以不指定异常类型和标识符，此时将捕获所有的异常。

一个 try 语句中也可以包含多个 catch 块。如果有多个 catch 块，则每个 catch 块处理一个特定类型的异常。但是要注意，由于 Exception 是所有异常的基类，因此如果一个 try 语句中包含多个 catch 块，应该把处理其他异常的 catch 块放在上面，最后才是处理 Exception 异常的 catch 块，否则的话，处理其他异常的 catch 块就根本无法有执行的机会。

2. try–catch–finally 语句

如果 try 后有 finally 块，不论是否出现异常，也不论是否有 catch 块，finally 块总是会执行的，即使在 try 内使用跳转语句或 return 语句也不能避免 finally 块的执行。

一般在 finally 块中做释放资源的操作，如关闭打开的文件、关闭与数据库的连接等。

try-catch-finally 语句的常用形式为

```
try
{
    语句序列
}
catch（异常类型 标识符）
{
    异常处理
}
finally
{
    语句序列
}
```

3. throw 语句

有时候在方法中出现了异常，我们不一定要立即把它显示出来，而是想把这个异常抛出并让调用这个方法的程序进行捕捉和处理，这时可以使用 throw 语句。它的格式为

```
throw [表达式];
```

可以使用 throw 语句抛出表达式的值。注意：表达式类型必须是 System.Exception 类型或从 System.Exception 继承的类型。

throw 也可以不带表达式，不带表达式的 throw 语句只能用在 catch 块中，在这种情况下，它重新抛出当前正在由 catch 块处理的异常。

【例 2-12】 演示 try-catch-finally 的基本用法。运行效果如图 2-12 所示。

该例子的源程序见 trycatchExampleForm.cs 文件，主要代码如下。

图 2-12　例 2-12 的运行效果

```csharp
public partial class trycatchExampleForm : Form
{
    public trycatchExampleForm()
    {
        InitializeComponent();
        button1.Click += button1_Click;
    }
    void button1_Click(object sender, EventArgs e)
    {
        textBoxResult.Clear();
        try
        {
            double x = double.Parse(textBoxX.Text);
            double y = double.Parse(textBoxY.Text);
            textBoxResult.Text += string.Format("{0}\r\n", Divide(x, y));
        }
        catch (Exception err)
        {
            textBoxResult.Text += "出错了: " + err.Message + Environment.NewLine;
        }
        finally
        {
            textBoxResult.Text += "\r\n再见" + Environment.NewLine;
        }
    }
    static double Divide(double x, double y)
    {
        if (y == 0) throw new DivideByZeroException();
        return x / y;
    }
}
```

除了这些常用的基本语句外，C#还提供了其他一些语句，如 yield 语句、fixed 语句、unsafe 语句、lock 语句，以及 checked 和 unchecked 语句等。

习　题

1．简要回答值类型和引用类型有何不同。

2．简述 C#语言中不同整型之间进行转换的原则。

3．编写一个控制台应用程序，接收一个长度大于 3 的字符串，并完成下列功能。

（1）输出字符串的长度。

（2）输出字符串中第一个出现字母 a 的位置。

（3）字符串序号从零开始编号，在字符串的第 3 个字符的前面插入子串"hello"，输出新字符串。

（4）将字符串"hello"替换为"me"，输出新字符串。

（5）以字符"m"为分隔符，将字符串分离，并输出分离后的字符串。

4．编写一个控制台应用程序，输出 1～5 的平方值，要求：

（1）用 for 语句实现；

（2）用 while 语句实现；

（3）用 do-while 语句实现。

5．编写一个控制台应用程序，要求用户输入 5 个大写字母，如果用户输入的信息不满足要求，提示帮助信息并要求重新输入。

6．编写一个控制台应用程序，要求完成下列功能。

（1）接收一个整数 n。

（2）如果接收的值 n 为正数，输出 1～n 的全部整数。

（3）如果接收的值为负值，用 break 或者 return 退出程序。

（4）转到（1）继续接收下一个整数。

7．编写一个控制台应用程序，求 1000 之内的所有"完数"。所谓"完数"是指一个数恰好等于它的所有因子之和。如 6 是完数，因为 6=1+2+3。

第3章
类和结构

在面向对象的技术中，用类类型（简称类）描述某种事物（人或物体）的共同特征，用类的实例（称为对象）来创建具体的实体。例如单位员工是一个类，则该单位的张三、李四、王五都是对象（员工的实例）。

结构是一种轻量型的类，在有些情况下，使用结构可有效地提高性能。

3.1　自定义类（class）和结构（struct）

在C#语言中，除了可以直接使用.NET框架提供的类和结构以外，还可以用class自定义类，用struct自定义结构。

3.1.1　类的定义和成员组织

类是封装数据的基本单位，用来定义对象具有的特征（字段、属性等）和可执行的操作（方法、事件等）。自定义类的常用形式为

[*访问修饰符*] [static] class *类名* [: *基类* [，*接口序列*]]
{
　　[*类成员*]
}

其中，带中括号的表示可省略，带下画线的表示需要用实际内容替换。

一个类可以继承多个接口，当接口序列多于一项时，各项之间用逗号分隔。如果既有基类又有接口，则需要把基类放在冒号后面的第一项，基类和接口之间也是用逗号分隔。

类成员包括字段、属性、构造函数、方法、事件、运算符、索引器、析构函数等。

如果省略类的访问修饰符，默认为 Internal；如果省略类成员的访问修饰符，默认为 private。例如：

```
class Person
{
    int n;
    public string Name{get; set;}
    public int Age{get; set;}
    public Person()
    {
        Console.WriteLine("姓名: {0}, 年龄: {1}", Name, Age);
```

```
    }
  }
```

这段代码定义了一个名为 Person 的类（省略了 Internal 访问修饰符），n 是私有字段（省略了 Private 访问修饰符），Name 和 Age 是属性，Person()是构造函数。

定义一个类以后，就可以用 new 创建该类的实例。例如：

```
Person p1 = new Person(){ Name = "张三", Age = 20 };
Person p2 = new Person(){ Name = "李四", Age = 22 };
```

这里的 p1、p2 两个变量都是 Person 对象。语句中的 new 表示创建对象，new 后面表示调用 Person 类不带参数的构造函数，同时初始化 Name 和 Age 属性。

创建一个类的实例时，实际上做了两个方面的工作，一是使用 new 关键字要求系统为该对象分配内存，二是指明调用哪个构造函数来初始化数据。

一旦创建了一个对象，就可以访问该对象的属性，或者调用该对象提供的方法。

3.1.2 访问修饰符

类和类的成员都可以使用下面的访问修饰符。

- public：类的内部和外部代码都可以访问。
- private：类的内部可访问，类的外部无法访问。如果省略类成员的访问修饰符，默认为 private。
- internal：同一个程序集中的代码都可以访问，程序集外的其他代码无法访问。如果省略类的访问修饰符，默认为 internal。
- protected：类的内部或者从该类继承的子类可以访问。
- protected internal：从该类继承的子类或者从另一个程序集中继承的类都可以访问。

类的访问修饰符用于控制类的访问权限，成员的访问修饰符用于控制类中成员的访问权限。类的成员可以是：常量、字段、属性、索引、方法、事件、运算符、构造函数、析构函数、嵌套类。

除了上面的访问修饰符以外，还可以使用 partial 修饰符，包含 partial 修饰符的类称为分部类。

利用 partial 修饰符可将类的定义分布在多个文件中，编译器编译带有 partial 修饰符的类时，会自动将这些文件合并在一起。例如将一个类的编写工作同时分配给 3 个人，一人负责写一个文件，文件名分别为 MyClassP1.cs、MyClassP2.cs、MyClassP3.cs，每个文件内都使用下面的形式定义 MyClass 类：

```
public partial class MyClass
{
  //......
}
```

这样一来，就可以让多个人同时在一个类中分别实现自己的代码，而且还能相互看到其他文件中 MyClass 类定义的成员（属性、方法等）。

partial 修饰符的另一个用途是隔离自动生成的代码和人工书写的代码，例如 Windows 窗体应用程序、WPF 应用程序等采用的都是这种办法。

使用 partial 修饰符时，如果该类是从基类和接口继承的，只需要在一个文件内声明即可，不需要每个文件都声明。如果每个文件都声明，必须保证这些声明完全一致。

【例 3-1】 演示如何声明类、字段、构造函数和方法，同时说明如何实例化对象、如何使用分部类以及如何输出实例数据。程序运行结果如图 3-1 所示。

（1）新建一个项目名和解决方案名都是 ch03 的 Windows 窗体应用程序项目。

（2）在项目中添加一个名为 Examples 的文件夹。

图 3-1　例 3-1 的运行效果

（3）在 Examples 文件夹下，添加一个文件名为 StudentP1.cs 的类，主要代码如下。

```
namespace ch03.Examples
{
    public partial class Student
    {
        public string Name { get; set; }
        public int Age { get; set; }
        public string Output { get { return sb.ToString(); } }
        private StringBuilder sb = new StringBuilder();
        public Student()
        {
            Name = "我";
            Age = 20;
            sb.AppendLine(string.Format("{0}{1}岁了! ", Name, Age));
        }
    }
}
```

（4）在 Examples 文件夹下，添加一个文件名为 StudentP2.cs 的类，主要代码如下。

```
namespace ch03.Examples
{
    public partial class Student
    {
        public void PrintInfo()
        {
            sb.AppendLine(string.Format("{0}已经{1}岁了! ", this.Name, this.Age));
        }
    }
}
```

（5）在【解决方案资源管理器】中，将 Form1.cs 换名为 MainForm.cs。

（6）向 MainForm.cs 的设计窗体拖放一个 Button 控件，将其【Text】属性值修改为"例 1"，然后切换到代码隐藏类，修改的主要代码如下。

```
namespace ch03
{
    public partial class MainForm : Form
    {
        public MainForm()
        {
            InitializeComponent();
            this.StartPosition = FormStartPosition.CenterScreen;
            foreach (var v in this.Controls)
            {
                Button button = v as Button;
                button.Click += button_Click;
```

```
        }
    }
    void button_Click(object sender, EventArgs e)
    {
        string s = (sender as Button).Text;
        switch (s)
        {
            case "例1":
                Student student = new Student();
                student.Name = "张三";
                student.Age = 21;
                student.PrintInfo();
                MessageBox.Show(student.Output);
                break;
        }
    }
}
```

（7）按<F5>键运行应用程序。

3.1.3 静态成员和实例成员

在 C#语言中，通过指定类名来调用静态成员，通过指定实例名来调用实例成员。

1. static 关键字

如果有些成员是所有对象共用的，此时可将成员定义为静态（static）的，当该类被装入内存时，系统就会在内存中专门开辟一部分区域保存这些静态成员。

static 关键字表示类或成员加载到内存中只有一份，而不是有多个实例。当垃圾回收器检测到不再使用该静态成员时，会自动释放其占用的内存。

static 可用于类、字段、方法、属性、运算符、事件和构造函数，但不能用于索引器、析构函数或者类以外的类型。

静态字段有两个常见的用法：一是记录已实例化对象的个数，二是存储必须在所有实例之间共享的值。

静态方法可以被重载但不能被重写，因为它们属于类，而不是属于类的实例。

C#不支持在方法范围内声明静态局部变量。

用 static 声明的静态成员在外部只能通过类名称来引用，不能用实例名来引用。例如：

```
class Class1
{
    public static int x = 100;
    public static void Method1()
    {
        Console.WriteLine(x);
    }
}
class Program
{
    static void Main(string[] args)
    {
        Class1.x = 5;
        Class1.Method1();
    }
}
```

对于 Class1 来说，即使创建多个实例，该类中的静态字段在内存中也只有一份。

2. 静态类

声明自定义类时如果加上 static 关键字，则该类就是静态类。

一般将成员声明为静态的，而不是将类声明为静态的。如果将类声明为静态的，则该类的所有成员也必须都声明为静态的。

加载引用静态类的程序时，CLR 可以保证在程序首次引用该类前自动加载该类，并初始化该类的字段以及调用其静态构造函数。在程序驻留的应用程序域的生存期内，静态类将一直保留在内存中。

静态类的主要特点是：

- 仅包含静态成员。
- 无法实例化。这与在非静态类中定义私有构造函数可阻止类被实例化的机制相似。
- 是密封的，因此不能被继承。
- 不能包含实例构造函数，但可以包含静态构造函数。如果非静态类包含需要进行重要的初始化的静态成员，也应定义静态构造函数。

使用静态类的优点在于，编译器能够执行检查以确保不致偶然地添加实例成员，即编译器将保证不会创建此类的实例。

对于那些只对输入参数进行运算而不获取或设置任何内部实例字段的方法，可以用静态类作为这些方法的容器。例如，在.NET 框架类库中，静态类 System.Math 包含的方法只执行数学运算，不需要访问 Math 类的实例中的数据。

3.1.4 构造函数和析构函数

构造函数是创建对象时自动调用的函数。一般在构造函数中做一些初始化工作，或者做一些仅需执行一次的特定操作。

构造函数没有返回类型，并且它的名称与其所属的类的名称相同。

C#支持两种构造函数：实例构造函数和静态构造函数。

1. 实例构造函数

在 C#语言中，每创建一个对象，都会先通过 new 关键字指明调用的构造函数，这种构造函数称为实例构造函数。例如：

```
Child child = new Child();
```

这条语句的 Child()就是被调用的实例构造函数。

2. 静态构造函数

如果构造函数的声明中包含 static 修饰符，则它为静态构造函数，否则为实例构造函数。

创建第一个实例或引用任何静态成员之前，CLR 都会自动调用静态构造函数。例如：

```
class SimpleClass
{
    static readonly long baseline;
    static SimpleClass()
    {
        baseline = DateTime.Now.Ticks;
    }
}
```

静态构造函数具有以下特点：

- 静态构造函数既没有访问修饰符，也没有参数。
- 在创建第一个实例或引用任何静态成员之前，CLR 会自动调用静态构造函数来初始化类。换言之，静态构造函数是在实例构造函数之前执行的。
- 程序员无法直接调用静态构造函数，也无法控制何时执行静态构造函数。
- 静态构造函数仅调用一次。如果静态构造函数引发异常，在程序运行所在的应用程序域的生存期内，类型将一直保持未初始化的状态。

静态构造函数的典型用途是：当类使用日志文件时，使用静态构造函数向日志文件中写入项。另外，静态构造函数在为非托管代码创建包装类时也很有用，此时该构造函数可以调用 LoadLibrary 方法。

3. 默认构造函数和私有构造函数

每个类要求必须至少有一个构造函数。如果代码中没有声明构造函数，则系统会自动为该类提供一个不带参数的构造函数，这种自动提供的构造函数称为默认构造函数。

提供默认构造函数的目的是为了保证能够在使用对象或静态类之前对成员进行初始化工作，即将字段成员初始化为下面的值。

- 对数值型，如 int、double 等，初始化为 0。
- 对 bool 类型，初始化为 false。
- 对引用类型，初始化为 null。

下面的代码没有声明构造函数。

```
class Message
{
    object sender;
    string text;
}
```

这段代码与下面的代码等效。

```
class Message
{
    object sender;
    string text;
    public Message(): base() {}
}
```

构造函数一般使用 public 修饰符，但也可以使用 private 创建私有构造函数。私有构造函数是一种特殊的构造函数，通常用在只包含静态成员的类中，用来阻止该类被实例化。

如果不指定构造函数的访问修饰符，默认是 private。但是，一般都显式地使用 private 修饰符以清楚地表明该类不能被实例化。

4. 重载构造函数

构造函数可以被重载（Overloading），但不能被继承。例如：

```
using System;
namespace OverloadingExample
{
    class Program
    {
        public Program()
        {
            Console.WriteLine("null");
        }
```

```
    public Program(string str)
    {
        Console.WriteLine(str);
    }
    static void Main()
    {
        Program aa = new Program();
        Program bb = new Program("How are you!");
        Console.ReadKey();
    }
  }
}
```

输出结果：

```
null
How are you!
```

5. 析构函数和自动内存管理

析构函数是一种用于实现销毁类实例所需操作的成员。析构函数不能带参数，也不能包含访问修饰符。另外，析构函数是自动调用的，不能显式调用析构函数。

这里需要注意的是，由于 C#使用垃圾回收器实现自动内存管理，即自动决定何时释放和销毁内存，因此一般不需要开发人员声明析构函数，只有在某些特殊的高级开发中才需要声明析构函数。

如果声明析构函数，开发人员可通过 System.GC 的静态方法在一定程度上控制垃圾回收器的行为。该类可用于请求执行一次回收操作，并自动判断是否应该执行析构函数。例如：

```
using System;
class A
{
    ~A() { Console.WriteLine("A的析构函数"); }
}
class Test
{
    static void Main()
    {
        A a = new A();
        a = null;
        GC.Collect();
        GC.WaitForPendingFinalizers();
    }
}
```

实际上，using 语句提供了更好的释放和销毁对象的方法。如果某些对象使用后需要立即释放，最常用的办法是用 using 语句来实现而不是靠析构函数。

3.1.5　字段和局部变量

字段是类的成员，局部变量是块的成员。

1. 字段

字段是指在类或结构中声明的"类级别"的变量。换句话说，字段是整个类内部的所有方法和事件都可以访问的变量。

程序中一般应仅将私有或受保护的变量声明为字段，向类的外部代码公开的数据应通过方法、属性和索引器提供。

下面的代码说明了如何定义字段 age：

```
public class A
{
    private int age = 15;
}
```

2．只读字段（readonly）

readonly 关键字用于声明在程序运行期间只能初始化"一次"的字段。初始化的方法有两种，一种是在声明语句中初始化该字段，另一种是在构造函数中初始化该字段。初始化以后，该字段的值就不能再更改。例如：

```
readonly int a = 3;
readonly string ID;
public A ()
{
    ID = "12345";
}
```

如果在 readonly 关键字的左边加上 static，例如：

```
public static readly int a=3;
```

则其作用就和用 const 声明定义一个常量相似，区别是 readonly 常量在运行的时候才初始化，而 const 常量在编译的时候就替换为实际的值。另外，const 常量只能在声明中赋值，readonly 常量既可以在声明中赋值，也可以在构造函数中赋值。

3．局部变量

局部变量是相对于字段来说的。可以将局部变量理解为"块"级别的变量，例如在某个 while 块内定义的变量其作用域仅局限于定义它的块内，在块的外部则无法访问该变量。

对于字段来说，如果程序员没有编写初始化代码，C#会自动将其初始化为默认值，如 int 类型的字段默认初始化为 0，但对于局部变量，C#不会为其自动初始化。

3.1.6　结构的定义和成员组织

结构是值类型，它和类的主要区别是结构中的数据保存在堆栈（Stack）中而不是堆（Heap）中。另外，所有结构也都和类一样默认隐式地从 Object 类继承，但结构不能继承自其他结构。

结构对于具有值语义的小型数据尤为有用，例如坐标系中的点或字典中的每个"键/值"。

自定义结构的常用形式为

[*访问修饰符*] [static] struct *结构名* [: *接口序列*]
{
　　[*结构成员*]
}

例如：

```
public struct MyPoint
{
    public int x, y;
    public MyPoint(int x, int y)
    {
        this.x = x;
        this.y = y;
    }
}
```

在上面的代码中，x、y 都是该结构的成员。

结构成员和类成员相同，包括字段、属性、构造函数、方法、事件、运算符、索引器、析构函数等。

结构和结构成员的访问修饰符只能是以下之一：public、private、internal。由于自定义的结构不能从其他结构继承，所以不能使用 protected 和 protected internal。

如果省略结构的访问修饰符，默认为 internal；如果省略结构成员的访问修饰符，默认为 private。

定义一个结构后，执行时系统只是在内存的某个临时位置保存结构的定义。当声明结构类型的变量时，调用结构的构造函数也是使用 new 运算符，但它只是从临时位置将结构的定义复制一份到栈中，而不是在堆中分配内存。

下面的代码段产生的输出取决于 MyPoint 是类还是结构。

```
MyPoint a = new MyPoint(10, 10);
MyPoint b = a;
a.x = 20;
Console.WriteLine(b.x);
```

如果 MyPoint 是类，输出将是 20，因为 a 和 b 引用的是同一个对象。如果 MyPoint 是结构，输出将是 10，因为 a 对 b 的赋值创建了该值的一个副本，因此接下来对 a.x 的赋值不会影响 b 这一副本。

【例 3-2】　分别用类和结构定义具有 x、y 坐标的点，然后在主程序中各创建并初始化一个含有 10 个点的数组。程序运行效果如图 3-2 所示。

（1）打开 ch03 解决方案。

（2）在 Examples 文件夹下添加一个名为 StructExample.cs 的类，将代码改为下面的内容。

图 3-2　例 3-2 的运行效果

```
using System.Text;
namespace ch03.Examples
{
    class StructExample
    {
        StringBuilder sb = new StringBuilder();
        public StructExample()
        {
            //创建 1 个对象 p1
            Point1[] p1 = new Point1[10];
            for (int i = 0; i < p1.Length; i++)
            {
                //由于 Point1 是类，所以必须为每个元素创建 1 个对象
                p1[i] = new Point1(i, i);
                sb.AppendFormat("({0},{1}) ", p1[i].x, p1[i].y);
            }
            sb.AppendLine();
            //创建 1 个对象 p2
            Point2[] p2 = new Point2[10];
            for (int i = 0; i < p2.Length; i++)
            {
                //由于 Point2 是结构，所以不需要再为每个元素创建对象
                sb.AppendFormat("({0},{1}) ", p2[i].x, p2[i].y);
            }
```

```
            sb.AppendLine();
            System.Windows.Forms.MessageBox.Show(sb.ToString());
        }
    }
    class Point1
    {
        public int x, y;
        public Point1(int x, int y)
        {
            this.x = x;
            this.y = y;
        }
    }
    struct Point2
    {
        public int x, y;
        public Point2(int x, int y)
        {
            this.x = x;
            this.y = y;
        }
    }
}
```

在这段代码中创建并初始化了两个含有 10 个点的数组。对于作为类实现的 Point1，需要创建 11 个对象（数组声明需要一个对象，它的 10 个元素每个都需要创建一个对象），而用 Point2 结构来实现，则只需要创建一个对象。

（3）修改 MainForm.cs，添加一个 Text 属性值为"例 2"的按钮，并添加下面的代码。

```
case "例2":
    StructExample p = new StructExample();
    break;
```

（4）按<F5>键调试运行。

如果数组的元素个数为 1024 × 768 个，很明显，用类和用结构在执行效率上差别是非常大的。但是需要注意的是，并不是什么情况下用结构实现都比用类实现效率高，例如对于对象变量的复制，用类实现要比用结构实现占用的开销小得多，因为复制结构实际上是将结构中的每个成员值都复制一遍，而复制对象引用仅仅需要对变量本身进行操作。

3.2　属性和方法

在类或结构中，除了字段以外，常用的成员还有属性和方法。

3.2.1　属性（Property）

属性（property）是字段的扩展，用于提供对字段读写的手段。属性和字段的区别是，属性不表示存储位置，而通过 get 访问器和 set 访问器指定读写字段的值时需要执行的语句。根据使用情况，可以只提供 get 访问器或者只提供 set 访问器，也可以两者同时提供。

1. 常规属性声明

如果需要对外公开某些字段，并对字段的值进行验证，就可以利用属性的 get 和 set 访问器来实现。例如：

```
class Student
{
    private int age;
    public int Age
    {
        get { return age; }
        set { if (value >= 0) age = value; }
    }
}
class Program
{
    static void Main(string[] args)
    {
        Student s = new Student();
        s.Age = 25;
        Console.WriteLine("年龄: {0}", s.Age);
        Console.ReadKey();
    }
}
```

get 访问器相当于一个具有属性类型返回值的无形参的方法。当在表达式中引用属性时，会自动调用该属性的 get 访问器以计算该属性的值。

set 访问器相当于一个具有 value 参数而没有返回类型的方法。当某个属性作为赋值的目标被引用时，会自动调用 set 访问器，并传入提供新值的实参。

不具有 set 访问器的属性称为只读属性。不具有 get 访问器的属性称为只写属性。同时具有这两个访问器的属性称为读写属性。

与字段和方法相似，C#同时支持实例属性和静态属性。静态属性使用 static 修饰符声明，而实例属性的声明不带 static 修饰符。

2. 自动实现的属性

自动实现的属性是属性语法的一个简化，即开发人员只需要声明属性，而与该属性对应的字段则由系统自动提供。

自动实现的属性必须同时声明 get 和 set 访问器。

如果希望声明只读属性，不能将 set 访问器声明为 public，但可以声明为 private 或者 protected；同样，如果希望声明只写属性，不能将 get 访问器声明为 public。

使用自动实现的属性可使属性声明变得更简单，因为这种方式不再需要声明对应的私有字段。例如：

```
class Student
{
    public int Age{ get; private set; }
    public string Name { get; set; }
}
```

上面这段代码中，Age 是只读属性，而 Name 则是读写属性。

3.2.2 方法

方法也是类或结构的一种成员，它是一组程序代码的集合，用于完成指定的功能。每个方法都有一个方法名，便于识别和让其他方法调用。

方法就是函数，在非面向对象的程序设计语言中称之为函数，在面向对象的程序设计语言中称为方法。

这一节我们仅学习方法的基本用法，更多的用法（如扩展方法、分部方法、匿名方法、迭代器、动态查询、具名参数和可选参数等）这里不再介绍，有兴趣的读者可参考其他相关资料。

1. 方法的声明和参数传递

C#程序中定义的方法都必须放在某个类中。定义方法的一般形式为

［*访问修饰符*］ *返回值类型 方法名*(［*参数序列*］)
{
　　［*语句序列*］
}

如果方法没有返回值，可将返回值类型声明为 void。

声明方法时，需要注意以下几点。

（1）方法名后面的小括号中可以有参数，也可以没有参数，但是不论是否有参数，方法名后面的小括号都是必需的。如果有多个参数，各参数之间用逗号分隔。

（2）可以用 return 语句结束某个方法的执行。程序遇到 return 语句后，会将执行流程交还给调用此方法的程序代码段。此外，还可以利用 return 语句返回一个值，注意，return 语句只能返回一个值。

（3）如果声明一个返回类型为 void 的方法，return 语句可以省略不写；如果声明一个非 void 返回类型的方法，则方法中必须至少有一个 return 语句。

方法声明中的参数用于向方法传递值或变量引用。方法的参数从调用该方法时指定的实参获取实际值。有四类参数：值参数、引用参数、输出参数和参数数组。

（1）值参数

值参数（value parameter）用于传递输入参数。一个值参数相当于一个局部变量，只是它的初始值来自为该形参传递的实参。

定义值类型参数的方式很简单，只要注明参数类型和参数名即可。当该方法被调用时，便会为每个值类型参数分配一个新的内存空间，然后将对应的表达式运算的值复制到该内存空间。另外，声明方法时，还可以指定参数的默认值，这样可以省略传递对应的实参。

在方法中更改参数的值不会影响到这个方法之外的变量。

【例 3-3】 演示值参数的基本用法。结果如图 3-3 所示。

该例子的源程序见 ch03 解决方案 Examples 文件夹下的 MethodExample1.cs 文件，主要代码如下。

图 3-3　例 3-3 的运行效果

```
class MethodExample1
{
    StringBuilder sb = new StringBuilder();
    public int Add(int x, int y = 10)
    {
        return x + y;
    }
    public string GetOutput()
    {
        int a = 20, b = 30, c = 0;
        PrintInfo(a, b, c);
        sb.AppendFormat("传递一个参数结果为{0},传递两个参数结果为{1}\n",
            Add(a), Add(a, b));
```

```
    PrintInfo(a, b, c);
    c = Add(a, b);
    sb.AppendLine(string.Format("c 的结果为{0}", c));
    return sb.ToString();
}
public void PrintInfo(int a, int b, int c)
{
    sb.AppendFormat("a={0},b={1},c={2}", a, b, c);
    sb.AppendLine();
}
}
```

（2）引用参数

引用参数（reference parameter）用于传递输入和输出参数。为引用参数传递的实参必须是变量，并且在方法执行期间，引用参数与实参变量表示同一存储位置。

引用参数使用 ref 修饰符声明。

与值参数不同，引用参数并没有再分配内存空间，实际上传递的是指向原变量的引用，即引用参数和原变量保存的是同一个地址。运行程序时，在方法中修改引用参数的值实际上也就是修改被引用的变量的值。

当将值类型作为引用参数传递时，必须使用 ref 关键字。对于引用类型来说，可省略 ref 关键字。

图 3-4　例 3-4 的运行效果

【例 3-4】　演示引用参数的基本用法。结果如图 3-4 所示。

源程序见 Examples 文件夹下 MethodExample2.cs 文件，主要代码如下。

```
class MethodExample2
{
    public static void AddOne(ref int a)
    {
        a++;
    }
    public string GetOutput()
    {
        int x = 0;
        string s = "调用前 x 的值为" + x + "\n";
        AddOne(ref x);
        s += "调用后 x 的值为" + x;
        return s;
    }
}
```

（3）输出参数

输出参数（output parameter）用于传递返回的参数，用 out 关键字声明。格式为

out *参数类型 参数名*

对于输出参数来说，调用方法时提供的实参的初始值并不重要，因此声明时也可以不赋初值。除此之外，输出参数的用法与引用参数的用法类似。

由于 return 语句一次只能返回一个结果，当一个方法返回的结果有多个时，仅用 return 就无法满足要求了。此时除了可利用数组让其返回多个值之外，还可以用 out 关键字来实现。

【例 3-5】 演示 out 关键字的用法。结果如图 3-5 所示。

（1）打开 ch03 解决方案，在 Examples 文件夹下添加一个文件名为 MethodExample3.cs 的类，将 class 改为下面的代码。

```
class MethodExample3
{
    public static void Div(int x, int y, out int result, out int
remainder)
    {
        result = x / y;
        remainder = x % y;
    }
}
```

图 3-5 例 3-5 的运行效果

（2）修改 MainForm.cs，添加一个 Text 属性值为"例 5"的按钮，并添加下面的代码。

```
case "例5":
    {
        int x = 13, y = 3;
        int result, rem;
        MethodExample3.Div(x, y, out result, out rem);
        string s1 = string.Format("x={0},y={1}\n商={2},余数={3}",
            x, y, result, rem);
        MessageBox.Show(s1);
        break;
    }
```

（3）按<F5>键调试运行。

（4）参数数组

参数数组用于向方法传递可变数目的实参，用 params 关键字声明。例如 System.Console 类的 Write 和 WriteLine 方法使用的就是参数数组。它们的声明如下。

```
public class Console
{
    public static void Write(string fmt, params object[] args) {...}
    public static void WriteLine(string fmt, params object[] args) {...}
    ......
}
```

如果方法有多个参数，只有最后一个参数才可以用参数数组声明，并且参数数组的类型必须是一维数组类型。

参数数组的用法和常规的数组类型参数的用法完全相同。但是，在调用具有参数数组的方法时，既可以传递参数数组类型的单个实参，也可以传递参数数组的元素类型的任意数目的实参。实际上，参数数组自动创建了一个数组实例，并用实参对其进行初始化。

例如：

```
Console.WriteLine("x={0} y={1} z={2}", x, y, z);
```

等价于以下语句：

```
string s = "x={0} y={1} z={2}";
object[] args = new object[3];
args[0] = x;
args[1] = y;
args[2] = z;
Console.WriteLine(s, args);
```

当需要传递的参数个数不确定时，如求多个数的平均值，由于没有规定数的个数，此时即可使用参数数值。因而程序运行时，即使每次输入的值的个数不一样也同样可正确计算。

【例 3-6】 演示 params 关键字的基本用法。结果如图 3-6 所示。

（1）打开 ch03 解决方案，在 Examples 文件夹下添加一个文件名为 MethodExample4.cs 的类，将 class 改为下面的代码。

```
class MethodExample4
{
    public static double Average(params int[] v)
    {
        double total = 0;
        for (int i = 0; i < v.Length; i++) total += v[i];
        return total / v.Length;
    }
}
```

图 3-6　例 3-6 的运行效果

（2）修改 MainForm.cs，添加一个 Text 属性值为"例 6"的按钮，并添加下面的代码。

```
case "例6":
    string r1 = string.Format("1、2、3、5的平均值为{0}",
        MethodExample4.Average(1, 2, 3, 5));
    string r2 = string.Format("4、5、6的平均值为{0}", MethodExample4.Average(4, 5, 6));
    MessageBox.Show(r1 + "\n" + r2);
    break;
```

（3）按<F5>键调试运行。

2．方法重载

方法重载是指具有相同的方法名，但参数类型或参数个数不完全相同的多个方法可以同时出现在一个类中。这种技术非常有用，在项目开发过程中，我们会发现很多方法都需要使用方法重载来实现。

下面的代码演示了方法重载的基本用法。

```
using System;
namespace MethodOverloadingExample
{
    class Program
    {
        public static int Add(int i, int j)
        {
            return i + j;
        }
        public static string Add(string s1, string s2)
        {
            return s1 + s2;
        }
        public static long Add(long x)
        {
            return x + 5;
        }
        static void Main( )
        {
            Console.WriteLine(Add(1, 2));
            Console.WriteLine(Add("1", "2"));
            Console.WriteLine(Add(10));
            //按回车键结束
            Console.ReadLine( );
```

```
        }
    }
}
```

在这段代码中，虽然有多个 Add 方法，但由于方法中参数的个数和类型不完全相同，所以系统在调用时会自动找到最匹配的方法。

3.3　类的继承与多态性

封装、继承与多态性是面向对象编程的三大原则。只有深刻理解了这些概念，才能在实际的项目开发中更好地利用面向对象技术编写出高质量的代码。

3.3.1　封装

封装一个类时，既可以像定义一个普通的类一样，也可以将类声明为抽象类或者密封类。

1.　抽象类（abstract class）

抽象类使用 abstract 修饰符来描述，用于表示该类中的成员（例如方法）不一定实现，即可以只有声明部分而没有实现部分。

抽象类只能用做其他类的基类，而且无法直接实例化抽象类。

抽象类中带有 abstract 修饰符的成员即称为抽象成员。

当从抽象类派生非抽象类时，非抽象类必须实现抽象类的所有抽象成员，否则会引起编译错误。

在非抽象类中实现抽象类时，必须实现抽象类中的每一个抽象方法，而且每个实现的方法必须和抽象类中指定的方法一样，即接收相同数目和类型的参数，具有同样的返回类型。

2.　密封类（sealed）

还可以将类声明为密封类，以禁止其他类从该类继承。

密封类是指不能被其他类继承的类。在 C#语言中，用 sealed 修饰符声明密封类。由于密封类不能被其他类继承，因此系统就可以在运行时对密封类中的内容进行优化，从而提高系统的性能。

同样道理，sealed 关键字也可用于防止基类中的方法被扩充类重写，带有 sealed 修饰符的方法称为密封方法。密封方法同样不能被扩充类中的方法继承，也不能被隐藏。

3.3.2　继承

继承用于简化类的设计工作量，同时还能避免设计的不一致性。一般将公共的、相同的部分放在被继承的类中，非公共的、不相同的部分放在继承类中。

1.　类继承的一般形式

在 C#中，用冒号（":"）表示继承。被继承的类叫基类或者父类，从基类继承的类叫扩充类，又叫派生类或者子类。例如：

```
public class A
{
    public A()
    {
        Console.WriteLine("a");
    }
}
```

```
}
public class B : A
{
    public B()
    {
        Console.WriteLine("b");
    }
}
```

这段代码中的 B 类继承自 A 类，因此 A 为基类，B 为扩充类。

继承意味着一个类隐式地将它的基类的所有成员当作自已的成员，而且派生类还能够在继承基类的基础上继续添加新的成员。但是，基类的实例构造函数、静态构造函数和析构函数除外。

扩充类不能继承基类中所定义的 private 成员，只能继承基类的 public 成员或 protected 成员。

在上面的代码中，访问 B 对象时，也可以使用 A 类型，它实际上是将扩充类隐式转换为基类。例如：

```
A b = new B();
```

这样一来，就可以在某个集合中只声明一种基类型，而集合中的多个元素可以分别是不同的扩充类的实例。

2. 继承过程中构造函数的处理

扩充类可继承基类中声明为 public 或 protected 的成员。但是要注意，构造函数则排除在外，不会被继承下来。

为什么不继承基类的构造函数呢？这是因为构造函数的用途主要是对类的成员进行初始化，包括对私有成员的初始化。如果让构造函数也能继承，由于扩充类中无法访问基类的私有成员，因此就会导致创建扩充类的实例时无法对基类的私有成员进行初始化工作，从而导致程序运行失败。为了解决这个问题，C#在内部按照下列顺序处理构造函数：从扩充类依次向上寻找其基类，直到找到最初的基类，然后开始执行最初的基类的构造函数，再依次向下执行扩充类的构造函数，直至执行完最终的扩充类的构造函数为止。

假定有 A、B、C、D 四个类，A 的扩充类为 B，B 的扩充类为 C，C 的扩充类为 D，当创建 D 的实例时，则会首先调用 System.Object 的构造函数，再执行 A 的构造函数，然后执行 B 的构造函数，接着执行 C 的构造函数，最后执行 D 的构造函数。

对于无参数的构造函数，按照上面的执行顺序，不会存在任何问题。但是，如果构造函数带有参数，会出现什么情况呢？先看下面的例子：

```
using System;
class A
{
    private int age;
    public A(int age)
    {
        this.age = age;
    }
}
class B : A
{
    private int age;
    public B(int age)
    {
        this.age = age;
    }
```

```
    }
class Program
{
    static void Main( )
    {
        B b = new B(10);
    }
}
```

按<F5>键编译并运行这个程序，系统会提示下列错误信息："A 方法没有 0 个参数的重载"。这是因为创建 B 的实例时，编译器会寻找其基类 A 中提供的无参数的构造函数，而 A 中并没有提供这个构造函数，所以无法通过编译。

解决这个问题的办法其实很简单，只需要将

```
public B(int age)
```

改为

```
public B(int age): base(age)
```

其含义为：将 B 类的构造函数的参数 age 传递给 A 类的构造函数。程序执行时，将首先调用 System.Object 的构造函数，然后调用 A 类中带参数的构造函数，由于 B 的构造函数中已经将 age 传递给 A，所以 A 的构造函数就可以利用这个传递的参数进行初始化。

下面的代码演示了继承中构造函数的用法。

```
using System;
namespace BaseUsageExample
{
    class A
    {
        protected int age;
        public A()
        {
            Console.WriteLine("A:{0}",age);
        }
        public A(int age)
        {
            this.age = age;
            Console.WriteLine("A:{0}", age);
        }
    }
    class B : A
    {
        public B() : base()
        {
            Console.WriteLine("B:{0}", age);
        }
        public B(int age) : base(age)
        {
            age = 5;
            Console.WriteLine("B:{0}", age);
        }
    }
    class Program
    {
        static void Main()
        {
```

```
            B b1 = new B();
            B b2 = new B(10);
            Console.ReadLine();
        }
    }
}
```

输出结果：

```
A:0
B:0
A:10
B:5
```

【例 3-7】 演示继承的基本用法。

（1）打开 ch03 解决方案，在 Examples 文件夹下添加一个文件名为 DrawClass.cs 的类，将代码改为下面的内容。

```
using System.Drawing;
namespace ch03.Examples
{
    public abstract class DrawClass
    {
        protected Pen pen;
        public DrawClass()
        {
            pen = Pens.Yellow;
        }
        public abstract void Draw(Graphics g, Rectangle rect);
    }
}
```

（2）在 Examples 文件夹下添加一个文件名为 DrawEllipse.cs 的类，将代码改为下面的内容。

```
using System.Drawing;
namespace ch03.Examples
{
    class DrawEllipse : DrawClass
    {
        public DrawEllipse()
        {
            pen = new Pen(Brushes.Red, 5);
        }
        public override void Draw(Graphics g, Rectangle rect)
        {
            g.DrawEllipse(pen, rect);
        }
    }
}
```

（3）在 Examples 文件夹下添加一个文件名为 DrawRectangle.cs 的类，将代码改为下面的内容。

```
using System.Drawing;
namespace ch03.Examples
{
    class DrawRectangle : DrawClass
    {
        public DrawRectangle()
        {
            pen = new Pen(Brushes.Blue, 5);
        }
```

```
    public override void Draw(Graphics g, Rectangle rect)
    {
        g.DrawRectangle(pen, rect);
    }
  }
}
```

（4）在 Examples 文件夹下添加一个文件名为 InheritExample.cs 的 Windows 窗体，设计界面如图 3-7（a）所示。

（a）设计界面

（b）椭圆运行效果

（c）矩形运行效果

图 3-7　例 3-7 的设计界面和运行效果

（5）将 InheritExample.cs 的代码改为下面的内容。

```
public partial class InheritExample : Form
{
    DrawClass d = null;
    public InheritExample()
    {
        InitializeComponent();
        panel1.BorderStyle = BorderStyle.FixedSingle;
        radioButton1.Checked = true;
        this.panel1.Paint += panel1_Paint;
        this.buttonDraw.Click += buttonDraw_Click;
        this.buttonClear.Click += buttonClear_Click;
    }
    void buttonClear_Click(object sender, EventArgs e)
    {
        d = null;
        panel1.Refresh();
    }
    void buttonDraw_Click(object sender, EventArgs e)
    {
        if (radioButton1.Checked) d = new DrawEllipse();
        else d = new DrawRectangle();
        panel1.Refresh();
    }
    void panel1_Paint(object sender, PaintEventArgs e)
    {
        if (d == null)
        {
            e.Graphics.Clear(panel1.BackColor);
        }
        else
        {
```

```
        Rectangle r1 = panel1.ClientRectangle;
        Rectangle r2 = new Rectangle(
            2, 2, r1.Width - 5, r1.Height - 5);
        d.Draw(e.Graphics, r2);
    }
  }
}
```

（6）修改 MainForm.cs，添加一个 Text 属性值为 "例 7" 的按钮，并添加下面的代码。

```
case "例7":
    InheritExample m7 = new InheritExample();
    m7.ShowDialog();
    break;
```

（7）按<F5>键调试运行，单击 "例 7" 按钮，结果如图 3-7（b）和图 3-7（c）所示。

3.3.3 多态（new、virtual、override）

在 C#中，多态性的定义是：同一操作可分别作用于不同的类的实例，此时不同的类将进行不同的解释，最后产生不同的执行结果。

简单地说，当建立一个类型名为 A 的父类的对象时，它的内容可以是 A 这个父类的，也可以是它的子类 B 的，如果子类 B 和父类 A 都定义有同样的方法，当使用 B 对象调用这个方法的时候，定义这个对象的类，也就是父类 A 中的同名方法将被调用。如果在父类 A 中的这个方法前加 virtual 关键字，并且子类 B 中的同名方法前面有 override 关键字，那么子类 B 中的同名方法将被调用。

有以下几种实现多态性的方式。

第 1 种方式是通过继承实现多态性。多个类可以继承自同一个类，每个扩充类又可根据需要重写基类成员以提供不同的功能。

第 2 种方式是通过抽象类实现多态性。抽象类本身不能被实例化，只能在扩充类中通过继承使用。抽象类的部分或全部成员不一定都要实现，但是要在继承类中全部实现。抽象类中已实现的成员仍可以被重写，并且继承类仍可以实现其他功能。

第 3 种方式是通过接口实现多态性。多个类可实现相同的 "接口"，而单个类可以实现一个或多个接口。接口本质上是类需要如何响应的定义。接口仅声明类需要实现的方法、属性和事件，以及每个成员需要接收和返回的参数类型，而这些成员的特定实现留给实现类去完成。

1. 虚拟（virtual）和重写（override）

在基类中，用修饰符 virtual 表示某个属性或者方法可以被扩充类中同名的属性或方法重写。例如：

```
public virtual string MyProperty{get; set;}      //扩充类可以重写此属性
public virtual void myMethod( )                  //扩充类可以重写此方法
{
    //实现代码
}
```

这样一来，在扩充类中就可以使用修饰符 override 重写基类的属性和方法了。例如：

```
public override void myMethod( )
{
    //实现代码
}
```

在类中定义的方法默认都是非虚拟的，即不允许重写这些方法，但是基类中的方法使用了 virtual 修饰符以后，该方法就变成了虚拟方法。在扩充类中，既可以重写基类的虚拟方法，也可以不重写该方法。如果重写基类的虚拟方法，必须在扩充类中用 override 关键字声明。

使用虚拟方法与重写方法时，需要注意下面几个方面。

（1）虚拟方法不能声明为静态（static）的。因为静态的方法是应用在类这一层次的，而面向对象的多态性只能通过对象进行操作，所以无法通过类名直接调用。

（2）virtual 不能和 private 一起使用。声明为 private 就无法在扩充类中重写了。

（3）重写方法的名称、参数个数、参数类型以及返回类型都必须和虚拟方法的一致。

下面的代码演示了如何重写基类的方法。

```
using System;
namespace OverrideExample
{
    class Shape
    {
        public virtual void ShowShape ( )
        {
            Console.WriteLine("图形!");
        }
    }
    class Triangle : Shape
    {
        public override void ShowShape ( )
        {
            base. ShowShape ( );
            Console.WriteLine("三角形!");
        }
    }
    class Program
    {
        static void Main( )
        {
            Triangle me = new Triangle( );
            me.ShowShape ( );
            Console.ReadLine( );
        }
    }
}
```

输出结果：

图形!

三角形!

在类 Triangle 中使用 base.ShowShape( )的含义即调用在类 Shape 中声明的 ShowShape 方法。对基类的访问禁用了虚拟调用机制，它只是简单地将那个重写了的基类的方法视为非虚拟方法。

只有在扩充类中使用 override 修饰符时，才能重写基类声明为 virtual 的方法；否则，在继承的类中声明一个与基类方法同名的方法会隐藏基类的方法。

在 C#语言中，所有的方法默认都是非虚拟的，调用非虚拟方法时不会受到版本的影响，不管是调用基类的方法还是调用扩充类的方法，系统都会和设计者预期的结果一样执行实现的程序代码。

但是，虚拟方法却可能会因扩充类的重写而影响执行结果。也就是说，调用虚拟方法时，它会自动判断应该调用哪个类的实例方法。例如，如果基类 A 中用 virtual 声明了一个虚拟方法 M1，而扩充类 B 使用 override 关键字重写了 M1 方法，则如果创建 B 的实例，执行时就会调用扩充类 B 中的方法；如果扩充类 B 中的 M1 方法没有使用 override 关键字，则调用的是基类 A 中的 M1 方法。

另外要说明一点，如果类 B 继承自类 A，类 C 继承自类 B，A 中用 virtual 声明了一个方法 M1，而 B 中用 override 声明的方法 M1 再次被其扩充类 C 重写，则 B 中重写的方法 M1 仍然使用 override 修饰符（而不是 virtual），并且 C 中的方法 M1 仍然用 override 重写 B 中的 M1 方法。

2. 隐藏（new）

编写方法时，如果希望扩充类重写基类的方法，需要在扩充类中用 override 声明；如果希望隐藏基类的方法，在扩充类中需要用 new 声明，这就是 C#语言进行版本控制的依据。

除了重写基类的方法外，还可以在扩充类中使用 new 修饰符来隐藏基类中同名的方法。

与方法重写不同的是，使用 new 关键字时并不要求基类中的方法声明为 virtual，只要在扩充类的方法前声明为 new，就可以隐藏基类的方法。什么情况下需要这样做呢？例如要求开发人员需要重新设计基类中的某个方法，该基类是一年前由另一组开发人员设计的，并且已经交给用户使用，可是原来的开发人员在该方法前并没有加 virtual 关键字，但又无法修改原来的程序。这种情况下显然不能使用 override 重写基类的方法，这时就需要隐藏基类的方法。

3. 在扩充类中直接调用基类的方法

也可以在扩充类中通过 base 关键字直接调用基类的方法，例如：

```
class MyBaseClass
{
  public virtual int MyMethod()
  {
    return 5;
  }
}
class MyDerivedClass : MyBaseClass
{
  public override int MyMethod()
  {
    return base.MyMethod () * 4;
  }
}
```

3.4　常用结构和类的用法

Microsoft.NET 框架为开发人员提供了很多已经编写好的类和结构，开发人员可直接利用这些类和结构快速实现各种各样的功能，而不需要什么功能都从最底层开始编写。

这一节我们仅选取几个常用的类和结构说明其基本用法。

3.4.1　Math 类

Math 类定义了各种常用的数学运算，该类位于 System 命名空间下，其作用有两个，一是为三角函数、对数函数和其他通用数学函数提供某些常数，如 PI 值等；二是通过静态方法提供各种数学运算功能。

【例 3-8】 演示 Math 类的基本用法。结果如图 3-8 所示。

源程序见 Examples 文件夹下 MathExample.cs，主要代码如下。

```
namespace ch03.Examples
{
    class MathExample
    {
        public MathExample()
        {
            StringBuilder sb = new StringBuilder();
            int i = 10, j = -5;
            double x = 1.3, y = 2.7;
            double a = 2.0, b = 5.0;
            sb.AppendFormat("-5 的绝对值为{0}\n", Math.Abs(j));
            sb.AppendFormat("大于等于 1.3 的最小整数为{0}, ", Math.Ceiling(x));
            sb.AppendFormat("小于等于 2.7 的最大整数为{0}\n", Math.Floor(y));
            sb.AppendFormat("10 和-5 的较大者为{0}, ", Math.Max(i, j));
            sb.AppendFormat("1.3 和 2.7 的较小者为{0}\n", Math.Min(x, y));
            sb.AppendFormat("2 的 5 次方为{0}\n", Math.Pow(a, b));
            sb.AppendFormat("1.3 的四舍五入值为{0}, ", Math.Round(x));
            sb.AppendFormat("3.5 的四舍五入值为{0}, ", Math.Round(3.5));
            sb.AppendFormat("5.5 的四舍五入值为{0}\n", Math.Round(5.5));
            sb.AppendFormat("5 的平方根为{0}", Math.Sqrt(b));
            System.Windows.Forms.MessageBox.Show(sb.ToString());
        }
    }
}
```

图 3-8　例 3-8 的运行效果

这里有一点需要注意，例子中演示了 Round 方法的转换原则，即该方法转换为整数时采用"四舍六入五成双"的原则，就是说，以.5 结尾的数字转换为整数时将舍入为最近的"偶数"位。例如，2.5 舍入为 2，3.5 舍入为 4。在大型数据事务处理中，此转换原则有助于避免趋向较高值的系统偏差。如果转换为非整数，则采用"四舍五入"的原则。

3.4.2　DateTime 结构和 TimeSpan 结构

为了对日期和时间进行处理，.NET 框架提供了 DateTime 结构和 TimeSpan 结构。

DateTime 表示范围在 0001 年 1 月 1 日午夜 12:00:00 到 9999 年 12 月 31 日晚上 11:59:59 之间的日期和时间，最小时间单位等于 100ns。

TimeSpan 表示一个时间间隔，其范围在 Int63.MinValue 到 Int63.MaxValue 之间。

对于日期和时间，有多种格式化字符串输出形式，表 3-1 所示为日期和时间格式的字符串形式及其格式化输出说明。

表 3-1　　　　　　　　　　　　　　　日期和时间格式字符串及其说明

格式字符串	说　　明
d	一位数或两位数的天数（1～31）
dd	两位数的天数（01～31）
ddd	3 个字符的星期几缩写。例如：周五、Fri
dddd	完整的星期几名称。例如：星期五、Friday
h	12 小时格式的一位数或两位数小时数（1～12）
hh	12 小时格式的两位数小时数（01～12）
H	24 小时格式的一位数或两位数小时数（0～23）
HH	24 小时格式的两位数小时数（00～23）
m	一位数或两位数分钟值（0～59）
mm	两位数分钟值（00～59）
M	一位数或两位数月份值（1～12）
MM	两位数月份值（01～12）
MMM	3 个字符的月份缩写。例如：八月、Aug
MMMM	完整的月份名。例如：八月、August
s	一位数或两位数秒数（0～59）
ss	两位数秒数（00～59）
fff	三位毫秒数
ffff	四位毫秒数
t	单字母 A.M.或者 P.M.的缩写（A.M.将显示为 A）
tt	两字母 A.M.或者 P.M.缩写（A.M.将显示为 AM）
y	一位数的年份（0～99。例如 2001 显示为 1）
yy	年份的最后两位数（00～99。例如 2001 显示为 01）
yyyy	完整的年份
z	相对于 UTC 的小时偏移量，无前导零
zz	相对于 UTC 的小时偏移量，带有表示一位数值的前导零
zzz	相对于 UTC 的小时和分钟偏移量

例如：

```
DateTime dt=new DateTime(2009, 3, 25,12,30,40);
string s = string.Format("{0:yyyy 年 MM 月 dd 日 HH:mm:ss dddd, MMMM}",dt);
Console.WriteLine(s);
```

运行输出结果：

2009 年 03 月 25 日 12:30:40 星期三, 三月

这里需要说明一点，对于中文操作系统来说，默认情况下星期几和月份均显示类似"星期三"、"三月"的中文字符串形式。如果希望在中文操作系统下显示英文形式的月份和星期，还需要使用 System.Globalization 命名空间下的 DateTimeFormatInfo 类，例如：

```
DateTime dt = new DateTime(2009, 3, 25, 12, 30, 40);
System.Globalization.DateTimeFormatInfo dtInfo =
```

```
new System.Globalization.CultureInfo("en-US", false).DateTimeFormat;
string s = string.Format(dtInfo,
    "{0:yyyy-MM-dd  HH:mm:ss  ddd(dddd), MMM(MMMM)}", dt);
Console.WriteLine(s);
```

运行输出结果：

```
2009-03-25  12:30:40  Wed(Wednesday), Mar(March)
```

也可以使用 ToString 方法指定输出格式。例如：

```
DateTime date1 = new DateTime(2012, 11, 18);
Console.WriteLine(date1.ToString("yyyy-MM-dd ddd MMMM",
    new System.Globalization.CultureInfo("en-US")));
Console.WriteLine(date1.ToString("yyyy-MM-dd ddd MMMM",
    new System.Globalization.CultureInfo("zh-CN")));
```

运行输出结果：

```
2012-11-18 Sun November
2012-11-18 周日 十一月
```

【例 3-9】 演示 DateTime 结构和 TimeSpan 结构的基本用法。结果如图 3-9 所示。

源程序见 DateTimeExample.cs，主要代码如下。

```
namespace ch03.Examples
{
    class DateTimeExample
    {
        public DateTimeExample()
        {
            StringBuilder sb = new StringBuilder();
            //用法 1：创建实例
            DateTime dt1 = new DateTime(2013, 1, 30);
            sb.AppendLine("dt1: " + dt1.ToLongDateString());
            //用法 2：获取当前日期和时间
            DateTime dt2 = DateTime.Now;
            //用法 3：格式化输出（注意：M 为月，m 为分钟）
            sb.AppendLine("dt2: " + dt2.ToString("yyyy-MM-dd"));
            sb.AppendLine("dt2 年份: " + dt2.Year);
            sb.AppendLine("dt2 月份: " + dt2.Month);
            sb.AppendLine("dt2 时间: " + dt2.Hour + "点" + dt2.Minute + "分");
            //获取两个日期相隔的天数
            TimeSpan ts = dt1 - dt2;
            sb.AppendLine("dt1 和 dt2 相隔 " + ts.Days + " 天");
            System.Windows.Forms.MessageBox.Show(sb.ToString());
        }
    }
}
```

图 3-9　例 3-9 的运行效果

3.4.3　秒表和计时器（Stopwatch、Timer、DispatcherTimer）

这一节我们简单学习秒表和计时器的基本用法。

1. System.Diagnostics.Stopwatch 类

秒表（System.Diagnostics.Stopwatch 类）提供了一组方法和属性，利用 Stopwatch 类的实例可

以测量一段时间间隔的运行时间,也可以测量多段时间间隔的总运行时间。

Stopwatch 的常用属性和方法如下。

- Start 方法:开始或继续运行。
- Stop 方法:停止运行。
- Elapsed 属性、ElapsedMilliseconds 属性、ElapsedTicks 属性:检查运行时间。

默认情况下,Stopwatch 实例的运行时间值相当于所有测量的时间间隔的总和。每次调用 Start 时开始累计运行时间计数,每次调用 Stop 时结束当前时间间隔测量,并冻结累计运行时间值。使用 Reset 方法可以清除现有 Stopwatch 实例中的累计运行时间。

2. System.Windows.Forms.Timer 类

System.Windows.Forms 命名空间下的 Timer 类是一个基于 Windows 窗体的计时组件,利用它可在 WinForm 中按固定的间隔周期性地引发 Tick 事件,然后通过处理这个事件来提供定时处理,例如每隔 30ms 更新一次窗体内容等。该类常用属性、方法和事件如下。

- Interval 属性:获取或设置时间间隔。
- Tick 事件:每当到达指定的时间间隔后引发的事件。
- Start 方法:启动计时器。它和将 Enabled 属性设置为 true 的功能相同。
- Stop 方法:停止定时器。它和将 Enabled 属性设置为 false 的功能相同。

3. System.Windows.Threading.DispatcherTimer 类

在 WPF 应用程序中,不能使用 WinForm 的 System.Windows.Forms.Timer 类,此时应该用 System.Windows.Threading.DispatcherTimer 类来实现定时。例如:

```
public partial class MainWindow : Window
{
    System.Windows.Threading.DispatcherTimer timer =
        new System.Windows.Threading.DispatcherTimer();
    public MainWindow()
    {
        InitializeComponent();
        timer.Tick += timer_Tick;  //输入+=后按<Tab>键可自动生成对应的事件
        timer.Interval = TimeSpan.FromMilliseconds(1000);
        timer.Start();
    }
    void timer_Tick(object sender, EventArgs e)
    {
        label1.Content = DateTime.Now.ToString("HH:mm:ss");
    }
}
```

4. System.Timer 类

System.Timer 用单独的线程独立运行,主要用于在服务器端实现定时行为,例如每半月定期执行的操作等。如果在 WPF 应用程序中使用 System.Timer,必须通过 Invoke 或者 InvokeAsync 将操作发布到 UI 线程的 Dispatcher 上。例如:

```
public partial class MainWindow : Window
{
    Timer timer = new Timer();
    public MainWindow()
    {
        InitializeComponent();
        timer.Interval = 1000;
```

```
        timer.Elapsed += timer_Elapsed;  //输入+=后按<Tab>键可自动生成对应的事件
    }
    void timer_Elapsed(object sender, ElapsedEventArgs e)
    {
        this.Dispatcher.InvokeAsync(MyMethod);
    }
    private void MyMethod()
    {
        ......
    }
}
```

3.4.4　随机数（Random）

System.Random 类用于生成随机数。默认情况下，Random 类的无参数构造函数使用系统时钟生成其种子值，但由于时钟的分辨率有限，频繁地创建不同的 Random 对象有可能创造出相同的随机数序列。为了避免这个问题，一般先创建单个 Random 对象，然后利用对象提供的方法来生成随机数。

【例 3-10】 演示 WinForm 中 Stopwatch、Timer 以及 Random 类的基本用法。

（1）打开 ch03 解决方案，在 Examples 文件夹下添加一个文件名为 RandomExample.cs 的 Windows 窗体，并设计如图 3-10（a）所示的界面。

（a）设计界面　　　　　　　　　　　　（b）运行效果

图 3-10　例 3-10 的设计界面和运行效果

（2）将 RandomExample.cs 的 class 改为下面的代码。

```
public partial class RandomExample : Form
{
    System.Diagnostics.Stopwatch stopwatch = new System.Diagnostics.Stopwatch();
    Timer timer = new Timer();
    Random r = new Random();
    public RandomExample()
    {
        InitializeComponent();
        timer.Interval = 50;
        timer.Tick += timer_Tick;
        stopwatch.Start();
        timer.Start();
    }
    void timer_Tick(object sender, EventArgs e)
    {
        label2.Text = stopwatch.Elapsed.ToString();
        if (stopwatch.Elapsed.Seconds % 5 == 0 && stopwatch.Elapsed.Milliseconds < 100)
        {
```

```
        string s = "随机数为: ";
        for (int i = 0; i < 5; i++)
        {
            s += r.Next(1, 40 + 1) + ", ";
        }
        textBox1.Text = s.TrimEnd(', ');
    }
  }
}
```

（3）修改 MainForm.cs，添加一个 Text 属性值为 "例 10" 的按钮，并添加下面的代码。

```
case "例10":
    RandomExample m10 = new RandomExample();
    m10.Owner = this;
    m10.StartPosition = FormStartPosition.CenterParent;
    m10.ShowDialog(this);
    break;
```

（4）按<F5>键调试运行，结果如图 3-10（b）所示。

习　　题

1．编写一个控制台应用程序，完成下列功能。

（1）创建一个类，用无参数的构造函数输出该类的类名。

（2）增加一个重载的构造函数，该函数带有一个 string 类型的参数，在此构造函数中将传递的字符串打印出来。

（3）在 Main 方法中创建属于这个类的一个对象，不传递参数。

（4）在 Main 方法中创建属于这个类的另一个对象，传递一个字符串 "This is a string."。

（5）在 Main 方法中声明一个类型为这个类的具有 5 个对象的数组，但不要实际创建分配到数组里的对象。

（6）写出运行程序应该输出的结果。

2．编写一个控制台应用程序，完成下列功能，并回答提出的问题。

（1）创建一个类 A，在构造函数中输出 "A"，再创建一个类 B，在构造函数中输出 "B"。

（2）从 A 继承一个名为 C 的新类，并在 C 内创建一个成员 B。不要为 C 创建构造函数。

（3）在 Main 方法中创建类 C 的一个对象，写出运行程序后输出的结果。

（4）如果在 C 中也创建一个构造函数输出 "C"，整个程序运行的结果又是什么？

3．编写一个控制台应用程序，完成下列功能，并写出运行程序后输出的结果。

（1）创建一个类 A，在 A 中编写一个可以被重写的带 int 类型参数的方法 MyMethod，并在该方法中输出传递的整型值加 10 后的结果。

（2）再创建一个类 B，使其继承自类 A，然后重写 A 中的 MyMethod 方法，将 A 中接收的整型值加 50，并输出结果。

（3）在 Main 方法中分别创建类 A 和类 B 的对象，并分别调用 MyMethod 方法。

第4章
接口、委托与事件

除了基本的数据类型以及自定义的类和结构外，接口、委托、事件也是面向对象编程常用的基本技术。

4.1 接　　口

接口的用途是用它表示调用者和设计者的一种约定。例如，所提供的某个方法用什么名字、需要哪些参数，以及每个参数的类型是什么等。在团队合作开发同一个项目时，事先定义好相互调用的接口可以大大提高项目开发效率。

接口的作用在某种程度上和抽象类的作用相似，但它与抽象类不同的是，接口是完全抽象的成员集合。另外，类可以继承多个接口，但不能继承多个抽象类。

抽象类主要用于关系密切的对象，而接口最适合为不相关的类提供通用的功能。设计优良的接口往往很小而且相互独立，这样可减少产生性能问题的可能性。

使用接口还是抽象类为组件提供多态性，主要考虑以下几个方面。

（1）如果要创建不同版本的组件或实现通用的功能，则用抽象类来实现。

（2）如果创建的功能在大范围的完全不同的对象之间使用，则用接口来实现。

（3）设计小而简练的功能块一般用接口来实现，大的功能单元则一般用抽象类来实现。

4.1.1　接口的声明和实现

接口可以包含方法、属性、事件和索引器。但接口只包含成员的声明部分，而没有实现部分，即接口本身并不提供成员的实现，而是在继承接口的类中去实现接口的成员。

在 C#语言中，使用 interface 关键字声明一个接口。语法为

[访问修饰符] **interface** *接口名称*
{
　　接口体
}

接口名称一般用大写的"I"开头。例如：

```
public interface Itest
{
    int sum();
}
```

接口中只能包含方法、属性、索引器和事件的声明，不能包含构造函数（因为无法构建不能实例化的对象），也不能包含字段（因为字段隐含了某些内部的执行方式）。另外，定义在接口中的属性、方法等接口体都隐式地声明为 public，因此不能再用 public 修饰符声明。

接口可以用类或结构来实现，该类或结构必须严格按照接口的声明来实现接口提供的功能。有了接口，就可以在不影响现有接口声明的情况下，修改接口的内部实现，从而使兼容性问题最小化。

若要实现接口成员，类中的对应成员必须是公共的、非静态的，并且必须与接口成员具有相同的名称和签名。类的属性和索引器可以为接口中定义的属性或索引器定义额外的访问器。例如，接口可以声明一个带有 get 访问器的属性，而实现该接口的类可以声明同时带有 get 和 set 访问器的同一属性。但是，如果显式实现该属性，则其访问器必须和接口中的声明完全匹配。

【例 4-1】 演示接口的声明与实现。结果如图 4-1 所示。

该例子的源程序见 InterfaceExample1.cs 文件，主要代码如下。

图 4-1 例 4-1 的运行效果

```csharp
namespace ch04.Examples
{
    interface Ifunction1
    {
        string MyString { get; set; }
    }
    interface Ifunction2
    {
        int Add(int x1, int x2);
    }
    class InterfaceExample1 : Ifunction1, Ifunction2
    {
        private string myString;
        //实现接口 Ifunction1 中的属性
        public string MyString
        {
            get { return myString; }
            set { myString = value; }
        }
        //实现接口 Ifunction2 中的方法
        public int Add(int x1, int x2)
        {
            return x1 + x2;
        }
    }
}
```

MainForm.cs 中的主要代码如下。

```csharp
namespace ch04
{
    public partial class MainForm : Form
    {
        public MainForm()
        {
            InitializeComponent();
            this.StartPosition = FormStartPosition.CenterScreen;
            foreach (var v in this.Controls)
            {
                Button btn = v as Button;
```

```
            if (btn != null)
            {
                btn.Click += btn_Click;
            }
        }
    }
    void btn_Click(object sender, EventArgs e)
    {
        string text = (sender as Button).Text;
        switch (text)
        {
            case "例1":
                InterfaceExample1 le1 = new InterfaceExample1();
                Ifunction1 i1 = le1 as Ifunction1;
                i1.MyString = "OK, ";
                Ifunction2 i2 = le1 as Ifunction2;
                MessageBox.Show(i1.MyString + i2.Add(3, 5));
                break;
        }
    }
}
```

4.1.2　显式方式实现接口

由于不同接口中的成员（方法、属性、事件或索引器）有可能会重名，因此，在一个类中实现多个接口中的成员时可能会存在多义性的问题。为了解决此问题，可以显式地来实现接口中的成员，即用完全限定的接口成员名称作为标识符。

在方法调用、属性访问或索引器访问中，不能通过实例名访问"显式接口成员实现"的成员，就是用它的完全限定名也不行。换言之，"显式接口成员实现"的成员只能通过接口实例来访问，并且通过接口实例访问时，只能调用该接口成员的名称。

在显式接口成员实现中，包含访问修饰符会产生编译错误。包含 abstract、virtual、override 或 static 修饰符也会产生编译错误。

【例 4-2】演示如何以显式方式实现接口。结果如图 4-2 所示。

源程序见 InterfaceExample2.cs，主要代码如下。

```
namespace ch04.Examples
{
    class InterfaceExample2 : Ifunction1, Ifunction2
    {
        private string myString;
        //显式实现接口 Ifunction1 中的属性
        string Ifunction1.MyString
        {
            get { return myString; }
            set { myString = value; }
        }
        //显式实现接口 Ifunction2 中的方法
        int Ifunction2.Add(int x1, int x2)
        {
            return x1 + x2;
        }
```

图 4-2　例 4-2 的运行效果

```
    }
}
```
MainForm.cs 中的相关代码如下。
```
case "例2":
    InterfaceExample2 le2 = new InterfaceExample2();
    Ifunction1 a1 = le2 as Ifunction1;
    a1.MyString = "OK, ";
    Ifunction2 a2 = le2 as Ifunction2;
    MessageBox.Show(a1.MyString + a2.Add(3, 5));
    break;
```

4.1.3　利用接口实现多继承

C#语言提供了两种实现继承的方式：类继承和接口继承。但 C#中，类继承只允许单一继承，如果必须使用多重继承，可以通过接口继承来实现。

接口可以继承其他接口，语法为

[*访问修饰符*] interface *接口名称* ：*被继承的接口列表*
{

　　接口体

}

也可以先在基类中实现多个接口，然后再通过类的继承来继承多个接口。在这种情况下，如果将该接口声明为扩充类的一部分，也可以在扩充类中通过 new 修饰符隐藏基类中实现的接口；如果没有将继承的接口声明为扩充类的一部分，接口的实现将全部由声明它的基类提供。

【例 4-3】 演示如何利用接口实现多继承。结果如图 4-3 所示。

源程序见 InterfaceExample3.cs，主要代码如下。

图 4-3　例 4-3 的运行效果

```
using System.Text;
namespace ch04.Examples
{
    interface IDraw1 { string Draw1(); }
    interface IDraw2 { string Draw2(); }
    interface IDraw3 { string Draw3(); }
    //IDraw 继承了 IDraw1 和 IDraw2
    interface IDraw : IDraw1, IDraw2
    {
        string DrawMe();
    }
    //Class1 需要实现 IDraw 的所有接口以及 IDraw3 接口
    class Class1 : IDraw, IDraw3
    {
        //实现 IDraw1 中的接口
        public string Draw1() { return "Draw1OK"; }
        //实现 IDraw2 中的接口
        public string Draw2() { return "Draw2OK"; }
        //实现 IDraw 中的接口
        public string DrawMe() { return "DrawMeOK"; }
        //实现 IDraw3 中的接口
        public string Draw3()
        {
            // 虽然接口定义不能包含 virtual，但接口成员中可以调用其他方法
```

```
        // 而在其他方法中可包含 virtual，利用这种方式就可以重写接口
        return DrawAll();
    }
    public virtual string DrawAll()
    {
        return "基类中实现的 DrawAll";
    }
}
//Class1 实现了 IDraw、IDraw3，IDraw 继承自 IDraw1、IDraw2
//InterfaceExample3 继承自 Class1，所以也继承了 IDraw1, IDraw2
//另外，通过 override 重新实现了基类中实现的 IDraw3 接口
class InterfaceExample3 : Class1
{
    public override string DrawAll()
    {
        return "扩充类中实现的 DrawAll";
    }
}
```

MainForm.cs 中的相关代码如下。

```
case "例3":
    {
        StringBuilder sb = new StringBuilder();
        InterfaceExample3 le3 = new InterfaceExample3();
        IDraw mydraw = le3 as IDraw;
        sb.AppendLine(mydraw.Draw1());
        sb.AppendLine(mydraw.Draw2());
        sb.AppendLine(mydraw.DrawMe());
        IDraw3 mydraw3 = le3 as IDraw3;
        sb.AppendLine(mydraw3.Draw3());
        MessageBox.Show(sb.ToString());
        break;
    }
```

在这个例子中，还同时演示了基类如何使用虚拟成员实现接口成员，然后让继承接口的类通过重写虚拟成员来更改接口的行为。

4.2 委　托

委托类型（delegate type）用于定义一个从 System.Delegate 类派生的类型，其功能与 C++语言中指向函数的指针功能类似，不同的是 C++语言的函数指针只能够指向静态的方法，而委托除了可以指向静态的方法之外，还可以指向实例的方法。另外，委托是完全面向对象的技术，不会出现 C++程序一不小心就会出现的内存泄露的情况。

委托的最大特点是，任何类或对象中的方法都可以通过委托来调用，唯一的要求是方法的参数类型和返回类型必须与委托的参数类型和返回类型完全匹配。

4.2.1　定义委托类型

从语法形式上来看，定义一个委托非常类似于定义一个方法。但是，方法有方法体，而委托

没有方法体，因为它执行的方法是在使用委托时才指定的。

定义委托的一般语法为

[*访问修饰符*] delegate *返回类型* *委托名*([*参数序列*]);

例如：

```
public delegate double MyFunction(double x);
```

这行代码定义了一个名为 MyFunction 的委托。编译器编译这行代码时，会自动为其生成一个继承自 System.Delegate 的类型，类型的名称为 MyFunction。

4.2.2　通过委托调用方法

定义了委托类型以后，就可以像使用其他类型一样使用委托。

通过委托，可将方法作为实体赋值给变量，也可以将方法作为委托的参数来传递。下面的方法将 f 作为参数，f 为自定义的委托类型 MyFunction：

```
public static double[] Apply(double[] a, MyFunction f)
{
    double[] result = new double[a.Length];
    for (int i = 0; i < a.Length; i++) result[i] = f(a[i]);
    return result;
}
```

假如有下面的静态方法：

```
public static double Square(double x) { return x * x; }
```

那么，就可以将静态的 Square 方法作为 MyFunction 类型的参数传递给 Apply 方法：

```
double[] a = {0.0, 0.5, 1.0};
double[] squares = Apply(a, Square);
```

除了可以通过委托调用静态方法外，还可以通过委托调用实例方法。例如，有如下类声明：

```
class Multiplier
{
    double factor;
    public Multiplier(double factor) { this.factor = factor; }
    public double Multiply(double x) { return x * factor; }
}
```

则可以用下面的代码将 Multiply 方法作为 MyFunction 类型的参数传递给 Apply 方法：

```
Multiplier m = new Multiplier(2.0);
double[] doubles = Apply(a, m.Multiply);
```

下面通过完整例子说明具体用法。

【例 4-4】　演示委托的基本用法。

（1）在 ch04 项目的 Examples 文件夹下添加一个名为 DelegateExample.cs 的类，将代码改为下面的内容。

```
using System;
namespace ch04.Examples
{
    delegate double MyFunction(double x);
    class D1
    {
        public static double Square(double x)
        {
            return x * x;
        }
```

```
        public static double[] Apply(double[] a, MyFunction f)
        {
            double[] result = new double[a.Length];
            for (int i = 0; i < a.Length; i++)
            {
                result[i] = f(a[i]);
            }
            return result;
        }
    }
    class D2
    {
        double y;
        public D2(double y)
        {
            this.y = y;
        }
        public double Multiply(double x)
        {
            return x * y;
        }
    }
}
```

（2）修改 MainForm.cs，在界面中添加一个名为"例4"的按钮，并添加下面的代码。

```
case "例4":
    {
        StringBuilder sb = new StringBuilder();
        double[] a = { 0.0, 0.5, 1.0 };
        //利用委托将静态方法作为参数传递
        double[] squares = D1.Apply(a, D1.Square);
        sb.AppendLine(string.Join(", ", squares));
        double[] sines = D1.Apply(a, Math.Sin);
        sb.AppendLine(string.Join(", ", sines));
        D2 d = new D2(2.0);
        //利用委托将实例方法作为参数传递
        double[] doubles = D1.Apply(a, d.Multiply);
        sb.AppendLine(string.Join(", ", doubles));
        MessageBox.Show(sb.ToString());
        break;
    }
```

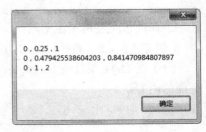

图 4-4　例 4-4 的运行效果

（3）运行程序，单击"例4"按钮，结果如图 4-4 所示。

实际上，也可以使用匿名函数创建委托，这是即时创建的"内联方法"。由于匿名函数可以查看外层方法的局部变量，因此在这个例子中也可以不创建 D2 对象，而是直接写出实现的代码：

```
double[] doubles = D1.Apply(a, (double x) => x * 2.0);
```

这是用 Lambda 表达式来实现的，限于篇幅，本书不再介绍 Lambda 表达式的用法，有兴趣的读者可参考相关资料。

另外，定义了委托类型后，还可以像创建类的实例那样来创建委托的实例。委托实例封装了一个调用列表，该列表包含一个或多个方法，每个方法都是一个可调用的实体。

4.3　事　件

事件（event）是一种使类或对象能够提供通知的成员，不论是哪种应用程序编程模型，事件在本质上都是利用委托来实现的。一般我们利用事件来响应用户的鼠标或键盘操作，或者自动执行某个与事件关联的行为。

要在应用程序中自定义和引发事件，必须提供一个事件处理程序（事件处理方法），以便与事件关联的委托能自动调用它。

4.3.1　事件的声明和引发

由于事件是利用委托来实现的，因此声明事件前，需要先定义一个委托。例如：

```
public delegate void MyEventHandler()
```

定义了委托以后，就可以用 event 关键字声明事件，例如：

```
public event MyEventHandler Handler;
```

若要引发该事件，可以定义引发该事件时要调用的方法，如下例所示：

```
public void OnHandler()
{
    Handler();
}
```

在程序中，可以通过"＋＝"和"－＝"运算符向事件添加委托，来注册或取消对应的事件。例如：

```
myEvent.Handler += new MyEventHandler(myEvent.MyMethod);
myEvent.Handler -= new MyEventHandler(myEvent.MyMethod);
```

下面通过例子说明如何定义事件以及如何自动引发事件。

【例 4-5】　演示事件的基本用法。

（1）在 ch04 项目的 Examples 文件夹下添加一个名为 EventExample1.cs 的类，将代码改为下面的内容。

```
using System.Text;
namespace ch04.Examples
{
    class EventExample1
    {
        private int changeCount;
        private StringBuilder sb = new StringBuilder();
        public string Output { get { return sb.ToString(); } }
        public EventExample1()
        {
            MyText m = new MyText();
            m.ItemChanged += m_ItemChanged;
            ChangeItem(m);
            m.ItemChanged -= m_ItemChanged;
            ChangeItem(m);
        }
        void m_ItemChanged()
        {
            changeCount++;
```

```
        }
    private void ChangeItem(MyText m)
    {
        m.Item = "a";
        m.Item = "b";
        sb.AppendLine(changeCount.ToString());
    }
}
public delegate void MyEventHandler();
public class MyText
{
    public event MyEventHandler ItemChanged;
    private string item;
    public string Item
    {
        get { return item; }
        set
        {
            item = value;
            OnItemChanged();
        }
    }
    private void OnItemChanged()
    {
        if (ItemChanged != null) ItemChanged();
    }
}
```

例子中的事件处理程序 m_ItemChanged 是通过委托自动调用的。使用"+ ="注册 ItemChanged 事件后，每改变一次 Item 属性的值，都会执行一次 m_ItemChanged 事件处理程序，使 changeCount 的值加 1。使用"– ="取消注册的 ItemChanged 事件后，由于不会再执行 m_ItemChanged 事件处理程序，所以 changeCount 的值不变。

（2）修改 MainForm.cs，在界面中添加一个名为"例5"的按钮，并添加下面的代码。

```
case "例5":
    EventExample1 le5 = new EventExample1();
    MessageBox.Show(le5.Output);
    break;
```

（3）运行程序，单击"例5"按钮，结果如图 4-5 所示。

图 4-5　例 4-5 的运行效果

4.3.2　具有标准签名的事件

在实际的应用开发中，绝大部分情况下，实际上使用的都是具有标准签名的事件。在具有标准签名的事件中，事件处理程序包含两个参数，第 1 个参数是 Object 类型，表示引发事件的对象；第 2 个参数是从 EventArgs 类型派生的类型，用于保存事件数据。

为了简化具有标准签名的事件的用法，.NET 框架为开发人员提供了以下委托：

```
public delegate void EventHandler(object sender, EventArgs e)
public delegate void EventHandler<TEventArgs>(Object sender, TEventArgs e)
```

EventHandler 委托用于不包含事件数据的事件，EventHandler<TEventArgs>委托用于包含事件数据的事件。如果没有事件数据，可将第 2 个参数设置为 EventArgs.Empty。否则，第 2 个参数是从 EventArgs 派生的类型，该类型提供事件处理程序需要的数据。

下面通过例子说明具体用法。

【例 4-6】　演示具有标准签名的事件的基本用法，结果如图 4-6 所示。

（1）在 ch04 项目的 Examples 文件夹下添加一个名为 EventExample2.cs 的类，将代码改为下面的内容。

```
using System;
using System.Text;
namespace ch04.Examples
{
    class EventExample2
    {
        private StringBuilder sb = new StringBuilder();
        public string Output { get { return sb.ToString(); } }
        public EventExample2()
        {
            //不带参数的事件示例
            MyTest1 m1 = new MyTest1();
            m1.Added += m1_Added;
            m1.Add(2);
            //带参数的事件示例
            MyTest2 m2 = new MyTest2();
            m2.Added += m2_Added;
            m2.Add(3);
        }
        void m1_Added(object sender, EventArgs e)
        {
            sb.AppendLine("m1 有增加的值");
        }
        void m2_Added(object sender, MyTest2EventArgs e)
        {
            sb.AppendFormat("m2 增加{0}，增加时间：{1:HH:mm:ss}", e.X, e.Time);
            sb.AppendLine();
        }
    }
    public class MyTest1
    {
        public event EventHandler Added;
        private int total;
        public void Add(int x)
        {
            total += x;
            OnAdd();
        }
        private void OnAdd()
        {
            EventHandler handler = Added;
            if (handler != null)
            {
                handler(this, EventArgs.Empty);
            }
        }
    }
    public class MyTest2
```

图 4-6　例 4-6 的运行效果

```
    {
        public event EventHandler<MyTest2EventArgs> Added;
        private int total;
        public void Add(int x)
        {
            total += x;
            MyTest2EventArgs args = new MyTest2EventArgs();
            args.X = x;
            args.Time = DateTime.Now;
            OnAdd(args);
        }
        private void OnAdd(MyTest2EventArgs args)
        {
            EventHandler<MyTest2EventArgs> handler = Added;
            if (handler != null)
            {
                handler(this, args);
            }
        }
    }
    public class MyTest2EventArgs : EventArgs
    {
        public int X { get; set; }
        public DateTime Time { get; set; }
    }
}
```

（2）修改 MainForm.cs，在界面中添加一个名为"例 6"的按钮，并添加下面的代码。

```
case "例6":
    EventExample2 le6 = new EventExample2();
    MessageBox.Show(le6.Output);
    break;
```

（3）按<F5>键运行程序。

4.4 序列化与反序列化

序列化是将对象状态转换为可保持或传输的格式的过程。在此过程中，对象的公共字段和私有字段以及类的名称（包括包含该类的程序集）都被转换为字节流，然后写入数据流。

与序列化相对的是反序列化，它将序列化后的内容再转换为对象。反序列化的结果和直接创建该对象的效果相同。两个过程结合可以存储和传输数据。

这一节我们主要学习如何对二进制数据进行序列化和反序列化处理。

4.4.1 序列化

序列化有两个最重要的功能：一个是将对象的状态保持在存储媒体中，以便以后可以重新创建精确的副本；另一个是通过值将对象从一个应用程序域发送到另一个应用程序域中。例如，序列化可用在 ASP.NET 中，保存会话状态并将对象复制到 Windows 窗体的剪贴板中。而后一个功能的典型用例就是远程处理，可以使用序列化通过值将对象从一个应用程序域传递到另一个应用程序域中。

序列化一个类的最简单的方式是使用如下所示的 Serializable 特性声明。

```
[Serializable]
public class AuthUserEntry
{
    private string accountName;
    private int accountId;
    public string AccountName
    {
        …
    }
    public int AccountId
    {
        …
    }
}
```

下面用代码演示该类的实例如何被序列化到一个二进制文件（.bin）中。

```
AuthUserEntry user = new AuthUserEntry( );
user.AccountId = 9912053;
user.AccountName = "张三";
IFormatter formater = new BinaryFormatter( );
Stream stream = new FileStream("UserInfo.bin", FileMode.Create, FileAccess.Write,
FileShare.None);
formater.Serialize(stream, user);
stream.Close( );
```

在这段代码中，创建流的实例和其使用的格式接口后，对该格式接口调用 Serialize 方法，类中的所有成员变量都将被序列化，即使是那些已被标记为私有的变量。

由于类中可能包含不应被序列化的字段，为了处理这种情况，可以用 NonSerialized 属性将成员变量标记为不被序列化，如下面的代码所示：

```
[Serializable]
public class MyObject
{
  public int n1;
  [NonSerialized] public int n2;
  public String str;
}
```

4.4.2　反序列化

要将对象还原回其以前的状态，首先可创建用于读取的流和格式化接口，然后用格式化接口反序列化该对象即可。下面的代码示例说明如何执行上述的操作。

```
IFormatter formatter = new BinaryFormatter( );
Stream stream = new FileStream("UserInfo.bin", FileMode.Open, FileAccess.Read,
FileShare.Read);
AuthUserEntry me = (AuthUserEntry) formatter.Deserialize(stream);
stream.Close( );
```

需要特别注意的是，反序列化一个对象时，并不调用其构造函数。

【例 4-7】 演示二进制序列化和反序列化的基本用法，运行结果如图 4-7 所示。

（1）在 ch04 项目的 Examples 文件夹下添加一个名为 SerializableExample.cs 的类，将代码改为下面的内容。

```
using System;
```

图 4-7　例 4-7 的运行效果

```
using System.IO;
using System.Runtime.Serialization;
using System.Runtime.Serialization.Formatters.Binary;
namespace ch04.Examples
{
    class SerializableExample
    {
        public SerializableExample()
        {
            UserInfo user = new UserInfo();
            //序列化
            using (Stream stream1 = new FileStream("UserInfo.bin",
                FileMode.Create, FileAccess.Write, FileShare.None))
            {
                IFormatter formater = new BinaryFormatter();
                formater.Serialize(stream1, user);
            }
            //反序列化
            using (Stream stream2 = new FileStream("UserInfo.bin",
                 FileMode.Open, FileAccess.Read, FileShare.Read))
            {
                IFormatter formater = new BinaryFormatter();
                UserInfo user1 = (UserInfo)formater.Deserialize(stream2);
                System.Windows.Forms.MessageBox.Show(
                    string.Format("Name={0}, ID={1}, Age={2}",
                    user1.Name, user1.Id, user1.Age));
            }
        }
    }
    [Serializable]
    public class UserInfo
    {
        public string Name { get; set; }
        public int Id { get; set; }
        [NonSerialized]
        public int Age;
        public UserInfo()
        {
            Id = 9912053;
            Name = "张三";
            Age = 20;
        }
    }
}
```

（2）修改 MainForm.cs，在界面中添加一个名为“例 7”的按钮，并添加下面的代码。

```
case "例7":
    SerializableExample le7 = new SerializableExample();
    break;
```

（3）按<F5>键运行程序。

此时打开应用程序 bin 子目录下的 Debug 子目录，会看到有一个文件 UserInfo.bin，该文件保存的就是 UserInfo 对象的值。

4.5　反　　射

反射的用途是在程序或装配件中查找有关类型的信息，或者从装配件中读取元数据。反射包含的大多数类都在 System.Reflection 命名空间中，通过其中的类以及 System.Type 类，程序员可以获取有关已加载的程序集和在程序集中定义的类型（如类、接口和值类型）的信息。

程序集是.NET Framework 应用程序的生成块，是为协同工作而生成的类型和资源的集合，这些类型和资源构成了部署、版本控制、重复使用、激活范围控制和安全权限的基本逻辑功能单元。程序集还为公共语言运行库提供了其识别类型实现所需的信息。程序集包含模块，而模块包含类型，类型又包含成员。反射则提供了封装程序集、模块和类型的对象。可以使用反射动态地创建类型的实例，将类型绑定到现有对象，或从现有对象中获取类型，并调用类型的方法或访问其字段和属性。

反射涉及的内容很多，这一节我们只简单介绍部分常用概念。

1．Type 类

在 System 命名空间下，有一个 Type 类，该类对于反射起着核心的作用。当反射请求加载的类型时，公共语言运行库将为它创建一个 Type。可以使用 Type 对象的方法、字段、属性和嵌套类来查找有关该类型的所有信息。

获取指向给定类型的 Type 对象有如下两种常用方式。

（1）使用 C#提供的 typeof 关键字获取指定类型的 Type 对象，例如：

```
Type t = typeof(double);
```

（2）调用 Type 类的 GetType 静态方法，例如：

```
Type t = Type.GetType("System.Double");
```

Type 类提供的大多数方法都用于获取对应数据类型的成员信息，如构造函数、属性、方法、事件等。

下面的代码演示了如何利用 GetMethods 方法获取 int 类型提供的所有公共方法名：

```
Type t = typeof(int);
System.Reflection.MethodInfo[] Methods = t.GetMethods();
foreach (var method in Methods)
{
    Console.WriteLine(method.Name);
}
```

2．Assembly 类

Assembly 类是在 System.Reflection 命名空间中定义的，它允许程序员访问给定装配件的元数据，并包含可以执行一个装配件（假定该装配件是可执行的）的方法。

元数据是一种二进制信息，用以对存储在公共语言运行库中可移植的可执行文件或存储在内存中的程序进行描述。

与 Type 类一样，Assembly 类包含非常多的方法和属性，此处不再介绍。

══ 习　　题 ══

1．简要回答接口与抽象类的区别。
2．简要回答委托与事件的关系。

第5章
泛型与 LINQ

这一章我们学习泛型和 LINQ（语言集成查询）的基本知识。

5.1　C#的类型扩展

C#提供了一些非常实用的类型扩展功能。利用好这些扩展功能，既可以简化代码的编写量，还能让代码的含义看起来简单、直观、一目了然。

5.1.1　匿名类型和隐式类型的局部变量

匿名类型同样提供了一种方便的方法，利用它可将一组只读属性封装到单个对象中，而无须首先显式定义一个类型。例如：

```
var v = new { ID = "0001", Age = 18 };
Console.WriteLine("ID: {0}，年龄: {1}", v.ID, v.Age);
```

匿名类型中每个属性的类型是由编译器自动推断的。

在语句块内用 var 声明的变量称为隐式类型的局部变量。

实际上，匿名类型和隐式类型的局部变量仍然都属于强类型，只不过判断具体类型的工作由编译器自动完成而已。也正是由于这个原因，所以"字段"不能使用 var 来声明，而且用 var 声明的"局部变量"不能为 null，这是因为编译器无法推断它到底是哪种类型。

匿名类型和隐式类型的局部变量在 LINQ 表达式中特别有用，例如下面的代码将输出所有成绩大于 80 的值：

```
int[ ] scores = new int[ ] { 97, 92, 81, 60 };
var q = from score in scores
        where score > 80
        select score;
foreach (var i in q)
{
    Console.WriteLine(i);
}
```

5.1.2　对象初始化和集合初始化

用 C#创建一个对象时，可以用一条语句同时实现创建对象并同时对对象的一部分属性或者全部属性进行初始化，而无需显式调用构造函数。

假设有下面的类：

```
class StudentInfo
{
    string Name{get;set;}
    int Age{get;set;}
}
```

则下面的语句：

```
StudentInfo si = new StudentInfo();
si.Name = "张三"
si.Age = 20;
```

只需要用一条语句就可以实现：

```
StudentInfo si = new StudentInfo { Name="张三", Age=20 };
```

如果创建的是一个对象集合，也可以同时对集合中的每个元素初始化。例如：

```
string s="123";
List<int> list = new List<int>();
list.Add(1);
list.Add(int.Parse(s));
```

也可以用一条语句实现：

```
List list = new List { 1, int.Parse(s) };
```

在指定一个或多个元素初始值设定项时，各个对象初始值设定项被分别括在大括号中，初始值之间用逗号分隔。编译器解析这行代码时，会自动调用 Add 方法添加每个初始值。

但需注意，这种简化用法的前提是集合必须实现 IEnumerable 接口。

同样，如果 Student 是一个来自数据库表的实体数据模型类，利用对象和集合初始化可一次性地为其添加多条记录。例如：

```
var students=new List<Student>()
{
    new Student {Name="张三", Age=20},
    new Student {Name="李四", Age=22},
    new Student {Name="王五", Age=21}
}
```

在数据库和实体数据模型中，我们还会学习更多的用法，这里读者只需要知道用这种方式对创建对象并初始化非常有用即可。

【例 5-1】 演示扩展类型的基本用法。

（1）新建一个项目名和解决方案名都是 ch05 的 Windows 窗体应用程序项目。

（2）在项目中添加一个名为 Examples 的文件夹。

（3）在 Examples 文件夹下，添加一个文件名为 Student.cs 的类，代码如下。

图 5-1　例 5-1 的运行效果

```
namespace ch05.Examples
{
    public class Student
    {
        public string ID { get; private set; }
        public string Name { get; set; }
        public char Gender { get; set; }
        public int Score { get; set; }
```

```
public Student()
{
    this.ID = CC.GetID();
    this.Name = "未知";
    this.Gender = '男';
}
}
}
```

（4）在 Examples 文件夹下，添加一个文件名为 CC.cs 的类，该类将提供本章多个例子都要使用的静态的公共方法，代码如下。

```
using System;
using System.Collections.Generic;
using System.Linq;
using System.Text;
using System.Threading.Tasks;
namespace ch05.Examples
{
    //Common Class
    internal static class CC
    {
        public static int id = 0;
        public static string GetID()
        {
            id++;
            return id.ToString("d4");
        }
        /// <summary>让 ID 从 0001 开始编号</summary>
        public static void ResetID()
        {
            id = 0;
        }
        public static void AppendLine(StringBuilder sb, Student t)
        {
            if (sb.Length == 0)
            {
                sb.AppendLine("ID\t 姓名\t 性别\t 成绩");
                sb.AppendLine(new string('-', 40));
            }
            sb.AppendFormat("{0}\t{1}\t{2}\t{3}", t.ID, t.Name, t.Gender, t.Score);
            sb.AppendLine();
        }
        public static List<Student> InitStudents()
        {
            ResetID();
            List<Student> students = new List<Student>()
            {
                new Student{Name="张三", Gender='男', Score=81},
                new Student{Name="李四", Gender='男', Score=83},
                new Student{Name="李五", Gender='女', Score=85},
                new Student{Name="王六", Gender='男', Score=83}
            };
            return students;
        }
    }
}
```

（5）在 Examples 文件夹下，添加一个文件名为 Example1.cs 的类，代码如下。

```csharp
using System.Collections.Generic;
using System.Text;
namespace ch05.Examples
{
    class Example1
    {
        StringBuilder sb = new StringBuilder();
        public string Output { get { return sb.ToString(); } }
        public Example1()
        {
            CC.ResetID();
            // 用法 1：使用默认值
            Student s1 = new Student();
            CC.AppendLine(sb, s1);
            // 用法 2：初始化时同时对属性赋初值
            Student s2 = new Student { Name = "张三", Gender = '男', Score = 80 };
            CC.AppendLine(sb, s2);
            // 用法 3：初始化时同时对部分属性赋初值
            Student s3 = new Student { Gender = '男' };
            CC.AppendLine(sb, s3);
            // 用法 4：创建并初始化多条记录
            var list = new List<Student>()
            {
                new Student{Name="姓名1", Gender='男', Score=81},
                new Student{Name="姓名2", Gender='男', Score=83},
                new Student{Name="姓名3", Gender='女', Score=85},
            };
            foreach (var v in list)
            {
                CC.AppendLine(sb, v);
            }
        }
    }
}
```

（6）在【解决方案资源管理器】中，将 Form1.cs 换名为 MainForm.cs。

（7）向 MainForm.cs 的设计窗体拖放一个 Button 控件，将其 Text 属性修改为"例 1"，然后切换到代码隐藏类，修改代码如下。

```csharp
……
using ch05.Examples;
namespace ch05
{
    public partial class MainForm : Form
    {
        public MainForm()
        {
            InitializeComponent();
            this.StartPosition = FormStartPosition.CenterScreen;
            foreach (var v in this.Controls)
            {
                Button btn = v as Button;
                if (btn != null)
```

```
        {
            btn.Click += btn_Click;
        }
    }
}
void btn_Click(object sender, EventArgs e)
{
    string s = (sender as Button).Text;
    switch (s)
    {
        case "例1":
        Example1 e1 = new Example1();
        MessageBox.Show(e1.Output);
        break;
    }
}
```

（8）按<F5>键运行应用程序，单击"例1"按钮，结果如图 5-1 所示。

5.2　泛型和泛型集合

集合是指一组组合在一起的、性质类似的类型化对象。将紧密相关的数据组合到一个集合中，可以更有效地对其进行管理，如用 foreach 来处理一个集合的所有元素等。

对于普通的集合，虽然可以使用 System 命名空间下的 Array 类和 System.Collections 命名空间下的类添加、移除和修改集合中的个别元素或某一范围内的元素，甚至可以将整个集合复制到另一个集合中，但是由于这种办法无法在编译代码前确定数据的类型，运行时很可能需要频繁地靠装箱与拆箱进行数据类型转换，导致运行效率降低，而且出现运行错误时，系统提示的信息也含糊其辞，让人莫名其妙，所以实际项目中一般用泛型来实现。或者说，使用泛型能够使开发的项目性能好、出错少。

泛型集合是一种强类型的集合，它能提供比非泛型集合好得多的类型安全性和性能。常用的泛型集合类如表 5-1 所示。

表 5-1　　　　　　　　　　常见的泛型集合类及对应的非泛型集合类

泛型集合类	非泛型集合类	泛型集合用法举例
List<T>	ArrayList	List<string> dinosaurs = new List<string>( );
Dictionary<TKey,Tvalue>	Hashtable	Dictionary<string, string> d = new Dictionary<string, string>( ); d.Add ("txt", "notepad.exe");
Queue<T>	Queue	Queue<string> q = new Queue<string>( ); q.Enqueue("one");

Stack<T>	Stack	Stack<string> s = new Stack<string>( );
		s.Push("one");
		s.Pop( );

SortedList<TKey,TValue>	SortedList	SortedList<string, string> list = new SortedList<string, string>( ); list.Add ("txt", "notepad.exe"); list.TryGetValue("tif", out value))

编写程序时，应该尽量使用泛型集合类，而不要使用早期版本提供的非泛型集合类。

5.2.1　泛型的定义和引用

所谓泛型，是指在类名后添加用尖括号括起来的类型参数列表以定义一组"通用化"的类型。定义泛型时，在类名后添加的尖括号内的类型参数可以只有一个，也可以有多个。如果有多个类型参数，各类型参数之间用逗号分隔。例如：

```
public class Pair<T1, T2>
{
    public T1 First;
    public T2 Second;
}
```

在这段代码中，Pair 类的类型参数为 T1 和 T2。

定义泛型类以后，就可以通过传递类型实参来创建该类的实例。例如：

```
Pair<int,string> pair = new Pair<int,string> { First = 1, Second = "two" };
int i = pair.First;
string s = pair.Second;
```

由于泛型类的定义中 T1、T2 可以代表任何类型，因此只需要定义一次泛型就能实现所有实际类型的调用。如果不使用泛型，就只能针对不同的类型分别编写对应的方法，而这使得代码既臃肿，又不易阅读，同时也增加了编译工作量。因此，泛型的优点是显而易见的。

实际上，.NET 框架已经为程序员提供了很多泛型，在项目开发中，直接使用这些泛型就可以满足各种需求，只有某些特殊的需求才需要程序员自己去定义新的泛型。

下面我们学习.NET 框架提供的一些常见泛型集合类及其基本用法，这些泛型集合类都在 System.Collections.Generic 命名空间下。

5.2.2　列表和排序列表

System.Collections.Generic.List<T>泛型类表示可通过索引访问的强类型对象列表，列表中可以有重复的元素。该泛型类提供了对列表进行搜索、排序和操作的方法。例如：

```
List<string> list1 = new List<string>();
List<int> list2 = new List<string>(10,20,30);
```

List<T>泛型列表提供了很多方法，常用的方法如下。

- Add 方法：将元素添加到列表中。
- Insert 方法：在列表中插入一个新元素。
- Contains 方法：测试该列表中是否存在某个元素。
- Remove 方法：从列表中移除带有指定键的元素。
- Clear 方法：移除列表中的所有元素。

如果是数字列表，还可以对其进行求和、求平均值，以及求最大数、最小数等。例如：

```
List<int> list = new List<int>( );
list.AddRange(new int[ ] { 12, 8, 5, 20 });
Console.WriteLine(list.Sum( ));          //结果为 45
Console.WriteLine(list.Average( ));      //结果为 11.25
Console.WriteLine(list.Max( ));          //结果为 20
Console.WriteLine(list.Min( ));          //结果为 5
```

排序列表（SortedList<Key, KeyValue>）的用法和列表（List<T>）的用法相似，区别仅在于排序列表的内容是按键（Key）进行升序排序的结果。另外，根据键（Key）还可获取该键对应的值（KeyValue）。

【例5-2】 演示列表和排序列表的基本用法，结果如图5-2所示。

（1）在 ch05 项目的 Examples 文件夹下添加一个名为 ListExample.cs 的类，将代码改为下面的内容。

```csharp
using System.Collections.Generic;
using System.Text;
namespace ch05.Examples
{
    class ListExample
    {
        StringBuilder sb = new StringBuilder();
        public ListExample()
        {
            List<string> list = new List<string>();
            list.Add("张三");
            list.Add("李四");
            list.Insert(0, "王五");
            if (list.Contains("赵六") == false)
            {
                list.Add("赵六");
            }
            foreach (var v in list)
            {
                sb.AppendLine(v);
            }
            for (int i = 0; i < list.Count; i++)
            {
                sb.AppendLine(string.Format("list[{0}]={1}", i, list[i]));
            }
        }
        public string GetOutput()
        {
            return sb.ToString();
        }
    }
}
```

图 5-2　例 5-2 的运行效果

（2）在 Examples 文件夹下添加一个名为 SortedListExample.cs 的类，将代码改为下面的内容。

```csharp
using System.Collections.Generic;
using System.Text;
namespace ch05.Examples
{
    class SortedListExample
    {
        StringBuilder sb = new StringBuilder();
        public SortedListExample()
        {
            var sl = new SortedList<string, int>();
            sl.Add("张三", 20);
            sl.Add("李四", 21);
            sl.Add("王五", 22);
            foreach (var v in sl)
```

```
            {
                sb.AppendLine(v.Key + "\t" + v.Value);
            }
        }
        public string GetOutput()
        {
            return sb.ToString();
        }
    }
}
```

（3）向 MainForm.cs 的设计窗体拖放一个 Button 控件，将其 Text 属性修改为"例 2"，然后切换到代码隐藏类，添加代码如下。

```
case "例2":
    ListExample le = new ListExample();
    SortedListExample sle = new SortedListExample();
    MessageBox.Show(le.GetOutput() + "\n" + sle.GetOutput());
    break;
```

（4）按<F5>键运行应用程序。

5.2.3　链表

LinkedList<T>为双向链表。LinkedList<T>对象中的每个节点都属于 LinkedListNode<T>类型。每个节点又指向其 Next 节点和 Previous 节点。

如果节点及其值是同时创建的，则包含引用类型的列表的性能会更好。LinkedList<T>接受 null 引用作为引用类型的有效 Value 属性，并且允许重复值。

如果 LinkedList<T>为空，则 First 和 Last 属性为 null。

【例 5-3】演示链表的基本用法，结果如图 5-3 所示。

（1）在 ch05 项目的 Examples 文件夹下添加一个名为 LinkedListExample.cs 的类，将代码改为下面的内容。

图 5-3　例 5-3 的运行效果

```
using System.Collections.Generic;
using System.Text;
namespace ch05.Examples
{
    class LinkedListExample
    {
        StringBuilder sb = new StringBuilder();
        public LinkedListExample()
        {
            string[] words = { "a", "b", "c" };
            LinkedList<string> sentence = new LinkedList<string>(words);
            sentence.AddFirst("dog"); //结果为"dog","a","b","c",
            LinkedListNode<string> mark1 = sentence.First;  //结果为"dog"
            sentence.RemoveFirst();   //结果为"a","b","c"
            sentence.AddLast(mark1);       //"a","b","c","dog"
            LinkedListNode<string> current = sentence.Find("b");
            sentence.AddAfter(current, "lazy"); //结果为"a","b","lazy","c","dog"
            var m = sentence.First;
            while (m != null)
            {
                sb.AppendLine(m.Value);
```

```
                m = m.Next;
            }
        }
        public string GetOutput()
        {
            return sb.ToString();
        }
    }
}
```

（2）修改 MainForm.cs，在界面中添加一个名为"例3"的按钮，并添加下面的代码。

```
case "例3":
    LinkedListExample lle = new LinkedListExample();
    MessageBox.Show(lle.GetOutput());
    break;
```

（3）按<F5>键运行程序。

5.2.4　字典和排序字典

Dictionary<TKey, TValue>泛型类提供了一组"键/值"对，字典中的每项都由一个值及其相关联的键组成，通过键可检索值。当向字典中添加元素时，系统会根据需要自动增大容量。

一个字典中不能有重复的键。

Dictionary<TKey, TValue>提供的常用方法如下。

- Add 方法：将带有指定键和值的元素添加到字典中。
- TryGetValue 方法：获取与指定的键相关联的值。
- ContainsKey 方法：确定字典中是否包含指定的键。
- Remove 方法：从字典中移除带有指定键的元素。

排序字典（SortedDictionary<TKey, TValue>）的用法和字典的用法相似，同样区别仅在于排序字典中保存的是按键（Tkey）进行升序排序后的结果。

【例 5-4】 演示字典和排序字典的基本用法，结果如图 5-4 所示。

图 5-4　例 5-4 的运行效果

（1）在 ch05 项目的 Examples 文件夹下添加一个名为 DictionaryExample.cs 的类，将代码改为下面的内容。

```
using System.Collections.Generic;
using System.Text;
namespace ch05.Examples
{
    class DictionaryExample
    {
        StringBuilder sb = new StringBuilder();
        public DictionaryExample()
        {
            Dictionary<string, int> storedBooks = new Dictionary<string, int>();
            storedBooks.Add("book1", 15);
            storedBooks.Add("book2", 25);
            storedBooks.Add("book3", 5);
            //输出字典中所有的书籍名称和存书数量
            foreach (var v in storedBooks)
            {
                sb.AppendLine(string.Format("Key={0},Value={1}", v.Key, v.Value));
```

```
    }
    //检查字典中是否存在 mybook
    if (!storedBooks.ContainsKey("mybook"))
    {
        storedBooks.Add("mybook", 30);
    }
    //输出 book2 中保存的数量
    sb.AppendLine(storedBooks["book2"].ToString());
    //如果存在 book4，修改数量；如果不存在 book4，将其添加到字典中
    storedBooks["book4"] = 20;
    //获取 book2 的数量
    int value = 0;
    if (storedBooks.TryGetValue("book2", out value))
    {
        sb.AppendLine(string.Format("\"book2\", value = {0}", value));
    }
    else
    {
        sb.AppendLine("\"book2\"在字典中不存在");
    }
    //如果存在 book0，将其从字典中删除
    storedBooks.Remove("book0");
}
public string GetOutput()
{
    return sb.ToString();
}
    }
}
```

（2）在 Examples 文件夹下添加一个名为 SortedDictionaryExample.cs 的类，将代码改为下面的内容。

```
using System.Collections.Generic;
using System.Text;
namespace ch05.Examples
{
    class SortedDictionaryExample
    {
        StringBuilder sb = new StringBuilder();
        public SortedDictionaryExample()
        {
            SortedDictionary<int, Student> students =
                new SortedDictionary<int, Student>()
            {
              { 2, new Student {Name="李四", Gender='男'}},
              { 1, new Student {Name="张三", Gender='男'}},
              { 3, new Student {Name="王屋山", Gender='男'}}
            };
            foreach (var v in students)
            {
                sb.AppendLine(string.Format(
                    "编号：{0}--姓名：{1}，性别：{2}",
                    v.Key, v.Value.Name, v.Value.Gender));
            }
```

```
        }
        public string GetOutput()
        {
            return sb.ToString();
        }
    }
}
```

（3）修改 MainForm.cs，在界面中添加一个名为"例4"的按钮，并添加下面的代码。

```
case "例4":
    DictionaryExample de = new DictionaryExample();
    SortedDictionaryExample sde = new SortedDictionaryExample();
    MessageBox.Show(de.GetOutput() + "\n" + sde.GetOutput());
    break;
```

（4）按<F5>键运行程序。

5.2.5　队列

Queue<T>泛型类表示对象的先进先出集合。队列在按接收顺序存储消息方面非常有用，存储在队列中的对象在一端插入，从另一端移除。

队列可以保存 null 值并且允许有重复的元素。

常用方法如下。

* Enqueue 方法：将指定元素插入列尾。

* Dequeue 方法：队列首元素出列。

【例 5-5】 演示队列的基本用法，结果如图 5-5 所示。

（1）在 ch05 项目的 Examples 文件夹下添加一个名为 QueueExample.cs 的类，将代码改为下面的内容。

图 5-5　例 5-5 的运行效果

```
using System.Collections.Generic;
using System.Text;
namespace ch05.Examples
{
    class QueueExample
    {
        StringBuilder sb = new StringBuilder();
        public QueueExample()
        {
            Queue<string> myQueue = new Queue<string>();
            myQueue.Enqueue("one");
            myQueue.Enqueue("two");
            myQueue.Enqueue("three");
            //移除开始处的对象
            myQueue.Dequeue();
            //输出队列中的所有元素
            foreach (var v in myQueue)
            {
                sb.AppendLine(v);
            }
        }
        public string GetOutput()
        {
            return sb.ToString();
```

```
        }
    }
}
```

（2）修改 MainForm.cs，在界面中添加一个名为"例 5"的按钮，并添加下面的代码。

```
case "例5":
    QueueExample qe = new QueueExample();
    MessageBox.Show(qe.GetOutput());
    break;
```

（3）按<F5>键运行程序。

5.2.6　堆栈

Stack<T>泛型类表示同类型实例的、大小可变的后进先出（LIFO）集合。

堆栈也可以保存 null 值并且允许有重复值，常用方法如下。

* Push 方法：将指定元素插入栈顶。
* Pop 方法：弹出栈顶元素。

下面的代码说明了堆栈的基本用法。

```
Stack<string> numbers = new Stack<string>();
numbers.Push("one");
numbers.Push("two");
numbers.Push("three");
foreach (string number in numbers)
{
    Console.WriteLine(number);
}
numbers.Pop();
```

5.2.7　哈希表和哈希集合

Hashtable 类（哈希表）也是基于键返回值的算法，它通过调用 GetHashCode 方法为每个键生成对应的哈希值，但是该方法没有字典的运行效率高，这是因为 Hashtable 的元素实际上属于 Object 类型，在存储或检索值类型时会发生装箱和拆箱操作，所以我们不再介绍 Hashtable 的具体用法。

哈希集合（HashSet）与 Hashtable 不同，HashSet 是一个无序集合，主要用于进行数学集合运算。数学上的集合（set）是指由某一规则定义的不重复出现且无特定顺序的元素的组合。例如集合 a 可以定义为"1 和 21 之间的所有奇数"，集合 b 可以定义为数字"1、3、5"等。

HashSet<T>泛型类比 HashSet 的运行效率更高，它提供了高性能的数学集合运算，一个 HashSet<T>对象的容量是指该对象可以容纳的元素个数。HashSet<T>对象的容量将随该对象中元素的添加而自动增大。

表 5-2 所示为 HashSet<T>运算及其等效的数学描述。

表 5-2　　　　　　　　　　　　　　HashSet<T>运算及其等效的数学描述

HashSet<T>运算	数学等效项	用 法 举 例 （设哈希集合 h1 和 h2 初值分别为"a"、"b"、"c"和"c"、"d"、"e"）
UnionWith 方法	并集或 set 加法	h1.UnionWith(h2);　//h1 的结果为"a"、"b"、"c"、"d"、"e"
IntersectWith 方法	交集	h1.IntersectWith(h2); // h1 的结果为"c"
ExceptWith 方法	set 减法	h1.ExceptWith(h2);　// h1 的结果为"a"、"b"
SymmetricExceptWith 方法	余集	h1.SymmetricExceptWith(h2); // h1 结果为"a"、"b"、"d"、"e"

除了上面列出的集合运算外，HashSet<T>泛型类还提供了一些方法，可用于确定两个集合是否相等、是否重叠以及一个集合是另一个集合的子集还是超集等。除此之外，还可以对数字集合进行求和、求平均值以及求最大数和最小数。具体用法请读者自己尝试。

5.3 LINQ 查询表达式

LINQ 是一组查询技术的统称，其主要思想是将各种查询功能直接集成到 C#语言中，不论是对象、XML 还是数据库，都可以用 LINQ 编写查询语句。换言之，利用 LINQ 查询数据源就像 C#中使用类、方法、属性和事件一样，可完全用 C#语法来构造，而且还具有完全的类型检查和智能提示（IntelliSense）。

与一般意义上的 foreach 循环相比，LINQ 查询具有以下优势：

- 更简明、更易读，尤其在筛选多个条件时。
- 使用最少的应用程序代码提供强大的筛选、排序和分组功能。
- 无须修改或只需做很小的修改即可将它们移植到其他数据源。

总之，对数据执行的操作越复杂，我们就越能体会到用 LINQ 比用传统迭代技术实现的优势。这一节我们主要学习 LINQ 查询表达式的基本用法。

5.3.1 延迟执行和立即执行

LINQ 查询表达式由一组类似于 SQL 的声明性语法编写的子句组成。每个子句包含一个或多个表达式，而且表达式又可以包含子表达式。

所有 LINQ 查询操作都由以下 3 部分组成。

- 获取数据源。数据源可以是数组、XML 文件、SQL 数据库、集合等。
- 创建查询。定义查询表达式，并将其保存到某个查询变量中。查询变量本身并不执行任何操作并且不返回任何数据，它只是存储在以后某个时刻执行查询时为生成结果而必需的信息。
- 执行查询。

LINQ 查询表达式必须以 from 子句开头，并且必须以 select 或 group 子句结尾。在第一个 from 子句和最后一个 select 或 group 子句之间，查询表达式可以包含一个或多个 where、orderby、join、let 甚至附加的 from 子句。还可以使用 into 关键字将 join 或 group 子句的结果作为附加查询子句的源数据。

执行查询时，一般利用 foreach 循环执行查询得到一个序列，这种方式称为"延迟执行"。例如：

```
int[] numbers = { 0, 1, 2, 3, 4, 5, 6 };
var q = from n in numbers
        where n % 2 == 0
        select n;
foreach (var v in q)
{
    Console.WriteLine("{0}", v);
}
```

对于聚合函数，如 Count、Max、Average、First，由于它们返回的只是一个值，所以这类查询在内部使用 foreach 循环实现，而开发人员只需要调用 LINQ 提供的对应方法即可，这种方式称

为 "立即执行"。例如：

```
int[] numbers = { 0, 1, 2, 3, 4, 5, 6 };
var q = from n in numbers
        where n % 2 == 0
        select n;
Console.WriteLine("{0}", q.Count());
```

还有一种特殊情况，就是直接调用 Distinct 方法得到不包含重复值的无序序列，这种方式也是立即执行的。例如：

```
int[] numbers = { 10, 11, 10, 11, 14, 14, 16 };
var q = (from n in numbers
        where n % 2 == 0
        select n).Distinct();
foreach (var v in q)
{
    Console.WriteLine(v);
}
```

也可以在创建查询时，调用 ToList<TSource>或 ToArray<TSource>方法强制立即执行查询。例如：

```
int[] numbers = { 0, 1, 2, 3, 4, 5, 6 };
var list = (from n in numbers
        where n % 2 == 0
        select n).ToList();
```

5.3.2　from 子句

from 子句用于指定数据源和范围变量，由于后面的子句都是利用范围变量来操作的，所以查询表达式必须以 from 子句开头。

假如有以下语句：

```
List<Student> students = new List<Student>()
{
    new Student{Name="张三", Age=20},
    new Student{Name="李四", Age=22},
    new Student{Name="王五", Age=21}
};
```

则可以定义下面的 LINQ 查询：

```
var q = from t in students
        select t;
```

这个语句定义了一个查询，由于编译器可以自动推断 q 的类型，所以我们只需要用 var 声明它就可以了。

要执行这个查询，使用下面的语句即可：

```
foreach (var v in q)
{
    Console.WriteLine(v.Name + "\t" + v.Age);
}
```

【例 5-6】 演示 from 子句的基本用法，结果如图 5-6 所示。

源程序见 LinqExample1.cs，主要代码如下。

```
namespace ch05.Examples
{
    class LinqExample1
```

图 5-6　例 5-6 的运行效果

```
    {
        StringBuilder sb = new StringBuilder();
        public string Output { get { return sb.ToString(); } }
        public LinqExample1()
        {
            List<Student> students = CC.InitStudents();
            var q = from t in students
                    select t;
            foreach (var v in q)
            {
                CC.AppendLine(sb, v);
            }
        }
    }
}
```

MainForm.cs 中的相关代码如下。

```
case "例6":
    LinqExample1 le1 = new LinqExample1();
    MessageBox.Show(le1.Output);
    break;
```

5.3.3　where 子句

where 子句用于指定筛选条件，即只返回筛选表达式结果为 true 的元素。筛选表达式也可用 C#语法来构造。

【例 5-7】 演示 where 子句的基本用法，结果如图 5-7 所示。

源程序见 LinqExample2.cs，主要代码如下。

图 5-7　例 5-7 的运行效果

```
namespace ch05.Examples
{
    class LinqExample2
    {
        StringBuilder sb = new StringBuilder();
        public string Output { get { return sb.ToString(); } }
        public LinqExample2()
        {
            List<Student> students = CC.InitStudents();
            var q = from t in students
                    where t.Name[0] == '李' && t.Gender == '男'
                    select t;
            foreach (var v in q)
            {
                CC.AppendLine(sb, v);
            }
        }
    }
}
```

MainForm.cs 中的相关代码如下。

```
case "例7":
    LinqExample2 le2 = new LinqExample2();
    MessageBox.Show(le2.Output);
    break;
```

5.3.4　orderby 子句

orderby 子句用于对返回的结果进行排序，ascending 关键字表示升序，descending 关键字表示降序。

【例 5-8】　演示 orderby 子句的基本用法，结果如图 5-8 所示。

源程序见 LinqExample3.cs，主要代码如下。

```
namespace ch05.Examples
{
    class LinqExample3
    {
        StringBuilder sb = new StringBuilder();
        public string Output { get { return sb.ToString(); } }
        public LinqExample3()
        {
            List<Student> students = CC.InitStudents();
            var q = from t in students
                    where t.Score > 0
                    orderby t.Score descending, t.Name ascending
                    select t;
            foreach (var v in q)
            {
                CC.AppendLine(sb, v);
            }
        }
    }
}
```

图 5-8　例 5-8 的运行效果

在这个例子中，先按成绩降序排序，成绩相同的再按姓名升序排序。

MainForm.cs 中的相关代码如下。

```
case "例8":
    LinqExample3 le3 = new LinqExample3();
    MessageBox.Show(le3.Output);
    break;
```

使用 LINQ 时，有一点需要注意，如果查询的是数据库，而且数据库中的表字段是 char 类型或者 nchar 类型且长度为 1，则常量必须用单引号引起来，如果数据库中的表字段是 char 类型或者 nchar 类型且长度大于 1，或者表字段是 varchar 或者 nvarchar 类型，则常量用双引号引起来。

5.3.5　group 子句

group 子句用于按指定的键分组，group 后面可以用 by 指定分组的键。

【例 5-9】　演示 group 子句的基本用法，结果如图 5-9 所示。

源程序见 LinqExample4.cs，主要代码如下。

```
namespace ch05.Examples
{
    class LinqExample4
    {
        StringBuilder sb = new StringBuilder();
        public string Output { get { return sb.ToString(); } }
        public LinqExample4()
```

图 5-9　例 5-9 的运行效果

```
    {
        List<Student> students = CC.InitStudents();
        var q = from t in students
                orderby t.Score ascending, t.Name ascending
                where t.Score > 0
                group t by t.Gender;
        foreach (var v in q)
        {
            foreach (var v1 in v)
            {
                CC.AppendLine(sb, v1);
            }
        }
    }
}
```

在用 foreach 循环访问生成组序列的查询时，必须使用嵌套的 foreach 循环。外部循环用于循环访问每个组，内部循环用于循环访问每个组的成员。

MainForm.cs 中的相关代码如下。

```
case "例9":
    LinqExample4 le4 = new LinqExample4();
    MessageBox.Show(le4.Output);
    break;
```

一般情况下，group 子句应该放在查询表达式的最后，除非使用 into 关键字时，才可以将该子句放在查询表达式的中间，但是这种情况很少见，因此这里不再介绍。

5.3.6 select 子句

select 子句用于生成查询结果并指定每个返回的元素的"形状"或"类型"。除了前面所举的 select 子句的用法外，还可以用 select 子句让范围变量只包含成员的子集，如查询结果只包含数据表中的一部分字段等。当 select 子句生成除源元素副本以外的内容时，该操作称为"投影"。使用投影转换数据是 LINQ 查询表达式的又一种强大功能。

图 5-10　例 5-10 的运行效果

【例 5-10】 演示 select 子句的基本用法，结果如图 5-10 所示。

源程序见 LinqExample5.cs，主要代码如下。

```
namespace ch05.Examples
{
    class LinqExample5
    {
        StringBuilder sb = new StringBuilder();
        public string Output { get { return sb.ToString(); } }
        public LinqExample5()
        {
            List<Student> students = CC.InitStudents();
            var q1 = from t in students
                     select t.Score;
            sb.AppendFormat("平均成绩：{0},最高成绩：{1}", q1.Average(), q1.Max());
            var q2 = from t in students
                     select new { 姓名 = t.Name, 成绩 = t.Score };
```

```
        sb.AppendLine("\n\n 姓名\t 成绩");
        sb.AppendLine(new string('-', 20));
        foreach (var v in q2)
        {
            sb.AppendFormat("{0}\t{1}\n", v.姓名, v.成绩);
        }
    }.
}
```

如果查询表达式不包含 group 子句，则表达式的最后一个子句必须用 select 子句，而且该子句必须放在表达式的最后。

MainForm.cs 中的相关代码如下。

```
case "例10":
    LinqExample5 le5 = new LinqExample5();
    MessageBox.Show(le5.Output);
    break;
```

5.3.7　查询多个对象

利用 LINQ 的 from 子句也可以直接查询多个对象，唯一的要求是每个对象中的成员需要至少有一个与其他成员关联的元素。

【例 5-11】 演示如何用 LINQ 查询学生及其家庭成员的信息。结果如图 5-11 所示。

（1）在 ch05 项目的 Examples 文件夹下添加一个名为 StudentInfo.cs 的类，将代码改为下面的内容。

```
namespace ch05.Examples
{
    class StudentInfo
    {
        public string StudentID { get; set; }
        public string FatherName { get; set; }
        public string MotherName { get; set; }
    }
}
```

图 5-11　例 5-11 的运行效果

（2）在 Examples 文件夹下添加一个名为 LinqExample6.cs 的类，将代码改为下面的内容。

```
using System.Collections.Generic;
using System.Linq;
using System.Text;
namespace ch05.Examples
{
    class LinqExample6
    {
        StringBuilder sb = new StringBuilder();
        public string Output { get { return sb.ToString(); } }
        public LinqExample6()
        {
            List<Student> students = CC.InitStudents();
            List<StudentInfo> studentsInfo = new List<StudentInfo>()
            {
                new StudentInfo{ StudentID="0001",
                    FatherName="张三父", MotherName="张三母"},
                new StudentInfo{ StudentID="0002",
```

```
                   FatherName="李四父", MotherName="李四母"}
            };
            var q = from t1 in students
                from t2 in studentsInfo
                where t1.ID == t2.StudentID
                select new { 姓名 = t1.Name,
                         父亲 = t2.FatherName, 母亲 = t2.MotherName };
            foreach (var v in q)
            {
                sb.AppendFormat("{0}\t{1}\t{2}\n", v.姓名, v.父亲, v.母亲);
            }
        }
    }
}
```

（3）修改 MainForm.cs，在界面中添加一个名为"例 11"的按钮，并添加下面的代码。

```
case "例11":
    LinqExample6 le6 = new LinqExample6();
    MessageBox.Show(le6.Output);
    break;
```

（4）运行程序，单击"例 11"按钮，结果如图 5-11 所示。

5.4 Lambda 表达式

Lambda 表达式主要用于简化委托的代码编写形式。当函数语句较少，而又需要用委托来调用时，使用 Lambda 表达式比较方便。另外，在 LINQ 中，使用 Lambda 表达式也可以使编写的代码更加简洁高效。

5.4.1 Lambda 表达式的基本用法

Lambda 表达式是一个可用于创建委托或表达式树类型的匿名函数。语法为

（*输入参数列表*）=>{*表达式或语句块*}

所有 Lambda 表达式都使用 Lambda 运算符（=>）来描述，该运算符读作"goes to"。

运算符左侧的输入参数可以是零个，也可以是多个。如果有多个参数，各参数间用逗号分隔；如果输入参数只有一个，可省略小括号，其他情况都必须用小括号括起来。

右侧可以是表达式，也可以是语句块。如果是表达式或者只有一条语句，可不加大括号，否则必须用大括号括起来。

下面表达式的含义为：输入参数是 x，返回的结果为 x*x 的值。

```
x => x * x
```

下面的表达式表示输入参数是 x 和 y，如果 x 等于 y，返回的结果为 true，否则为 false。

```
(x, y) => x == y
```

当编译器无法推断输入参数的类型时，可以按下面的形式显式指定类型：

```
(int x, string s) => s.Length > x
```

用空的小括号指定零个输入参数：

```
() => SomeMethod()
```

也可以用 Lambda 表达式实现类似于 LINQ 的功能，例如在 Enumerable 类中调用 Where 方法时，参数是委托类型 System.Func<T, TResult>；在 System.Linq.Queryable 类中调用相同的方法时，参数类型是 System.Linq.Expressions.Expression<Func>，其中 Func 是包含至多十六个输入参数的任何 Func 委托。

Lambda 表达式只是一种用于构造表达式树的非常简练的方式。尽管事实上通过 Lambda 创建的对象的类型是不同的，但其 Where 方法的用法看起来都非常相似。

【例 5-12】　演示 Lambda 表达式的基本用法，结果如图 5-12 所示。

（1）在 ch05 项目的 Examples 文件夹下添加一个名为 LambdaExample1.cs 的类，将代码改为下面的内容。

```
using System.Collections.Generic;
using System.Linq;
using System.Text;
namespace ch05.Examples
{
    class LambdaExample1
    {
        StringBuilder sb = new StringBuilder();
        public string Output { get { return sb.ToString(); } }
        public LambdaExample1()
        {
            List<int> list = new List<int>() { 11, 12, 13, 14 };
            sb.AppendLine("list 中包含的偶数有：");
            var q = list.Where(x => x % 2 == 0);
            foreach (var v in q)
            {
                sb.AppendFormat("{0}\n", v);
            }
            sb.AppendFormat("list 中有{0}个数大于 12", list.Where(x => x > 12).Count());
            sb.AppendLine("\n");
            List<Student> students = CC.InitStudents();
            sb.AppendLine("性别为男的学生有：");
            var q1 = students.Where(s => s.Gender == '男');
            foreach (var v in q1)
            {
                sb.AppendFormat("{0}\t{1}\n", v.Name, v.Gender);
            }
        }
    }
}
```

图 5-12　例 5-12 的运行效果

（2）修改 MainForm.cs，在界面中添加一个名为"例 12"的按钮，并添加下面的代码。

```
case "例 12":
    LambdaExample lm1 = new LambdaExample();
    MessageBox.Show(lm1.Output);
    break;
```

（3）按<F5>键运行程序。

5.4.2　在 Func 和 Action 委托中使用 Lambda 表达式

为了简化委托的用法，.NET 框架提供了 Func 和 Action 委托。Func 委托封装了返回类型为

TResult 的方法，Action 委托封装了返回类型为 void 的方法。由于这两种委托使用非常频繁，所以这里单独对其进行介绍。

1. Func 委托

在 System.Linq 命名空间中，许多方法都具有 Func 类型的参数，利用 Func 参数能直接传递 Lambda 表达式，使编写的代码简洁而又高效。

.NET 框架提供的 Func 委托封装了返回类型为 TResult 的方法。一般形式为

```
Func<[T1,T2,……,Tn,] TResult>
```

这是一种参数为泛型的委托表示方法。参数中最后一个必须是返回参数 TResult，其他都是输入参数，输入参数的个数最多不能超过 16 个。

下面列举一些常见的用法。

（1）Func<TResult>

封装零个输入参数且返回 TResult 类型值的方法。它相当于

```
public delegate TResult Func<out TResult>()
```

（2）Func<T1, TResult>

封装 1 个输入参数且返回 TResult 类型值的方法。它相当于

```
public delegate TResult Func<in T1, out TResult>(T1 arg1)
```

（3）Func<T1, T2, TResult>

封装 2 个输入参数且返回 TResult 类型值的方法。它相当于

```
public delegate TResult Func<in T1, in T2, out TResult>(T1 arg1, T2 arg2)
```

下面的代码分别演示了不使用 Lambda 表达式和使用 Lambda 表达式时 Func 的用法：

```
class Test
{
    int a = 5;
    public Test()
    {
        Func<bool> f11 = delegate() { return Comp1(); };
        Func<bool> f12 = () => a < 5;
    }
    private bool Comp1()
    {
        return a < 5;
    }
}
```

当不使用 Lambda 表达式时，在这段代码中仅演示了一种设计思路，即可以通过匿名委托直接调用返回类型为 bool 的方法。

2. Action 委托

.NET 框架提供的 Action 委托封装了返回类型为 void 的方法，即没有返回值。这种类型的委托除了没有返回值以外，其他用法与 Func 委托的用法相同。

例如 Action<T1, T2>相当于

```
public delegate void Action<in T1, in T2>(T1 arg1, T2 arg2)
```

3. Func 和 Action 用法示例

下面通过完整例子说明 Func 和 Action 的基本用法，同时演示如何在 Func 和 Action 类型的参数中使用 Lambda 表达式。

【例 5-13】 演示如何在 Func 和 Action 参数中使用 Lambda 表达式，结果如图 5-13 所示。

（1）在 ch05 项目的 Examples 文件夹下添加一个名为 LambdaExample2.cs 的类，将代码改为下面的内容。

```
using System;
using System.Linq;
using System.Text;
namespace ch05.Examples
{
    class LambdaExample2
    {
        int a = 5;
        private StringBuilder sb = new StringBuilder();
        public string Output { get { return sb.ToString(); } }
        public LambdaExample2()
        {
            //例1:
            Func<bool> f11 = delegate() { return Comp1(); };
            Func<bool> f12 = () => a <= 5;
            sb.AppendFormat("例1: {0},{1}\n", f11(), f12());
            //例2:
            Func<int, bool> f21 = delegate(int n) { return Comp1(5); };
            Func<int, bool> f22 = n => n < 5;
            sb.AppendFormat("例2: {0},{1}\n", f21(a), f22(a));
            //例3:
            Func<string, string> f31 = s => s.ToUpper();
            sb.AppendFormat("例3: {0}\n", f31("Book"));
            string[] words = { "orange", "apple", "Article" };
            var aWords = words.Select(f31);
            foreach (String word in aWords)
            {
                sb.AppendFormat("{0} ", word);
            }
        }
        private bool Comp1(){ return a <= 5; }
        private bool Comp1(int n){ return n < 5; }
    }
}
```

图 5-13　例 5-13 的运行效果

（2）修改 MainForm.cs，在界面中添加一个名为 "例13" 的按钮，并添加下面的代码。

```
case "例13":
    LambdaExample2 lm2 = new LambdaExample2();
    MessageBox.Show(lm2.Output);
    break;
```

（3）按<F5>键运行程序。

实际上，Lambda 表达式并不仅仅限于在 LINQ 中使用，只要是能使用匿名委托的地方，都可以用 Lambda 来实现。

5.5　LINQ to Objects

LINQ 的用途非常广泛，特别是将 LINQ 与 Lambda 表达式结合使用，用很少的代码，就可以实现其他语言需要编写很多代码才能实现的功能。

这一节我们简单介绍 LINQ to Objects 的基本用法。

LINQ to Objects 可用于访问内存中的数据结构，利用它可查询任何可枚举的集合，如 List<T>、Array、Dictionary<TKey, TValue>等。

1. 查询列表

下面的代码演示了如何查询 List<T>泛型列表。

```csharp
List<int> numberList = new List<int> { 5, 4, 1, 3, 9, 8, 6, 7, 2, 0 };
var q = from i in numberList
        where i < 4
        select i;
foreach (var number in q)
{
    Console.WriteLine(number);
}
Console.WriteLine(new string('-', 20));
```

2. 查询数组

下面的代码演示了如何查询数组。

```csharp
int[] numbers = { 5, 4, 1, 3, 9, 8, 6, 7, 2, 0 };
string[] strings = { "zero", "one", "two", "three", "four", "five",
                     "six", "seven", "eight", "nine" };
var textNums = from num in numbers
               select strings[num];
Console.WriteLine("Number strings:");
foreach (var str in textNums)
{
    Console.WriteLine(str);
}
var digitOddEvens = from num in numbers
                    select new { Digit = strings[num], Even = (num % 2 == 0) };
foreach (var digit in digitOddEvens)
{
    Console.WriteLine("The digit {0} is {1}.",
        digit.Digit, digit.Even ? "even" : "odd");
```

3. 查询带索引的数组

下面的代码演示了如何查询带索引的数组。

```csharp
string[] digits = { "zero", "one", "two", "three", "four", "five",
                    "six", "seven", "eight", "nine" };
var shortDigits = digits.Where((digit, index) => digit.Length < index);
foreach (var d in shortDigits)
{
    Console.WriteLine("单词 {0} 比它的值小.", d);
}
int[] numbers = { 5, 4, 1, 3, 9, 8, 6, 7, 2, 0 };
var numsInPlace = numbers.Select(
    (num, index) => new { Num = num, InPlace = (num == index) });
foreach (var n in numsInPlace)
{
    Console.WriteLine("{0}: {1}", n.Num, n.InPlace);
}
```

在以后的章节中，我们还会学习其他 LINQ 技术，例如 LINQ to XML、LINQ to SQL、LINQ to

DataSet、LINQ to Entity 等，而这些技术都是以本章介绍的内容为基础的，所以请务必先理解本章内容。

习　　题

　　1. 假设 Node 类的每一个节点包括有两个字段：m_data（引用节点的数据）和 m_next（引用链接列表中的下一项），这两个字段都是由构造函数方法设置的。该类有两个功能，第 1 个功能是通过名为 Data 和 Next 的只读属性访问 m_data 和 m_next 字段，第 2 个功能是对 System.Object 的 ToString 虚拟方法进行重写。试分别用类和泛型两种方法编写程序实现上述功能。

　　2. 编写程序创建一个<int，string>的排序列表，要求在向其添加 5 个元素后，按逆序方式显示列表中每一项的 value 值（string 类型的值）。

　　3. 使用 LINQ 查询有哪些优势？什么是 LINQ 的延迟执行和立即执行？

第6章
目录与文件操作

目录和文件是操作系统的一个重要组成部分，在各种类型的应用程序中使用都比较常见。这一章我们简单介绍目录和文件管理以及文件读写的基本知识。

6.1　目录和文件管理

在 System.IO 命名空间中，.NET 框架提供了对目录和文件进行操作的类，利用这些类可方便地对驱动器、目录和文件进行管理。

6.1.1　Environment 类和 DriveInfo 类

在.NET 框架中，与操作系统环境相关的类主要有两个，一个是 Environment 类，该类除了提供当前环境和操作系统平台相关的信息外，还提供了获取本地逻辑驱动器和特殊文件夹的方法；另一个是 DriveInfo 类，提供了本地驱动器相关的详细信息。

1. Environment 类

使用 Environment 类可检索与操作系统相关的信息，如命令行参数、退出代码、环境变量设置、调用堆栈的内容、自上次系统启动以来的时间，以及公共语言运行库的版本等。

表 6-1 所示为 Environment 类提供的常用属性和静态方法。

表 6-1　　　　　　　　　　Environment 类提供的常用属性和静态方法

属性或方法	说　　明
CurrentDirectory 属性	获取或设置当前工作目录的完全限定路径，如 "C:\"、 "C:\mySubDirectory"
NewLine 属性	获取换行字符串。对于 Windows 平台即 "\r\n"，对于 UNIX 平台即 "\n"
OSVersion 属性	获取包含当前平台标识符和版本号的信息
ProcessorCount 属性	获取当前计算机上的处理器数
TickCount 属性	获取系统启动后经过的毫秒数
UserName 属性	获取当前已登录到 Windows 操作系统的人员的用户名
Version 属性	获取一个 Version 对象，该对象描述公共语言运行库的主版本、次版本、内部版本和修订号
GetEnvironmentVariables 方法	从当前进程检索所有环境变量名及其值

续表

属性或方法	说　　明
SetEnvironmentVariable 方法	创建、修改或删除当前进程中或者为当前用户或本地计算机保留的 Windows 操作系统注册表项中存储的环境变量
GetLogicalDrives 方法	返回包含当前计算机中的逻辑驱动器名称的字符串数组
GetFolderPath 方法	获取指向由指定枚举标识的系统特殊文件夹的路径，枚举值由 Environment. SpecialFolder 来指定，常用特殊文件夹有： Desktop：逻辑桌面，非物理文件系统位置 DesktopDirectory：用于物理上存储桌面上的文件对象的目录 MyComputer："我的电脑"文件夹 MyDocuments："我的文档"文件夹 ProgramFiles："Program files"目录

【**例 6-1**】 演示 Environment 类的基本用法。

（1）新建一个项目名和解决方案名都是 ch06 的 Windows 窗体应用程序项目。

（2）在项目中添加一个名为 Examples 的文件夹。

（3）在 Examples 文件夹下添加一个名为 EnvironmentExample.cs 的 Windows 窗体，向窗体中拖放一个 TextBox 控件，并在代码隐藏类中添加下面的代码。

```
public EnvironmentExample()
{
    InitializeComponent();
    StringBuilder sb = new StringBuilder();
    String[] drives = Environment.GetLogicalDrives();
    sb.AppendLine("本机逻辑驱动器: " + String.Join(", ", drives));
    sb.AppendLine("操作系统版本: " + Environment.OSVersion.VersionString);
    sb.AppendLine("是否为 64 位系统: " + Environment.Is64BitOperatingSystem);
    sb.AppendLine("计算机名: " + Environment.MachineName);
    sb.AppendLine("处理器个数: " + Environment.ProcessorCount);
    sb.AppendLine("系统启动后经过的毫秒数: " + Environment.TickCount);
    sb.AppendLine("登录用户名: " + Environment.UserName);
    textBox1.Dock = DockStyle.Fill;
    textBox1.Multiline = true;
    textBox1.ScrollBars = ScrollBars.Both;
    textBox1.Text = sb.ToString();
    textBox1.Select(0, 0);
}
```

（4）在【解决方案资源管理器】中，将 Form1.cs 换名为 MainForm.cs。

（5）向 MainForm.cs 的设计窗体拖放一个 Button 控件，将其 Text 属性修改为"例 1"，然后切换到代码隐藏类，修改代码如下。

```
......
using ch06.Examples;
namespace ch06
{
    public partial class MainForm : Form
    {
        public MainForm()
        {
```

```
        InitializeComponent();
        this.StartPosition = FormStartPosition.CenterScreen;
        foreach (var v in this.Controls)
        {
            Button btn = v as Button;
            if (btn != null)
            {
                btn.Click += btn_Click;
            }
        }
    }
    void btn_Click(object sender, EventArgs e)
    {
        string s = (sender as Button).Text;
        switch (s)
        {
            case "例1":
                EnvironmentExample fm1 = new EnvironmentExample();
                fm1.ShowDialog();
                break;
        }
    }
}
```

（6）运行程序，单击"例1"按钮，观察结果。

由于不同的机器运行结果可能不一样，所以这里不再列出运行截图。

2. DriveInfo 类

DriveInfo 类提供了比 Environment 类的 GetLogicalDrives 方法更为详细的信息。使用 DriveInfo 可以确定当前可用的驱动器以及这些驱动器的类型，还可以通过查询来确定驱动器的容量和剩余空间。

下面的代码演示了 DriveInfo 类的基本用法。

```
DriveInfo[] allDrives = DriveInfo.GetDrives( );
foreach (DriveInfo d in allDrives)
{
    Console.WriteLine("Drive {0}", d.Name);
    Console.WriteLine("文件类型: {0}", d.DriveType);
    if (d.IsReady == true)
    {
    Console.WriteLine("卷标: {0}", d.VolumeLabel);
    Console.WriteLine("文件系统: {0}", d.DriveFormat);
    Console.WriteLine("当前用户可用空间:{0} bytes", d.AvailableFreeSpace);
    Console.WriteLine("总可用空间:{0} bytes", d.TotalFreeSpace);
    Console.WriteLine("驱动器总容量:{0} bytes ", d.TotalSize);
    }
}
```

6.1.2   Path 类

Path 类用于对包含文件或目录路径信息的 String 实例执行操作。Path 类的大多数成员不与文件系统交互，并且不会验证路径字符串指定的文件是否存在，但 Path 成员可验证表示路径的字符串是否有效，如果表示路径的字符串中包含无效字符，则该类将则引发 ArgumentException 异常。

表 6-2 所示为 Path 类提供的部分常用方法，这些方法都是静态方法。

表 6-2　　　　　　　　　　　　　　　Path 类提供的部分静态方法

方　　法	说　　明
GetDirectoryName 方法	返回指定路径字符串的目录信息。如果路径由根目录组成，如 "c:\"，则返回 null
GetExtension 方法	返回指定的路径字符串的扩展名
GetFileName 方法	返回指定路径字符串的文件名和扩展名
GetFileNameWithoutExtension 方法	返回不具有扩展名的指定路径字符串的文件名
GetFullPath 方法	返回指定路径字符串的绝对路径
GetRandomFileName 方法	返回可用作文件夹名或文件名的加密的强随机字符串。该方法不创建文件，当文件系统的安全性非常重要时，应使用此方法而不是用 GetTempFileName 方法
GetTempFileName 方法	创建磁盘上唯一命名的零字节的临时文件并返回该文件的完整路径。此方法创建带 .tmp 文件扩展名的临时文件
GetTempPath 方法	返回当前系统的临时文件夹的路径
HasExtension 方法	确定路径是否包括文件扩展名

在对路径字符串进行处理的情况下，使用 Path 类比较方便。

6.1.3　目录管理

Directory 类提供了一些静态方法，利用它们可对磁盘和目录进行管理，如复制、移动、重命名、创建、删除目录等。如表 6-3 所示。

表 6-3　　　　　　　　　　　　　　　Directory 类提供的静态方法

方　　法	说　　明
CreateDirectory	创建指定路径中的所有目录
Delete	删除指定的目录
Exists	确定给定路径是否引用磁盘上的现有目录
GetCreationTime	获取目录的创建日期和时间
GetCurrentDirectory	获取应用程序的当前工作目录
GetDirectories	获取指定目录中子目录的名称
GetFiles	返回指定目录中文件的名称
GetFileSystemEntries	返回指定目录中所有文件和子目录的名称
GetLastAccessTime	返回上次访问指定文件或目录的日期和时间
GetLastWriteTime	返回上次写入指定文件或目录的日期和时间
GetParent	检索指定路径的父目录，包括绝对路径和相对路径
Move	将文件或目录及其内容移到新位置
SetCurrentDirectory	将应用程序的当前工作目录设置为指定的目录
SetLastAccessTime	设置上次访问指定文件或目录的日期和时间
SetLastWriteTime	设置上次写入目录的日期和时间

1. 创建目录

Directory 类的 CreateDirectory 方法用于创建指定路径中的所有目录。方法原型为

```
public static DirectoryInfo CreateDirectory (string path)
```

其中参数 path 为要创建的目录路径。

如果指定的目录不存在，程序中调用该方法后，系统会按 path 指定的路径创建所有目录和子目录。例如，在 C 盘根目录下创建一个名为 test 的目录的代码为

```
Directory.CreateDirectory(@"c:\test");
```

使用 CreateDirectory 方法创建多级子目录时，也可以直接指定路径，例如，同时创建 test 目录和其下的 t1 一级子目录和 t2 二级子目录的代码为

```
Directory.CreateDirectory(@"c:\test\t1\t2");
```

或者写为

```
Directory.CreateDirectory("c:\\test\\t1\\t2");
```

2. 删除目录

Directory 类的 Delete 方法用于删除指定的目录，常用的方法原型为

```
public static void Delete (string path, bool recursive)
```

其中，参数 path 为要移除的目录的名称。path 参数不区分大小写，可以是相对于当前工作目录的相对路径，也可以是绝对路径。recursive 是一个布尔值，如果要移除 path 中的目录（包括所有子目录和文件），则为 true；否则为 false。

例如，删除 C 盘根目录下的 test 目录，以及 test 目录中的所有子目录和文件，可以用下面的代码实现：

```
Directory.Delete(@"c:\test", true);
```

3. 移动目录

Directory 类的 Move 方法能够重命名或移动目录。方法原型为

```
public static void Move (string sourceDirName, string destDirName)
```

其中，sourceDirName 为要移动的文件或目录的路径；destDirName 为新位置的目标路径。

注意：destDirName 参数指定的目标路径应为新目录，例如，将"c:\mydir"移动到"c:\public"，如果"c:\public"已存在，则此方法会引发 IOException 异常。

6.1.4 文件管理

文件是在各种介质上（可移动磁盘、硬盘和光盘等）永久存储的数据的有序集合，是数据读写操作的基本对象。一般情况下，文件按照树形目录进行组织，每个文件都有文件名、文件所在路径、创建时间、访问权限等属性。

在 System.IO 命名空间下，.NET 框架提供有一个 File 类，利用它可对文件进行各种操作，如判断文件是否存在、创建、复制、移动、删除、读写文件等。

1. 判断文件是否存在

调用 File 类的 Exists 方法可以判断是否存在指定的文件。例如：

```
string path1 = @"c:\temp\MyTest1.txt";
if (File.Exists(path1))
{
    Console.WriteLine("存在 {0} 文件", path1);
}
```

```
else
{
    Console.WriteLine("不存在 {0} 文件", path1);
}
```

2. 复制文件

File 类的 Copy 方法用于将现有文件复制到新文件。常用原型为

```
public static void Copy (string sourceFileName, string destFileName, bool overwrite)
```

其中，参数 sourceFileName 为被复制的文件；destFileName 为目标文件的名称；overwrite 表示是否可以覆盖目标文件，如果可以覆盖目标文件，则为 true，否则为 false。

例如：

```
string path1 = @"c:\temp\MyTest1.txt";
if (!File.Exists(path1))
{
    File.WriteAllText(path1, "OK");
}
string path2 = @"c:\temp\MyTest2.txt";
File.Copy(path1, path2, true);
```

在这段代码中，如果目标文件已存在，就直接覆盖。实际应用时，一般会先询问用户是否覆盖目标文件，然后再根据用户的选择决定是否覆盖目标文件。

3. 删除文件

File 类的 Delete 方法用于删除指定的文件。如果指定的文件不存在，则不进行任何操作，也不会产生异常。

方法原型为

```
public static void Delete (string path)
```

其中，参数 path 为要删除的带完整路径的文件名称。

4. 移动文件

File 类的 Move 方法用于将指定文件移到新位置，并提供指定新文件名的选项。方法原型为

```
public static void Move (string sourceFileName, string destFileName)
```

其中，参数 sourceFileName 为要移动的文件名称，destFileName 为文件的新路径。

5. 判断某个路径是目录还是文件

下面的代码演示了如何判断某个路径是目录还是文件：

```
if ((File.GetAttributes(path) & FileAttributes.Directory) == FileAttributes.Directory)
{
    Console.WriteLine("{0}是目录", path);
}
else
{
    Console.WriteLine("{0}是文件", path);
}
```

6.2　文件的读写

对于开发人员来说，除了对文件进行管理外，还可以利用 File 类对文件内容进行各种操作，如创建文件、打开文件、保存文件、修改文件、追加文件内容等。

6.2.1 文件编码

由于文件是以某种形式保存在磁盘、光盘或磁带上的一系列数据，因此，每个文件都有其逻辑上的保存格式，将文件的内容按某种格式保存称为对文件进行编码。

常见的文件编码方式有 ASCII 编码、Unicode 编码、UTF8 编码和 ANSI 编码。

在 C#中，保存在文件中的字符默认都属于 Unicode 编码，即一个英文字符占两个字节，一个汉字也是两个字节。这种编码方式虽然能够表示大多数国家的文字，但由于它比 ASCII 占用大一倍的空间，对能用 ASCII 字符集来表示的字符来说就显得有些浪费。为了解决这个问题，又出现了一些中间格式的字符集，即 UTF（Universal Transformation Format，通用转换格式）。目前流行的 UTF 字符编码格式有 UTF-8、UTF-16 以及 UTF-32。

UTF-8 是 Unicode 的一种变长字符编码，一般用 1~4 个字节编码一个 Unicode 字符，即将一个 Unicode 字符编为 1 到 4 个字节组成的 UTF-8 格式。UTF-8 是字节顺序无关的，它的字节顺序在所有系统中都是一样的，因此，这种编码可以使排序变得很容易。

UTF-16 将每个码位表示为一个由 1 至 2 个 16 位整数组成的序列。

UTF-32 将每个码位表示为一个 32 位整数。

我国的国家标准编码常用有 GB2312 编码和 GB18030 编码，其中 GB2312 提供了 65535 个汉字，GB18030 提供了 27484 个汉字。

在 GB2312 编码中，汉字都是采用双字节编码的。GB18030 则是对 GB2312 的扩展，每个汉字的编码长度由 2 个字节变为 1~4 个字节。

由于世界上不同的国家或地区可能有自己的字符编码标准，而且由于字符个数不同，这些编码标准无法相互转换。为了让操作系统根据不同的国家或地区自动选择对应的编码标准，操作系统将使用 2 个字节来代表一个字符的各种编码方式统称为 ANSI 编码。例如，在简体中文操作系统下，ANSI 编码代表 GB2312 编码。

在 System.Text 命名空间中，有一个 Encoding 类，即用于表示字符编码。对文件进行操作时，常用的编码方式有如下几种。

- Encoding.Default：表示操作系统的当前 ANSI 编码。
- Encoding.Unicode：Unicode 编码。
- Encoding.UTF8：UTF8 编码。

在文件处理中，打开文件时指定的编码格式一定要和保存文件时所用的编码格式一致，否则看到的可能就是一堆乱码。

6.2.2 文本文件的读写

File 类提供了许多非常方便的读写文本文件的方法，很多情况下只需要一条语句即可完成文件的读写操作。

1. ReadAllText 方法和 AppendAllText 方法

使用 ReadAllText 方法可打开一个文件，读取文件的每一行，并将每一行添加为字符串的一个元素，然后关闭文件。对于 Windows 系列操作系统来说，一行就是后面跟有下列符号的字符序列：回车符（"\r"）、换行符（"\n"）或回车符后紧跟一个换行符。ReadAllText 方法所产生的字符串不包含文件终止符。即使引发异常，该方法也能保证关闭文件句柄。常用原型为

```
public static string ReadAllText(string path, Encoding encoding)
```

　　读取文件时，ReadAllText 方法能够根据现存的字节顺序标记来自动检测文件的编码。可检测到的编码格式有 UTF-8 和 UTF-32。但对于汉字编码（GB2312 或者 GB18030）文件来说，如果第 2 个参数不是用 Encoding.Default，该方法可能无法自动检测出来是哪种编码，因此，对文本文件进行处理时，一般要在代码中指定所用的编码。

　　AppendAllText 方法用于将指定的字符串追加到文件中，如果文件不存在则自动创建该文件，常用原型为

```
public static void AppendAllText(string path, string contents, Encoding encoding)
```

此方法可打开指定的文件，使用指定的编码将字符串追加到文件末尾，然后关闭文件。同样即使引发异常，该方法也能保证关闭文件句柄。

　　下面的代码演示了 ReadAllText 方法和 AppendAllText 方法的用法。

```
string path = @"c:\temp\MyTest.txt";
if (File.Exists(path))
{
    File.Delete(path);
}
string appendText = "你好。" + Environment.NewLine;
File.AppendAllText(path, appendText,Encoding.Default);
string readText = File.ReadAllText(path,Encoding.Default);
Console.WriteLine(readText);
```

2. ReadAllLines 方法和 WriteAllLines 方法

ReadAllLines 方法打开一个文本文件，将文件的所有行都读入一个字符串数组，然后关闭该文件。与 ReadAllText 方法相似，该方法可自动检测 UTF-8 和 UTF-32 编码的文件，如果是这两种格式的文件，则不需要指定编码。

　　WriteAllLines 方法创建一个新文件，在其中写入指定的字符串数组，然后关闭文件。如果目标文件已存在，则覆盖该文件。

　　例如：

```
string path = @"c:\temp\MyTest.txt";
if (File.Exists(path))
{
    File.Delete(path);
}
string[] appendText ={ "单位","姓名","成绩"};
File.WriteAllLines(path, appendText,Encoding.Default);
string[] readText = File.ReadAllLines(path,Encoding.Default);
Console.WriteLine(string.Join(Environment.NewLine, readText));
```

6.2.3　StreamReader 类和 StreamWriter 类

　　流是字节序列的抽象概念，如文件以及输入输出设备等均可以看成流。简言之，流是一种向后备存储器写入字节和从后备存储器读取字节的方式。

　　流也是进行数据读取操作的基本对象，流提供了连续的字节流存储空间。虽然数据实际存储的位置可以不连续，甚至可以分布在多个磁盘上，但我们看到的是封装以后的数据结构，是连续的字节流抽象结构，这和一个文件也可以分布在磁盘上的多个扇区道理一样。

　　除了和磁盘文件直接相关的文件流以外，还有多种其他类型的流，如分布在网络中、内存中和磁带中的流，分别称为网络流、内存流和磁带流。所有表示流的类都是从抽象基类 Stream 继承的。

流有如下几种操作。

- 读取：从流中读取数据到变量中。
- 写入：把变量中的数据写入到流中。
- 定位：重新设置流的当前位置，以便随机读写。

StreamReader 类提供了利用流来按行读取文本文件信息的方法。

如果不指定编码，StreamReader 的默认编码为 UTF-8，而不是当前系统的 ANSI 编码。由于 UTF-8 可以正确处理 Unicode 字符并在操作系统的本地化版本上提供一致的结果，因此如果文本文件是通过应用程序创建的，直接用默认的 UTF-8 编码即可。

下面的代码演示了如何使用 StreamReader 类打开文本文件。

```
try
{
    using (StreamReader sr = new StreamReader("TestFile.txt"))
    {
        String line;
        while ((line = sr.ReadLine( )) != null)
        {
            Console.WriteLine(line);
        }
    }
}
catch (Exception e)
{
    Console.WriteLine("The file could not be read:");
    Console.WriteLine(e.Message);
}
```

StreamWriter 类提供了按行写入文本信息的方法。与 StreamReader 类似，如果不指定编码，StreamWriter 默认使用 UTF-8 编码，而不是当前系统的 ANSI 编码。

下面的代码演示了如何使用 StreamWriter 类向文本文件写入文本信息。

```
try
{
    using (StreamWriter sw = new StreamWriter("TestFile.txt"))
    {
        sw.WriteLine("First line");
        sw.WriteLine("The date is: {0}", DateTime.Now);
    }
}
catch (Exception e)
{
    Console.WriteLine("The file could not be write:");
    Console.WriteLine(e.Message);
}
```

除了对文本文件进行操作外，还可以利用流对其他类型的文件进行操作。此时程序员可以采用 File 类的 Open 方法先创建一个 FileStream 对象，然后使用 FileStream 对象来对文件进行读取、写入、打开和关闭操作。由于 FileStream 能够对输入输出进行缓冲，因此可以提高系统的性能。

下面的代码演示了如何利用 FileStream 类读写文件。

```
string path = Path.GetTempFileName( );
using (FileStream fs = File.Open(path, FileMode.Open, FileAccess.Write, FileShare.None))
{
    Byte[] info = new UTF8Encoding(true).GetBytes("This is some text in the file.");
```

```
    fs.Write(info, 0, info.Length);
}
using (FileStream fs = File.Open(path, FileMode.Open))
{
    byte[] b = new byte[1024];
    UTF8Encoding temp = new UTF8Encoding(true);
    while (fs.Read(b,0,b.Length) > 0)
    {
        Console.WriteLine(temp.GetString(b));
    }
}
```

6.2.4　二进制文件的读写

System.IO 还提供了 BinaryReader 和 BinaryWriter 类，用于按二进制模式读写文件，其中读方法和写方法都是成对出现的，如针对不同的数据结构，BinaryReader 提供了 ReadByte、ReadBoolean、ReadInt、ReadInt16、ReadDouble 和 ReadString 等多种重载方法，以便读取不同类型的数据；而 BinaryWriter 则提供了与 BinaryReader 对应的多种重载的 Write 方法，用来写入不同类型的数据。

【例 6-2】 将内存中随机产生的二进制数据写入文件，并验证写入结果是否正确。

（1）在 ch06 解决方案中的 Examples 文件夹下添加一个名为 BinaryExample.cs 的类，将代码改为下面的内容。

```
using System;
using System.Text;
using System.IO;
namespace ch06.Examples
{
    class BinaryExample
    {
        StringBuilder sb = new StringBuilder();
        public string Output { get { return sb.ToString(); } }
        public BinaryExample()
        {
            Random r = new Random();
            byte[] bytes = new byte[10];
            //用随机数填充指定字节数组的元素
            r.NextBytes(bytes);
            sb.AppendLine("数组中的原始数据: ");
            WriteToArray(bytes);
            //将数据写入到文件,文件关闭前不允许其他进程操作该文件
            using (FileStream fs = new FileStream("test.bin",
                FileMode.OpenOrCreate, FileAccess.Write, FileShare.None))
            {
                BinaryWriter bw = new BinaryWriter(fs);
                for (int i = 0; i < bytes.Length; i++)
                {
                    bw.Write(bytes[i]);
                }
                bw.Close();
            }
            sb.AppendLine("数据已写入到文件 test.bin 中");
```

```
//从文件中读取二进制数据
sb.AppendLine("从文件test.bin读出的数据如下：");
using (FileStream fs = new FileStream("test.bin",
    FileMode.Open, FileAccess.Read))
{
    using (BinaryReader br = new BinaryReader(fs))
    {
        byte[] b = br.ReadBytes((int)fs.Length);
        WriteToArray(b);
    }
}
}
private void WriteToArray(byte[] bytes)
{
    string s = "";
    for (int i = 0; i < bytes.Length; i++)
    {
        s += bytes[i].ToString() + ",";
    }
    sb.AppendLine(s.TrimEnd(','));
}
}
}
```

（2）修改 MainForm.cs，在界面中添加一个名为"例2"的按钮，并添加下面的代码。

```
case "例2":
    BinaryExample le2 = new BinaryExample();
    MessageBox.Show(le2.Output);
    break;
```

（3）运行程序，单击"例2"按钮，结果如图 6-1 所示。

图 6-1　例 6-2 的运行效果

6.3　LINQ to XML

XML 是一种应用非常广泛的格式化的文本数据表示。利用 C#提供的 LINQ to XML，可快速实现表达能力更强的功能，而且代码更为紧凑，从而大幅提高开发的效率。

LINQ to XML 通过将查询结果用作 XElement 和 XAttribute 对象构造函数的参数，实现了一种功能强大的创建 XML 树的方法。利用这种方法，开发人员可以方便地将 XML 树从一种形式转换为另一种形式。

6.3.1　创建 XML

创建 XML 主要通过 XElement 和 XAttribute 对象来实现。由于其构造函数使用可变数目的参数，因此可以传递任意数目的子元素，而且每个子元素中还可以包含子元素。

XElement 的常用构造函数如下。

```
XElement(XName name)
XElement(XName name, object content)
XElement(XName name, params object[] content)
```

参数中的 name 用于指定元素名称；content 指定元素内容。元素内容可以是字符串或文本、子元素（XElement）、属性（XAttribute）、XML 注释（XComment）、节点（XText）以及用 LINQ 查询得到的 IEnumerable 类型的枚举等。例如：

```
XElement n = new XElement("Cost", 324.50);
Console.WriteLine(n);
```

这段代码将输出下面的结果：

```
<Cost>324.5</Cost>
```

如果将 XElement 类的一个实例作为内容参数，还可创建具有子元素的元素。例如：

```
XElement xe1 = new XElement("Score", new XElement("Course1", 85));
Console.WriteLine(xe1);
```

这段代码将输出下面的结果：

```
<Score>
    <Course1>85</Course1>
</Score>
```

另外，在将 XNode、XElement 或者 XAttribute 对象添加到新树中时，如果新内容没有父级，则直接将这些对象附加到 XML 树中。如果新内容已经有父级，并且是另一个 XML 树的一部分，则克隆新内容，然后将新克隆的内容附加到 XML 树中。

创建 XML 后，可通过 XElement 对象的 Save 方法将其序列化到 XML 文件中。例如：

```
XElement n = new XElement("Cost", 324.50);
n.save(@"\Files\test.xml");
```

通过 XElement 的静态 Load 方法，可将 XML 文件或流加载到 XML 树中。例如：

```
XElement xe = XElement.Load(@"\Files\test.xml");
```

6.3.2　查询 XML

可使用类似 XPath 的轴查询 XML。

下面通过例子说明其具体用法。

【例 6-3】 演示 LINQ to XML 的基本用法。

（1）在 ch06 解决方案中 Examples 文件夹下添加一个名为 XmlExample.cs 的 Windows 窗体，向窗体中拖放 1 个 TextBox 控件、2 个 Button 控件，将按钮的 Text 属性分别改为 "创建并保存 XML" 和 "加载并查询 XML"，然后添加下面的代码。

```
public partial class XmlExample : Form
{
    public XmlExample()
    {
        InitializeComponent();
        textBox1.Anchor =
            AnchorStyles.Left | AnchorStyles.Right
```

```
            | AnchorStyles.Top | AnchorStyles.Bottom;
        textBox1.ScrollBars = ScrollBars.Both;
        foreach (var v in this.Controls)
        {
            Button btn = v as Button;
            if (btn != null)
            {
                btn.Anchor = AnchorStyles.Bottom | AnchorStyles.Left;
                btn.Click += btn_Click;
            }
        }
    }
    void btn_Click(object sender, EventArgs e)
    {
        string s = (sender as Button).Text;
        switch (s)
        {
            case "创建并保存 XML":
                {
                    XElement xe1 = new XElement("Score",
                        new XElement("体育", 85),
                        new XElement("语文", 86)
                    );
                    XElement xe2 = new XElement("数据结构", 85);
                    XElement xTree = new XElement("root",
                        new XElement("姓名", "张三"),
                        new XElement("Score",
                            from x in xe1.Elements() select x,
                            new XComment("英语包括四级和六级"),
                            new XElement("英语",
                                new XElement("Course1", 87, new XAttribute("Level", 4)),
                                new XElement("Course2", 77, new XAttribute("Level", 6))
                            ),
                            xe2,
                            new XElement("数学", 80)
                        )
                    );
                    textBox1.Text = xTree.ToString();
                    xTree.Save("test.xml");
                    break;
                }
            case "加载并查询 XML":
                {
                    StringBuilder sb = new StringBuilder();
                    XElement root = null;
                    try
                    {
                        root = XElement.Load("test.xml");
                    }
                    catch
                    {
                        MessageBox.Show("请先执行【创建并保存 XML 文件】");
                        return;
```

```
        }
        sb.AppendLine("查询示例1: ");
        var q1 = from t in root.Elements()
                    //where (string)t.Attribute("Name")=="张三"
                    select t;
        foreach (var v in q1)
        {
            sb.AppendLine(v.ToString());
        }
        sb.AppendLine();
        sb.AppendLine("查询示例2: ");
        var q2 = from t in root.Elements("姓名")
                    select t;
        foreach (var v in q2)
        {
            sb.AppendLine(v.Name + ":" + v.Value);
        }
        sb.AppendLine();
        sb.AppendLine("查询示例3: ");
        var q3 = from t in root.Elements("Score")
                    select t;
        foreach (var v in q3)
        {
            //遍历其子代
            foreach (var v1 in v.Descendants())
            {
                if (v1.HasElements == false)
                {
                    if (v1.HasAttributes == true)
                    {
                        sb.AppendFormat("{0}--{1}(英语{2}级)",
                            v1.Name, v1.Value, v1.Attribute("Level").Value);
                        sb.AppendLine();
                    }
                    else
                    {
                        sb.AppendLine(v1.Name + "--" + v1.Value);
                    }
                }
            }
        }
        textBox1.Text = sb.ToString();
        break;
    }
}
}
```

（2）修改 MainForm.cs，在界面中添加一个名为"例 3"的按钮，并添加下面的代码。

```
case "例3":
    XmlExample fm3 = new XmlExample();
    fm3.ShowDialog();
    break;
```

（3）运行程序，单击"例 3"按钮，在弹出的窗口中，单击"创建并保存 XML"，结果如图

6-2（a）所示。单击"加载并查询 XML"，结果如图 6-2（b）所示。

（a）创建并保存 XML

（b）加载并查询 XML

图 6-2　例 6-3 的运行效果

利用 XElement 对象的 Add、Remove、ReplaceWith 和 SetValue 等方法，还可以对内存中的 XML 树进行操作。除此之外，还可以使用以上这些功能的组合，将 XML 树从一种形式转换为另一种形式。

习　　题

1. 编写程序，用 Directory 类提供的方法确定指定的目录是否存在。如果不存在，则创建该目录，然后在其中创建一个文件，并将一个字符串写到文件中。

2. 编写程序，使用 File 类实现删除指定目录下的指定文件。

3. 编写程序，使用 StreamReader 和 StreamWriter 完成文本文件的读写。功能要求：创建 C:\test.txt 文件，向文件中写入一些数据，然后再打开该文件，读出该文件的内容。

第 2 篇
WPF 应用程序

WPF 是.NET 框架的一个子集，WPF 应用程序的关键设计思想是将界面标记描述（XAML）与实现代码（C#）有效分离，从而让美工（界面设计）和开发人员（代码实现）可真正同步工作。另外，WPF 底层是通过 GPU 硬件加速来实现而不是靠纯软件的 GDI+来实现，这是 WPF 和 WinForm 的本质区别。

开发在 Windows 7 操作系统上运行的 C/S 客户端应用程序时，使用 WPF 应用程序能发挥最大的运行性能，这种优势是 WinForm 应用程序所无法比拟的。

将 WPF 应用程序通过 ClickOnce 技术部署在某个 Web 服务器上以后，客户端即可下载、安装并独立运行它。另外，在 Web 服务器上再次部署新的升级版本时，客户端还可以自动感知和升级。或者说，WPF 应用程序的服务器部署以及客户端下载和安装升级过程与我们常见的 QQ、飞信、360 安全卫士等目前流行的各种软件的下载、安装和升级过程非常类似。

这一篇（第 7 章 ~ 第 14 章）我们主要学习 WPF 应用程序开发的基础知识。有了这些基础，就可以很容易用 XAML 和 C#语言开发对性能要求越来越高的复杂的企业级客户端应用程序项目。

第7章
WPF 应用程序入门

WPF（Windows Presentation Foundation，Windows 呈现基础）是微软公司推出的基于 DirectX 和 GPU 加速来实现的图形界面显示技术，是.NET 框架的一部分。

这一章我们主要学习 WPF 应用程序的入门知识。

7.1　WPF 应用程序和 XAML 标记

WPF 应用程序与 WinForm 应用程序的编程模型类似，也是利用对象的属性、方法和事件控制业务逻辑。但是 WPF 应用程序使用 XAML 来描述界面，而不是像 WinForm 应用程序那样只能通过 C#代码来构造界面。

7.1.1　Application 类和 App 类

在 VS2012 中，WPF 应用程序通过从 Application 类继承的 App 类的 XAML 文件（App.xaml）和代码隐藏文件（App.xaml.cs）协同配合共同公开 Application 类中应用程序的定义。开发人员通过 App 类，可以定义在整个应用程序范围内都可以使用的资源和公共属性，定义以后，就可以在其他类中直接引用这些资源和属性。另外，还可以通过该类提供的方法随时关闭应用程序。

WPF 应用程序和控制台应用程序一样也是从 Main 方法开始执行。但是，为了避免开发人员编辑系统自动生成的代码导致不正确的呈现行为，WPF 应用程序将 Main 方法隐藏起来了。创建一个 WPF 应用程序后，鼠标右击 App.xaml.cs 文件中的 App 类，选择【查找所有引用】，我们即可看到系统自动生成的 App.g.i.cs 文件，双击该文件可看到它包含的代码。当调试或执行 WPF 应用程序项目时，系统会自动调用该文件中的 Main 方法，并在 Main 方法中自动创建 App 对象。

一个 WPF 应用程序只有一个 Application 类的实例，该实例称为单例。在 WPF 应用程序中，可以先用 App.Current 获取这个单例，然后再通过它调用该单例提供的属性和方法。也可以直接使用 Application.Current 获取该单例，再调用它提供的属性和方法。

App 类提供的静态 Current 属性公开了当前应用程序的 Application 单例。开发人员可通过 App.Current 获取这个对象。例如：

```
Application current = App.Current;
```

App 类的静态 Current 属性默认返回的对象是 Application 类型，如果希望在其他类中获取 App 类型的对象，必须进行显式转换：

```
App app = (App)App.Current;
```

WPF 实例化 Application 类之后，Application 对象的状态会在一段时间内频繁变化。在此时间段内，Application 会自动执行各种初始化任务，包括建立应用程序基础结构、设置属性以及注册事件等。当 Application 完成其初始化任务以后，WPF 应用程序的生存期才真正开始。

在 WPF 应用程序的生存期内，开发人员可通过 App 类提供的属性、方法和事件来管理自己的应用程序，比如控制应用程序的停止以及定义和引用应用程序级别的资源等。

表 7-1 列出了 App 类常用的属性、方法和事件。

表 7-1　　　　　　　　　　　　　App 类提供的常用属性、方法和事件

名　　称	说　　明
StartupUri 属性	获取或设置应用程序启动时自动显示的用户界面（UI）
MainWindow 属性	获取或设置应用程序的主窗口
Properties 属性	获取或设置应用程序范围的属性集合（App.Current.Properties）
Resources 属性	获取或设置应用程序范围资源的集合（App.Current.Resource）
Shutdown 方法	停止当前的应用程序。用法：App.Current.ShutDown();
Startup 事件	通过该事件可获取该应用程序启动时传递给该应用程序的命令行参数（e.Args）
Exit 事件	当应用程序关闭时，可在该事件中执行一些处理，例如保存应用程序执行的状态码以供调用该进程的其他进程访问等。另外，也可以通过 App.Current.ShutDown 方法中提供的参数设置状态码

7.1.2　WPF 应用程序的关闭模式及 Shutdown 方法

为了让开发人员控制应用程序关闭时的行为，Application 以及 App 类提供了一个方法、一个属性与两个事件，即 Shutdown 方法、ShutdownMode 属性以及 SessionEnding 和 Exit 事件。

不管当前应用程序打开了多少个窗口，也不管当前窗口是否为主窗口，一旦在 WPF 应用程序中调用了 Shutdown 方法，其都会立即关闭应用程序。Shutdown 方法的典型用法为

```
App.Current.Shutdown();
```
或者
```
Application.Current.Shutdown();
```

如果所有窗口都已关闭或者主窗口已关闭，应用程序会自动关闭。但有时其他条件可能决定着应用程序关闭的时间。为了控制关闭模式，在 Shutdown 方法的参数中，还可以使用 ShutdownMode 枚举类型指定应用程序的关闭模式。

以下是 ShutdownMode 的枚举值。

● OnLastWindowClose：当用户关闭最后一个窗口或者显式调用 Shutdown 方法时，立即关闭应用程序。这是默认的关闭模式。

● OnMainWindowClose：当用户关闭主窗口或者显式调用 Shutdown 方法时关闭应用程序。

● OnExplicitShutdown：仅当显式调用 Shutdown 方法时才关闭应用程序。

WPF 应用程序默认使用 OnLastWindowClose 模式关闭程序。如果希望采用后两种关闭形式，需要在 App.xaml 中将 ShutdownMode 特性的值设置为 "OnMainWindowClose" 或者 "OnExplicitShutdown"。例如：

```
<Application
    xmlns="http://schemas.microsoft.com/winfx/2006/xaml/presentation"
    xmlns:x="http://schemas.microsoft.com/winfx/2006/xaml"
```

```
x:Class="SDKSample.App"
ShutdownMode="OnMainWindowClose" />
```

不过，这种情况并不多见，只有在特殊情况下，我们才需要修改关闭模式，但绝大部分情况下不需要修改它。

当应用程序关闭时，可能需要执行一些处理，例如保存应用程序的状态、提醒用户重要的信息等。对于这些情况，可以在 App 的 Exit 事件中进行处理。

下面我们先通过一个例子简单了解如何创建 WPF 应用程序，待对其有一个感性认识后，再逐步学习更多的概念。

【例 7-1】 演示如何创建 WPF 应用程序。

（1）运行 VS2012，单击【新建项目】按钮，在弹出的窗体中，选择【WPF 应用程序】模板，将【名称】和解决方案名称均改为 ch07，将【位置】改为希望存放的文件夹位置（本例为 E:\V3CSharp\ch07），单击【确定】按钮。

（2）在项目下新建一个名为 Examples 的文件夹。然后鼠标右键单击该文件夹，选择【添加】→【窗口】命令，添加一个名为 HelloWorldWindow.xaml 的文件。

（3）从【工具箱】向 HelloWorldWindow.xaml 的设计界面中拖放一个 Label 控件，然后在【属性】窗口中设置其 Content 属性为"Hello World!"，如图 7-1 所示。

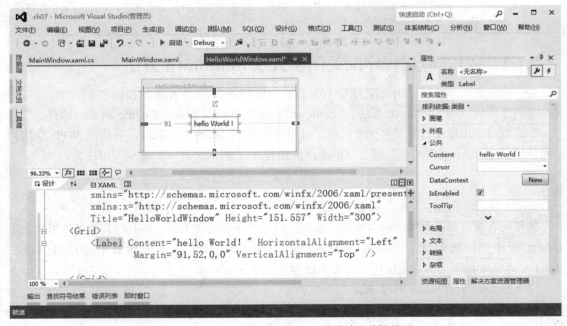

图 7-1　HelloWorldWindow.xaml 的设计和编辑界面

WPF 设计器默认采用拆分模式，上方是设计界面，下方是 XAML 代码。

（4）在"解决方案资源管理器"中，双击 App.xaml 打开该文件，观察 WPF 应用程序默认启动的窗口是从哪个地方指定的。相关代码如下：

```
<Application x:Class="ch07.App"
        xmlns="http://schemas.microsoft.com/winfx/2006/xaml/presentation"
        xmlns:x="http://schemas.microsoft.com/winfx/2006/xaml"
        StartupUri="MainWindow.xaml">
```

在这段代码中，可看到 StartupUri 的值为 MainWindow.xaml，这就是 WPF 应用程序默认启动的窗口。如果希望程序运行时启动另一个窗口，修改 StartupUri 的值即可。

（5）修改 MainWindow.xaml，将其改为下面的代码。

```
<Window x:Class="ch07.MainWindow"
        xmlns="http://schemas.microsoft.com/winfx/2006/xaml/presentation"
        xmlns:x="http://schemas.microsoft.com/winfx/2006/xaml"
        Title="MainWindow" Height="270" Width="510">
    <StackPanel>
        <TextBlock Margin="10" Text="请选择某个例子，然后单击【确定】按钮" />
        <Separator />
        <WrapPanel Name="wrapPanel1">
            <WrapPanel.Resources>
                <Style TargetType="RadioButton">
                    <Setter Property="Margin" Value="10" />
                    <EventSetter Event="Checked"
                            Handler="RadioButton_Checked" />
                </Style>
            </WrapPanel.Resources>
            <RadioButton Content="HelloWorld" />
            <RadioButton Content="MessageBox" />
            <RadioButton Content="DialogBox" />
            <RadioButton Content="PageExample1" />
            <RadioButton Content="PageExample2" />
            <RadioButton Content="PageExample3" />
            <RadioButton Content="RectangleExample" />
            <RadioButton Content="SampleStyleExample" />
            <RadioButton Content="MouseEventExample" />
            <RadioButton Content="KeyboardEventExample" />
        </WrapPanel>
        <Separator />
        <Button Content="确定" Width="60" Margin="0 10 20 10"
                HorizontalAlignment="Right" Click="Button_Click" />
    </StackPanel>
</Window>
```

（6）在 XAML 编辑器中，鼠标右键单击"Click="代码，选择【定位到事件处理程序】，它就会自动在 MainWindow.xaml.cs 中添加对应的代码。

```
private void Button_Click(object sender, RoutedEventArgs e)
{

}
```

（7）将 MainWindow.xaml.cs 改为下面的内容。

```
......
using ch07.Examples;
namespace ch07
{
    public partial class MainWindow : Window
    {
        public MainWindow()
        {
            InitializeComponent();
            this.WindowStartupLocation =
                System.Windows.WindowStartupLocation.CenterScreen;
        }
        RadioButton rb = null;
```

```
private void RadioButton_Checked(object sender, RoutedEventArgs e)
{
    rb = e.Source as RadioButton;
}
private void Button_Click(object sender, RoutedEventArgs e)
{
    if (rb == null)
    {
        MessageBox.Show("请先选择一个例子", "提示",
            MessageBoxButton.OK, MessageBoxImage.Information);
        return;
    }
    string content = rb.Content.ToString();
    Window w = null;
    switch (content)
    {
        case "HelloWorld": w = new HelloWorldWindow(); break;
    }
    if (w != null)
    {
        w.WindowStartupLocation =
            System.Windows.WindowStartupLocation.CenterOwner;
        w.Owner = this;
        w.ShowDialog();
    }
}
}
```

在按钮的 Click 事件处理程序代码中，switch 语句中的 case 块目前只有一个，本章后面的例子还会逐步添加其他的 case 块。

（8）按〈F5〉键调试运行应用程序，运行效果如图 7-2 所示。

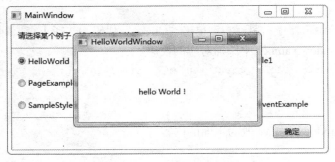

图 7-2　例 7-1 的运行效果

（9）观察该项目目录下的 bin\debug 子目录下的文件，会发现有一个 ch07.exe 文件，这就是该项目生成的可执行文件。

下面我们学习 WPF 设计器的基本用法以及编辑 XAML 代码的基本方法。

7.1.3　XAML 命名空间和 x:前缀编程构造

XAML（可扩展应用程序标记语言）是一种基于 XML（可扩展标记语言）且遵循 XML 结构规则的声明性标记语言。XAML 文件是具有.xaml 扩展名的 XML 文件，编码默认使用 UTF-8。

声明 XAML 命名空间的目的是为了解决 XAML 标记和 C#代码共享的问题。也就是说，在 XAML 中声明的对象也可以用 C#代码来访问，在 C#代码中创建的对象也可以通过 XAML 树来解析。

1. 根元素和 XAML 命名空间

一个 XAML 文件（扩展名为.xaml）只能有一个根元素。

创建一个 WPF 应用程序后，从其中包含的 MainWindow.xaml 的代码中可以看出，XAML 根元素包含了特性 x:Class、xmlns 和 xmlns:x。

x:Class 用于为代码隐藏类指定 CLR 命名空间和类名，即将 XAML 和代码隐藏有机地结合起来。在 WPF 应用程序中，Window 元素、Page 元素和 Application 元素都必须包含 x:Class 声明，否则无法在代码隐藏文件中用 C#控制 XAML 文件中的对象元素。

xmlns 的意思是 XML namespace，该特性声明 XAML 默认的命名空间，目的是为了在该文件中使用 XAML 标记时，不需要再对每个对象元素都用前缀来指定该对象所在的命名空间。另外，由于 xmlns 适用于根元素的所有子代元素，所以只有在每个 XAML 文件的根元素上，xmlns 特性才是必需的，其他元素不需要 xmlns 特性声明。

2. x:前缀编程构造

根元素的 xmlns:x 用于 XAML 命名空间映射，目的是为了通过 x:前缀编程构造来声明可被其他 XAML 和 C#代码引用的对象。

在 WPF 应用程序中，可以用 Name 特性指定对象的名称属性，也可以在【属性】窗口中设置该属性。例如：

```
<Button Name="okButton" Content="确定" />
<Button Name="cancelButton" Content="取消" />
```

但是，XAML 中的 Name 特性就像局部变量一样受其所在范围的限制，如果在所选元素的范围内无法访问元素的 Name 特性（例如样式模板化、动画等），则可以用 x:Name 特性来描述。

x:Name 通过特定子系统或 FindName 等方法，为运行时使用的 XAML 元素（即用 C#代码引用 XAML 元素）提供标识。例如：

```
<Button x:Name="okButton" Content="确定" />
<Button x:Name="cancelButton" Content="取消" />
```

指定了 x:Name 以后，就可以在 C#代码中通过它来引用 XAML 元素了。

3. 在 XAML 中映射自定义命名空间

除了默认的命名空间之外，在实际开发中，我们还会经常使用自定义的对象（扩展名为.cs 的文件或者扩展名为.dll 的文件）。如果要在 XAML 中引用这些对象，就必须在 XAML 中映射自定义命名空间。

如果在项目中添加一个类，如在 ch07 解决方案的 cs 文件夹下添加一个文件名为 MyClass.cs 的类，该文件中定义一个 MyProperty 属性：

```
public class MyClass
{
    public string MyProperty { get; set; }
    public MyClass()
    {
        MyProperty = "Hello";
    }
}
```

要在 TestWindow.xaml 文件中引用 MyClass 中的属性，需满足两个条件：一是 MyClass 类的访问修饰符必须是 public，二是必须在根元素中为其指定一个 XAML 命名空间。例如：

```
<Window x:Class="ch07.cs.TestWindow"
    ......
    xmlns:c="clr-namespace:ch07.cs"
    ......>
```

在这段代码中，xmlns:c 中的 c 是自定义前缀，也可以将其换成其他字符串，比如：

```
xmlns:myCustom="clr-namespace:ch07.cs".
```

7.1.4　XAML 基本语法

XAML 的语法与开发 Web 应用程序时使用的 HTML（超文本标记语言）的语法非常相似，即都是利用元素、特性（Attribute）和属性（Property）来描述元素对象（类的实例）的各种要素。

XAML 最基本的语法为

```
<对象名 特性名1="值1" 特性名2="值2" ......>
</对象名>
```

或者使用自封闭的形式：

```
<对象名 特性名1="值1" 特性名2="值2" ....../>
```

例如：

```
<StackPanel>
  <Button Content="确定"/>
</StackPanel>
```

XAML 用对象名来声明类的实例，声明类的实例的这些元素称为对象元素。上面这段 XAML 代码指定了两个对象元素，一个是 StackPanel，另一个是 Button。Button 对象元素的后面包含了一个 Content 特性，该特性指定按钮上显示的文本内容。在系统内部，StackPanel 和 Button 各自动映射到对应的类，这些类都是 WPF 程序集的一部分。

当开发人员用对象元素声明标记时，系统就会自动调用一条 XAML 处理指令，来创建对应的类的一个新实例。在分析和加载 XAML 时，系统会自动为每个实例调用其基类的默认构造函数来完成创建过程。

XAML 中的对象元素名称、特性名称以及属性名称都区分大小写。

下面我们学习 XAML 的常用语法。需要说明的是，这些语法并没有涵盖 XAML 规范中定义的所有语法，但对于入门来说已经足够。学习者掌握这些常用语法后，就能应付大多数应用场合了。

1．对象元素语法

对象是指类的实例，在 XAML 中用对象元素来描述。例如：

```
<Button Name="OkButton" Content="确定"/>
```

这行 XAML 代码用于实例化 Button 类的一个新实例，Name 特性指定 Button 实例的名称，目的是为了在代码隐藏文件中引用该实例。Content 特性指定在按钮上显示的文本。

用对象元素语法来创建对象是 XAML 最常用的语法形式。

2．特性语法

在 XAML 中，大多数情况下都是用特性（Attribute）来描述对象的属性（Property），特性名和特性值之间用赋值号（＝）分隔，特性的值始终用包含在引号中的字符串来指定，引号默认用双引号，也可以是单引号，原则是"值"两边的引号必须匹配。

以下标记创建一个具有红色文本和蓝色背景的按钮，Content 特性用于指定在按钮上显示的文本：

```
<Button Background="Blue" Foreground="Red" Content="按钮1"/>
```

　　　　一般在【属性】窗口中设置对象的属性值，设置属性值后，开发工具会自动生成对应的 XAML 特性语法描述。

　　　　【文档大纲】窗口是编写 XAML 代码时使用最多的窗口，利用它能快速定位到要处理的元素。

特性语法还可用于描述事件成员，而不仅仅限于属性成员。在这种情况下，特性的名称为事件的名称，特性的值是事件处理程序的名称。例如下面的 Button 标记指定 Click 事件的处理程序的名称为 Button_Click：

```
<Button Click="Button_Click" >Click Me!</Button>
```

3. 属性语法

对于有些对象来说，某些属性可能无法仅仅用特性语法来描述。对于这些情况，可以在 XAML 中使用另一个语法，即属性语法。一般格式为

<类名.属性名>
</类名.属性名>

下面的代码演示如何在 WPF 应用程序中组合使用特性语法和属性语法，其中属性语法针对的是 Button 的 ContextMenu 属性（Silverlight 应用程序没有 ContextMenu 控件）。

```
<Button Background="Blue" Foreground="Red"
    Content="右击观察快捷菜单" Margin="73,108,74,115">
    <Button.ContextMenu>
        <ContextMenu>
            <MenuItem>快捷菜单项 1</MenuItem>
            <MenuItem>快捷菜单项 2</MenuItem>
        </ContextMenu>
    </Button.ContextMenu>
</Button>
```

　　　　在 XAML 中，特性语法是设置对象属性的最简单有效的形式。使用时应该尽量使用特性语法来描述，只有无法用特性语法描述时才使用属性语法。

4. 集合语法

如果某个属性采用集合类型，就可以使用集合语法，此时在 XAML 标记中，声明该属性的值的所有子元素项都将自动成为集合的一部分。下面的 XAML 代码用集合语法为 GradientStops 属性设置线性渐变的值：

```
<Window.Background>
    <LinearGradientBrush>
      <LinearGradientBrush.GradientStops>
        <GradientStop Offset="0.0" Color="Red" />
        <GradientStop Offset="1.0" Color="Blue" />
      </LinearGradientBrush.GradientStops>
    </LinearGradientBrush>
</Window.Background>
```

5. XAML 内容属性

内容属性的用途通常是为了简化标记，以便更直观地嵌套父/子元素。例如：

```
<TextBox>This is a Text Box</TextBox>
```

其中包含的内部文本用于设置 TextBox 的 XAML 内容属性。它相当于

```
<TextBox Text="This is a Text Box"/>
```

XAML 处理器在对象元素的开始标记和结束标记之间找到任何子元素或内部文本时，都会自动将其作为该对象的 XAML 内容属性的值。下面的 XAML 用 Border 指定内容属性：

```
<Border>
  <TextBox Width="300"/>
</Border>
```

它相当于

```
<Border>
  <Border.Child>
    <TextBox Width="300"/>
  </Border.Child>
</Border>
```

根据 XAML 规则的规定，XAML 内容属性的值必须完全在该对象元素的其他任何属性之前或之后指定。例如下面的标记会出现编译错误：

```
<Button>我是一个
  <Button.Background>Blue</Button.Background>
  绿色按钮
</Button>
```

6. 内容属性和集合语法组合

请看下面的代码：

```
<StackPanel>
    <Button>按钮 1</Button>
    <Button>按钮 2</Button>
</StackPanel>
```

在这段 XAML 代码中，每个 Button 都会自动作为 StackPanel 的一个子元素。这是一个简单直观的内容属性和集合语法组合表示法，在 XAML 代码中使用极为普遍。

7. 类型转换器

在特性语法一节中，我们曾提到特性值可以使用字符串进行设置。而字符串如何转换为其他对象类型或基元值，取决于声明的字符串自身所表达的类型。例如：

```
<Button Margin="10,20,30,40" Content="确定"/>
```

它相当于

```
<Button Content="确定">
    <Button.Margin>
        <Thickness Left="10" Top="20" Right="30" Bottom="40"/>
    </Button.Margin>
</Button>
```

显然，用特性语法描述更简洁，但是有些极少数的对象（如 Cursor 对象）只能通过类型转换这种方式在不涉及到子类的情况下为该类型设置属性。限于篇幅，本书不再展开阐述。如果在实际开发中遇到这些情况，请参考 TypeConverters 和 XAML 的相关资料。

8. XAML 中的空白字符处理

XAML 中的空白字符包括空格、换行符和制表符。默认情况下，XAML 处理器会将所有空白

字符（空格、换行符和制表符）自动转换为空格。另外，处理 XAML 时连续的空格将被替换为一个空格。如果希望保留文本字符串中的空格，可以在该元素的开始标记内添加 xml:space="preserve" 特性。但是，要避免在根级别指定该特性，否则会影响 XAML 处理的性能。

7.1.5 WPF 设计器

WPF 应用程序使用 WPF 设计器来设计界面，其能自动生成对应的 XAML 代码。

1. 设计模式和拆分模式

设计 WPF 界面时，WPF 设计器默认采用拆分模式，即同时显示【设计】视图和对应的 XAML 编辑器。在拆分模式下，【设计】视图中的任何变化都会立即反映到 XAML 编辑器中，XAML 编辑器中的任何变化也会自动反映到【设计】视图中。

 在【设计】视图中，按住<Ctrl>键可同时用鼠标滚轮缩放界面大小，按住空格键可同时用鼠标拖放调整界面在【设计】视图中的位置。

另外，还可以利用【设计】视图中的网格线和对齐线实现快速布局。网格线表示 Grid 中行和列之间的分隔线。在 XAML 编辑器中单击 Grid 元素时，WPF 设计器会自动在【设计】视图的顶部和左侧出现轨道。用鼠标单击轨道可以直接在 Grid 上添加行或列，XAML 代码也会随着自动更新。

当光标位于网格围栏上时，将出现一个小的弹出窗口，可以利用这个小窗口添加或者删除行或列。实际上，在 XAML 编辑器中直接删除行或列比通过小窗口操作更方便。

对齐线用于帮助在窗口上设置某个控件相对于其他控件的对齐方式。如果在窗口上拖动某个控件，当该控件的上、下、左、右边缘与其他控件的同一个边缘对齐时将自动显示对齐线。对于某些控件，当文本基线对齐时也会自动显示对齐线。

如果拖动控件时不希望自动显示对齐线，按住<Alt>键的同时再拖动控件即可。

2. XAML 编辑器

在 XAML 编辑器中，开发人员可直接编辑 XAML 代码，编辑器会自动提供智能提示、自动格式设置、语法突出显示和标记导航等功能。

3. 属性窗口

在【属性】窗口中，可直观地设置控件的属性或者事件。如果看不到【属性】窗口，可通过主菜单的选项将其显示出来。

在【属性】窗口的顶部，WPF 提供了若干选项。窗口的左上角有一个图标，表示当前所选中的元素；名称框用于更改或设置当前所选元素的名称；单击【事件】按钮（闪电符号）可查看控件的事件列表。

4. 大纲视图

利用【大纲视图】，可快速定位某个元素，设计 WPF 界面时，这个功能也比较常用。

7.2 窗口和对话框

在 WPF 应用程序中，有两种类型的窗口，一种是 WPF 窗口（简称窗口），用于直接显示 WPF

元素；另一种是 WPF 导航窗口，用于显示 WPF 页。

这一节我们学习 WPF 窗口的基本用法。

7.2.1　WPF 窗口

WPF 窗口是从 Window 类继承的类。首先我们了解一个概念，在程序设计中，具有活动窗口的应用程序称为活动应用程序，也叫前台程序。非活动应用程序由于用户看不到活动窗口，所以也叫后台程序。

1．WPF 窗口的分类

WPF 窗口和 WinForm 应用程序的窗体相似，也是由非工作区和工作区两部分构成。非工作区主要包括图标、标题、系统菜单、按钮（最小化、最大化、还原、关闭）和边框。工作区是指 WPF 窗口内部除了非工作区以外的其他区域，一般用 WPF 布局控件来构造。

按照窗口的形式来划分，可将 WPF 窗口分为标准窗口、无边框窗口、浮动窗口和工具窗口。标准窗口是指包含工作区和非工作区的窗口，这是 WPF 默认的窗口；无边框窗口只有工作区部分，没有非工作区部分；浮动窗口和标准窗口类似，但非工作区的右上角只有关闭按钮，不包括最小化、最大化和还原按钮；工具窗口和浮动窗口相似，但它比浮动窗口多了一个"铆钉"按钮。

图 7-3　窗口生存期中的主要事件

2．窗口的生存期

窗口的生存期是指窗口从第 1 次打开到关闭经历的一系列过程。在窗口的生存期中，会引发很多事件。图 7-3 列出了主要事件以及这些事件依次引发的顺序。

学习 WPF 窗口提供的属性、方法和事件，并理解 WPF 窗口生存期中事件依次引发的顺序，对正确编写 WPF 应用程序非常重要。

表 7-2 列出了 WPF 窗口常用的属性和事件。

表 7-2　　　　　　　　　　　　　　　　WPF 窗口常用的属性和事件

名　　称	说　　明
Title 属性	获取或设置窗口标题
Width 属性、MinWidth 属性、MaxWidth 属性 Height 属性、MinHeight 属性、MaxHeight 属性	获取或设置窗口的宽、高，以及最大宽度、最小宽度、最大高度和最小高度
WindowStartupLocation 属性	获取或设置窗口初次显示时的屏幕位置
Background 属性	获取或设置描述窗口背景的画笔（Brush）。可以利用【属性】窗口选择纯色、线性渐变、径向渐变等
Foreground 属性	获取或设置描述窗口前景色的画笔（Brush）。可以利用【属性】窗口选择纯色、线性渐变、径向渐变等
SourceInitialized 事件	在 Loaded 事件之前发生，在此事件中可以与 Win32 进行交互（HwndSource），如获取窗口句柄、初始化控件的样式等
Loaded 事件	当元素布局完成并呈现时发生，此时已经可以与窗口交互
Closing 事件	在窗口真正关闭前发生，可在此事件中取消窗口关闭

在刚开始对 XAML 还不太熟悉时，可以利用【属性】来窗口设置控件的属性和事件，如图 7-4 所示，左边是【工具箱】窗口，中间是 WPF 设计器（拆分模式），右边是【属性】窗口。

图 7-4　利用【属性】窗口设置属性和事件

在中间下方的 XAML 代码中，用鼠标单击某个元素，例如单击 Button 元素，则在右侧的【属性】窗口中就会显示该元素的属性或事件。

通过【属性】窗口右上角的 这两个按钮可选择设置的是属性还是事件，雷电符号按钮表示事件。每设置一个属性或事件，WPF 设计器就会自动在 XAML 中添加与该属性或事件对应的代码。

另一种常用的手段是在代码隐藏文件中用 C#代码设置窗口的属性或事件，如在 MainWindow 类的构造函数中设置 Background 和 WindowStartupLocation 属性，代码如下：

```
public MainWindow()
{
    InitializeComponent();
    this.Background = Brushes.White;
    this.WindowStartupLocation = WindowStartupLocation.CenterScreen;
}
```

其效果与设置【属性】窗口中的 Background 属性和 WindowStartupLocation 属性得到的效果相同。

3. 创建并显示新窗口

创建 WPF 应用程序后，在"解决方案资源管理器"中鼠标右击项目名，选择【添加】→【窗口】，VS2012 就会创建一个继承自 Window 的新窗口。

如果欲使用 C#代码打开某个窗口，首先应创建该窗口的实例，然后可调用该实例的方法将其显示。例如在项目中添加一个名为 MyWindow.xaml 的窗口后，就可以在代码隐藏文件中（如 MainWindow.xaml.cs 的按钮单击事件中）用下面的代码将其显示出来：

```
MyWindow myWindow = new MyWindow();
myWindow.Show();
```

或者

```
MyWindow myWindow = new MyWindow();
myWindow.ShowDialog();
```

调用 Show 方法将窗口显示出来后，会立即执行该方法后面的语句，而不是等待该窗口关闭，因此，打开的窗口不会阻止用户与应用程序中的其他窗口交互。这种类型的窗口称为"无模式"窗口。

如果使用 ShowDialog 方法来显示窗口，该方法将窗口显示出来以后，在该窗口关闭之前，应用程序中的所有其他窗口都会被禁用，并且仅在该窗口关闭后，才继续执行 ShowDialog 方法后面的代码。这种类型的窗口称为"模式"窗口。

不论是调用 Show 方法还是 ShowDialog 方法，在窗口显示出来之前，新窗口会首先执行初始化工作。初始化窗口时将引发窗口的 SourceInitialized 事件，在该事件处理程序中也可以显示其他窗口，初始化完毕后该窗口才会显示出来。

对于"无模式"窗口，调用 Hide 方法即可将其隐藏起来。例如隐藏当前打开的窗口可以用下面的语句：

```
this.Hide();
```

若要在某个窗口的代码中隐藏其他"无模式"窗口，可以调用实例的 Hide 方法，例如：

```
myWindow.Hide();
```

由于隐藏"无模式"窗口后，其实例仍然存在，因此还可以重新调用 Show 方法再次将其显示出来。

4. 关闭窗口

在 C#代码中，直接调用 Close 方法即可关闭当前打开的窗口。例如：

```
this.Close();
```

如果想关闭的是其他窗口，需要通过实例名指定关闭那个窗口。例如：

```
myWindow.Close();
```

当窗口关闭时，它会引发两个事件：Closing 事件和 Closed 事件。

Closing 事件在窗口关闭之前引发，可以利用该事件阻止窗口关闭。例如当窗口内包含了已修改的数据，此时可以在 Closing 事件处理程序中询问用户，是继续关闭窗口而不保存数据，还是取消窗口关闭。如果用户选择取消关闭，将事件处理程序的 CancelEventArgs 参数的属性设置为 true，即可阻止窗口关闭。

如果未处理 Closing 事件，或者虽然已处理该事件但未取消关闭，则窗口将真正关闭。在窗口真正关闭之前，会引发 Closed 事件，在 Closed 事件中无法阻止窗口关闭。

5. 窗口关联

使用 Show 方法打开的窗口与创建它的窗口之间默认没有关联关系，即用户可以与这两个窗口分别进行独立的交互。但是，有些情况下我们可能希望某窗口与打开它的窗口之间保持某种关联，例如 VS2012 会同时打开【属性】窗口和【工具箱】窗口，而这些窗口一般在其所有者窗口（指创建它们的窗口）内显示。此外，当所有者窗口变化时，这些窗口也会随着变化，例如最小化、最大化、还原、关闭等。

为了达到窗口关联这个目的，可以通过设置附属窗口的 Owner 属性让一个窗口拥有另一个窗口。例如：

```
Window ownedWindow = new Window();
ownedWindow.Owner = this;
ownedWindow.Show();
```

通过这种方式建立关联之后，附属窗口就可以通过 Owner 属性的值来引用它的所有者窗口，所有者窗口也可以通过 OwnedWindows 属性的值来发现它拥有的全部窗口。

7.2.2　在主窗口显示前先显示登录窗口或者欢迎窗口

在 WPF 应用程序中，我们可能希望在主窗口显示前先显示另一个窗口，比如登录窗口或者欢迎窗口，当用户关闭登录窗口或者欢迎窗口后再显示主窗口，要达到这个目的，可以通过主窗口的 SourceInitialized 事件来实现。

由于主窗口的 SourceInitialized 事件引发时，窗口还没有显示出来（内部正在进行初始化），所以开发人员可以在该事件处理程序中同时做一些其他工作。

【例 7-2】　演示如何在主窗口显示前先显示登录窗口，同时演示窗口的基本用法。

（1）双击 ch07.sln 打开解决方案，在 Examples 文件夹下添加一个名为 LoginWindow.xaml 的窗口。

（2）从【工具箱】向 LoginWindow.xaml 窗口中拖放一个 Label 控件、一个 TextBox 控件、2 个 Button 控件，调整控件到合适位置，并在【属性】窗口中修改对应的属性，如图 7-5 所示。

（3）分别修改 LoginWindow.xaml 和 LoginWindow.xaml.cs，添加窗口的 Closing 事件以及两个按钮的 Click 事件。

图 7-5　LoginWindow 设计界面

LoginWindow.xaml 代码如下：

```
<Window x:Class="ch07.Examples.LoginWindow"
        xmlns="http://schemas.microsoft.com/winfx/2006/xaml/presentation"
        xmlns:x="http://schemas.microsoft.com/winfx/2006/xaml" Title="登录"
        Height="200" Width="300" Closing="Window_Closing">
    <Grid>
        <Label Content="用户名: " HorizontalAlignment="Left" Margin="49,34,0,0"
               VerticalAlignment="Top" />
        <TextBox Name="userNameTextBox" Width="120" Height="23"
               Margin="112,37,0,0" TextWrapping="Wrap" Text="TextBox"
               VerticalAlignment="Top" HorizontalAlignment="Left" />
        <Button Content="确定" HorizontalAlignment="Left" Margin="60,113,0,0"
               VerticalAlignment="Top" Width="58" Click="Button_Click" />
        <Button Content="取消" HorizontalAlignment="Left"
               Margin="163,113,0,0" VerticalAlignment="Top" Width="58"
               Click="Button_Click" />
    </Grid>
</Window>
```

LoginWindow.xaml.cs 的主要代码如下：

```
public partial class LoginWindow : Window
{
    /// <summary>
    /// 登录用户名
    /// </summary>
    public string UserName { get; set; }
    public LoginWindow()
    {
        InitializeComponent();
        this.WindowStartupLocation =
            System.Windows.WindowStartupLocation.CenterScreen;
        userNameTextBox.Text = string.Empty;
```

```
    }
    private void Button_Click(object sender, RoutedEventArgs e)
    {
        Button btn = sender as Button;
        switch (btn.Content.ToString())
        {
            case "确定":
                this.UserName = userNameTextBox.Text;
                this.Close();
                break;
            case "取消":
                App.Current.Shutdown();
                break;
        }
    }
    private void Window_Closing(object sender,
        System.ComponentModel.CancelEventArgs e)
    {
        if (string.IsNullOrEmpty(this.UserName) == true)
        {
            App.Current.Shutdown();
        }
    }
}
```

（4）打开 MainWindow.xaml.cs，添加 SourceInitialized 事件。

```
public MainWindow()
{
    InitializeComponent();
    this.WindowStartupLocation = System.Windows.WindowStartupLocation.CenterScreen;
    this.SourceInitialized += MainWindow_SourceInitialized;
}
void MainWindow_SourceInitialized(object sender, System.EventArgs e)
{
    LoginWindow login = new LoginWindow();
    login.ShowDialog();
    this.Title = "欢迎您, " + login.UserName;
}
```

（5）按<F5>键调试运行。此时将首先弹出登录窗口，如图 7-6（a）所示，输入用户名，单击【确定】按钮后，登录窗口关闭，然后弹出主窗口，如图 7-6（b）所示。

（a）登录窗口

（b）主窗口

图 7-6　例 7-2 的运行效果

如果在登录窗口中单击【取消】按钮或者直接单击右上角的关闭按钮，则直接结束应用程序，不会再显示主窗口。如果用户名为空，也会直接结束应用程序，不再显示主窗口。

（6）测试以后，注释掉构造函数中的事件注册语句，这样做的目的是为了在后面的例子中不再显示登录窗口。

7.2.3　窗口的外观和行为

所谓窗口的外观是指用户看到的窗口表现形式，行为指用户与窗口交互的方式。在 WPF 中，可以使用代码或 XAML 标记来实现窗口的外观和行为，包括窗口大小、位置以及窗口重叠时的显示顺序等。

WPF 窗口的外观一般使用 XAML 文件（.xaml）中的 XAML 标记来实现，而其行为则一般在代码隐藏文件（.xaml.cs）中用 C#代码来实现。

1.　窗口大小

窗口大小由 Width、MinWidth、MaxWidth、Height、MinHeight、MaxHeight 以及 SizeToContent 等多个属性确定。

其中 MinWidth、MaxWidth、MinHeight、MaxHeight 用于管理窗口在生存期中可以具有的宽度和高度的范围。一般在 XAML 中设置这些特性。例如：

```
<Window
    xmlns="http://schemas.microsoft.com/winfx/2006/xaml/presentation"
    MinWidth="300" Width="400" MaxWidth="500"
    MinHeight="300" Height="400" MaxHeight="500">
...
</Window>
```

此外，通过 ActualWidth 和 ActualHeight 属性可以检查窗口的当前实际宽度和高度，这两个属性都是只读属性。

2.　窗口位置

当窗口打开后，可通过 Left 和 Top 属性获取或更改窗口相对于屏幕坐标的 x 和 y 位置。例如：

```
public MainWindow()
{
    InitializeComponent();
    this.Left = 50;
    this.Top = 10;
}
```

另外，还可以通过 WindowStartupLocation 属性设置窗口第一次显示时的初始位置，该属性用 WindowStartupLocation 枚举来表示，枚举值有：Manual（默认）、CenterScreen、CenterOwner。

默认情况下，窗口的起始位置选项为 Manual，此时如果未设置 Left 和 Top 属性，则窗口将向操作系统请求显示的位置。

3.　最顶层窗口和 z 顺序

窗口除了具有 x 和 y 位置之外，还有一个表示从屏幕内向外方向显示顺序的位置，称为 z 顺序。有两种 z 顺序：正常 z 顺序和最顶层 z 顺序。

在最顶层 z 顺序中的窗口总是位于正常 z 顺序中的窗口之上。通过将窗口的 Topmost 属性设置为 true 可以使窗口位于最顶层 z 顺序中。例如：

```
<Window
    xmlns="http://schemas.microsoft.com/winfx/2006/xaml/presentation"
    Topmost="True">
```

```
......
</Window>
```

7.2.4 对话框

在 WPF 应用程序中，可创建多种类型的对话框，包括消息框、通用对话框以及自定义对话框。

1. 消息框

WPF 应用程序的消息框和 WinForm 的消息框用法类似，区别是其返回值是 MessageBoxResult 枚举类型，通过枚举可检查用户单击了哪个按钮。

下面的代码演示了 MessageBox 的典型用法。

常用形式 1：

```
MessageBox.Show("输入的内容不正确");
```

常用形式 2：

```
MessageBox.Show("输入的内容不正确", "警告");
```

常用形式 3：

```
MessageBoxResult result= MessageBox.Show("是否退出应用程序? ", "提示",
    MessageBoxButton.YesNo, MessageBoxImage.Question);
if (result == MessageBoxResult.Yes)
{
    App.Current.ShutDown( );
}
```

【例 7-3】 演示如何在 WPF 应用程序中弹出消息框以及获取消息框返回的值。运行效果如图 7-7 所示。

（a）消息框设置界面　　　　　　　（b）弹出的消息框

图 7-7　例 7-3 的运行效果

该例子的源程序在 Examples 文件夹下的 MessageBoxWindow.xaml 及其代码隐藏类中。

2. 通用对话框

WPF 公开的通用对话框有 3 个：OpenFileDialog、SaveFileDialog 和 PrintDialog。由于这些对话框是操作系统级别的实现，所以在各种应用程序中都可以使用。

OpenFileDialog 对话框：让用户指定一个或多个要打开的文件的文件名。

SaveFileDialog 对话框：让用户指定一个文件将另存为的文件名。

PrintDialog 对话框：让用户选择和配置打印机并打印文档。

3. 自定义对话框

自定义对话框一般用于显示和收集特定的信息，分为模式对话框（调用 ShowDialog 方法显示）和非模式对话框（调用 Show 方法显示）。

由于对话框实际上是一个特殊的窗口，所以自定义对话框的设计方法与一般窗口的设计方法基本相同，不同之处是还要对自定义对话框作如下处理：

- 自定义对话框一般包含【确定】和【取消】按钮。
- 当用户按<Enter>键时，应该与单击【确定】按钮的效果相同。实现办法：将【确定】按钮的 IsDefault 属性设置为 true。
- 当用户按<Esc>键时，应该与单击【取消】按钮的效果相同。实现办法：将【取消】按钮的 IsCancel 属性设置为 true。
- 不论用户按下的是哪个按钮，都必须在对应的 Click 事件中设置 DialogResult，以便显示对话框后，能通过它判断用户按下的是哪个按钮。
- 调用自定义对话框时，必须设置 Owner 属性。

下面通过例子说明自定义对话框的基本设计方法。

【例 7-4】 演示自定义对话框的基本用法。

（1）在 ch07 的 Examples 文件夹下，添加一个名为 DialogBoxWindow.xaml 的窗口。

（2）将 DialogBoxWindow.xaml 改为下面的内容。

```
<Window x:Class="ch07.Examples.DialogBoxWindow"
        xmlns="http://schemas.microsoft.com/winfx/2006/xaml/presentation"
        xmlns:x="http://schemas.microsoft.com/winfx/2006/xaml"
        Title="DialogBoxWindow" Height="130" Width="300">
    <StackPanel>
        <TextBox Name="textBox1" Margin="10 20 10 10" Width="200" Text="" />
        <StackPanel Orientation="Horizontal" HorizontalAlignment="Center">
            <Button Name="buttonOK" Content="确定" Margin="10" Width="60"
                    Click="buttonOK_Click" />
            <Button Name="buttonCancel" Content="取消" Margin="10" Width="60"
                    Click="buttonCancel_Click" />
        </StackPanel>
    </StackPanel>
</Window>
```

（3）将 DialogBoxWindow.xaml.cs 的 class 内的代码改为下面的内容。

```
public partial class DialogBoxWindow : Window
{
    public DialogBoxWindow()
    {
        InitializeComponent();
        buttonOK.IsDefault = true;
        buttonCancel.IsCancel = true;
    }
    public string TextString { get; set; }
    private void buttonOK_Click(object sender, RoutedEventArgs e)
    {
        TextString = textBox1.Text;
        this.DialogResult = true;
    }
```

```
    private void buttonCancel_Click(object sender, RoutedEventArgs e)
    {
        this.DialogResult = false;
    }
}
```

（4）在 MainWindow.xaml.cs 的 switch 语句内添加下面的 case 块。

```
case "DialogBox":
    DialogBoxWindow dw = new DialogBoxWindow();
    dw.Owner = this;
    bool? result = dw.ShowDialog();
    if (result == true)
    {
        MessageBox.Show("来自自定义对话框: "+dw.TextString);
    }
    break;
```

（5）按<F5>键运行程序。结果如图 7-8 所示。

（a）自定义对话框　　　　（b）主窗体调用自定义对话框后弹出的消息框

图 7-8　例 7-4 的运行效果

7.2.5　WPF 页和页面导航

在 WPF 应用程序中，既可以用 WPF 窗口设计界面，也可以用 WPF 页（Page）设计界面，并通过 Window、Frame 或者 NavigationWindow 来承载 WPF 页。

如果通过 Frame 或者 NavigationWindow 来承载 WPF 页，还可以实现导航功能。另外，在具有导航功能的窗口中，还可以在 TextBlock 中使用超链接（HyperLink）标记以链接到另一个 WPF 页。

1. 在 WPF 窗口中承载 Page

在 WPF 应用程序中，可以用 C#代码将 WPF 窗口的 Content 属性设置为页的实例来承载 WPF 页，即将 Window 作为页的宿主窗口。例如：

```
Window w = new Window();
Page1 p = new Page1();
w.Content = p;
w.Show();
```

这种方式只能用 C#代码实现，而且承载的页没有导航功能，页中的超链接也不会起作用，因此在实际应用中很少这样用。

2. 在 NavigationWindow 中承载 Page

第二种方式是利用 C#代码将 NavigationWindow 窗口的 Content 属性设置为页的实例来承载 WPF 页，即将 NavigationWindow 作为页的宿主窗口。例如：

```
Window w = new System.Windows.Navigation.NavigationWindow();
w.Content = new PageExamples.Page1();
w.Show();
```

采用这种方式时，可以在页中设置导航窗口（NavigationWindow）的标题以及窗口大小。也可以在 C#代码中使用 NavigationService 类提供的静态方法实现导航功能。

Page 的常用属性如下。

- WindowTitle：设置导航窗口的标题。
- WindowWidth 和 WindowHeight：设置导航窗口的宽度和高度。
- ShowsNavigationUI：false 表示不显示导航条，true 表示显示导航条。
- NavigationService 属性：获取该页的宿主窗口中管理导航服务的对象，利用该对象可实现前进、后退、清除导航记录等操作。

3. 在 Frame 中承载 Page

第三种方式是在 Frame 元素中将 Source 属性设置为要导航到的页，这是使用最方便的页导航方式，也是项目中最常用的导航方式。

在这种方式下，既可以用 XAML 加载页并实现导航，也可以用 C#代码来实现。其宿主窗口既可以是 Window，也可以是 NavigationWindow。或者说，在 WPF 窗口中以及 WPF 页中，都可以使用 Frame 元素。例如：

```
XAML:
<Frame Name="frame1" NavigationUIVisibility="Visible"
        Source="Page1.xaml" Background="#FFF9F4D4" />
C#:
frame1.Source = new Uri("Page1.xaml", UriKind.Relative);
```

下面通过例子演示这三种方式的用法。

【例 7-5】　演示如何承载 WPF 页以及如何实现导航。

（1）在 ch07 解决方案中，添加一个名为 PageExamples 的文件夹。

（2）在 PageExamples 文件夹下添加一个名为 Page1.xaml 的 WPF 页，将该页改为下面的内容。

```
<Page ……>
    <StackPanel>
        <TextBlock Margin="20" FontSize="20" HorizontalAlignment="Center">
            Hello<LineBreak />
            This is a Page!
        </TextBlock>
        <TextBlock HorizontalAlignment="Center">
            <Run>单击</Run>
            <Hyperlink NavigateUri="Page2.xaml">此处</Hyperlink>
            <Run>测试超链接! </Run>
        </TextBlock>
        <Button Name="buttonOK" Width="100" Margin="20" Content="OK" />
    </StackPanel>
</Page>
```

在 Page1.xaml.cs 中添加下面的代码。

```
public partial class Page1 : Page
{
    public Page1()
    {
        InitializeComponent();
        buttonOK.Click += buttonOK_Click;
    }
    void buttonOK_Click(object sender, RoutedEventArgs e)
```

```
    {
        Window w = this.Parent as Window;
        w.Close();
    }
}
```

（3）在 PageExamples 文件夹下添加一个名为 Page2.xaml 的 WPF 页，该页将作为超链接的目标页。

Page2.xaml 的代码如下。

```
<Page ……>
    <StackPanel>
        <TextBlock Margin="20" FontSize="20" HorizontalAlignment="Center">
            Hello<LineBreak />
            This is another Page!
        </TextBlock>
        <Button Name="buttonOK" Width="100" Margin="20" Content="OK" />
    </StackPanel>
</Page>
```

Page2.xaml.cs 的主要代码如下。

```
public partial class Page2 : Page
{
    public Page2()
    {
        InitializeComponent();
        buttonOK.Click += buttonOK_Click;
    }
    void buttonOK_Click(object sender, RoutedEventArgs e)
    {
        (this.Parent as Window).Close();
    }
}
```

（4）在 MainWindow.xaml.cs 中添加下面的代码。

```
case "PageExample1":
    w = new Window();
    w.Content = new PageExamples.Page1();
    break;
```

此时运行应用程序，单击页中的超链接，应该没有任何反应，这是因为用这种方式加载的页没有导航功能。

（5）在 MainWindow.xaml.cs 中添加下面的代码。

```
case "PageExample2":
    w = new System.Windows.Navigation.NavigationWindow();
    w.Content = new PageExamples.Page2();
    break;
```

运行应用程序，单击页中的超链接，可以看到窗口中显示 Page2.xaml 的内容。

（6）在 PageExamples 文件夹下添加一个名为 FrameExample.xaml 的窗口，将 XAML 改为下面的内容。

```
<Window ……>
    <StackPanel>
        <TextBlock Text="使用 Frame 承载 Page" />
        <Separator />
        <Frame Name="frame1" NavigationUIVisibility="Visible"
```

```
              Source="Page3.xaml" Background="#FFF9F4D4" />
      <Button Name="buttonOK" Width="100" Margin="20" Content="OK" />
   </StackPanel>
</Window>
```

在 FrameExample.xaml.cs 中添加 Click 事件。

```
public partial class FrameExample : Window
{
   public FrameExample()
   {
      InitializeComponent();
      buttonOK.Click += buttonOK_Click;
   }
   void buttonOK_Click(object sender, RoutedEventArgs e)
   {
      this.Close();
   }
}
```

（7）分别添加 Page3.xaml 和 Page4.xaml。

Page3.xaml 的主要代码如下。

```
<Page x:Class="ch07.PageExamples.Page3" ……>
   <StackPanel>
      <TextBlock Margin="20" FontSize="20" HorizontalAlignment="Center">
         Hello<LineBreak />
            这是用 Frame 承载的页！
      </TextBlock>
      <TextBlock HorizontalAlignment="Center">
         <Run>单击</Run>
         <Hyperlink NavigateUri="Page4.xaml">此处</Hyperlink>
         <Run>测试超链接！</Run>
      </TextBlock>
   </StackPanel>
</Page>
```

Page4.xaml 的主要代码如下。

```
<Page x:Class="ch07.PageExamples.Page4" ……>
   <StackPanel>
      <TextBlock Margin="20" FontSize="20" HorizontalAlignment="Center">
         Hello<LineBreak />
            这是用 Frame 导航的另一个页面！
      </TextBlock>
   </StackPanel>
</Page>
```

（8）在 MainWindow.xaml.cs 中添加下面的代码。

```
case "PageExample3":
   w = new PageExamples.FrameExample();
   break;
```

（9）运行应用程序，选择 PageExample3，运行结果如图 7-9（a）所示。单击页中的超链接，可以看到窗口中显示 Page4.xaml 的内容，如图 7-9（b）所示，在该页中，还可以通过导航条返回到前一页。

（a）在窗口中承载 Page3   （b）在窗口中承载 Page4

图 7-9　在 WPF 窗口中使用 Frame 承载 Page

7.3　颜　色

根据三基色原理，我们知道任何一种颜色都是通过对红（R）、绿（G）、蓝（B）三个颜色通道的改变和它们相互之间的叠加来得到的。另外，通过 Alpha 通道，还可以控制颜色的透明度。

WPF 在 System.Windows.dll 中的 System.Windows.Media 命名空间下，提供了 Brushes 类、Colors 类和 Color 结构，这几种形式都可以用来表示颜色。

7.3.1　颜色格式

XAML 和 C#都可以使用 sRGB、ScRGB、HLS 以及 HSB 格式表示颜色，XAML 默认使用 sRGB。在【属性】窗口中，单击 R、G、B 之一，还可以选择其他颜色格式。通过【属性】窗口选择并修改各分量值以后，VS2012 会自动将其转换为 sRGB 格式，然后用 XAML 将其描述出来。

（1）sRGB 格式

这种格式用 4 个字节来表示一个像素的颜色。4 个字节分别表示 A（alpha，即透明度）、R（红色通道）、G（绿色通道）和 B（蓝色通道）。由于 A、R、G、B 都占 1 个字节，所以取值范围均为十六进制的 00 ~ FF，或者十进制的 0 到 255。alpha 分量用于指定颜色的透明度，0 表示完全透明（没有亮度），255 表示完全不透明（最大亮度）。同样，R 分量的值 0 表示颜色中没有红色，255 表示颜色中包含最大红色分量。

（2）ScRGB 格式

ScRGB 格式也是用 4 个字节表示一个像素的颜色（A、R、G、B 各占 1 个字节）。同样，4 个字节分别表示 A（alpha，即透明度）、R（红色通道）、G（绿色通道）和 B（蓝色通道）。但其取值范围均用 0%到 100%之间的百分比来表示。alpha 分量的最小值 0 表示完全透明（0%，没有亮度），最大值 1.0 表示完全不透明（100%，最大亮度）。同样，R 分量的最小值 0 表示颜色中没有红色，最大值 1.0 表示颜色中包含最大红色分量。

（3）HLS 格式和 HSB 格式

这两种格式分别用透明度（Alpha）、色调（Hue）、饱和度（Saturation）和亮度（Lightness）来表示颜色。其中，色调表示颜色在颜色盘上的角度，取值范围为 0~360。例如 0 和 360 表示红色（360 和 0 在表盘上所处是同一个位置），120 表示绿色，240 表示蓝色。透明度、饱和度和亮度都用百分比的形式来表示（取值范围为 0.0 到 1.0，分别表示 0%到 100%之间的百分比）。

7.3.2　Brushes 类和 Colors 类

在 System.Windows.dll 中的 System.Windows.Media 命名空间下的 Brushes 类和 Colors 类都利用静态属性提供了丰富的预定义的颜色，这些颜色在各种应用程序中都可以使用。比如设置控件的前景色、背景色、边框色等。

Brushes 类的 C#语法为

```
public sealed class Brushes
```

Colors 类的 C#语法为

```
public sealed class Colors
```

可以看出，这两个类都是隐藏类，即只能通过它们提供的静态属性获取或设置颜色。

下面的 XAML 用 Background 设置按钮的背景色：

```
<Button Name="btn" Background="AliceBlue" Width="60" Height="30" Content="取消"/>
```

下面的 C#代码用 Brushes 类提供的静态属性实现相同的功能：

```
btn.Background = Brushes.AliceBlue;
```

也可以用下面的 C#代码实现相同的功能：

```
SolidColorBrush sb = new SolidColorBrush(Colors.AliceBlue);
btn.Background = sb;
```

7.3.3　Color 结构

在 System.Windows.dll 中的 System.Windows.Media 命名空间下，WPF 还提供了一个 Color 结构，该结构通过 A（透明度）、R（红色通道）、G（绿色通道）和 B（蓝色通道）的组合来创建各种自定义的颜色。

用 XAML 表示颜色时，可直接用字符串表示。一般形式为 "#rrggbb" 或者 "#aarrggbb"，其中#表示十六进制，aa 表示透明度，rr 表示红色通道，gg 表示绿色通道，bb 表示蓝色通道。也可以使用 "#rgb" 或者 "#argb" 的简写形式，例如 "#00F" 或者 "#F00F"。

下面的 XAML 即同时设置了按钮的前景色、背景色、边框颜色及宽度：

```
<Button Name="btn1" Content="确定" Background="#FFC6ECA7" Foreground="#FFE00B0B"
        BorderBrush="#FFFFC154" BorderThickness="5" Height="90" />
```

在 C#代码中，则可分别使用 Color 结构的 A、R、G、B 属性获取或设置颜色的某个成分，还可以使用 FromArgb 方法来创建自定义颜色。Alpha 属性的语法为

```
public byte A { get; set; }
```

其他属性的语法与此类似。

表 7-3 列出了 Color 结构提供的一些常用静态属性和静态方法。

表 7-3　　　　　　　　　　　　　Color 结构提供的常用属性和方法

颜色格式	静态属性和静态方法	说　　明
sRGB	A、R、G、B 属性	获取或设置颜色的 Alpha 通道值、R 通道值、G 通道值、B 通道值，每个通道都用 1 个字节表示
	FromArgb 方法	使用指定的 sRGB Alpha 通道和颜色通道值创建一个新的 Color 结构。不指定 Alpha 通道值时，默认为 255。语法为 public static Color FromArgb(byte a, byte r, byte g, byte b);

续表

颜色格式	静态属性和静态方法	说　明
ScRGB	ScA、ScR、ScG、ScB 属性	获取或设置颜色的 Alpha 通道值、R 通道值、G 通道值、B 通道值，每个通道都用 0 到 1 之间（包括 0 和 1）的值表示。Alpha 属性的语法为 public float ScA { get; set; } 其他属性的语法与此类似
	FromScRgb 方法	使用指定的 ScRGB Alpha 通道和颜色通道值创建一个新的 Color 结构，每个通道都用 0～1 之间（包括 0 和 1）的值表示（称为 ScRGB）。语法为 public static Color FromScRgb(float a, float r, float g, float b);

由于这些属性和方法都是静态的，所以可直接通过结构名 Color 来调用。例如：

```
Button myButton = new Button();
myButton.Content = "A Button";
SolidColorBrush mySolidColorBrush = new SolidColorBrush();
mySolidColorBrush.Color = Color.FromArgb(255, 255, 0, 0);
myButton.Background = mySolidColorBrush;
```

7.4　形　　状

形状（Shape）是具有界面交互功能的几何图形的封装形式。System.Windows.Shapes 命名空间定义了许多呈现 2D 几何图形对象的类，这些类都继承自同一个 Shape 类。这些类可作为普通控件使用，就像使用【工具箱】中的其他控件一样，既可以用 XAML 来描述，也可以用 C# 访问其对应的属性、方法和事件。

从 Shape 类继承的类也称为形状控件，包括 Rectangle（矩形）、Ellipse（椭圆）、Line（直线）、Polyline（折线）、Polygon（封闭的多边形）和 Path（路径）。由于 Rectangle 和 Ellipse 这两个控件比较常用，所以 VS2012 将其放在了工具箱中，其他的形状控件没有放在工具箱内。

形状控件一般用于需通过界面与用户交互而且是用图形或图像来呈现交互区域的场合。至于是图形还是图像，由填充时使用的是哪种画笔来决定。

7.4.1　形状控件共有的属性

形状控件共有的属性都是在 Shape 类中定义的。由于所有形状都是从 Shape 类继承的，所以形状控件都可以使用这些属性，如表 7-4 所示。

表 7-4　　　　　　　　　　　　从 Shape 派生的对象共有的常用属性

属　　性	说　　明
Stroke	获取或设置指定形状轮廓绘制方式的 Brush
StrokeThickness	获取或设置指定形状轮廓的宽度
Fill	获取或设置指定形状内部填充方式的 Brush

续表

属　　性	说　　明
Stretch	用枚举值说明如何填充形状的内部。可选的枚举值如下。 None：不拉伸。内容保持原始大小 Fill（默认值）：调整内容的大小以填充目标尺寸，不保留纵横比 Uniform：在保留内容原有纵横比的同时调整内容的大小至目标尺寸 UniformToFill：在保留内容原有纵横比的同时调整内容的大小，并填充至目标尺寸。如果目标矩形的纵横比不同于源矩形的纵横比，则对源内容进行剪裁以适合目标尺寸

在 XAML 中，可直接用特性语法声明这些属性。

7.4.2　矩形（Rectangle）

Rectangle 类用于绘制矩形。例如：

```
<Canvas>
    <Rectangle Width="100" Height="100" Fill="Blue" Stroke="Red"
        Canvas.Top="20" Canvas.Left="20" StrokeThickness="3" />
</Canvas>
```

【例 7-6】演示矩形控件的基本用法。

该例子的完整源程序在 Examples 文件夹下的 RectangleExample 中。运行效果如图 7-10 所示。

图 7-10　矩形控件的基本用法

RectangleExample.xaml 的代码如下。

```
<Window ……>
    <StackPanel>
        <TextBlock HorizontalAlignment="Center" Text="将鼠标移到矩形框内观察结果" />
        <Separator />
        <Canvas Name="canvas1" Height="150" Width="400"
                Background="#FFDEF7F6">
            <Rectangle Name="rect1" Width="100" Height="100"
                    MouseMove="rectangle_MouseMove"
                    MouseEnter="rectangle_MouseEnter"
                    MouseLeave="rectangle_MouseLeave"
                    MouseLeftButtonUp="Rectangle_MouseLeftButtonUp"
                    Canvas.Left="50" Canvas.Top="20" Fill="Blue"
                    Stroke="Red" StrokeThickness="3" />
            <Rectangle Canvas.Left="200" Canvas.Top="20"
                    MouseMove="rectangle_MouseMove"
                    MouseEnter="rectangle_MouseEnter"
                    MouseLeave="rectangle_MouseLeave"
                    MouseLeftButtonUp="Rectangle_MouseLeftButtonUp"
```

```
                        Width="150" Height="100" Fill="Red" Stroke="Blue"
                        StrokeThickness="25" RadiusX="30" RadiusY="20" />
        </Canvas>
        <Separator />
        <TextBlock Name="textBlock1" HorizontalAlignment="Left"
                VerticalAlignment="Center">鼠标未在矩形框内</TextBlock>
        <Separator />
    </StackPanel>
</Window>
```

RectangleExample.xaml.cs 的主要代码如下。

```
public partial class RectangleExample : Window
{
    public RectangleExample()
    {
        InitializeComponent();
    }
    private void rectangle_MouseEnter(object sender, MouseEventArgs e)
    {
        Rectangle r = e.Source as Rectangle;
        r.Fill = new SolidColorBrush(Color.FromArgb(0xFF, 0x89, 0xD4, 0x55));
    }
    private void rectangle_MouseMove(object sender, MouseEventArgs e)
    {
        Point p1 = e.GetPosition(canvas1);
        Rectangle r = sender as Rectangle;
        Point p2 = e.GetPosition(r);
        textBlock1.Text = string.Format("相对于 canvas 左上角的位置: X={0:f}, Y={1:f}\n" +
            "相对于矩形左上角的位置: X={2:f}, Y={3:f}", p1.X, p1.Y, p2.X, p2.Y);
    }
    private void rectangle_MouseLeave(object sender, MouseEventArgs e)
    {
        Rectangle r = e.Source as Rectangle;
        r.Fill = Brushes.Red;
        textBlock1.Text = "鼠标未在矩形框内";
    }
    private void Rectangle_MouseLeftButtonUp(object sender, MouseButtonEventArgs e)
    {
        MessageBox.Show("Ok");
    }
}
```

7.4.3 椭圆（Ellipse）

Ellipse 类用于绘制椭圆，当 Width 和 Height 相等时，绘制的实际上是一个圆。例如：

```
<Canvas Background="LightGray">
    <Ellipse Height="75" Width="75"
        Fill="#FFFFFF00" StrokeThickness="5" Stroke="#FF0000FF"/>
</Canvas>
```

图 7-11 椭圆

这段 XAML 代码在设计界面中看到的效果如图 7-11 所示。

7.4.4 其他基本形状

除了矩形和椭圆外，WPF 还提供了其他一些基本形状。

1. Line（直线）

使用 Line 类可以在两个点之间绘制一条直线。例如：

```
<Canvas Height="300" Width="300">
    <!--从(10,10)到(50,50)绘制一条直线-->
    <Line X1="10" Y1="10" X2="50" Y2="50" Stroke="Black" StrokeThickness="4" />
    <!--从(10,10)到(50,50)绘制一条直线然后向右移动100像素-->
    <Line X1="10" Y1="10" X2="50" Y2="50" StrokeThickness="10" Canvas.Left="100">
        <Line.Stroke>
            <RadialGradientBrush GradientOrigin="0.5,0.5"
                Center="0.5,0.5" RadiusX="0.5" RadiusY="0.5">
                <RadialGradientBrush.GradientStops>
                    <GradientStop Color="Red" Offset="0" />
                    <GradientStop Color="Blue" Offset="0.5" />
                </RadialGradientBrush.GradientStops>
            </RadialGradientBrush>
        </Line.Stroke>
    </Line>
    <!--从(10,60)到(150,60)绘制一条横线-->
    <Line X1="10" Y1="60" X2="150" Y2="60" Stroke="Black" StrokeThickness="4" />
</Canvas>
```

这段代码在设计界面下看到的效果如图 7-12（a）所示。

由于 Line 没有区域，所以 Fill 属性不起作用。

2．Polyline（多条依次相连的直线）

Polyline 用于定义多个点，然后将这些点依次用直线相连，从而构成各种折线形状。例如：

```
<Canvas>
    <Polyline Points="50,25 0,100 100,100 50,25"
        Stroke="Blue" StrokeThickness="10" Canvas.Left="75" Canvas.Top="50" />
</Canvas>
```

这段代码绘制的效果如图 7-12（b）所示。

3．Polygon（多边形）

Polygon 类用于绘制封闭的多边形，该控件和 Polyline 用法相似，但它会自动将最后一个点和第 1 个点连接起来。例如：

```
<Canvas>
    <Polygon Points="300,200 400,125 400,275" Stroke="Purple" StrokeThickness="2">
        <Polygon.Fill>
            <SolidColorBrush Color="Blue" Opacity="0.4"/>
        </Polygon.Fill>
    </Polygon>
</Canvas>
```

这段代码绘制的效果如图 7-12（c）所示。

（a）直线　　　　　　（b）折线　　　　（c）多边形

图 7-12　直线、折线和多边形的绘制效果

7.5　画笔（Brush）

在 WPF 应用程序中，画笔（Brush，也叫画刷）是所有控件都具有的基本功能。最常见的是

利用画笔设置控件的前景色、背景色，填充渐变色、图像和图案。

7.5.1　画笔分类

画笔的所有类型都在 System.Windows.Media 命名空间下，Brush 类是各种画笔的抽象基类，其他画笔类型都是从该类继承的。表 7-5 列出了 WPF 画笔的分类。

表 7-5　　　　　　　　　　　　　　　WPF 的基本画笔类型

画笔分类	说　　明
纯色画笔	同 SolidColorBrush 实现，通过 Color 属性设置画笔颜色
渐变画笔	包括： LinearGradientBrush：线性渐变画笔。填充的区域从一种颜色逐渐过渡到另一种颜色 RadialGradientBrush：径向渐变画笔，也叫仿射渐变画笔。填充的区域颜色以椭圆为边界，从原点开始由内向外逐步扩散
平铺画笔	基类为 TitleBrush，扩充类包括： ImageBrush：图像画笔。用图像填充一个区域 DrawingBrush：使用 GeometryDrawing、ImageDrawing 或 VideoDrawing 填充一个区域 VisualBrush：使用 DrawingVisual、Viewport3DVisual 或 ContainerVisual 填充一个区域 VideoBrush：用视频填充一个区域

在这些画笔类型中，纯色画笔、线性渐变画笔、径向渐变（也叫仿射变换）画笔和图像画笔是最基本的画笔类型，用法比较简单，其他画笔类型稍微复杂一些，我们将在二维图形图像处理一章中再介绍。

另外，还可以将画笔作为 XAML 资源来处理。

7.5.2　利用 WPF 设计器和属性窗口设置画笔类型

在 XAML 或者文档大纲中选中某个控件后，可直接利用【属性】窗口设置画笔类型。

一般通过【属性】窗口"画笔"分类下的可视化图形设计工具来设置控件使用的这 4 种画笔类型。可选择纯色画笔（▣）、渐变画笔（▨，包括线性渐变和径向渐变）、平铺画笔（▣，包括图像画笔、绘制画笔和可视画笔）和画笔资源，如图 7-13 所示。

（a）纯色画笔　　　　　　　　　（b）渐变画笔　　　　　　　（c）平铺画笔中的图像画笔

图 7-13　利用属性窗口设置画笔

通过【属性】窗口设置画笔的方式既直观又方便，它是让控件呈现各种效果的常用手段。

7.5.3　纯色画笔（SolidColorBrush）

在各种实际应用中，最常见的一个操作就是使用纯色画笔绘制区域。

SolidColorBrush 类提供了 Color 属性来创建一个纯色画笔。

在 C#代码中创建 SolidColorBrush 实例后，可通过 Color 类提供的方法设置画笔的 Color 属性。例如：

```
SolidColorBrush scb = new SolidColorBrush();
scb.Color = Color.FromArgb(0xFF, 0xFF, 0x0, 0x0);
button1.Background = scb;
```

7.5.4　线性渐变画笔（LinearGradientBrush）

渐变画笔使用沿一条轴彼此混合的多种颜色绘制区域。可以使用渐变画笔来形成各种光和影的效果。还可以使用渐变画笔来模拟玻璃、镶边、水和其他光滑表面。

LinearGradientBrush 使用沿一条直线（即渐变轴）定义的渐变来绘制区域。可以使用 GradientStop 对象指定渐变的颜色及其在渐变轴上的位置，还可以修改渐变轴创建水平和垂直渐变并反转渐变方向。

如果不指定渐变方向，LinearGradientBrush 默认创建对角线渐变。下面的 XAML 代码使用四种颜色来创建一个线性渐变。

```
<StackPanel>
    <!--对角线渐变-->
    <Rectangle Width="200" Height="100">
        <Rectangle.Fill>
            <LinearGradientBrush StartPoint="0,0" EndPoint="1,1">
                <GradientStop Color="Yellow" Offset="0.0" />
                <GradientStop Color="Red" Offset="0.25" />
                <GradientStop Color="Blue" Offset="0.75" />
                <GradientStop Color="LimeGreen" Offset="1.0" />
            </LinearGradientBrush>
        </Rectangle.Fill>
    </Rectangle>
</StackPanel>
```

这段代码使用默认坐标系来设置起点和终点。

如果不在 LinearGradientBrush 中指定 MappingMode 属性，则渐变使用默认坐标系。默认坐标系规定控件边界框的左上角为（0，0），右下角为（1，1）。此时 StartPoint 和 EndPoint 都使用相对于边界框左上角的百分比来表示（即用 0 到 1 之间的值来表示）。其中 0 表示 0%，1 表示 100%。如果将 MappingMode 属性值设置为 "Absolute"，即采用绝对坐标系，则渐变值将不再与控件的边界框相关，而是由控件的宽度和高度决定。

一般使用默认坐标系实现渐变效果。

线性渐变画笔的渐变停止点位于一条直线上，即渐变轴上。可以使用画笔的 StartPoint 和 EndPoint 属性更改直线的方向和大小，例如可创建水平和垂直渐变、反转渐变方向以及压缩渐变的范围等。

渐变停止点（GradientStop）的 Color 属性指定渐变轴上 Offset 处的颜色。Offset 属性指定渐变停止点的颜色在渐变轴上的偏移量位置，这是一个范围从 0 至 1 的 Double 值。渐变停止点的偏移量值越接近 0，颜色越接近渐变起点；值越接近 1，颜色越接近渐变终点。

渐变停止点之间每个点的颜色按两个边界渐变停止点指定的颜色组合执行线性内插。

图 7-14 演示了在上段代码的基础上，通过修改画笔的 StartPoint 和 EndPoint 来创建水平和垂直渐变的效果。其中渐变轴用虚线标记，渐变停止点用圆圈标记。

（a）StartPoint="0, 0.5" EndPoint="1, 0.5"   （b）StartPoint="0.5, 0" EndPoint="0.5, 1"

图 7-14 渐变起始点和终止点的含义

7.5.5 径向渐变画笔（RadialGradientBrush）

线性渐变（LinearGradientBrush）和径向渐变（RadialGradientBrush）都可以用两种或多种颜色渐变填充一个区域。两者的区别在于，LinearGradientBrush 总是沿一条直线定义渐变色填充区域，当然也可以通过图形变换或设定直线方向的起止点被旋转到任何位置；而 RadialGradientBrush 以一个椭圆为边界，从中心点开始由内向外逐渐填充渐变的颜色。

径向渐变也叫仿射渐变，意思是画笔由原点（GradientOrigin）和辐射到的范围（Center、RadiusX、RadiusY）来定义。渐变从原点（GradientOrigin）开始由强到弱逐渐向外围辐射，中心点和半径（Center、RadiusX、RadiusY）指定辐射到的椭圆范围，Center 属性指定椭圆的圆心。渐变轴上的渐变停止点指定辐射的颜色和偏移量。下面的 XAML 代码表示用仿射渐变画笔绘制矩形的内部。

```xaml
<StackPanel>
    <Rectangle Width="200" Height="100">
    <Rectangle.Fill>
        <RadialGradientBrush GradientOrigin="0.5,0.5"
                Center="0.5,0.5 " RadiusX="0.5" RadiusY="0.5">
            <GradientStop Color="Yellow" Offset="0" />
            <GradientStop Color="Red" Offset="0.25" />
            <GradientStop Color="Blue" Offset="0.75" />
            <GradientStop Color="LimeGreen" Offset="1" />
        </RadialGradientBrush>
    </Rectangle.Fill >
    </Rectangle>
</StackPanel>
```

图 7-15 显示了具有不同的 GradientOrigin、Center、RadiusX 和 RadiusY 设置的多个 RadialGradientBrush 渐变效果。

图 7-15　不同参数的径向渐变效果

7.5.6　利用 WPF 设计器实现画笔变换

在 WPF 设计器中，可直接用鼠标对各种控件进行平移(Translate)、旋转(Rotate)、缩放(Scale)、扭曲（ Skew ）、反转（ Flip ）等变换。

将鼠标放在控件的四个角的外侧可看到旋转符号，放在四条边的中间外侧可看到扭曲符号。拖放中心点可修改以哪一个点为旋转中心（即绕哪个点旋转，中心点默认在控件的左上角）。如果希望反转控件（水平翻转、垂直翻转），可通过【属性】窗口来设置。

将平移、旋转、缩放、扭曲、反转以及旋转用的中心点结合起来，即可让元素呈现出各种形状。图 7-16 是通过鼠标简单拖放快速构造出来的按钮形状。

图 7-16　利用变换操作改变控件形状

这些变换都是使用元素的 RenderTransform 属性来实现的。在设计界面上进行上述变换操作后，WPF 设计器会自动生成对应的 XAML 代码。

在图形与多媒体一章中，我们还会学习通过代码实现各种变换的技术，这里只需要了解如何通过 WPF 设计器实现基本的变换操作即可。

7.6　属　性

控件的属性描述的是一种意图，即 "做什么事"，事件描述的是 "什么时候做"，方法描述的是 "如何做"。大多数情况下，我们只需要告诉 WPF 控件去做什么事以及什么时候做就行了，至于如何做则通过 C#代码来实现。换句话说，很多情况下我们只需要设置控件的属性和事件即可完成需要的功能，而不需要对每个功能都自己编写代码去实现。

在学习如何使用 WPF 的属性和事件之前，我们必须先熟悉一些基本概念，这些概念是开发 WPF 应用程序的基础，是必须掌握的基本内容。如果不理解这些概念，在后续的学习和开发中就会遇到很多困惑。

7.6.1 依赖项属性和附加属性

在 C#中，属性（Property）是类对外公开的字段，用 get 和 set 访问器实现，这些属性实际上是公共语言运行时属性，简称 CLR 属性。

除了 CLR 属性之外，我们还要掌握依赖项属性和附加属性的概念。

1. 依赖项属性

在 WPF 中，为了用 XAML 描述动态变化的属性值以及用 XAML 实现数据绑定，除了 CLR 属性之外，每个控件又用 DependencyProperty 类对 CLR 属性做了进一步的封装和扩展，这些与 CLR 属性对应的封装和扩展后的属性称为依赖项属性。

依赖项属性的用途是提供一种手段，让系统在 XAML 或者 C#代码中用其他来源的值自动计算依赖项属性的值。有了这种技术，开发人员就可以在样式、主题、数据绑定、动画、元数据重写、属性值继承以及 WPF 设计器集成等情况下，对每个界面元素都定义一个与其 CLR 属性对应的依赖项属性，然后用多种方式使用这个依赖项属性，从而达到灵活控制界面元素的目的。

例如有一个 Name 属性为 button1 的按钮，在 XAML 中或者【属性】窗口中都可以直接设置 Width 依赖项属性的值：

```
<Button Name="button1" Width="100"/>
```

而在 C#代码中，一般情况下通过 CLR 属性获取或设置该依赖项属性的值即可（button1.Width），此时系统会自动根据上下文处理与其对应的依赖项属性。但在动画等功能中，由于要确保它的基值（用 CLR 属性保存）不变，动画改变的只是与该 CLR 属性对应的依赖项属性，此时就必须通过 SetProperty 方法改变它的依赖项属性的值。动画结束后，再利用 CLR 属性还原基值（原始值）。

在本书的后续章节中，我们还会逐步学习依赖项属性的多种用法。这里只需要读者记住下面的原则：

* 控件的每个 CLR 属性都有与其对应的依赖项属性，反之亦然。
* 在 XAML 以及【属性】窗口中，都是用依赖项属性来描述控件的某个属性的，此时 WPF 会自动维护与该依赖项属性对应的 CLR 属性。
* 在 C#代码中，开发人员绝大部分情况下都是使用 CLR 属性获取或修改控件的某个属性值，此时系统会自动处理与该 CLR 属性对应的依赖项属性。只有在实现动画等特殊功能时，才需要设置系统无法判断该如何处理的依赖项属性的相关信息。

正是因为这些原因，用 WPF 设计界面时，除了动画等特殊功能以外，我们一般没有必要时刻去关注它到底是依赖项属性还是 CLR 属性，只需要统统将其作为属性来处理即可。比如设置界面中某个控件的宽度时，在 XAML 中是利用 Width 属性来设置，在 C#代码中仍然是利用 Width 属性来设置。

2. 附加属性

除了依赖项属性之外，在 XAML 中还有一个功能，该功能可以让开发人员在某个子元素上指定其父元素的属性，以这种方式声明的属性称为附加属性。

定义附加属性的一般形式为

父元素类型名.属性名

例如：

```
<DockPanel>
```

```
<CheckBox DockPanel.Dock="Top">Hello</CheckBox>
</DockPanel>
```

这段代码中的 DockPanel.Dock 就是一个附加属性，这是因为 CheckBox 元素本身并没有 Dock 这个属性，它实际上是其父元素 DockPanel 的属性。但是在 CheckBox 元素内声明了这个附加属性后，WPF 分析器就可以确定该 CheckBox 相对于 DockPanel 的停靠方式。

附加属性和依赖项属性的最大不同是，依赖项属性声明的是元素自身的属性；而附加属性声明的是其父元素的属性，只是将父元素的属性"附加"到这个元素上而已。

7.6.2　利用样式资源控制控件的属性

样式控制实际上就是使用某种技术来简化控件的属性设置。

在 WPF 应用程序中，用 XAML 设计界面和用 HTML 设计网页非常相似，如果从使用形式上来看，区别仅仅是语法不同而已。当然，其内部实现是完全不同的。

用 HTML 设计网页时，可以用 CSS（层叠式样式表）来控制 HTML 元素的样式；同样道理，用 XAML 设计界面时，使用样式资源来控制元素的样式。

CSS 的样式控制分为内联式、嵌入式和外部链接式；XAML 的样式控制与 CSS 类似，也可以简单地将其分为内联式、嵌入式（用框架元素样式和应用程序样式实现）和外部链接式（用资源字典实现）。

在后面的章节中，我们还会详细学习 WPF 样式控制的更多细节。由于下一章介绍控件的基本用法时例子中需要使用样式，所以这一小节我们先简单学习 WPF 中样式控制的基本用法，以便先让读者对其有一个感性认识。

简单来说，如果某些控件具有相同的属性，在其父级元素的资源中用 Style 单独设置这些属性的样式以后，这些控件就会自动应用这些样式。这样一来，就不需要在每个控件中都重复设置相同的属性了。

【例 7-7】 演示在 WPF 应用程序中如何利用样式简化控件的属性设置。

该例子的源程序在 SampleStyleExample.xaml 中，运行效果如图 7-17 所示。

SampleStyleExample.xaml 的代码如下。

图 7-17　例 7-7 的运行效果

```
<Window ……>
    <Window.Resources>
        <Style TargetType="Button">
            <Setter Property="Margin" Value="5" />
            <Setter Property="Width" Value="80" />
        </Style>
    </Window.Resources>
    <Grid>
        <Grid.RowDefinitions>
            <RowDefinition Height="*" />
            <RowDefinition Height="40" />
        </Grid.RowDefinitions>
        <Border Background="#FFF9F1E5">
            <TextBlock Text="简单样式控制示例" VerticalAlignment="Center"
                    TextAlignment="Center" />
        </Border>
        <StackPanel Grid.Row="1" Orientation="Horizontal"
                HorizontalAlignment="Center">
            <Button Content="按钮 1" />
```

```
        <Button Content="按钮 2" />
        <Button Content="按钮 3" />
    </StackPanel>
</Grid>
</Window>
```

由于在 Window.Resource 中，用 Style 定义了 Button 的样式，所以该界面中的所有按钮都会自动应用该样式。

7.7　事　　件

目前市场上流行的输入设备有 4 种，分别是键盘、鼠标、触笔和触控。针对这 4 种输入设备，WPF 分别提供了 Keyboard 类、Mouse 类、Stylus 类和 Touch 类，WPF 内部自动将这些类以附加事件的形式提供并在 WPF 元素树上传播，同时在属性窗口中公开类中对应的事件。

这一节我们主要学习鼠标事件和键盘事件的基本用法。

7.7.1　WPF 事件模型

一个 WPF 控件可以响应多个事件，设计 WPF 应用程序的很多工作就是为各个 WPF 控件编写事件处理代码，但一般来说只需要对必要的事件编写代码，没有编写事件处理程序代码的事件不会响应任何操作。

从用法上来看，WPF 应用程序中的事件和我们已经学习过的 CLR 事件非常相似，但从内部实现上来看，这些事件实际是进一步封装后的"附加事件"。或者说，在 WPF 应用程序中，开发人员在某个 XAML 元素上注册的事件实际上都是附加事件，即"附加到某个元素上的事件"，简称事件。

1. 在 XAML 中注册事件

在 XAML 中，声明事件的一般形式为

事件名="事件处理程序名"

或者

子元素类型名.事件名="事件处理程序名"

有两种声明事件的方法，开发人员可根据对事件的熟悉情况选择其中的一种。

方法 1：通过事件列表附加事件。

例如选中某个 Button 元素，然后通过【属性】窗口找到 MouseDoubleClick 事件，双击其右边的输入框，它就会自动生成对应的附加事件，XAML 代码示意如下：

```
<Button Name="btn1" Content="B1" MouseDoubleClick="btn1_MouseDoubleClick"/>
```

方法 2：在 XAML 中直接键入事件名称。

此时智能提示会帮助完成事件选择，并会自动添加事件处理程序的代码段。

2. 在 C#代码中注册事件

在 C#代码中注册事件的办法和 C#程序设计基础中介绍的办法相同。例如在构造函数中键入"Button1.MouseDoubleClick +="以后，再按<Tab>键，系统就会自动添加事件处理程序的代码段。

```
public MainWindow()
{
    InitializeComponent();
```

```
        Button1.MouseDoubleClick += Button1_MouseDoubleClick;
}
void Button1_MouseDoubleClick(object sender, MouseButtonEventArgs e)
{
    //事件处理代码
}
```

3．事件处理程序中的参数

所有 WPF 事件处理程序默认都提供两个参数。例如：

```
private void OkButton_Click(object sender, RoutedEventArgs e)
{
    //事件处理代码
}
```

这里的参数 sender 报告附加该事件的对象，参数 e 是数据源的相关数据。

在 WinForm 应用程序中，由于事件不存在路由，所以都是用 sender 来判断是哪个控件引发事件，而在 WPF 应用程序中，绝大部分情况下都是用 e.Source 来判断事件源是谁。另外，如果是判断图形图像中重叠的部分，则应该用 e.OriginalSource，靠命中测试来判断（只命中不是 null 的对象）。

4．事件使用要点

在 WPF 应用程序中用 XAML 注册事件时，需要注意以下要点。

（1）通过【属性】窗口直接设置某元素的事件这种办法最方便，执行事件处理程序也最高效。大部分情况下，都应该用这种形式处理事件。

（2）如果具有相同类型的元素很多，而且这些元素都会引发某个相同的事件，此时可以在其父元素中声明附加事件，这种办法可以简化事件声明的次数。另外，为子元素附加事件声明时，一般都是使用冒泡路由事件（即【属性】窗口中不带 Preview 前缀的事件），只有在高级开发（合成控件或者编写自定义控件）时才可能会使用隧道路由事件（即【属性】窗口中带 Preview 前缀的事件），其他情况下很少使用隧道路由事件。

7.7.2　事件路由策略

WPF 应用程序中的所有事件全部都是用事件路由策略来实现的，因此我们必须理解事件路由策略的原理，这样才能在程序中正确地使用事件。

路由是指在嵌套的元素树中，从某个元素开始，按照某种顺序依次查找其他元素的过程。路由事件是指通过路由将事件转发到其他元素的过程。

WPF 中的事件路由使用以下三种策略之一：直接、冒泡和隧道。这种路由方式和 Web 标准中使用的路由策略相同。因此，理解了 WPF 的事件路由策略，同时也就明白了在 Web 应用程序中如何使用事件。

Silverlight 没有提供隧道路由，只有直接和冒泡路由。

1．直接

直接（Direct）是指该事件只针对元素自身，而不会再去路由到其他元素。这种用法和 WinForm 应用程序中事件的用法相同。

2．冒泡

冒泡（Bubble）是指从事件源依次向父元素方向查找（即"向上"查找）。就像下面的水泡向上冒一样，直到查找到根元素为止。冒泡查找的目的是搜索父元素中是否包含针对该元素的附加事件声明。利用内部"冒泡"处理这个原理，我们就可以在某个父元素上一次性地为多个子元素注册同一个事件。例如：

XAML：

```
<Window ……>
    <Border BorderBrush="Gray" BorderThickness="1" Margin="154,233,201,109">
        <StackPanel Background="LightGray" Orientation="Horizontal"
            Button.Click="Button_Click" Margin="3,33,-3,65">
            <Button Name="YesButton" Content="是" Width="54" />
            <Button Name="NoButton" Content="否" Width="65"/>
            <Button Name="CancelButton" Content="取消" Width="64"/>
        </StackPanel>
    </Border>
</Window>
```

C#：

```
private void Button_Click(object sender, RoutedEventArgs e)
{
    FrameworkElement source = e.Source as FrameworkElement;
    switch (source.Name)
    {
        case "YesButton":
            ……
            break;
        case "NoButton":
            ……
            break;
        case "CancelButton":
            ……
            break;
    }
}
```

在这个元素树中，StackPanel 元素中的 Button.Click 指明了 Click 事件的事件源是其子元素的某个 Button，因此 YesButton、NoButton 和 CancelButton 都会引发 Click 事件，至于哪个引发，要看用户单击的是哪个按钮。

这段代码中冒泡的含义是：当用户单击按钮时，它先看这个按钮有没有附加事件，如果有，则直接执行对应事件的处理程序，然后再向上查找其父元素（即冒泡），每当在父元素中找到一个针对按钮的附加事件声明，它就去执行与该附加事件对应的事件处理程序，找到多少个就执行多少次。

针对上面的代码，其内部冒泡查找的顺序为：根据用户单击的 Button（三者之一）先看该按钮本身是否有单击事件，如果有就执行相应的事件处理程序；然后向上查找其父元素（即冒泡），此时第 1 个找到的是 StackPanel，如果 StackPanel 注册了单击事件，就继续执行 StackPanel 注册的单击事件处理程序；接着再向上冒泡找到了 Border，如果 Border 注册了单击事件，还会再次执行 Border 注册的事件处理程序；接着再向上冒泡又找到了 Window，如果 Window 注册了单击事件，仍然会再次执行 Window 注册的事件处理程序。当冒泡到根元素 Window 时，冒泡过程结束。

Button.Click 是一个加了限定类型为"Button"的附加事件，意思是其子元素中只有 Button 类型才会引发 Click 事件，其他类型的子元素不会引发这个事件。

再看一段代码：

```
<StackPanel Background="LightGray" Orientation="Horizontal"
    Button.Click="Button_Click" Margin="3,33,-3,65">
    <Button Name="YesButton" Content="是" Width="54" Click="Button_Click"/>
    <Button Name="NoButton" Content="否" Width="65"/>
    <Button Name="CancelButton" Content="取消" Width="64"/>
</StackPanel>
```

在这段代码中，YesButton 有 Click 事件，StackPanel 中也有 Button.Click 事件，当用户单击该按钮时，它会引发两次事件，第 1 次是 YesButton 自身引发的 Click 事件，第 2 次是 StackPanel 引发的 Button.Click 事件。在实际的应用程序中，应该绝对避免这样做，因为这样做没有任何实际意义，而且也违背了"附加事件的用途是为了简化事件声明的次数"以及"对叠加的多个控件或图形都有机会响应某个事件"这些初衷。

在【属性】窗口中，凡是没有包含"Preview"前缀的事件都是冒泡路由事件，即都可以在父元素中用附加事件的办法来声明。

> 在父元素内用"子元素名.事件名"的形式声明事件时有一个技巧，就是先在子元素内添加一个事件（例如 Click="Button_Click"），然后将其剪切到父元素中，最后再添加子元素类型前缀（例如改为 Button.Click="Button_Click"）。之所以这样做，是因为父元素自身可能没有子元素对应的事件。

3. 隧道

在 WPF 应用程序中，还可以使用隧道路由，但 Silverlight 不支持隧道路由。实际上，在实际的 WPF 应用程序项目中，我们也很少使用隧道路由，这一节只是简单介绍一个这个概念，读者对其有一个大概的了解即可。

隧道（Tunnel）是指从根元素开始向子元素依次路由，直到查找到事件源为止。它与冒泡路由刚好是相反的过程。例如：

```
<Window ……>
    <Border BorderBrush="Gray" BorderThickness="1" Margin="154,233,201,109">
        <StackPanel Background="LightGray" Orientation="Horizontal"
            Button.PreviewMouseMove="Button_PreviewMouseMove"
            Margin="3,33,-3,65">
            <Button Name="YesButton" Content="是" Width="54" />
            <Button Name="NoButton" Content="否" Width="65"/>
            <Button Name="CancelButton" Content="取消" Width="64"/>
        </StackPanel>
    </Border>
</Window>
```

> 在【属性】窗口中，凡是包含"Preview"前缀的事件都是隧道路由事件，这是 WPF 的一种约定。给子元素添加隧道路由事件的办法也是在其父元素内用附加事件的形式声明，添加技巧也和冒泡路由相似。

在 WPF 提供的输入事件中，"隧道"和"冒泡"大部分情况下都是成对出现的，WPF 内部先用 RaiseEvent 方法引发隧道事件并沿路由传播它，然后引发冒泡事件并沿其路由传播。

实际上，只有在很特殊的情况下（例如设计自定义控件）我们才可能处理隧道事件，而在

WPF 应用程序中，由于利用样式和模板化可以让现有控件呈现出各种外观，因此很少出现需要自己再去设计一个新控件的情况。换言之，我们只需要使用路由事件和冒泡路由事件即可，绝大部分情况下都不需要使用隧道事件。

7.7.3 鼠标事件

在 System.Windows.Input 命名空间下，WPF 为鼠标输入提供了一个专门的 Mouse 类，用于附加鼠标事件。

常用的鼠标事件有鼠标单击、双击，鼠标进入控件区域、悬停于控件区域、离开控件区域等。表 7-6 列出了常用的鼠标事件。

表 7-6　　　　　　　　　　　　　　常用鼠标事件

事 件 名 称	事件引发条件
Click	单击鼠标时引发
MouseDown	当鼠标在元素上按下时引发，利用此事件可进一步判断按下的是哪个键
MouseUp	当释放鼠标按钮时引发
MouseMove	当鼠标在元素上移动时引发
MouseWheel	当滚动鼠标滚轮时引发
MouseEnter	当鼠标进入元素的几何范围时引发
MouseLeave	当鼠标离开元素的几何范围时引发

当鼠标经过一个元素的区域范围内时，MouseMove 会发生很多次，但是 MouseEnter 和 MouseLeave 只会发生一次，即分别在鼠标进入元素区域以及离开元素区域时发生。

【例 7-8】 演示鼠标事件的基本用法。

该例子的源程序在 MouseEventExample 和 RectTag.cs 中，运行效果如图 7-18 所示。

图 7-18　例 7-8 的运行效果

MouseEventExample.xaml 的代码如下。

```
<Window ……>
    <Grid>
    <Grid.ColumnDefinitions>
        <ColumnDefinition Width="136*" />
        <ColumnDefinition Width="135*" />
    </Grid.ColumnDefinitions>
    <Grid.RowDefinitions>
```

```xml
                    <RowDefinition Height="20" />
                    <RowDefinition Height="90*" />
                    <RowDefinition Height="20*" />
                </Grid.RowDefinitions>
                <TextBlock Grid.Row="0" Grid.ColumnSpan="2"
                        HorizontalAlignment="Center" VerticalAlignment="Center"
                        Text="移动鼠标到左侧的三个矩形框内以及右侧矩形框内观察结果" FontSize="14" />
                <Canvas Name="ParentCanvas" Grid.Row="1" Margin="5"
                        Background="#FFFBEFD8" MouseMove="ParentCanvas_MouseMove">
                    <Rectangle Name="RectA" Canvas.Left="25" Canvas.Top="22"
                            Width="100" Height="100" Fill="PowderBlue"
                            MouseEnter="Rect_MouseEnter"
                            MouseLeave="Rect_MouseLeave" />
                    <Rectangle Name="RectB" Canvas.Top="59" Canvas.Left="105"
                            Width="100" Height="100" Fill="Gold" Opacity="0.5"
                            MouseEnter="Rect_MouseEnter"
                            MouseLeave="Rect_MouseLeave" />
                </Canvas>
                <Border Grid.Row="1" Grid.Column="1" Background="#FFFDFCDC"
                        MouseEnter="Border_MouseEnter_1"
                        MouseMove="Border_MouseMove_1" Cursor="ScrollAll">
                    <Ellipse Name="ellipse" Cursor="Cross" Fill="#FFF4F4F5"
                            Stroke="Black" HorizontalAlignment="Center"
                            VerticalAlignment="Center" Width="30" Height="28"
                            MouseWheel="ellipse_MouseWheel" />
                </Border>
                <Border Grid.Row="2" Grid.ColumnSpan="2" Background="#FFE8FBC7">
                    <TextBlock Name="statusTextBlock" VerticalAlignment="Center"
                            Text="statusTextBlock" />
                </Border>
            </Grid>
        </Window>
```

MouseEventExample.xaml.cs 的主要代码如下。

```csharp
public partial class MouseEventExample : Window
{
    public MouseEventExample()
    {
        InitializeComponent();
        this.Closing += MouseEventExample_Closing;
    }
    void MouseEventExample_Closing(object sender,
        System.ComponentModel.CancelEventArgs e)
    {
        Mouse.OverrideCursor = Cursors.Arrow;
    }
    private void Rect_MouseEnter(object sender, MouseEventArgs e)
    {
        Mouse.OverrideCursor = Cursors.Hand;
        Rectangle rect = e.Source as Rectangle;
        RectTag rectTag = new RectTag();
        rectTag.RectFillBrush = rect.Fill;
        rectTag.RectOpacity = rect.Opacity;
        rect.Tag = rectTag;
        rect.Fill = Brushes.Red;
    }
```

```
        private void Rect_MouseLeave(object sender, MouseEventArgs e)
        {
            Mouse.OverrideCursor = Cursors.Arrow;
            Rectangle rect = e.Source as Rectangle;
            RectTag rectTag = rect.Tag as RectTag;
            rect.Fill = rectTag.RectFillBrush;
            rect.Opacity = rectTag.RectOpacity;
        }
        private void ParentCanvas_MouseMove(object sender, MouseEventArgs e)
        {
            FrameworkElement senderElement = sender as FrameworkElement;
            FrameworkElement sourceElement = e.OriginalSource as FrameworkElement;
            FrameworkElement sourceObject = e.Source as FrameworkElement;
            Rectangle rect = e.Source as Rectangle;
            Point p = Mouse.GetPosition(null);
            ellipse.Width = p.X;
            ellipse.Height = p.Y;
            statusTextBlock.Text = string.Format(
                "发送事件的对象: {0}\t 事件源: {1}\t 引发事件的对象: {2}\n 鼠标位置: x={3}, y={4}",
                senderElement.Name, sourceElement.Name, sourceObject.Name, p.X, p.Y);
        }
        private void ellipse_MouseWheel(object sender, MouseWheelEventArgs e)
        {
            int delta = 10;
            if (e.Delta > 0)
            {
                ellipse.Width += delta;
                ellipse.Height += delta;
            }
            else if (e.Delta < 0)
            {
                ellipse.Width -= delta;
                ellipse.Height -= delta;
            }
        }
        private void Border_MouseEnter_1(object sender, MouseEventArgs e)
        {
            ellipse.Width = 85;
            ellipse.Height = 85;
            statusTextBlock.Text = "将鼠标移到椭圆内，上下滚动滚轮观察效果。";
        }
        private void Border_MouseMove_1(object sender, MouseEventArgs e)
        {
            FrameworkElement element = Mouse.DirectlyOver as FrameworkElement;
            Mouse.OverrideCursor = element.Cursor;
        }
    }
```

RectTag.cs 的主要代码如下。

```
public class RectTag
{
    public System.Windows.Media.Brush RectFillBrush { get; set; }
    public double RectOpacity { get; set; }
}
```

下面介绍该例子使用的相关技术。

1. RoutedEventArgs 的 Source 属性和 OriginalSource 属性

这个例子中使用了 ParentCanvas 的 MouseMove 事件让左侧的三个矩形框（ParentCanvas、RectA、RectB）都能响应鼠标移动事件。由于 RectA 和 RectB 是 ParentCanvas 的子元素，根据冒泡路由的原理，只需要在 ParentCanvas 内声明 MouseMove 事件即可。

在事件处理程序中，通过 sender 可判断该事件是哪个元素发送的（例子中为 ParentCanvas），通过 e.OriginalSource 属性或 e.Source 属性可判断事件源是哪个矩形框（例子中为 ParentCanvas、RectA 或 RectB）。

RoutedEventArgs 的 Source 属性用于判断是哪个元素引发的事件，OriginalSource 属性一般用于判断是该元素中的哪个子项引发的事件。由于这个例子中矩形元素没有子项，所以使用 Source 属性和 OriginalSource 属性得到的结果是相同的。但是，对于包含子项的元素（例如 ListBox），则 Source 属性和 OriginalSource 属性得到的结果就不一定相同了。

2. 获取鼠标的位置

WPF 和 Silverlight 的鼠标位置都是相对坐标。GetPosition(IInputElement)方法返回的是 Point 类型（X,Y），表示鼠标光标所在点相对于指定控件左上角的位置。参数中的取值有下面几种：

- null 或 this：相对于根元素内容区域的坐标（WPF 中为窗口工作区的左上角，Silverlight 中为浏览器工作区的左上角），坐标点（0,0）在内容区域的左上角。
- sender：基于针对其处理事件的对象的内部坐标进行计算。
- 指定元素对象：相对于指定对象的左上角。

在参数中指定相对元素后，当鼠标位于相对元素的左边时 X 为负值，鼠标位于相对元素的上边时 Y 为负值。

3. 保存和恢复控件状态

每个控件都有一个 Object 类型的 Tag 属性，利用这个属性，可以保存和恢复控件变化前后的多个状态。在 RectTag.cs 中，只用了两个属性（填充颜色、不透明度）作为示例，当然还可以保存更多的属性。在实际项目中利用 Tag 属性处理一些特殊的用途非常方便。

4. 设置鼠标的光标形状

鼠标的光标有时可以用来直接表示应用程序所处的状态。Mouse 类中有一个 OverrideCursor 属性，利用该属性可动态改变光标的形状。当鼠标进入左侧的矩形框（RectA、RectB）时更改鼠标的光标形状采用的就是这种办法。

还有一种办法是在 XAML 中用特性语法直接声明 Cursor 属性，当鼠标位于某个元素上时，在事件处理程序中先通过 Mouse.DirectlyOver 获取鼠标位于其上的元素，再获取该元素的 Cursor 属性并赋值给 OverrideCursor 属性。这样做可以更灵活地让鼠标在不同的元素上呈现不同的形状。例子中 Border_MouseMove_1 事件采用的就是这种办法。

5. 利用鼠标滚轮控制椭圆缩放

这个例子中我们并没有演示鼠标各个键的用法，只演示了如何利用滚轮控制椭圆的缩放。

在 WPF 中，鼠标键的状态都是用 MouseButtonState 来描述的，这是一个枚举类型。它有两个值：Pressed 和 Release。下面的 C#代码可确定鼠标上的 LeftButton 是否处于 Pressed 状态。

```
if (Mouse.LeftButton == MouseButtonState.Pressed)
{
    //处理代码
}
```

可见，要获取某个键的状态，直接读取 Mouse 类提供的静态属性即可。鼠标一般有左右两个键（LeftButton、RightButton），再加上中间的滚轮（MiddleButton）。

除了常见的三个键的鼠标外，WPF 还支持五个键的鼠标，即同时包括 LeftButton、RightButton、MiddleButton 和 XButton1、XButton2。XButton1 和 XButton2 是位于鼠标侧面的两个扩展键。

7.7.4 键盘事件

要使某个控件接受键盘事件，必须将该控件的 Focusable 属性设置为 true。

当操作系统报告发生键操作时，如果键盘焦点正处在元素上，则将发生键盘事件。

WPF 提供了基础的键盘类（System.Windows.Input.Keyboard 类），该类提供有关键盘状态的信息。Keyboard 的事件也是通过 UIElement 等 XAML 基元素类的事件向外提供。

常用的键盘事件如表 7-7 所示。

表 7-7　　　　　　　　　　Keyboard 类中所移植的附加事件

传递的事件名	功能描述
KeyDown	当按下键盘时产生
KeyUp	当释放键盘时产生
GotKeyboardFocus	当元素获得输入焦点时产生
LostKeyboardFocus	当元素失去输入焦点时产生

为了使元素能够接收键盘输入，该元素必须可获得焦点。默认情况下，大多数 UIElement 派生对象都可获得焦点。但有些元素（如 StackPanel、Canvas 等）的 Focusable 属性默认值为 false，要使这些元素获得焦点，需要将其 Focusable 属性值设置为 true。

【例 7-9】 演示键盘事件的基本用法。运行效果如图 7-19 所示。

图 7-19　键盘事件基本用法

该例子的源程序见 KeyboardEventExample.xaml 及其代码隐藏类。

KeyboardEventExample.xaml 的代码如下。

```
<Window ……>
    <Border BorderThickness="1" Margin="5">
        <StackPanel>
            <TextBlock HorizontalAlignment="Center" Text="请在下面的文本框内键入文本" />
            <Separator />
            <StackPanel Orientation="Horizontal"
                    HorizontalAlignment="Center">
                <TextBox Name="TextBox1" Width="100" Height="50" Margin="5"
                        TextWrapping="Wrap" HorizontalAlignment="Center"
                        VerticalScrollBarVisibility="Auto"
                        GotKeyboardFocus="TextBox_GotKeyboardFocus"
                        LostKeyboardFocus="TextBox_LostKeyboardFocus"
```

```
                            KeyDown="TextBox_KeyDown" />
                <TextBox Name="TextBox2" Width="100" Height="50" Margin="5"
                        TextWrapping="Wrap" HorizontalAlignment="Center"
                        VerticalScrollBarVisibility="Auto"
                        GotKeyboardFocus="TextBox_GotKeyboardFocus"
                        LostKeyboardFocus="TextBox_LostKeyboardFocus"
                        KeyDown="TextBox_KeyDown" />
            </StackPanel>
            <Separator />
            <TextBlock Name="TextBlock1" Background="Red"
                    Foreground="White" Margin="5" />
        </StackPanel>
    </Border>
</Window>
```

KeyboardEventExample.xaml.cs 的主要代码如下。

```
public partial class KeyboardEventExample : Window
{
    public KeyboardEventExample()
    {
        InitializeComponent();
        this.Loaded += KeyboardEventExample_Loaded;
    }
    void KeyboardEventExample_Loaded(object sender, RoutedEventArgs e)
    {
        //演示如何在第 2 个文本框设置键盘焦点
        TextBox2.Focus();
    }
    private void TextBox_GotKeyboardFocus(object sender,
        KeyboardFocusChangedEventArgs e)
    {
        TextBox source = e.Source as TextBox;  //获取事件源
        if (source != null)
        {
            source.Background = new SolidColorBrush(Color.FromRgb(0xFD, 0xF9, 0xCF));
            source.Clear(); //清除文本框的内容
        }
    }
    private void TextBox_LostKeyboardFocus(object sender,
        KeyboardFocusChangedEventArgs e)
    {
        TextBox source = e.Source as TextBox;
        if (source != null)
        {
            source.Background = Brushes.White;
        }
    }
    private void TextBox_KeyDown(object sender, KeyEventArgs e)
    {
        TextBlock1.Text = "您刚按下的键是: " + e.Key;
    }
}
```

7.7.5　手写笔和触控事件

Stylus 是一种因 Tablet PC 带动而流行的笔输入技术，在 WPF 中，所有与触笔相关的 API 都包含单词 "Stylus"。由于触笔可充当鼠标，因此仅支持鼠标输入的应用程序仍可自动获取一定程度的触笔支持。通过这样的方式使用触笔时，将使应用程序有机会处理相应的触笔事件，然后处理对应的鼠标事件。此外，通过触笔设备抽象也可以使用较高级别的服务，例如墨迹输入等。

触控是 Windows 7 及更高版本的操作系统可识别的一种用户输入类型。最常见的触控是通过将手指放在触控敏感型设备上来启动的，例如触摸屏就是一种触控敏感型设备。

多点触控是指同时从多个点进行的触控，目前的触摸屏、智能手机等都是多点触控的。WPF 中与触控相关的概念也都适用于多点触控。

在 WPF 应用程序中，可以同时接收来自多个触控的输入，并在发生触控时（如食指双击、手势移动、拇指和食指分开放大、拇指和食指并拢缩小等）引发相应的事件。

WPF 在发生触控时公开两种类型的事件：触控事件和操作事件。触控事件提供每个手指及其移动的原始数据，操作事件将输入解释为转换、扩展或旋转等操作。关于 WPF 手写笔和触控的更多内容请读者参考相关资料，此处不再过多介绍。

习　　题

1．WPF 应用程序和传统的 WinForm 应用程序相比具有什么优点？
2．一个 WPF 的窗体从创建到关闭依次主要触发哪些事件？
3．简要说明 WPF 事件的路由策略及其含义。

第8章
WPF 控件

控件是指应用程序中的所有可见对象。WPF 应用程序包含了很多控件，如果现有控件不能满足需要，开发人员还可以创建自定义控件。

本章主要介绍 WPF 应用程序中常用的控件及其基本用法。

8.1　控件模型和内容模型

WPF 控件有两个共同的基本模型，分别称为控件模型和内容模型。

8.1.1　内置的 WPF 控件

为了让读者对 WPF 控件首先有一个全面的了解，这一节我们先按功能列出在 VS2012 开发环境下 WPF 应用程序提供的内置控件，如表 8-1 所示。

表 8-1　　　　　　　　　　　　　　　　　WPF 应用程序内置的 WPF 控件

功能分类	内置的控件
按钮	Button、RepeatButton
数据显示	DataGrid、ListView、TreeView
日期显示和选择	Calendar、DatePicker
对话框	OpenFileDialog、PrintDialog、SaveFileDialog
数字墨迹	InkCanvas、InkPresenter
文档	DocumentViewer、FlowDocumentPageViewer、FlowDocumentReader、FlowDocumentScrollViewer、StickyNoteControl
输入	TextBox、RichTextBox、PasswordBox
布局	Border、BulletDecorator、Canvas、DockPanel、Expander、Grid、GridView、GridSplitter、GroupBox、Panel、ResizeGrip、Separator、ScrollBar、ScrollViewer、StackPanel、Thumb、Viewbox、VirtualizingStackPanel、Window、WrapPanel
媒体	Image、MediaElement、SoundPlayerAction
菜单	ContextMenu、Menu、ToolBar
导航	Frame、Hyperlink、Page、NavigationWindow、TabControl
选择	CheckBox、ComboBox、ListBox、RadioButton、Slider
用户信息	AccessText、Label、Popup、ProgressBar、StatusBar、TextBlock、ToolTip

8.1.2 WPF 控件模型

WPF 应用程序的控件模型在 System.Windows.Control 类中实现，所有 WPF 控件默认都继承自 Control 类。从使用的角度来看，WPF 控件的基本模型和 Web 标准的 CSS 盒模型非常相似，样式控制的设计思路也和 CSS 样式控制的实现办法相似。

WPF 控件的基本模型示意如图 8-1 所示。

从示意图中可以看出，每个控件都由 4 个区域组成，这 4 个区域从里向外分别是：

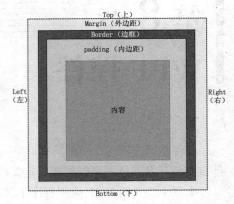

图 8-1　WPF 的控件模型示意

- 内容：指显示控件内容的区域，可以是文本、图像或其他控件元素。
- Padding：内边距。即边框和内容之间的矩形环区域。
- 边框：即内边距和外边距之间的黑色矩形环区域。
- Margin：外边距。指边框和图中虚线包围的矩形环区域，表示该控件和其他控件之间的距离。

在 WPF 控件中，这 4 个区域分别用对应的属性来表示，但只有部分控件公开了 Padding 属性和边框属性。

1. 外边距（Margin）

Margin 属性和 Padding 属性是使用最多的两个属性，深刻理解这两个属性的含义，对界面设计和布局非常重要。

Margin 用于描述某元素所占用的矩形区域与其容器元素的矩形区域之间的距离，也叫外边距。利用该属性可以精确地控制元素在其容器中的相对位置。

这里顺便提一下，在 Web 应用程序中用 CSS 定位 HTML 元素时，也是用 Margin 属性。实际上，对于开发人员来说，XAML 布局以及样式控制的很多设计思路及用法都和 CSS 的实现思路非常相似，区别仅是其内部实现不同而已。

在 XAML 中，一般用特性语法来描述 Margin 属性。常用有两种形式，一种是用一个值来描述，例如下面的代码表示按钮周边四个方向的外边距都是 10。

XAML:

```
<Button Name="Button1" Margin="10">按钮 1</Button>
```

C#:

```
Button1.Margin = new Thickness(10);
Button1.Content = "按钮 1";
```

另一种是按照"左、上、右、下"的顺序，用 4 个值分别描述 4 个方向的外边距。例如下面的代码表示 Button2 按钮的左、上、右、下的外边距分别是 0、10、0、10：

XAML:

```
<Button Name="Button2" Margin="0,10,0,10">按钮 2</Button>
```

C#:

```
Button2.Margin = new Thickness(0, 10, 0, 10);
```

也可以先在 XAML 中选择某个元素，然后在【属性】窗口中分别设置这 4 个值。

另外，在 WPF 设计器中，用鼠标选择某个控件后，它就会自动在控件边缘与其近邻边缘之间用带数字的线（表示保持不变的外边距）和虚线（表示可变的外边距）来指示左、上、右、下 4 个边的外边距，如图 8-2 所示。

（a）Button1 的外边距　　　　　　　　　　　　　　　（b）Button2 的外边距

图 8-2　外边距（Margin）的含义

在图 8-2（a）中，Buton1 控件的上边距和左边距用带数字的线表示（终端延伸到窗口），则它相对于窗口（或页面）左上角是固定不变的，即调整窗口大小时，该控件相对于窗口左上角的位置保持不变。在图 8-2（b）中，Button2 控件的上边距也和左边距也用带数字的线表示（但终端只延伸到网格线），则调整窗口（或页面）大小时，该控件相对于所在单元格左上角的位置保持不变。

选中控件后，可以用以下方式设置或取消控件的外边距。

- 在【设计】视图中设置或取消外边距：单击某个边距线的终端（单击设置，再次单击取消设置）。
- 在【属性】窗口中设置或取消外边距：修改 Margin 属性。
- 在 XAML 中设置或取消外边距：添加或删除 Margin 特性。
- 在代码隐藏文件中设置或取消外边距：设置 Margin 属性。

2．内边距（Padding）

Padding 属性用于控制元素内部与其子元素或文本之间的间距，其用法和 Margin 属性的用法相似。例如：

XAML：

```
<Border Background="LightBlue" BorderBrush="Black" BorderThickness="2"
        CornerRadius="45" Padding="25">
</Border>
```

C#：

```
myBorder = new Border();
myBorder.Background = Brushes.LightBlue;
myBorder.BorderBrush = Brushes.Black;
myBorder.BorderThickness = new Thickness(2);
myBorder.CornerRadius = new CornerRadius(45);
myBorder.Padding = new Thickness(25);
```

这段代码中的最后一行表示 Border 的四个方向的内边距都是 25。

当然也可以像 Margin 属性那样，按照"左、上、右、下"的顺序，用 4 个值分别描述 4 个方向的内边距。

【例 8-1】　演示控件模型中外边距、内边距以及边框的含义及用法。

该例子的源程序在 ch08 项目 Examples 下的 MarginPadding.xaml 及其代码隐藏类中。另外，在这个例子中，我们还将创建本章所有例子使用的主程序，步骤如下。

（1）新建一个项目名和解决方案名都是 ch08 的 WPF 应用程序项目。

（2）将 MainWindow.xaml 改为下面的内容。

```xml
<Window ……>
    <Grid>
        <Grid.ColumnDefinitions>
            <ColumnDefinition Width="Auto" />
            <ColumnDefinition Width="*" />
        </Grid.ColumnDefinitions>
        <TreeView Grid.Row="0" Grid.Column="0"
                TreeViewItem.Selected="TreeViewItem_Selected"
                ScrollViewer.VerticalScrollBarVisibility="Visible"
                Margin="0,0,0,0">
            <TreeViewItem Header="常用属性" Tag="BasicProperty">
                <TreeViewItem Header="MarginPadding" />
                <TreeViewItem Header="HorizontalAlignmentPage" />
                <TreeViewItem Header="VerticalAlignmentPage" />
            </TreeViewItem>
            <TreeViewItem Header="常用布局控件" Tag="LayoutControls">
                <TreeViewItem Header="GridPage" />
                <TreeViewItem Header="StackPanelPage" />
                <TreeViewItem Header="CanvasPage" />
                <TreeViewItem Header="BorderPage" />
                <TreeViewItem Header="DockPanelPage" />
                <TreeViewItem Header="BulletDecoratorPage" />
                <TreeViewItem Header="ExpanderPage" />
                <TreeViewItem Header="GridSplitterPage" />
                <TreeViewItem Header="GroupBoxPage" />
            </TreeViewItem>
            <TreeViewItem Header="常用基本控件" Tag="BasicControls">
                <TreeViewItem Header="ButtonPage" />
                <TreeViewItem Header="TextBoxPasswordBox" />
                <TreeViewItem Header="RadioButtonPage" />
                <TreeViewItem Header="CheckBoxPage" />
                <TreeViewItem Header="ListBoxComboBox" />
            </TreeViewItem>
            <TreeViewItem Header="菜单工具条状态条" Tag="MenuControls">
                <TreeViewItem Header="MenuContextMenu" />
                <TreeViewItem Header="ToolBarStatusBar" />
            </TreeViewItem>
        </TreeView>
        <GridSplitter Grid.Row="0" Grid.Column="0" BorderBrush="Gray"
                BorderThickness="1" ResizeBehavior="CurrentAndNext" />
        <Frame Name="frame1" Grid.Row="0" Grid.Column="1"
                Padding="10 20 10 20" HorizontalAlignment="Stretch"
                VerticalAlignment="Stretch" NavigationUIVisibility="Hidden" />
    </Grid>
</Window>
```

（3）将 MainWindow.xaml.cs 改为下面的内容。

```csharp
using System;
using System.Windows;
using System.Windows.Controls;
namespace ch08
{
```

```
public partial class MainWindow : Window
{
    public MainWindow()
    {
        InitializeComponent();
    }
    private void TreeViewItem_Selected(object sender, RoutedEventArgs e)
    {
        TreeViewItem item = e.Source as TreeViewItem;
        TreeViewItem parent = item.Parent as TreeViewItem;
        if (parent == null) return;
        string path = string.Format("/Examples/{0}/{1}.xaml",
            parent.Tag, item.Header);
        Uri source = new Uri(path, UriKind.Relative);
        object obj = null;
        try
        {
            obj = Application.LoadComponent(source);
        }
        catch
        {
            MessageBox.Show("未找到 " + source.OriginalString);
            return;
        }
        Page p = obj as Page;
        if (p != null)
        {
            frame1.NavigationService.RemoveBackEntry();
            frame1.Source = source;
            return;
        }
        Window w = obj as Window;
        if (w != null)
        {
            w.Owner = this;
            w.WindowStartupLocation =
                System.Windows.WindowStartupLocation.CenterOwner;
            w.ShowDialog();
        }
        else MessageBox.Show("无法将加载的对象转换为 Window 类型");
    }
}
```

（4）在项目下新建一个名为 Examples 的文件夹。

（5）在 Examples 文件夹下新建一个名为 BasicProperty 的文件夹，然后在该文件夹下添加一个文件名为 MarginPadding.xaml 的窗口。

将 MarginPadding.xaml 的代码改为下面的内容。

```
<Window ……>
    <Grid Name="grid1">
        <Button Name="button1" Content="按钮 1" HorizontalAlignment="Left"
            VerticalAlignment="Top" Margin="74,49,0,0" Width="75" />
        <Border Background="AliceBlue" Margin="200,20,40,20" Padding="20"
            BorderBrush="#FFF9F038" BorderThickness="15"
```

```
            CornerRadius="20">
        <TextBlock Margin="2" Padding="80" Background="#FFCEF0B7"
                Foreground="Red" HorizontalAlignment="Center"
                VerticalAlignment="Center" FontSize="20">文本块</TextBlock>
    </Border>
  </Grid>
</Window>
```

在 MarginPadding.xaml.cs 中添加下面的代码。

```
public partial class MarginPadding : Window
{
    public MarginPadding()
    {
        InitializeComponent();
        this.SourceInitialized += MarginPadding_SourceInitialized;
    }
    void MarginPadding_SourceInitialized(object sender, EventArgs e)
    {
        Button button2 = new Button();
        button2.Margin = new Thickness(74, 102, 0, 0);
        button2.Content = "按钮2";
        button2.Width = 75;
        button2.Background = Brushes.Blue;
        button2.Foreground = Brushes.White;
        button2.BorderBrush = Brushes.Red;
        button2.HorizontalAlignment = HorizontalAlignment.Left;
        button2.VerticalAlignment = VerticalAlignment.Top;
        Grid.SetRow(button2, 0);
        Grid.SetColumn(button2, 0);
        grid1.Children.Add(button2);
    }
}
```

（6）按<F5>键运行应用程序，运行效果如图 8-3（a）所示。

（a）本章所有例子的主窗口 　　　　　　　　　　（b）MarginPadding 的运行效果

图 8-3　例 8-1 的运行效果

选择"常用属性"下的"MarginPadding"，弹出的窗口效果如图 8-3（b）所示。

3. 水平对齐（HorizontalAlignment）

除了 Margin 属性和 Padding 属性外，要灵活地控制元素的位置，我们还需要掌握另外两个常用的属性：HorizontalAlignment 属性和 VerticalAlignment 属性。

HorizontalAlignment 属性声明元素相对于其父元素的水平对齐方式。表 8-2 列出了该属性的每个可能的值。

表 8-2	HorizontalAlignment 属性可能的取值
成　　员	说　　明
Left、Center、Right	子元素在其父元素内左端对齐、中心对齐、右端对齐
Stretch（默认）	拉伸子元素至父元素的已分配空间。如果声明了 Width 和 Height，则 Width 和 Height 优先

【例 8-2】 演示如何将 HorizontalAlignment 属性应用于 Button 元素。

（1）在 BasicProperty 文件夹下添加一个名为 HorizontalAlignmentPage.xaml 的页。将 XAML 代码改为下面的内容（代码中省略了 Page 元素开始标记的内容）。

```
<Page……>
    <Border Background="LightBlue" BorderBrush="Black" BorderThickness="2"
        Padding="15">
    <StackPanel Background="White" HorizontalAlignment="Center"
        VerticalAlignment="Top">
    <TextBlock Margin="5,0,5,0" FontSize="18"
        HorizontalAlignment="Center">水平对齐属性示例</TextBlock>
    <Button HorizontalAlignment="Left">按钮1(Left)</Button>
    <Button HorizontalAlignment="Right">按钮2(Right)</Button>
    <Button HorizontalAlignment="Center">按钮3(Center)</Button>
    <Button HorizontalAlignment="Stretch">按钮4(Stretch)</Button>
    </StackPanel>
    </Border>
</Page>
```

（2）按<F5>键运行程序，效果如图 8-4 左侧的图所示。

图 8-4　水平对齐和垂直对齐属性的含义

4. 垂直对齐（VerticalAlignment）

VerticalAlignment 属性描述元素相对于其父元素的垂直对齐方式。可能的取值分别为 Top（顶端对齐）、Center（中心对齐）、Bottom（底端对齐）和 Stretch（默认，垂直拉伸）。

【例 8-3】 演示如何将 VerticalAlignment 属性应用于 Button 元素。

（1）在 BasicProperty 文件夹下添加一个名为 VerticalAlignmentPage.xaml 的页。主要代码如下。

```
<Border Background="LightBlue" BorderBrush="Black" BorderThickness="2" Padding="15">
    <Grid Background="White" ShowGridLines="True">
    <Grid.RowDefinitions>
    <RowDefinition Height="25"/>
    <RowDefinition Height="50"/>
```

```
            <RowDefinition Height="50"/>
            <RowDefinition Height="50"/>
            <RowDefinition Height="50"/>
        </Grid.RowDefinitions>
            <TextBlock Grid.Row="0" Grid.Column="0" FontSize="18"
                HorizontalAlignment="Center">垂直对齐示例</TextBlock>
            <Button Grid.Row="1" Grid.Column="0"
                VerticalAlignment="Top">按钮 1(Top)</Button>
            <Button Grid.Row="2" Grid.Column="0"
                VerticalAlignment="Bottom">按钮 2(Bottom)</Button>
            <Button Grid.Row="3" Grid.Column="0"
                VerticalAlignment="Center">按钮 3(Center)</Button>
            <Button Grid.Row="4" Grid.Column="0"
                VerticalAlignment="Stretch">按钮 4(Stretch)</Button>
        </Grid>
</Border>
```

（2）按<F5>键运行程序，效果如图 8-4 右侧的图所示。

8.1.3 WPF 内容模型

WPF 内容模型是指如何组织和布局 WPF 控件的内容。掌握并理解哪些控件使用的是哪种内容模型，对正确并灵活使用控件用处很大。

用 XAML 描述控件元素时，一般语法形式为

<控件元素名>

　　内容模型

</控件元素名>

从语法上可以看出，WPF 内容模型是构成控件内容的基础。

1. Text

Text 内容模型表示一段字符串文本。TextBox、PasswordBox 都属于 Text 内容模型。

下面是 TextBox 的 XAML 语法，它表示其内容模型是 Text：

```
<TextBox>
    Text
</TextBox>
```

　　　　用 XAML 表示具体控件的语法形式时，以后我们不再添加下划线。这是因为它的内容模型体现的同时也是属性名称。例如对于 TextBox 控件来说，用 C#编程时使用的就是 Text 属性。但读者一定要清楚，用 XAML 描述该控件时，应将 Text 替换为实际的内容。

下面的 XAML 表示如何声明 TextBox 对象。

```
<TextBox Name="textBox1">这是一段文本</TextBox>
```

在 C#代码中，使用 Name 属性为该对象命名，使用对象的 Text 属性获取或设置字符串文本内容。下面的 C#代码表示如何设置 textBox1 对象的 Text。

```
textBox1.Text="这是一段文本";
```

2. Content

Content 内容模型表示该内容只有"一个"对象，该对象可以是文本、图像或其他元素。

在 C#中使用对象的 Content 属性获取或设置内容。由于 Content 是 Object 类型，因此控件的

内容可以是任何对象。像 Button、RepeatButton、CheckBox、RadioButton、Image 等都属于这种模型。

下面是 Button 的 XAML 语法，它表示其内容模型是 Content。

```
<Button>
    Content
</Button>
```

下面的代码表示如何用 XAML 声明 Button 对象。

```
<Button Name="button1" Content="这是一个按钮"/>
```

下面的代码表示如何用 C#设置 Button 对象的 Content。

```
button1.Content="这是一个按钮";
```

3. HeaderedContent

HeaderedContent 表示其内容模型为一个标题和一个内容项，二者都是任意对象。

在 C#中，使用对象的 HeaderedContent 属性获取或设置标题和内容项。

这里有一点需要提醒，TabItem 是一个特殊类型的内容控件，利用它可设置内容和标题。该控件与其他内容控件一样，也可以设置其 Content 属性。此外，还可以为具有 Header 属性的内容设置标题。Header 属性属于 Object 类型，因此与 Content 属性一样，对标题可以包含的内容也没有限制。

TabControl、TreeView 等控件均包含 TabItem。

4. Items

Items 表示一个项集合。可以通过设置控件的 Items 属性来直接填充该控件的每一项。Items 属性的类型为 ItemCollection，该集合是泛型 PresentationFrameworkCollection<T>。

在 C#代码中，也可以使用 Add 方法向现有集合中添加项，但不能向使用 ItemsSource 属性创建的集合中添加项。

在 XAML 中，利用 ItemsControl 的 ItemsSource 属性，可以将实现 IEnumerable 的任何类型用作 ItemsControl 的内容。通常使用 ItemsSource 来显示数据集合或将 ItemsControl 绑定到集合对象。设置 ItemsSource 属性时，系统会自动为集合中的每一项创建容器。

5. HeaderedItems

该内容模型表示一个标题和一个项集合。

6. Children

该内容模型表示一个或多个子元素。Children 属性的类型为 UIElementCollection。

UIElementCollection 只能包含 UIElement 对象，布局控件一般采用这种内容模型。

8.1.4　WPF 应用程序中创建控件对象的方式

在 WPF 应用程序中，有两种创建控件对象的方式。至于采用哪种方式合适，是根据实际需求来决定的。

● 如果设计前已经知道由哪些元素来组成界面，比如静态不变的界面，则一般用 XAML 来实现，这种方式的优点是可直观地看到界面的效果，缺点是无法动态改变元素个数。

● 如果元素的个数由其他因素决定，比如游戏、动态显示的界面，则一般用 C#代码来实现，这种方式的优点是灵活，缺点是只能在运行时才能看到设计的效果。

至此，我们学习了如何创建控件对象，在后面的例子中，我们可能只用 XAML 为例子来实现，也可能只用 C#代码来实现。但读者一定要明白：绝大部分情况下，凡是用 XAML 来实现的，也都可以用 C#代码来实现。

8.2　常用布局控件

在 WPF 应用程序中，控件对象既可以用 XAML 来描述，也可以用 C#代码来创建。用 XAML 描述控件对象时，一般将其称为元素。

8.2.1　WPF 的布局分类

WPF 的布局类型分为两大类：绝对定位布局和动态定位布局。

1. 绝对定位布局

绝对定位布局是指子元素使用相对于布局元素左上角（0，0）的坐标（x，y）来描述其位置的布局方式。在这种布局模式下，当调整布局元素的大小（Width、Height）时，子元素的坐标位置不会发生变化，所以称为绝对定位布局。

传统的 WinForm 应用程序使用的就是绝对布局。而在 WPF 应用程序中，使用绝对定位布局的控件只有 Canvas 控件。

2. 动态定位布局

动态定位布局是指布局元素内的子元素位置以及排列顺序随着页面或窗口的大小变化动态调整。在 WPF 中，除了 Canvas 布局元素内的子元素采用绝对布局外，其他布局元素内的元素都是采用动态布局。

WPF 应用程序中的所有元素周围都围绕着一个边界框，当布局系统定位元素时，实际上是在定位包含该元素的矩形边界框或布局槽。

图 8-5（a）演示了父面板、子元素以及包含该子元素的布局槽的尺寸。

（a）元素边界和布局槽

（b）子元素处于布局槽外的部分被裁剪的情况

图 8-5　布局槽

从图中可以看出，为父面板内的某个子元素分配的区域实际上远远大于该子元素，每个子元素的布局槽大小实际上是由其父容器来决定的，即将根据子元素的对齐方式，将子元素定位到其布局槽内。父容器分配的空间既可以大于也可以小于子元素请求的空间。

图 8-5（b）演示了一个子元素进行旋转后超出了分配给它的布局槽的情况。

此时如果布局槽的大小不变，布局系统将仅显示布局槽内的部分，而布局槽外的部分将被自动裁剪掉，这显然不是我们所希望的结果。由于动态定位布局能让开发人员最大程度地灵活控制界面中的元素，为了让元素旋转时不被裁剪，在实际开发中，应该尽量使用动态布局。

WinForm 应用程序由于默认采用的是绝对布局，导致其实现各种变换（例如旋转、缩放、动画以及三维实现等）的布局非常困难，在硬件执行速度始终是瓶颈的那个时代，采用绝对布局是一种非常合理的解决办法。但是，随着 GPU 加速技术的广泛流行和图形硬件的快速发展，2D、3D 图形的执行速度已经不是问题，因此绚丽多彩而又逼真的动态变化的界面应用逐渐成为用户的基本功能需求。在这种情况下，WinForm 技术已经不能适应时代的发展，这也是 WPF 应用程序能快速流行的主要原因之一。

3. 动态调整控件大小时常用的属性

动态调整控件大小的含义是指通过自动调整控件的位置和长度实现动态定位。即当控件的显示内容发生改变时，可以自动调整大小让内容全部显示出来。例如在同时提供中英文界面的应用程序中，如果默认将标签控件（Label）设置为显示中文文本，且将相关属性设置为自动调整大小，则当用户切换到用英文显示时，WPF 就会自动调整该标签的大小，从而让较长的英文文本也一样能全部显示出来。

动态调整控件大小常用的属性如表 8-3 所示。

表 8-3　　　　　　　　　　　　　动态调整控件大小时常用的属性

属　　性	值	适用范围	对动态调整大小的说明
Width、Height	double、Auto、*	窗口、控件	将控件放在 Grid 内，并使用自动（Auto）和星号（*）调整网格大小可最大程度地提高灵活性
MinWidth、MinHeight	double	窗口、控件	设置为 0 可最大程度地提高灵活性
MaxWidth、MaxHeight	double、Infinity	窗口、控件	设置为 Infinity 可最大程度地提高灵活性
ResizeMode	NoResize CanMinimize CanResize CanResizeWithGrip	窗口	默认为 CanResize（允许用户调整窗口的大小），这样可最大程度地提高灵活性
SizeToContent	Manual Width Height WidthAndHeight	窗口	设置为 WidthAndHeight（允许窗口内的内容扩展时自动调整窗口的大小）可最大程度地提高灵活性

这些属性在 XAML 中都用特性来设置，特性名和属性名相同。在 C#代码中，可以直接获取或设置这些属性。

8.2.2　网格（Grid）

Grid 是最常用的动态布局控件，也是所有动态布局控件中唯一可按比例动态调整分配空间的控件。该控件定义一个由行和列组成的网格区域，在网格区域内可以放置其他控件，放置的这些控件都自动作为 Grid 元素的子元素。

Grid 内的子元素中还可以嵌套 Grid。子元素使用以下附加属性来定位：

- Grid.Row、Grid.Column：指定子元素所在的行和列。在 C#代码中，使用 Grid.SetRow 方法和 Grid.SetCol 方法指定子元素所在的行和列。
- Grid.RowSpan：使该子元素跨多行。例如 Grid.RowSpan="2"表示跨 2 行。
- Grid.ColumnSpan：使该子元素跨多列。例如 Grid. ColumnSpan ="2"表示跨 2 列。

有两种方式让 Grid 自动调整行高和列宽。

- 在 Grid 的行定义或列定义的开始标记内，用 Auto 表示行高或列宽，此时它会自动显示单元格内子元素包含的全部内容，即使内容改变也是如此。

- 在 Grid 的行定义或列定义的开始标记内，用星号（$n*$）根据加权比例分配网格的行和列之间的可用空间。当 n 为 1 时，可直接用一个星号（*）表示。

例如 Grid 共有 4 列，第 0 列到第 3 列的宽度分别为 2*、Auto、4*、Auto，则它首先按第 1 列和第 3 列元素的内容分配宽度，然后再将剩余的宽度按 2 比 4 的比例分配给第 0 列和第 2 列。当运行程序改变窗口的大小时，会自动按这个原则重新分配宽度。

程序运行时 Grid 对行高的自动调整也是如此。

【例 8-4】 演示如何用 Grid 构造动态布局，运行效果如图 8-6 所示。

图 8-6　Grid 布局

该例子的源程序在 GridPage.xaml 中。在这个例子中，故意将网格线显示出来，以便我们能看出 TextBox 子元素实际跨的列数。XAML 代码如下。

```xml
<Window x:Class="WpfGridExample.MainWindow"
    xmlns="http://schemas.microsoft.com/winfx/2006/xaml/presentation"
    xmlns:x="http://schemas.microsoft.com/winfx/2006/xaml"
    Title="MainWindow" Height="200" Width="300" SizeToContent="WidthAndHeight">
<Grid ShowGridLines="True">
<Grid.RowDefinitions>
    <RowDefinition Height="Auto" />
    <RowDefinition Height="Auto" />
    <RowDefinition Height="*" />
    <RowDefinition Height="Auto" />
</Grid.RowDefinitions>
<Grid.ColumnDefinitions>
    <ColumnDefinition Width="Auto" />
    <ColumnDefinition Width="*" />
    <ColumnDefinition Width="Auto" />
    <ColumnDefinition Width="Auto" />
</Grid.ColumnDefinitions>
<Label Grid.Column="0" Grid.Row="0" Margin="20,20,10,10"
        Width="Auto" Height="23" HorizontalAlignment="Stretch"
        VerticalAlignment="Top" Name="Label1">姓名: </Label>
<Label Grid.Column="0" Grid.Row="1" Margin="20,10,10,10" Width="Auto"
        Height="23" HorizontalAlignment="Stretch" VerticalAlignment="Top"
        Name="Label2">口令: </Label>
<TextBox Grid.Column="1" Grid.Row="0" Margin="10,20,20,10"
        Grid.ColumnSpan="3" Height="Auto" VerticalAlignment="Stretch"
        Name="TextBoxName" />
<TextBox Grid.Column="1" Grid.Row="1" Margin="10,10,20,10"
```

```
        Grid.ColumnSpan="3" Name="TextBoxPassword" />
    <Button Grid.Column="2" Grid.Row="3" Margin="10,10,6,20" Width="75"
        Height="23" HorizontalAlignment="Stretch"
        Name="ButtonOK">确定</Button>
    <Button Grid.Column="3" Grid.Row="3" Margin="6,10,20,20" Width="75"
        Height="23" Name="ButtonCancel">取消</Button>
    </Grid>
</Window>
```

运行程序时，可在"姓名"文本框中随便输入一些内容，观察到达文本框的末尾时，文本框和窗口是否会自动扩展以容纳更多输入的内容；然后拖动窗口右下角改变窗口大小，观察窗口内的控件是否自动调整。

8.2.3　堆叠面板（StackPanel）

StackPanel 用于将其子元素按纵向或横向顺序排列或堆叠。没有重叠的时候称为排列，有重叠的时候称为堆叠。常用属性为 Orientation 属性：排列或堆叠的方向。默认为纵向，如果希望横向排列或堆叠，将该属性设置为"Horizontal"即可。

在实际应用中，一般先用 Grid 将整个界面划分为需要的行和列，然后将 StackPanel 放在某个单元格内，再对该 StackPanel 内的多个子控件进行排列或堆叠。

【例 8-5】 演示 StackPanel 的基本用法，运行效果如图 8-7 所示。

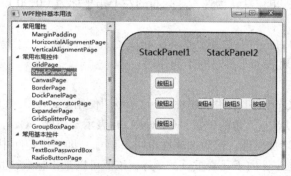

图 8-7　StackPanel 基本用法

源程序见 StackPanelPage.xaml，代码如下。

```
<Page ……>
    <Border Background="LightBlue" BorderBrush="Black" BorderThickness="2"
        CornerRadius="45" Padding="20">
    <Grid>
        <Grid.RowDefinitions>
            <RowDefinition Height="1*" />
            <RowDefinition Height="4*" />
        </Grid.RowDefinitions>
        <Grid.ColumnDefinitions>
            <ColumnDefinition Width="*" />
            <ColumnDefinition Width="*" />
        </Grid.ColumnDefinitions>
        <TextBlock FontSize="18" HorizontalAlignment="Center"
            VerticalAlignment="Center">StackPanel1</TextBlock>
        <TextBlock Grid.Column="1" FontSize="18"
            HorizontalAlignment="Center"
```

```
                    VerticalAlignment="Center">StackPanel2</TextBlock>
                <StackPanel Grid.Column="0" Grid.Row="1"
                    HorizontalAlignment="Center" Name="StackPanel1"
                    VerticalAlignment="Center" Background="#FFFBF7F7">
                <Button Margin="10">按钮 1</Button>
                <Button Margin="10">按钮 2</Button>
                <Button Margin="10">按钮 3</Button>
            </StackPanel>
            <StackPanel Name="StackPanel2" Grid.Column="1" Grid.Row="1"
                    HorizontalAlignment="Center" VerticalAlignment="Center"
                    Orientation="Horizontal" Background="#FFFBF7F7">
                <Button Margin="10,0,10,0">按钮 4</Button>
                <Button Margin="10,0,10,0">按钮 5</Button>
                <Button Margin="10,0,10,0">按钮 6</Button>
            </StackPanel>
        </Grid>
    </Border>
</Page>
```

8.2.4　画布（Canvas）

Canvas 用于定义一个区域，称为画布。在该画布内的所有子元素都用相对于该区域左上角的坐标位置 x 和 y 来定位，单位默认为像素。画布的左上角坐标为（0，0），向右为 x 轴正方向，向下为 y 轴正方向。

Canvas 的 Width 和 Height 属性默认为零，由于 Canvas 内的子元素是以坐标位置来定位的，所以这些子元素的垂直对齐和水平对齐不起作用。

常用属性如下。

- Canvas.Left 和 Canvas.Top 附加属性：子元素一般使用 Canvas.Left 和 Canvas.Top 附加属性指定其相对于 Canvas 容器左上角的位置，Canvas.Left 表示 x 坐标，Canvas.Top 表示 y 坐标。

- Canvas.ZIndex 附加属性：该附加属性也叫 Z 顺序，即三维空间中沿 z 轴排列的顺序。利用该附加属性可设置 Canvas 内子元素重叠的顺序，该值可以是正整数，也可以是负整数，默认值为 0。ZIndex 值大的元素会盖住 ZIndex 值小的元素。

- ClipToBounds 属性：当绘制内容超出 Canvas 范围时，true 表示超出的部分被自动剪裁掉，false 表示不剪裁。

下面的代码演示了如何使用 Canvas。

XAML：

```
<Canvas Name="canvas1" Background="LightSteelBlue">
    <TextBlock FontSize="14" Canvas.Top="100" Canvas.Left="10">文本 1</TextBlock>
    <TextBlock FontSize="22" Canvas.Top="200" Canvas.Left="75">文本 2</TextBlock>
</Canvas>
```

C#：

```
TextBlock textBlock3 = new TextBlock();
textBlock3.Text = "文本 3";
Canvas.SetLeft(textBlock3, 29);
Canvas.SetTop(textBlock3, 68);
canvas1.Children.Add(textBlock3);
```

【例 8-6】 演示 Canvas 的基本用法，运行效果如图 8-8 所示。

图 8-8　Canvas 基本用法

该例子的源程序在 CanvasPage.xaml 中，代码如下。

```xml
<Page ……>
    <Page.Resources>
        <Style TargetType="Ellipse">
            <Setter Property="Width" Value="100"/>
            <Setter Property="Height" Value="100"/>
            <Setter Property="StrokeThickness" Value="10"/>
            <Setter Property="Stroke" Value="Black"/>
            <Setter Property="Fill">
                <Setter.Value>
                    <RadialGradientBrush>
                        <GradientStop Color="#FF36360C" Offset="0.475"/>
                        <GradientStop Color="#FFBADA8B" Offset="0.243"/>
                        <GradientStop Color="White" Offset="0.893"/>
                    </RadialGradientBrush>
                </Setter.Value>
            </Setter>
            <Setter Property="Canvas.Top" Value="15"/>
        </Style>
    </Page.Resources>
    <Grid>
        <Canvas Background="#FFFBF0E2">
            <Ellipse Canvas.ZIndex="3" Canvas.Left="10"/>
            <Ellipse Canvas.ZIndex="2" Canvas.Left="60" Fill="Red"/>
            <Ellipse Canvas.ZIndex="1" Canvas.Left="110" Fill="Green"/>
            <Ellipse Canvas.ZIndex="0" Canvas.Left="160"/>
            <Ellipse Canvas.ZIndex="-1" Canvas.Left="210" Fill="Blue"/>
        </Canvas>
    </Grid>
</Page>
```

由于 Canvas 是一个 UIElement，因此 Canvas 内还可以包含 Canvas，此时每个子元素的坐标位置都是相对于其直接容器的 Canvas 而言的。

Canvas 的优点是执行效率高，缺点是其子元素无法动态定位，也无法自动调整大小。

在 C#代码中，可以通过 Children 属性访问 Canvas 子对象集合。

虽然用 Canvas 对其子对象进行绝对定位在某些情况下很有用，用起来也相对容易、直观，但是在大小可变的窗口中，特别是浏览器窗口，用 Canvas 作为顶级布局容器通常是一个最糟糕的策略。从使用的角度来看，由于 Grid 和 StackPanel 支持内容的重新排列，而且能发挥最大的布局灵活性，所以在开发时应该尽量使用这些动态布局控件，而不是什么界面都用 Canvas 布局去实现。

但是，如果控件位置和大小都是固定不变的，用 Canvas 布局最方便。

对于窗口、页面或者其中的一部分区域来说，以下情况应该使用绝对定位布局：

- 当区域内只有一个图像或图形子元素时，应该使用绝对定位布局。
- 当C#代码中需要使用此区域内的子元素坐标位置时，应该使用绝对定位布局。

当然，在同一个窗口中，也可以既有绝对布局又有动态布局。如让窗口的工作区整体上使用动态布局，但是让工作区的一部分用 Canvas 元素，然后让 Canvas 内的子元素相对于该 Canvas 采用绝对布局。

8.2.5 边框（Border）

Border 用于在某个元素周围绘制边框，或者为某元素提供背景。其内容模型为 child，即 Border 的子元素只能有一个，但这个子元素内可以包含多个元素。

常用属性如下。

- CornerRadius：获取或设置边框的圆角半径。
- BorderThickness：获取或设置边框的粗细。常用有两种表示形式，一种是用一个值表示（如 BorderThickness="5"），另一种是按左、上、右、下的顺序表示（如 BorderThickness="15,5,15,5"）。
- Padding：获取或设置 Border 与其包含的子对象之间的距离。

例如：

```
<Border Background="Coral" Width="300" Padding="10" CornerRadius="20">
    <TextBlock FontSize="16">带圆角边框的文本</TextBlock>
</Border>
```

如果希望在边框内放置多个元素，可将另一个布局控件（如 StackPanel）作为 Border 的子元素。例如：

```
<Border BorderThickness="5" BorderBrush="Blue" >
    <StackPanel Grid.Column="0" Grid.Row="0">
        <TextBlock Text="One"/>
        <TextBlock Text="Two"/>
        <TextBlock Text="Three"/>
    </StackPanel>
</Border>
```

实际上，对任何一个元素，凡是需要边框的地方都可以用 Border 来实现。

【例 8-7】 演示 Border 的基本用法。

该例子的完整源程序见 BorderPage.xaml 文件，运行效果如图 8-9（a）所示。

（1）利用 Border 给 ListBox 添加标题栏。

```
<Border BorderBrush="Blue" BorderThickness="3" Background="#4E87D4">
    <StackPanel>
  <Label Foreground="White" Height="30" VerticalAlignment="Center">参加人员</Label>
        <ListBox Background="#FFF9F7EE">
            <ListBoxItem>张三以</ListBoxItem>
            <ListBoxItem>李思文</ListBoxItem>
            <ListBoxItem>王五新</ListBoxItem>
        </ListBox>
    </StackPanel>
</Border>
```

（2）在同时包括图形和文字的按钮周围添加圆角边框。

```
<Border BorderThickness="5" BorderBrush="Green"
    Width="120" Height="60" CornerRadius="20">
    <StackPanel Margin="5" Orientation="Horizontal" Background="#FF2E3FF0">
        <Ellipse Margin="5 0 0 0" Fill="Red" Width="40" Height="40"/>
    <Label Foreground="White" VerticalAlignment="Center" Margin="5 0 0 0">确定</Label>
    </StackPanel>
</Border>
```

（a）例 8-7 的运行效果

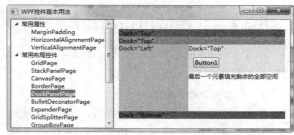

（b）例 8-8 的运行效果

图 8-9　Border 和 DockPanel 的基本用法

8.2.6　停靠面板（DockPanel）

DockPanel 用于定义一个区域，并使该区域内的子元素在其上、下、左、右各边缘按水平或垂直方式依次停靠。

常用属性如下。

● LastChildFill：该属性默认为 true，表示 DockPanel 的最后一个子元素始终填满剩余的空间。如果 DockPanel 内只有一个子元素，此时由于它同时也是最后一个子元素，所以默认会填满 DockPanel 空间。如果将该属性设置为 false，还必须为最后一个子元素显式指定停靠方向。

● DockPanel.Dock：当 DockPanel 内有多个子元素时，每个子元素都可以用 DockPanel.Dock 附加属性指定其在父元素中的停靠方式。

● Focusable：默认情况下，DockPanel 不接收焦点。要强制使 DockPanel 接收焦点，可将该属性设置为 true。

【例 8-8】 演示 DockPanel 的基本用法，运行效果如图 8-9（b）所示。

源程序见 DockPanelPage.xaml，主要代码如下。

```
<Page ……>
    <DockPanel>
        <TextBlock DockPanel.Dock="Top"
                Background="#FF4078EE">Dock="Top"</TextBlock>
        <TextBlock DockPanel.Dock="Top"
                Background="#FF32CCE4">Dock="Top"</TextBlock>
        <TextBlock DockPanel.Dock="Bottom"
                Background="#FF4078EE">Dock="Bottom"</TextBlock>
        <TextBlock Width="140"
                DockPanel.Dock="Left"
                Background="LightGreen">Dock="Left"</TextBlock>
        <DockPanel Background="Bisque">
```

```
        <StackPanel DockPanel.Dock="Top">
            <TextBlock>Dock="Top"</TextBlock>
            <Button HorizontalAlignment="Left"
                    Margin="10,10,10,10">Button1</Button>
        </StackPanel>
        <TextBlock Background="White">最后一个元素填充剩余的全部空间</TextBlock>
      </DockPanel>
   </DockPanel>
</Page>
```

8.2.7 其他常用布局控件

除了上述常用的布局控件外，WPF 还提供了其他一些有用的布局控件。这一节我们仅简单介绍这些控件的功能，在随书附带的源程序中演示了这些控件的基本用法。

1. BulletDecorator

BulletDecorator 控件用于将项目符号与其他可视化对象对齐。该控件有两个内容属性：Bullet 和 Child。Bullet 属性定义用于项目符号的 UIElement，Child 属性定义与该项目符号对齐的 UIElement。在 BulletDecoratorPage.xaml 中，演示了该控件的基本用法，具体代码请参看源程序，运行效果如图 8-10（a）所示。

（a）BulletDecorator 基本用法　　　　　　（b）Expander 基本用法

图 8-10　BulletDecorator 和 Expander 的基本用法

2. Expander

Expander 控件将其内容作为一个可折叠和展开的窗口，在 Expander 的 Header 部分可显示折叠展开符号和标题，窗口展开的方向由 ExpandDirection 指定。

常用属性如下。

● ExpandDirection：设置折叠窗口的展开方向。注意将该属性设置为 Down 或 Up 时，不要指定该控件的 Height。将该属性设置为 Left 或者 Right 时，不要指定该控件的 Width。另外，如果要设置展开窗口的大小，应在该控件的内容上或在封闭内容的 ScrollViewer 上设置。

● HorizontalContentAlignment 和 VerticalContentAlignment：设置标题和展开窗口中内容的对齐方式。

Expander 控件不提供自动滚动功能，当窗口太大时，可在其内容中包含 ScrollViewer 控件。另外，如果该控件是 DockPanel 的最后一个元素，要将 DockPanel 的 LastChildFill 属性设置为 false 以确保能正确显示展开的窗口。

在 ExpanderPage.xaml 中，演示了该控件的基本用法，具体代码请参看源程序，运行效果如图 8-10（b）所示。

3. GridSplitter

GridSplitter 控件可让用户拖动调整 Grid 控件中列或行的大小。例如，让第 1 个 GridSplit 控件的拆分条水平放置，将第 2 个 GridSplit 控件的拆分条垂直放置，就把界面分成了图 8-11（a）所示的 3 个区域。

（a）利用 GridSplit 控件分隔区域

（b）GroupBox 基本用法

图 8-11　GridSplit 和 GroupBox 基本用法

4. GroupBox

GroupBox 的内容模型是 HeaderedContent，其 Content 和 Header 属性可以是任何类型（如字符串、图像或面板）。

在 GroupBoxPage.xaml 中，演示了该控件的基本用法，具体代码请参看源程序，运行效果如图 8-11（b）所示。

5. Separator

该控件显示一条水平或垂直的分隔线，一般用于分隔 ListBox、Menu、ToolBar 等控件中的子项，也可以用它分隔界面中显示的区域。另外，还可以利用样式模板化将分割线显示为图形。

6. WrapPanel

该控件按顺序排列子元素，当子元素到达框的边缘时，它会自动将内容显示在下一行。在前面章节的例子中，我们已经演示了该控件的用法，此处不再详述。

8.3　常用基本控件

这一节我们学习常用基本控件的用法。

8.3.1　按钮（**Button**、**RepeatButton**）

按钮（Button）是最基本的控件之一。在按钮上除了可显示一般的文字之外，还可以显示图像，或者同时显示图像和文字。

RepeatButton 和 Button 类似，但 RepeatButton 在从按下按钮到释放按钮的时间段内会自动重复引发其 Click 事件。利用 Delay 属性可指定事件的开始时间，利用 Interval 属性可控制重复的间隔时间。

【例 8-9】 演示 Button 的基本用法，运行效果如图 8-12 所示。

图 8-12　Button 基本用法

源程序见 ButtonPage.xaml，主要代码如下。

```xml
<Page ……>
  <Page.Resources>
    <Style TargetType="Button">
      <Setter Property="Background" Value="#FFFFEEEE" />
      <Setter Property="Width" Value="60" />
      <Setter Property="Height" Value="30" />
      <Setter Property="Margin" Value="5" />
    </Style>
  </Page.Resources>
  <Border BorderThickness="1" BorderBrush="Green" Width="220" Height="70">
    <StackPanel Orientation="Horizontal">
      <Button Content="保存" />
      <Button Height="30" Width="30" ToolTip="保存">
        <Image Source="/images/save.png" Width="30" />
      </Button>
      <Button Height="30" Width="50">
        <StackPanel Orientation="Horizontal">
          <Image Source="/images/save.png" Width="20" />
          <TextBlock Text="保存" VerticalAlignment="Center" />
        </StackPanel>
      </Button>
      <Button Height="40" Width="30">
        <StackPanel>
          <Image Source="/images/save.png" Width="20" />
          <TextBlock Text="保存" VerticalAlignment="Center" />
        </StackPanel>
      </Button>
    </StackPanel>
  </Border>
</Page>
```

8.3.2　文本块（TextBlock）和标签（Label）

这两个控件都可以用来显示文本。一般情况下，当要显示一些简短的语句时，应使用 TextBlock 元素；当显示的文本极少时，可以使用 Label。另外，将控件绑定到字符串时，用 TextBlock 比用 Label 效率高。

1. TextBlock

TextBlock 主要用于显示可格式化表示的只读文本信息。最常用的是 Text 属性，例如：

```xml
<TextBlock Margin="10" FontFamily="Arial" FontSize="20" Text="TextBlock" />
```

2. Label

Label 的内容模型是 Content，因此它还可以包含其他对象。一般将 Label 与 TextBox 一起使用，用于显示描述性信息、验证信息或输入指示信息。例如：

XAML：

```
<Label Name="ageLabel" >年龄: </Label>
```

C#：

```
Label ageLabel = new Label();
ageLabel.Content = "年龄: ";
```

8.3.3 文本框（TextBox、PasswordBox、RichTextBox）

TextBox、PasswordBox 和 RichTextBox 控件都属于文本框控件。文本框控件的主要作用是让用户输入或编辑文本。

1. TextBox

TextBox 控件用于显示或编辑纯文本字符。常用属性如下。

- Text：表示显示的文本。
- MaxLength：用于限制用户输入的字符数。
- TextWrapping：设置控制是否自动转到下一行，当其值为"Wrap"时，该控件可自动扩展以容纳多行文本。
- BorderBrush：设置边框颜色。
- BorderThickness：设置边框宽度，如果不希望该控件显示边框，将其设置为 0 即可。

例如：

```
<TextBox Name="ageTextBox" MaxLength="5" Width="60" BorderBrush="#FF5ECD3D"
    BorderThickness="2" TextWrapping="Wrap" Text="多行文本" />
```

TextBox 控件的常用事件是 TextChanged 事件。

2. PasswordBox

PasswordBox 控件用于密码输入，常用属性如下。

- PasswordChar 属性：获取或设置掩码，即不论输入什么字符，显示的都是用它指定的字符。
- Password 属性：输入的密码字符串。
- PasswordChanged 事件：当密码字符串改变时发生。

除了这两个属性之外，其他用法和 TextBox 相同。例如：

```
<PasswordBox Password="abc" PasswordChar="*"></PasswordBox>
```

3. RichTextBox

RichTextBox 控件用于复杂格式的文本输入。当需要用户编辑已设置格式的文本、图像、表或其他支持的内容时，可选择 RichTextBox。

RichTextBox 控件的常用事件也是 TextChanged 事件。

4. 注意的问题

使用 TextBox、PasswordBox 和 RichTextBox 控件时，一定要注意，如果希望检测文本是否发生更改，TextBox 和 RichTextBox 应该使用 TextChanged 事件，PasswordBox 应该使用 PasswordChanged 事件，绝不能使用 KeyDown、MouseDown 或者 MouseUp 事件来判断。因为这

3个控件对这些事件做了特殊的内置处理，强制使用 KeyDown 事件有可能会出现"偶尔"无法响应的情况，而它们对 MouseDown、MouseUp 事件则根本不会响应。由于涉及到隧道和冒泡的复杂处理的高级知识，所以这里不再详细解释为什么会出现这种情况。对初学者来说，只需要记住"当文本内容发生变化时"应该使用 TextChanged 事件或者 PasswordChanged 事件去处理就行了。

【例 8-10】 演示 TextBox、PasswrodBox 控件的基本用法，程序运行效果如图 8-13 所示。

图 8-13　例 8-10 的运行效果

源程序见 TextBoxPasswordBox.xaml 及其代码隐藏类，XAML 代码如下。

```xml
<Page ……>
   <Grid Height="95">
      <Grid.Background>
         <LinearGradientBrush EndPoint="0.5,1"
                     StartPoint="0.5,0">
            <GradientStop Color="#FFF9FDFD"
                Offset="0" />
            <GradientStop Color="#FFA8E6C4"
                Offset="1" />
            <GradientStop Color="#FFB5EEEE"
                Offset="0.502" />
         </LinearGradientBrush>
      </Grid.Background>
      <Grid.ColumnDefinitions>
         <ColumnDefinition Width="*" />
         <ColumnDefinition Width="3*" />
      </Grid.ColumnDefinitions>
      <Grid.RowDefinitions>
         <RowDefinition Height="35" />
         <RowDefinition Height="35" />
         <RowDefinition Height="Auto" />
      </Grid.RowDefinitions>
      <Label Content="用户名: "
            HorizontalAlignment="Right"
            VerticalAlignment="Center" />
      <Label Content="密码: "
            Grid.Row="1"
            HorizontalAlignment="Right"
            VerticalAlignment="Center" />
      <TextBox Name="userNameTextBox"
            Grid.Column="1"
            Width="120"
            TextWrapping="Wrap"
            Text="userNameTextBox"
            HorizontalAlignment="Left"
```

```
                VerticalAlignment="Center" />
        <StackPanel Grid.Column="1"
                Grid.Row="1"
                Orientation="Horizontal">
            <PasswordBox Name="passwordBox1"
                    Width="120"
                    VerticalAlignment="Center"
                    PasswordChanged="passwordBox1_PasswordChanged" />
            <Button Width="50"
                    Height="25"
                    Content="确定"
                    Margin="50,0,0,0"
                    Click="Button_Click" />
        </StackPanel>
        <Border Grid.Row="2"
                Grid.ColumnSpan="2"
                Background="#FFF5F9F8"
                BorderThickness="3">
            <TextBlock Name="resultTextBlock"
                    Text="键入的密码值"
                    HorizontalAlignment="Center"
                    VerticalAlignment="Center" />
        </Border>
        <Rectangle Grid.RowSpan="3" Grid.ColumnSpan="2"
            StrokeThickness="2" Stroke="DarkCyan"/>
    </Grid>
</Page>
```

TextBoxPasswordBoxPage.xaml.cs 的主要代码如下。

```
private void Button_Click (object sender, RoutedEventArgs e)
{
    MessageBox.Show(string.Format("用户名: {0}\n 密码: {1}",
        userNameTextBox.Text,passwordBox1.Password));
}
private void passwordBox1_PasswordChanged(object sender, RoutedEventArgs e)
{
    resultTextBlock.Text = passwordBox1.Password;
}
```

界面中的线性渐变效果最好通过【属性】窗口来实现，因为这样能快速准确地选择希望的颜色。当然，一旦熟悉了代码的含义，用哪种方式都能快速完成。

8.3.4 单选按钮（RadioButton）

单选按钮一般用于从多个选项中选择一项。

RadioButton 的内容模型是一个 ContentControl，即它所包含的对象元素可以是任何类型（字符串、图像或面板等），但只能包含一个对象元素。

- GroupName 属性：分组。将同一组的多个 RadioButton 的该属性设置为同一个值。用户一次只能选择同一组中的一项，一旦某一项被选中，同组中的其他 RadioButton 将自动变为非选中状态。
- IsChecked 属性：判断是否选中某个单选按钮，如果被选中，则为 true，否则为 false。

【例 8-11】 演示 RadioButton 的基本用法，运行效果如图 8-14 所示。

图8-14　例8-11的运行效果

该例子的源程序见 RadioButtonPage.xaml 及其代码隐藏类。

RadioButtonPage.xaml 文件的主要内容如下。

```xml
<Grid>
    <Grid.ColumnDefinitions>
        <ColumnDefinition Width="*" />
        <ColumnDefinition Width="*" />
    </Grid.ColumnDefinitions>
    <Grid.RowDefinitions>
        <RowDefinition Height="30" />
        <RowDefinition Height="Auto" />
        <RowDefinition Height="30" />
    </Grid.RowDefinitions>
    <TextBlock Grid.ColumnSpan="2" HorizontalAlignment="Center"
        VerticalAlignment="Center">每个参赛人员只能参加一个比赛项目</TextBlock>
    <Separator VerticalAlignment="Bottom" Grid.ColumnSpan="2" />
    <GroupBox Header="参赛人员" Margin="5" BorderThickness="1" Grid.Row="1">
        <StackPanel RadioButton.Checked="Group1_Checked">
            <RadioButton>人员 1</RadioButton>
            <RadioButton>人员 2</RadioButton>
            <RadioButton>人员 3</RadioButton>
        </StackPanel>
    </GroupBox>
    <GroupBox Header="参赛项目" Margin="5" BorderThickness="1"
            Grid.Row="1" Grid.Column="1">
        <StackPanel RadioButton.Checked="Group2_Checked">
            <RadioButton>项目 1</RadioButton>
            <RadioButton>项目 2</RadioButton>
            <RadioButton>项目 3</RadioButton>
        </StackPanel>
    </GroupBox>
    <TextBlock Name="resultTextBlock" Grid.Row="2" Grid.ColumnSpan="2"
        HorizontalAlignment="Stretch" VerticalAlignment="Center"
        Background="AliceBlue" Text="选择结果" />
</Grid>
```

RadioButtonPage.xaml.cs 文件的主要内容如下。

```csharp
string s1, s2;
private void Group1_Checked(object sender, RoutedEventArgs e)
{
    RadioButton r = e.Source as RadioButton;
    if (r.IsChecked == true) s1 = r.Content.ToString();
```

```
    resultTextBlock.Text = s1 + ": " + s2;
}
private void Group2_Checked(object sender, RoutedEventArgs e)
{
    RadioButton r = e.Source as RadioButton;
    s2 = r.Content.ToString();
    resultTextBlock.Text = s1 + ": " + s2;
}
```

8.3.5　复选框（CheckBox）

复选框一般用于让用户同时选择多个选项（选中、不选中），或者选择某一项的"是、否、不确定"3 种不同状态中的一项。

CheckBox 控件继承自 ToggleButton，一般用于让用户在一组选项中做出选择，可以选择一个或者多个。可以用选中表示"是"，未选中表示"否"。该控件也可以表示 3 种状态，如当一个树形结构的某个节点所包含的子节点有些"选中"有些"未选中"，此时该表示节点的状态就可以用"不确定"来表示。

CheckBox 的内容模型是一个 ContentControl，即它可以包含任何类型的单个对象（例如字符串、图像、面板等）。

常用属性和事件如下。

- Content 属性：显示的文本。
- IsChecked 属性：true 表示选中，false 表示未选中，none 表示不确定。
- IsThreeState 属性：如果支持 3 种状态，则为 true；否则为 false。默认值为 false。如果该属性为 true，可将 IsChecked 属性设置为 null 作为第 3 种状态。
- Click 事件：单击复选框时发生。利用该事件可判断是三种状态中的哪一种。
- Checked 事件：复选框选中时发生。
- UnChecked 事件：复选框未选中时发生。

每一个 CheckBox 所代表的选中或未选中都是独立的，当用多个 CheckBox 控件构成一组复合选项时，各个 CheckBox 控件之间互不影响，即用户既可以只选择一项，也可以同时选中多项，这就是复选的含义。

【例 8-12】　演示复选框的基本用法，运行效果如图 8-15 所示。

图 8-15　例 8-12 的运行效果

该例子的源程序见 CheckBoxPage.xaml 及其代码隐藏类。

CheckBoxPage.xaml 的主要内容如下。

```
<Grid ShowGridLines="True">
    <Grid.RowDefinitions>
```

```xml
        <RowDefinition Height="5*" />
        <RowDefinition Height="8*" />
        <RowDefinition Height="5*" />
    </Grid.RowDefinitions>
    <StackPanel Orientation="Horizontal"
            HorizontalAlignment="Center" VerticalAlignment="Center">
        <CheckBox IsChecked="True" IsEnabled="False" Margin="5">选中</CheckBox>
        <CheckBox IsChecked="False" IsEnabled="False" Margin="5">未选中</CheckBox>
        <CheckBox IsChecked="{x:Null}" IsEnabled="False" Margin="5">不确定</CheckBox>
    </StackPanel>
    <StackPanel Grid.Row="1" Orientation="Horizontal" HorizontalAlignment="Center"
            VerticalAlignment="Center">
        <CheckBox Name="checkBox1" IsThreeState="True"
                VerticalAlignment="Center" Content="球类"/>
        <GroupBox Header="参赛项目" BorderBrush="Green">
            <StackPanel Name="StackPanel2" Orientation="Horizontal"
                    CheckBox.Click="CheckBox_Click">
                <CheckBox Margin="5">篮球</CheckBox>
                <CheckBox Margin="5">排球</CheckBox>
                <CheckBox Margin="5">乒乓球</CheckBox>
            </StackPanel>
        </GroupBox>
    </StackPanel>
    <Label Name="resultLabel" Grid.Row="2" Padding="10"
        VerticalAlignment="Center" Background="#FFFFFFE1" Content="已选择: "/>
</Grid>
```

CheckBoxPage.xaml.cs 的主要内容如下。

```csharp
private void CheckBox_Click(object sender, RoutedEventArgs e)
{
    string s = "已选择: ";
    foreach (var v in StackPanel2.Children)
    {
        CheckBox cb = v as CheckBox;
        if (cb.IsChecked == true)
        {
            s += cb.Content.ToString() + "、";
        }
    }
    resultLabel.Content = s.TrimEnd('、');
    int checkedCount = 0;
    foreach (var v in StackPanel2.Children)
    {
        CheckBox checkbox = v as CheckBox;
        if (checkbox.IsChecked==true) checkedCount++;
    }
    if (checkedCount == 3) checkBox1.IsChecked = true;
    else if (checkedCount == 0) checkBox1.IsChecked = false;
    else checkBox1.IsChecked = null;
}
```

8.3.6 列表框（ListBox）和下拉框（ComboBox）

ListBox 用于显示一组选项，内容模型都是 Items，即每个选项既可以是字符串，也可以是图像。

ComboBox 是 TextBox 和可弹出的 ListBox 的组合，它除了比 ListBox 多了一个 TextBox 以外，对于每个选项的操作与 ListBox 的用法完全相同。

这两个控件的常用属性、方法和事件如下。

- Count 属性：获取列表项的个数。
- SelectedIndex 属性：获取当前选定项从 0 开始的索引号，未选择任何项时该值为–1。
- SelectedItem 属性：获取当前选定的项，未选择任何项时该值为 null。
- SelectionMode 属性：选择列表项的方式，有以下取值。
  - ➢ Single（默认值）：每次只能选择一项。
  - ➢ Multiple：每次可选择多项，单击对应项选中，再次单击取消选中。
  - ➢ Extended：按下<Shift>键可同时用鼠标选择多个连续项，按下<Ctrl>键可同时用鼠标选择多个不连续的项。
- Items.Add 方法：向 ListBox 的项列表添加项。
- Items.Clear 方法：从集合中移除所有项。
- Items.Contains 方法：确定指定的项是否位于集合内。
- Items.Remove 方法：从集合中移除指定的对象。
- SelectionChanged 事件：当选择项发生改变时引发此事件。

一般将 ListBox（或者 ComboBox）和数据绑定一起使用。当将 ListBox（或者 ComboBox）绑定到数据源时，通常需要获取 ListBoxItem（或者 ComboBoxItem）选项，此时可通过 ItemContainerGenerator 来实现。例如：

```
private void GetIndex0(object sender, RoutedEventArgs e)
{
    ListBoxItem lbi = (ListBoxItem)(lb.ItemContainerGenerator.ContainerFromIndex(0));
    Item.Content = "第 0 项是:" + lbi.Content.ToString() + ".";
}
```

【例 8-13】 演示列表框和下拉框的基本用法，运行效果如图 8-16 所示。

图 8-16　例 8-13 的运行效果

该例子的源程序见 ListBoxComboBox.xaml 及其代码隐藏类。

ListBoxComboBox.xaml 的内容如下。

```
<Page ……>
    <Page.Resources>
        <Style TargetType="ListBoxItem">
            <Style.Triggers>
                <Trigger Property="ListBoxItem.IsMouseOver" Value="true">
                    <Setter Property="Foreground" Value="Red" />
                    <Setter Property="Background" Value="LightBlue" />
```

```
            </Trigger>
        </Style.Triggers>
    </Style>
</Page.Resources>
<Grid Height="200" VerticalAlignment="Top">
    <Grid.RowDefinitions>
        <RowDefinition Height="2*" />
        <RowDefinition Height="30" />
    </Grid.RowDefinitions>
    <Grid.ColumnDefinitions>
        <ColumnDefinition Width="2*" />
        <ColumnDefinition Width="*" />
    </Grid.ColumnDefinitions>
    <ListBox Name="listBox1" Margin="5 10" Grid.Row="0" Grid.Column="0">
        <ListBoxItem>高等数学</ListBoxItem>
        <Separator />
    </ListBox>
    <ComboBox Name="comboBox1" Margin="10 5 10 0" Grid.Row="1"
            Grid.Column="0" VerticalAlignment="Top">
        <ComboBoxItem>数据结构</ComboBoxItem>
        <ComboBoxItem>操作系统</ComboBoxItem>
    </ComboBox>
    <Button Name="btnDelete" Click="btn_Delete"
            Content="删除选中项" Grid.Row="0" Grid.Column="1"
            Margin="10,50,0,0" VerticalAlignment="Top" Width="80" />
    <Button Name="btnClear" Click="btn_Clear"
            Content="删除所有项" Grid.Column="1"
            Margin="10,90,0,0" VerticalAlignment="Top" Width="80" />
    <Button Name="btnAdd" Click="btn_Add"
            Content="添加到列表项" Grid.Row="1" Grid.Column="1"
            Margin="10 5 5 0" Width="80" />
</Grid>
</Page>
```

ListBoxComboBox.xaml.cs 的主要代码如下。

```
public partial class ListBoxComboBox : Page
{
    public ListBoxComboBox()
    {
        InitializeComponent();
        comboBox1.SelectedIndex = 0;
        this.Loaded += ListBoxComboBox_Loaded;
    }
    void ListBoxComboBox_Loaded(object sender, RoutedEventArgs e)
    {
        //添加初始项
        string[] items = { "公共英语", "邓小平理论", "计算机基础", "大学物理" };
        foreach (var v in items)
        {
            listBox1.Items.Add(v);
        }
        //允许用 Shift、Ctrl 键辅助选择多项
        listBox1.SelectionMode = SelectionMode.Extended;
    }
```

```
private void btn_Delete(object sender, RoutedEventArgs e)
{
    //删除选定的所有课程项
    for (int i = listBox1.SelectedItems.Count - 1; i >= 0; i--)
    {
        listBox1.Items.Remove(listBox1.SelectedItems[i]);
    }
}
private void btn_Clear(object sender, RoutedEventArgs e)
{
    //清空课程列表
    listBox1.Items.Clear();
}
private void btn_Add(object sender, RoutedEventArgs e)
{
    //向课程列表中添加新课程
    string s = comboBox1.Text;
    if (s.Length == 0)
    {
        MessageBox.Show("请输入或选择所要添加的课程! ");
        return;
    }
    else if (!comboBox1.Items.Contains(s))
    {
        //如果是新课程，则自动将其添加到下拉列表中
        comboBox1.Items.Add(s);
    }
    //检查当前所要添加的新课程是否已存在于课程列表中
    //若存在给出提示信息；否则添加新项
    if (listBox1.Items.Contains(s))
    {
        MessageBox.Show("课程<" + s + ">在列表中已存在! ");
    }
    else
    {
        listBox1.Items.Add(s);
    }
}
```

这里需要说明一点，删除选择的项时，要从索引号最大的选项开始，然后依次删除索引号较小的项，否则可能会得到错误的结果。

8.4　菜单、工具条和状态条

在【工具箱】中，有专门为菜单、工具条和状态条提供的控件，这些控件可以让 WPF 应用程序具有更加丰富的功能。本节主要介绍菜单、快捷菜单和工具条的相关概念，并简要说明其用法。

8.4.1 菜单（Menu）和快捷菜单（ContextMenu）

Menu 控件称为菜单，用于将关联的操作分组或提供上下文帮助，该控件可以显示在窗口的任何一个位置，但一般显示在窗口的顶部。

ContextMenu 控件称为快捷菜单，也叫右键快捷菜单或上下文菜单。该控件除了是右键弹出菜单外，其他用法与 Menu 控件的用法相同。

这两个控件的菜单项都是通过 MenuItem 来实现的，MenuItem 内还可以嵌套 MenuItem，从而实现多级菜单。

在 MenuItem 中，设置 IsCheckable="true"可让其对应菜单项带上勾选记号（默认为 false）。另外，在 Header 中，可以用 InputGestureText 设置快捷键，还可以通过 Command 设置系统命令（剪切、复制、粘贴等）。

【例 8-14】 演示菜单和快捷菜单的基本用法，运行效果如图 8-17 所示。

图 8-17 例 8-14 的运行效果

该例子的源程序见 MenuContextMenu.xaml 及其代码隐藏类。

MenuContextMenu.xaml 的内容如下。

```xml
<Page ……>
  <StackPanel>
    <Menu>
      <MenuItem Header="文件">
        <MenuItem Header="新建(_N)" InputGestureText="Ctrl+N">
          <MenuItem.Icon>
            <Image Source="../../images/New.gif" />
          </MenuItem.Icon>
        </MenuItem>
        <MenuItem Header="打开(_O)" InputGestureText="Ctrl+O">
          <MenuItem.Icon>
            <Image Source="../../images/open.png" />
          </MenuItem.Icon>
        </MenuItem>
        <Separator />
        <MenuItem Header="保存(_S)" InputGestureText="Ctrl+S">
          <MenuItem.Icon>
            <Image Source="../../images/save.png" />
          </MenuItem.Icon>
        </MenuItem>
        <MenuItem Header="另存为" />
        <Separator />
        <MenuItem Header="退出(_X)" />
```

```
            </MenuItem>
            <MenuItem Header="编辑(_E)">
                <MenuItem Command="ApplicationCommands.Copy">
                    <MenuItem.Icon>
                        <Image Source="../../images/Copy.gif" />
                    </MenuItem.Icon>
                </MenuItem>
                <MenuItem Command="ApplicationCommands.Cut">
                    <MenuItem.Icon>
                        <Image Source="../../images/Cut.gif" />
                    </MenuItem.Icon>
                </MenuItem>
                <MenuItem Command="ApplicationCommands.Paste">
                    <MenuItem.Icon>
                        <Image Source="../../images/Paste.gif" />
                    </MenuItem.Icon>
                </MenuItem>
            </MenuItem>
            <MenuItem Header="帮助">
                <MenuItem Header="操作帮助..." />
                <MenuItem Header="关于..." />
            </MenuItem>
        </Menu>
        <TextBox Name="textBox1" Height="100" TextWrapping="Wrap"
                Margin="10" Text="该文本框有一个快捷菜单。" >
            <TextBox.ContextMenu>
                <ContextMenu>
                    <MenuItem Header="粗体(_B)" IsChecked="True"
                            IsCheckable="True" Checked="Bold_Checked"
                            Unchecked="Bold_Unchecked" />
                    <MenuItem Header="斜体(_I)" IsCheckable="True"
                            Checked="Italic_Checked"
                            Unchecked="Italic_Unchecked" />
                </ContextMenu>
            </TextBox.ContextMenu>
        </TextBox>
    </StackPanel>
</Page>
```

MenuContextMenu.xaml.cs 的主要代码如下。

```
private void MenuAbout_Click(object sender, RoutedEventArgs e)
{
    MessageBox.Show("这是响应单击菜单项的示例");
}
private void Bold_Checked(object sender, RoutedEventArgs e)
{
    textBox1.FontWeight = FontWeights.Bold;
}
private void Bold_Unchecked(object sender, RoutedEventArgs e)
{
    textBox1.FontWeight = FontWeights.Normal;
}
private void Italic_Checked(object sender, RoutedEventArgs e)
{
```

```
        textBox1.FontStyle = FontStyles.Italic;
    }
    private void Italic_Unchecked(object sender, RoutedEventArgs e)
    {
        textBox1.FontStyle = FontStyles.Normal;
    }
```

8.4.2　工具条（ToolBar、ToolBarTray）和状态条（StatusBar）

工具条（ToolBar）一般显示在窗口上方，它可以由多个 Button、CheckBox、RadioButton、ComboBox 等排列组成，通过这些项可以快速地执行程序提供的一些常用命令。

ToolBarTray 是 ToolBar 的容器，该容器内可放置多个 ToolBar，并可以用鼠标拖动调整 ToolBar 在容器中的排列顺序。

状态条（StatusBar）一般显示于窗口下方，以水平排列形式显示图像和状态信息。

【例 8-15】 演示工具条和状态条的基本用法，运行效果如图 8-18 所示。

图 8-18　例 8-15 的运行效果

该例子的源程序见 ToolBarStatusBar.xaml 及其代码隐藏类。

ToolBarStatusBar.xaml 的内容如下。

```xml
<Window x:Class="ch08.Examples.MenuControls.ToolBarStatusBar"
        xmlns="http://schemas.microsoft.com/winfx/2006/xaml/presentation"
        xmlns:x="http://schemas.microsoft.com/winfx/2006/xaml"
        Title="ToolBarStatusBar" Height="300" Width="600">
    <Window.Resources>
        <Style x:Key="{x:Static ToolBar.SeparatorStyleKey}"
               TargetType="Separator">
            <Setter Property="Background" Value="DarkBlue" />
            <Setter Property="Width" Value="2" />
            <Setter Property="Margin" Value="3 0 3 0" />
        </Style>
        <Style x:Key="{x:Static ToolBar.ButtonStyleKey}"
               TargetType="Button">
            <Setter Property="Margin" Value="3 0 3 0" />
        </Style>
        <Style x:Key="{x:Static ToolBar.CheckBoxStyleKey}"
               TargetType="CheckBox">
            <Setter Property="Margin" Value="3 0 3 0" />
            <Setter Property="VerticalAlignment" Value="Center" />
        </Style>
        <Style x:Key="StatusBarSeparatorStyle" TargetType="Separator">
            <Setter Property="Background" Value="LightBlue" />
```

```xml
                <Setter Property="Control.Width" Value="1" />
                <Setter Property="Control.Height" Value="20" />
        </Style>
        <Style TargetType="TextBlock">
                <Setter Property="Margin" Value="3 0 3 0" />
                <Setter Property="VerticalAlignment" Value="Center" />
        </Style>
        <Style TargetType="RadioButton">
                <Setter Property="Margin" Value="3 0 3 0" />
                <Setter Property="VerticalAlignment" Value="Center" />
        </Style>
</Window.Resources>
<Grid Background="#FFFBFBFB">
        <Grid.ColumnDefinitions>
                <ColumnDefinition Width="*" />
        </Grid.ColumnDefinitions>
        <Grid.RowDefinitions>
                <RowDefinition Height="Auto" />
                <RowDefinition Height="*" />
                <RowDefinition Height="50" />
                <RowDefinition Height="40" />
        </Grid.RowDefinitions>
        <ToolBarTray Grid.Column="0" Grid.Row="0" Background="LightBlue">
                <ToolBar Padding="2">
                        <Button ToolTip="打开">
                                <Image Source="/images/open.png" />
                        </Button>
                        <Button ToolTip="保存">
                                <Image Source="/images/save.png" />
                        </Button>
                        <Separator />
                        <Button ToolTip="剪切">
                                <Image Source="/images/Cut.gif" />
                        </Button>
                        <Button ToolTip="复制">
                                <Image Source="/images/Copy.gif" />
                        </Button>
                        <Button ToolTip="粘贴">
                                <Image Source="/images/Paste.gif" />
                        </Button>
                        <Separator />
                        <TextBlock Text="字体" />
                        <Border BorderBrush="Green" BorderThickness="1">
                                <StackPanel Orientation="Horizontal"
                                        VerticalAlignment="Center" Margin="5 0">
                                        <CheckBox Content="粗体" IsChecked="True" />
                                        <CheckBox Content="斜体" />
                                </StackPanel>
                        </Border>
                        <Separator />
                        <TextBlock Text="刷新" />
                        <Border BorderBrush="Green" BorderThickness="1">
                                <StackPanel Orientation="Horizontal" VerticalAlignment="Center">
```

```
                    <RadioButton Margin="5 0" IsChecked="True">手动</RadioButton>
                        <RadioButton>自动</RadioButton>
                    </StackPanel>
                </Border>
            </ToolBar>
            <ToolBar>
                <Button>按钮1</Button>
                <CheckBox>粗体</CheckBox>
                <CheckBox>斜体</CheckBox>
                <RadioButton>手动</RadioButton>
                <RadioButton>自动</RadioButton>
            </ToolBar>
        </ToolBarTray>
        <TextBlock Margin="3" Grid.Column="0" Grid.Row="1"
                FontSize="14" TextWrapping="Wrap" VerticalAlignment="Center">
            上方演示了工具栏及工具栏中控件样式的设置办法，例如使用
            ToolBar.ButtonStyleKey可设置工具条中按钮的样式。<LineBreak />
            下方演示了状态栏的基本用法。
        </TextBlock>
        <StackPanel Grid.Column="0" Grid.Row="2"
                HorizontalAlignment="Center" Orientation="Horizontal">
            <StackPanel.Resources>
                <Style TargetType="Button">
                    <Setter Property="Margin" Value="5 0 5 0" />
                    <Setter Property="Width" Value="95" />
                    <Setter Property="Height" Value="30" />
                </Style>
            </StackPanel.Resources>
            <Button Content="下载" Click="ProgressBar_Click" />
            <Button Content="帮助" Click="Help_Click" />
            <Button Content="分组" Click="Group_Click" />
        </StackPanel>
        <StatusBar Name="statusBar" Grid.Column="0" Grid.Row="3"
                VerticalAlignment="Bottom" Background="Beige">
            <StatusBarItem>
                <TextBlock>Ready</TextBlock>
            </StatusBarItem>
        </StatusBar>
    </Grid>
</Window>
```

ToolBarStatusBar.xaml.cs 的主要代码如下。

```
public partial class ToolBarStatusBar : Window
{
    public ToolBarStatusBar()
    {
        InitializeComponent();
    }
    private void AddImage(string imagePath,string tooltip)
    {
        Image image = new Image();
        image.Width = 16;
        image.Height = 16;
```

```
        BitmapImage bi = new BitmapImage();
        bi.BeginInit();
        bi.UriSource = new Uri(imagePath, UriKind.Relative);
        bi.EndInit();
        image.Source = bi;
        image.ToolTip = tooltip;
        statusBar.Items.Add(image);
    }
    private void AddProgressBar()
    {
        TextBlock txtblock = new TextBlock();
        txtblock.Text = "下载进度: ";
        statusBar.Items.Add(txtblock);
        ProgressBar progressbar = new ProgressBar();
        progressbar.Width = 300;
        progressbar.Height = 20;
        Duration duration = new Duration(TimeSpan.FromSeconds(5));
        DoubleAnimation doubleanimation = new DoubleAnimation(300.0, duration);
        statusBar.Items.Add(progressbar);
        progressbar.BeginAnimation(ProgressBar.ValueProperty, doubleanimation);
    }
    private void AddSepatator()
    {
        Separator sp = new Separator();
        sp.Style = (Style)FindResource("StatusBarSeparatorStyle");
        statusBar.Items.Add(sp);
    }
    private void ProgressBar_Click(object sender, RoutedEventArgs e)
    {
        statusBar.Items.Clear();
        AddProgressBar();
    }
    private void Help_Click(object sender, RoutedEventArgs e)
    {
        statusBar.Items.Clear();
        AddImage("/images/help.gif", "帮助");
    }
    private void Group_Click(object sender, RoutedEventArgs e)
    {
        statusBar.Items.Clear();
        AddProgressBar();
        AddSepatator();
        AddImage("/images/help.gif", "帮助");
        AddSepatator();
        AddImage("/images/print.gif", "发送到打印机");
    }
}
```

8.5　图像和 GIF 动画

这一节我们先学习 Image 控件的基本用法，然后学习如何在 WPF 中显示 GIF 动画。

8.5.1　Image 控件

Image 是一个框架元素，一般用它来显示单帧图像。

该控件可显示下列图像类型：.bmp、.gif、.ico、.jpg、.png、.wdp 和.tif。但是，Image 控件不支持 gif、tif 等多帧图像的动画显示。如果某个图像文件具有多个帧，它默认只显示第一个帧的内容。

一般用 Source 属性获取或设置 Image 控件的图像源（默认值为 null）。例如：

```
<Image Source="/images/img1.jpg "/>
<Image Width="200" Source="/images/img1.jpg "/>
<Image Width="400" Height="200" Source="/images/img1.jpg "/>
```

可以用该控件的 Stretch 属性获取或设置图像的拉伸方式。例如：

```
<Image Source="/images/img1.jpg" Stretch="Fill" />
```

用 Image 显示图像时，如果不指定图像的宽度和高度，它将按图像的原始大小加载和显示；如果只指定图像的宽度或者高度之一，而不是去同时指定两者，此时它会自动保持原始图像的宽高比，图像不会产生扭曲或变形的情况；如果同时指定图像的高度和宽度而没有用 Stretch 属性指定拉伸模式，则它将自动按 Uniform 方式拉伸图像。

【例 8-16】 演示 Image 控件的基本用法，运行效果如图 8-19 所示。

图 8-19　例 8-16 的运行效果

源程序见 ImageExamplePage.xaml，主要代码如下。

```
<StackPanel Orientation="Horizontal">
    <Image Width="200" Source="/images/apple.jpg" />
    <Image Margin="10 0 0 0" Width="100" Source="/images/apple.jpg" />
    <Image Margin="10 0 0 0" Width="100" Source="/images/喝啤酒.gif" />
</StackPanel>
```

8.5.2　利用 WindowsFormsHost 播放 GIF 动画

WPF 提供了一个 WindowsFormsHost 控件，利用该控件可实现 WPF 应用程序与 WinForm 应用程序的互操作性。换言之，可以在 WPF 应用程序中显示 WinForm 应用程序工具箱中提供的控件以及使用 WinForm 应用程序设计的窗体或自定义控件。

由于 WinForm 应用程序的 PictureBox 控件可自动播放 GIF 动画，所以我们可以利用它在 WPF 应用程序中实现播放 GIF 动画。

【例 8-17】　演示在 WPF 应用程序中自动播放 GIF 动画的基本用法，运行效果如图 8-20（a）所示。

（a）例 8-17 的运行效果　　　　　　　　（b）添加嵌入的图像资源

图 8-20　运行效果和添加图像资源

（1）选择主菜单的【项目】→【ch08 属性】→【资源】，将资源类型选择为"图像"，然后添加一个文件名为"喝啤酒.gif"的 GIF 动画。如图 8-20（b）所示。

（2）在 WindowsFormsHostPage.xaml 文件中，添加下面的命名空间引用。

```
<Page ……
    xmlns:winform="clr-namespace:System.Windows.Forms;assembly=System.Windows.Forms"
    ……>
```

（3）从工具箱向 Grid 中拖放一个 WindowsFormsHost 控件（这样做的目的是为了让其自动在 Page 元素的开始标记内添加对应的命名空间引用），然后将代码改为下面的内容。

```
<Grid>
    <WindowsFormsHost Width="200" Height="200" Background="Transparent">
        <winform:PictureBox x:Name="pictBox1" SizeMode="Zoom" />
    </WindowsFormsHost>
</Grid>
```

（4）将 WindowsFormsHostPage.xaml.cs 的构造函数改为下面的内容。

```
public WindowsFormsHostPage()
{
    InitializeComponent();
    pictBox1.Image = Properties.Resources.喝啤酒;
}
```

（5）修改 MainWindow.xaml，添加下面的代码。

```
<TreeViewItem Header="WindowsFormsHostPage" />
```

（6）按<F5>键运行，选择该例子，即可看到自动播放的 GIF 动画。

8.6　其他 WPF 控件

除了以上介绍的常用控件外，WPF 还提供了很多其他控件，这一节我们仅简单介绍这些控件的功能，具体用法请读者自己尝试。

1. 日期控件

日期控件用于显示和选择日历信息。

Calendar：使用可视日历显示来选择日期。该控件可以独立使用，也可用作 DatePicker 控件的下拉部分。

DatePicker：在文本字段中键入日期或使用下拉 Calendar 控件来选择日期。

2. ViewBox 控件

该控件是一个内容修饰器，它可以包含一个子项，并通过拉伸和缩放填满子项的内容。

3. Popup 控件

该控件在一个单独的窗口中显示内容，该窗口浮动在当前应用程序窗口之上。

4. ProgressBar 控件

一般用该控件指示操作进度。

5. ToolTip 控件

一般用该控件向用户弹出界面中元素的相关提示信息。

6. Thumb 控件

表示可由用户拖动的缩略图控件。该控件可包含在其他控件（例如 ScrollBar 或 Slider 控件）中，用户可通过拖动更改控件的值。利用该控件还可以调整其他控件的大小。

7. Slider 控件

一般利用该控件让用户通过拖动选择某个范围内的值。

8. 其他控件

除了本章介绍的这些控件外，WPF 还提供了很多项目开发中非常实用的其他控件。例如用于文档显示与查看的流文档控件，用于设计类似于 Office 2007 样式的 Ribbon 控件等。

另外，还可以在 WPF 中开发自定义控件。随着学习的不断深入，我们会发现还会不断涌现出越来越多的控件。实际上，不论有多少控件，其目的都是为了简化项目开发的复杂度和难度，提高开发效率。

初学者只要掌握了常用 WPF 控件的基本用法，再学习其他控件的用法也就比较容易了。

习　题

1. WPF 控件模型由哪几部分区域组成？各区域的含义是什么？
2. WPF 内容模型有哪些？各表示什么含义？
3. 简述 Button 和 RepeatButton 的不同。
4. 能够显示文本的控件有哪些？各有什么特点？

第9章
资源与样式控制

WPF 提供了样式设置和模板化模型。通过资源、样式和模板，有效实现了表示形式与逻辑代码的分离。另外，在 WPF 应用程序中还可以使用不同的主题，用户可根据自己的习惯选择某个界面风格。

9.1　文件属性与文件资源

资源是指那些项目中可以和 C#代码分离的固定不变的信息。资源文件是指不能直接执行的文件，例如图像、字符串、图标、声音、视频、XAML 文件等。至于资源文件以哪种形式保存，则由其所在文件的【生成操作】属性来决定。

9.1.1　WPF 项目中的文件属性

WPF 应用程序是利用资源对样式和主题进行控制的。在学习这些内容之前，我们必须先了解 WPF 应用程序项目中的文件都具有哪些属性。只有明白了这些属性的含义，才能明白资源存在的形式以及如何使用资源。

用 VS2012 创建一个 WPF 应用程序项目后，添加到项目中的每个文件都有一些属性，这些属性表示了编译整个项目以及将文件添加到项目中时如何处理这些文件。程序员可以在【解决方案资源管理器】中选中某个文件，然后通过【属性】窗口查看或更改该文件的属性。

> 对于应用程序开发人员来说，理解项目中文件的属性以及属性中不同选项的含义非常重要。如果不理解文件的这些属性及其选项的含义，在实际开发中遇到新需求不但不知道如何实现，而且还会遇到很多让自己莫名其妙的概念问题。
>
> 另外，还需要特别注意在更改文件的生成类型后，必须选择【重新生成】项目，才会应用这些更改。如果只选择【生成】项目，则不会应用更改。

下面我们简单学习 WPF 应用程序项目中的文件都具有哪些属性。

1．复制到输出目录

输出目录是指编译项目时，将项目生成的文件保存在哪个文件夹下。在调试环境下（工具条中的配置选项为 "Debug"），输出目录默认为项目的 bin\Debug 文件夹，在发布环境下（工具条中的配置选项为 "Release"），输出目录默认为项目的 bin\Release 文件夹。

文件的【复制到输出目录】属性将告诉编译器编译项目时是否将该文件复制到生成的文件夹

下，可选的属性如下。

- 不复制：指编译项目时，不将该文件复制到输出目录。
- 始终复制：指每次编译项目时，都将该文件复制到输出目录下。
- 如果较新则复制：指每次编译项目时，如果项目下的文件比输出目录下的文件新，则将项目下的文件复制到输出目录。

对于有些文件，需要与【生成操作】属性配合来满足项目的部署要求。

2. 生成操作

文件的【生成操作】（Build Action）属性有两个含义，一个是将该文件添加到项目中时如何对其进行处理，另一个是编译和部署项目时如何处理该文件。

表 9-1 列出了【生成操作】属性的选项及其含义。

表 9-1　　　　　　　　　　　　文件的生成操作属性可选项及其含义

生成操作	含　义
无	不进行任何操作
编译	将该文件编译到扩展名为.exe 的可执行文件中，如果是类库项目，则编译到扩展名为.dll 的文件中。该选项的编译工具默认为 MSBuild
内容	表示将文件添加到项目中时，生成操作将该文件转换为内容（Content），可以利用自定义工具对文件进行转换处理。编译项目时，该文件不编译到程序集中，而是随项目单独保存
嵌入的资源	指包含在 Properties 文件夹下的 Resources.resx 文件中的资源。一旦将某个文件作为嵌入的资源，系统即自动将其转换为强类型的对象，然后以二进制形式嵌入到 Properties 文件夹下的 Resource.resx 文件中。嵌入以后，就无法再修改原始文件的内容。编译项目时，Resources.resx 文件会自动被包含到生成的.exe 或者.dll 文件中
Resource	表示文件以单独的形式保存在项目中，与其对应的.resx 文件只保存这些文件的链接。编译项目时，再将这些文件嵌入到程序集中，即编译到.exe 或者.dll 文件中
ApplicationDefinition	表示该文件是应用程序定义文件
Page	表示这些文件称为 XAML 资源文件。编译【生成操作】属性为 "Page" 的文件时，这些文件将被转换为二进制格式编译到程序集中，即编译到.exe 或者.dll 文件中
SplashScreen	表示该文件是初始屏幕使用的图像文件

9.1.2　嵌入的资源和链接的资源

资源文件是指图像、声音、视频、XAML 以及其他类型的不可执行的数据文件。在同一个项目中，既可以包含嵌入的资源（将资源文件嵌入到 Resource.resx 中），又可以包含链接的资源（将资源文件单独保存在项目中，而在扩展名为.resx 的文件中只保存资源文件的链接）。

在 WPF 中，首选方式是将资源文件作为链接的资源，而不是作为嵌入的资源。

1. 嵌入的资源

嵌入的资源是指包含在 Properties 文件夹下的 Resources.resx 文件中的资源。这是 WinForm 应用程序默认使用的方式。在 WPF 应用程序中，一般不使用这种方式，而是使用链接的资源，只有某些特殊需求才会使用这种方式。

对于 WinForm 应用程序来说，一般利用【资源设计器】添加和删除嵌入的资源。在 VS2012 主菜单中选择【项目属性】→【资源】，即可进入【资源设计器】界面，如图 9-1 所示。

图 9-1 添加和删除嵌入的资源

对于在多个项目之间共享的资源文件，如果不希望开发人员修改资源数据文件的内容，例如对于包含公司徽标、商标信息等的文件，使用嵌入的资源也是一种可选择的方案。优点是将这些文件作为嵌入的资源后，只需要将 Resource.resx 文件复制到其他项目中即可，而不需要复制关联的资源数据文件；缺点就是无法修改资源文件的内容。

有一种情况例外，就是如果将字符串（不是指文本文件）按资源来处理，则只能将其作为嵌入的资源，而不能作为链接的资源。

一般将数据库连接字符串作为嵌入的资源来保存。

在 C#代码中，可以直接调用嵌入的资源。例如对名为 ConnectionString 的字符串资源，则可以通过下面的代码得到它：

```
string s = Properties.Resource.ConnectionString;
```

双击 Properties 文件夹下的 Resource.resx 文件，可修改嵌入的字符串资源。

2. 链接的资源

链接资源是指将文件添加到项目中时，在对应的扩展名为.resx 的文件中只保存这些文件的相对路径或链接，而被链接的这些文件仍然单独存储，而且可编辑。编译项目时，这些文件连同与其对应的.resx 文件一起被编译到应用程序清单中，即嵌入到生成的.exe 或者.dll 文件中。注意这里所说的"扩展名为.resx 的文件"不是指 Properties 文件夹下的 Resource.resx 文件，而是指单独添加到项目中的扩展名为.resx 的文件，添加和删除链接的资源文件的办法如下。

（1）在【解决方案资源管理器】中，用鼠标右击项目名，选择【添加】→【新建项】，在弹出的窗口中，选择"资源文件"，指定一个资源文件名（如 Resource1.resx），单击【添加】按钮。

（2）双击 Resource1.resx 资源文件打开【资源设计器】，然后再利用它添加或删除被链接的资源文件。

图像文件、图标文件、音频文件、视频文件、文本文件以及其他类型的文件都可以作为链接的资源。用这种方式的好处是可以在项目中直接修改资源文件的内容。

这里需要说明一点，对于容量比较大的文件（如图像文件、视频文件等），除非使用非常频繁，否则一般不要将其作为资源来处理，而应该将其作为内容文件。这是因为将这些大容量文件作为资源，会使可执行的.exe 或者.dll 文件的容量变得非常大，从而大大影响程序初始加载的速度。

当然，如果为了发布后不让用户看到这些文件，也可以不论文件大小，统统将其作为嵌入的资源。由于作为嵌入的资源后这些文件变成了强类型的对象，在 C#代码中调用会变得非常方便，但这是以性能为代价的。

9.1.3 内容文件和 SplashScreen

内容文件是指没有被编译到程序集内的文件，这些文件以单独的文件形式与项目一起发布。SplashScreen 是指将某个图像文件作为启动时显示的初始屏幕。

1. 内容文件

内容文件是指这样一类文件，在将文件添加到项目中时，生成操作将该文件转换为内容（Content）。可以利用自定义工具对文件进行转换处理。编译项目时，这种文件与【复制到输出目录】属性有关。

内容文件是作为松散文件与可执行程序集一起分发的。虽然这些文件不会编译到程序集中，但编译时程序集中保存了与这些文件的关联。

如果更新某个文件时不需要重新编译程序，则应该将该文件作为内容文件。例如与项目一起发布的图像文件或者数据库文件，由于更新图像或者数据库中的内容（表、存储过程、函数等）时无需重新编译项目，应该将其作为内容文件。即将其【生成操作】属性设置为"内容"，然后将【复制到输出目录】设置为"总是复制"或者"如果较新则复制"。

2. SplashScreen

SplashScreen（初始屏幕）是指在显示主窗口之前显示的屏幕界面。初始屏幕由一幅图像和一种背景色组成，建议使用透明的、大小为 620×300 像素的 PNG 图像作为初始屏幕图像。

添加初始屏幕的步骤如下。

（a）在项目中新建一个名为 SplashScreen 的文件夹，在该文件夹下，添加一个图像文件。

（b）将该文件的【生成操作】属性设置为"SplashScreen"。

另外一种办法是鼠标右击项目名，选择【添加】→【新建项】→【SplashScreen】，此时 WPF 会添加一个默认的图片文件，并将其作为初始屏幕。

9.2　XAML 资源和样式控制

样式是指元素在界面中呈现的形式。WPF 应用程序中的样式是利用 XAML 资源来实现的，即可在 XAML 资源中用 Style 元素声明样式和模板，并在控件中引用它。

9.2.1　XAML 资源

XAML 资源是指用 XAML 描述的在应用程序中的不同位置可以重用的对象，例如样式（Style）、画笔（Brush）等都是 XAML 资源。注意 XAML 资源和扩展名为.resx 的资源文件不是一个概念。换句话说，XAML 资源的扩展名是.xaml 而不是.resx，这些文件的"生成操作"属性都是"Page"，而且这些文件都会被编译到程序集中。

在 VS2012 中，如果将窗口（Window）、导航窗口（NavigationWindow）、页（Page）、流文档（FlowDocument）或资源字典（ResourceDictionary）添加到项目中，其"生成操作"属性默认都是"Page"。

1. 声明和引用 XAML 资源

在 XAML 中，用元素的 Resources 属性来声明 XAML 资源。例如：

```
<StackPanel>
  <StackPanel.Resources>
      <SolidColorBrush x:Key="MyBrush" Color="Gold"/>
      <Style x:Key="Title" TargetType="TextBlock">
        <Setter Property="HorizontalAlignment" Value="Center" />
        <Setter Property="FontSize" Value="30" />
      </Style>
```

```
    </StackPanel.Resources>
</StackPanel>
```

这段 XAML 用 StackPanel 的 Resources 属性为这个 StackPanel 声明了两个资源，一个是 SolidColorBrush，另一个是 Style。其中的 x:Key 是一种 XAML 标记扩展，它的作用是为该 XAML 资源设置唯一的键。在典型的 WPF 应用程序中，x:Key 的使用率约占 90%以上。

在元素的 Resource 属性中声明了 XAML 资源以后，就可以在该元素的子元素中利用 XAML 标记扩展引用声明的 XAML 资源。

XAML 标记扩展是指在特性语法中将被扩展的特性值用大括号（{和}）括起来，然后由紧跟在左大括号后面的字符串来标识被扩展的特性类型。例如：

```
<Page.Resources>
    <Style x:Key="TitleText" TargetType="TextBlock">
        <Setter Property="HorizontalAlignment" Value="Right" />
        <Setter Property="FontFamily" Value="楷体" />
        <Setter Property="FontSize" Value="16" />
    </Style>
</Page.Resources>
......

<TextBlock Style="{StaticResource TitleText}">你好! </TextBlock>
```

在最后一行 XAML 中，Style 特性值中的大括号就是标记扩展，这行 XAML 的意思是以静态资源的方式引用 TitleText 中定义的样式。

2．静态资源和动态资源

根据引用 XAML 资源的方式，可将 XAML 资源分为静态资源和动态资源。

（1）静态资源

静态资源（StaticResource）是指用{StaticResource keyName}标记扩展引用的资源。例如在 Style 中声明 SolidColorBrush 对象后，就可以在 XAML 元素的开始标记内将其作为静态资源来引用：

```
<DockPanel.Resources>
    <SolidColorBrush x:Key="MyBrush" Color="Gold"/>
</DockPanel.Resources>
<Button Background="{StaticResource MyBrush}" Content="金色背景" />
```

WPF 在加载 XAML 的过程中，会首先查找所有静态资源，并将资源值替换为实际的属性值。换言之，这种将静态资源替换为具体属性值的过程是在加载窗口或页的过程中一次性完成的，因此以后执行时效率比较高，但也正是因为它不是每次使用属性值时都去查找资源引用，所以无法在执行过程中动态改变它的值。

（2）动态资源

动态资源（DynamicResource）是指用{DynamicResource keyName}标记扩展引用的资源。例如：

```
<Page.Resources>
    <Style x:Key="TitleText" TargetType="TextBlock">
        <Setter Property="HorizontalAlignment" Value="Right" />
        <Setter Property="FontFamily" Value="楷体" />
        <Setter Property="FontSize" Value="16" />
    </Style>
</Page.Resources>
<TextBlock Style="{DynamicResource TitleText}">你好! </TextBlock>
```

在程序运行过程中，每次用到某个属性的值时，WPF 都会去查找该属性引用的资源。这种解决办法增加了应用程序的灵活性，提高了应用程序的开发效率。但由于程序运行过程中每次查找资源都需要时间，因此动态资源的执行速度没有静态资源快。

Silverlight 应用程序以及在 Windows 8 上运行的 Metro 样式的应用程序都不支持动态资源引用，而利用数据绑定来实现资源更新。或者说，只能在 WPF 应用程序中将 XAML 资源作为动态资源来引用。

为了使程序易于升级和移植，建议尽量不使用动态资源引用。

另外，在 VS2012 中，还可以通过属性窗口来创建、编辑或者查找 XAML 资源，此时 VS2012 会自动添加或修改对应的 XAML，这种方式极大地方便了 XAML 资源的创建、编辑、查找和引用。而在 VS2010 或者 VS2008 中，这些功能只能借助 Blend 才能实现。

9.2.2　Style 元素

WPF 应用程序中的样式是利用 XAML 资源来实现的。即在 XAML 资源中用 Style 元素来声明样式和模板，并在控件中引用它。Style 元素的常用形式为

```
<Style x:Key=键值 TargetType="控件类型" BasedOn="其他样式中定义的键值">
    ......
</Style>
```

在 Style 元素的开始标记内，用 x:Key 为样式设置键值；用 TargetType 指定控件的类型；用 BasedOn 继承其他 XAML 资源中已经定义的样式。这种方式既实现了类似 CSS 样式级联的效果，又大大增加了 WPF 样式控制的灵活性。

1. 隐式样式设置（只声明 TargetType）

在 Style 元素的开始标记内，可以只声明 TargetType 而不声明 x:Key，此时 x:Key 的值将隐式设置为和 TargetType 的值相同，该样式对其控制范围内的所有 TargetType 中声明的控件类型都起作用。例如：

```
<Style TargetType="Button">
    <Setter Property="Foreground" Value="Green"/>
    <Setter Property="Background" Value="Yellow"/>
</Style>
```

该样式表示对它所控制范围内的所有的 Button 控件都起作用。另外，由于该样式没有声明 x:Key，因此它会被隐式地声明为和 TargetType 的值相同。

2. 显式样式设置（只声明 x:Key）

声明了 x:Key 的样式称为显式样式设置，即控件只有显式用 Style 特性引用该 x:Key 的值时才会起作用。

如果只声明 x:Key 而不声明 TargetType，则必须在 Setter 中用 Property="Control.Property"设置 Setter 对象的属性。例如：

```
<Style x:Key="Style1">
    <Setter Property="Control.Foreground" Value="Green"/>
    <Setter Property="Control.Background" Value="Yellow"/>
</Style>
```

这样一来，Button、TextBox、TextBlock 等各种类型的控件都可以通过 Style1 引用这种样式。例如：

```
<Button Style="{StaticResource Style1}"/>
```

3. 同时声明 x:Key 和 TargetType

如果同时声明 x:Key 和 TargetType，则只有引用了 x:Key 的值且控件类型为 TargetType 中指定的类型的控件才会起作用，而且引用了显式样式的控件将不再应用隐式样式。例如：

```
<Window.Resources>
    <Style x:Key="t1" TargetType="TextBlock">
        <Setter Property="Foreground" Value="White" />
        <Setter Property="Background" Value="Blue" />
    </Style>
    <Style TargetType="TextBlock">
        <Setter Property="Foreground" Value="White" />
        <Setter Property="Background" Value="Red" />
        <Setter Property="Width" Value="100" />
    </Style>
</Window.Resources>
<StackPanel>
    <TextBlock Text="文本 1" Style="{StaticResource t1}" />
    <TextBlock Text="文本 2" />
</StackPanel>
```

此时，由于文本 1 引用了样式 t1，因此隐式样式对它将不再起作用。另外，只有文本 1 才会应用 t1 样式，而 t1 对文本 2 不起作用。

4. 样式继承（声明中包含 BasedOn）

如果样式声明中包含 BasedOn，则该样式将继承 BasedOn 中定义的样式。其效果就是将该样式和 BasedOn 中的样式合并起来共同起作用。例如：

```
<Style x:Key="Style1">
    <Setter Property="Control.Background" Value="Yellow"/>
</Style>
<Style x:Key="Style2" BasedOn="{StaticResource Style1}">
    <Setter Property="Control.Foreground" Value="Blue"/>
</Style>
```

对于该样式来说，凡是引用 Style2 的控件将同时具有 Style1 和 Style2 中设置的样式。其效果相当于

```
<Style x:Key="Style2">
    <Setter Property="Control.Background" Value="Yellow"/>
    <Setter Property="Control.Foreground" Value="Blue"/>
</Style>
```

如果 Style1 和 Style2 中有重复的属性设置，则 Style2 中的属性设置将覆盖 Style1 中同名的属性设置（和类继承的概念一致）。

也可以通过 BasedOn 实现多次继承，例如有 A、B、C 三种样式，则可以让 C 继承 B，让 B 继承 A，则引用样式 C 的控件其最终样式就是 A、B、C 三种样式合并后的效果。

9.2.3 在 Style 元素中设置属性和事件

在 Style 元素中，用 Setter 设置元素的属性实现样式定义，用 EventSetter 设置事件。

1. 属性设置

在<Style>和</Style>之间，既可以用特性语法声明一个或多个 Setter 对象，也可以用属性语法设置属性的值。

（1）用特性语法定义 Setter

用特性语法定义 Setter 时，每个 Setter 都必须包括 Property 属性和 Value 属性。例如：

```
<Setter Property="FontSize" Value="32pt" />
```

如果存在多个 Setter 具有相同的 Property，则最后的 Setter 中的 Property 有效。同样，如果在元素中用内联方式设置的属性和 Setter 中设置的属性相同，则内联方式设置的属性有效。

（2）用属性语法定义 Setter

一般情况下，应该尽量用特性语法定义样式。当某些属性无法用特性语法来描述时，也可以用属性语法来实现，此时在 Setter 元素中定义 Property 属性，在 Setter 元素的子元素中定义 Value 属性。例如：

```
<Style x:Key="t1" TargetType="TextBlock">
    <Setter Property="Foreground">
        <Setter.Value>
            <LinearGradientBrush StartPoint="0.5,0" EndPoint="0.5,1">
                <LinearGradientBrush.GradientStops>
                    <GradientStop Offset="0.0" Color="#90C117" />
                    <GradientStop Offset="1.0" Color="#5C9417" />
                </LinearGradientBrush.GradientStops>
            </LinearGradientBrush>
        </Setter.Value>
    </Setter>
    <Setter Property="RenderTransform">
        <Setter.Value>
            <TranslateTransform X="0" Y="10"/>
        </Setter.Value>
    </Setter>
</Style>
```

2. 事件设置

在 XAML 资源的<Style>和</Style>之间，可以用 EventSetter 设置事件。例如：

XAML：

```
<Window.Resources>
    <Style TargetType="Button">
        <Setter Property="Background" Value="AliceBlue"/>
        <EventSetter Event="Click" Handler="Button_Click"/>
    </Style>
</Window.Resources>
<StackPanel>
    <Button Content="按钮1"/>
    <Button Content="按钮2" Click="Button2_Click"/>
</StackPanel>
```

C#：

```
private void Button_Click(object sender, RoutedEventArgs e)
{
    string btnContent = (e.Source as Button).Content.ToString();
    MessageBox.Show(btnContent);
}
private void Button2_Click(object sender, RoutedEventArgs e)
{
    string btnContent = (e.Source as Button).Content.ToString();
    MessageBox.Show(btnContent);
    e.Handled = true;
}
```

在 Button2_Click 事件中，如果不加 e.Handled = true;，则单击此按钮时，将弹出两次消息框。一次是自身引发的，另一次是样式引发的。

9.2.4 样式的级联控制

在 XAML 中，最基本的样式控制形式就是用内联式来实现。除了内联样式以外，还可以在 XAML 资源中声明样式，然后在控件中引用这些样式。

根据 XAML 资源声明的位置，可将样式定义分为不同的级别。通过在 Style 标记中用 BasedOn 依次继承（级联），再将其和内联式结合起来，就可以得到最终的有效样式。

1. 内联式

内联式是指在元素的开始标记内直接用特性语法声明元素的样式。例如：

```
<StackPanel>
    <TextBlock FontSize="24" FontFamily="楷体">文本 1</TextBlock>
    <TextBlock FontSize="24" FontFamily="楷体">文本 2</TextBlock>
</StackPanel>
```

在这段 XAML 中，FontSize 和 FontFamily 都是内联表示形式。

内联式适用于单独控制元素样式的情况。这种方式的优点是设置样式直观、方便；缺点是无法一次性设置所有窗口或页面中相同的样式。一般情况下，如果某个元素的样式与其他元素的样式不同，或者具有相同样式的元素比较少，可以采用内联式。

2. 框架元素样式

框架元素是指从 FrameworkElement 或 FrameworkContentElement 继承的元素，根元素（Window、Page、UserControl 等）只是一种特殊的框架元素。

框架元素样式是指在框架元素（包括根元素）的 Resource 属性中定义的样式，这种样式的作用范围为该元素的所有子元素。

【例 9-1】 演示框架元素样式的基本用法。运行效果如图 9-2（a）所示。

（a）例 9-1 的运行效果　　　　（b）例 9-2 的运行效果

图 9-2　例 9-1 和例 9-2 的运行效果

该例子的源程序见 Style1.xaml，主要代码如下。

```
<Page ……>
    <Grid Height="150">
        <Grid.RowDefinitions>
            <RowDefinition Height="20*" />
            <RowDefinition Height="10*" />
        </Grid.RowDefinitions>
        <StackPanel Name="stackPanel1">
```

```
        <StackPanel.Resources>
            <Style TargetType="TextBlock">
                <Setter Property="HorizontalAlignment" Value="Center" />
                <Setter Property="FontFamily" Value="楷体" />
                <Setter Property="FontSize" Value="30" />
            </Style>
        </StackPanel.Resources>
        <TextBlock>朝辞白帝彩云间</TextBlock>
        <TextBlock>千里江陵一日还</TextBlock>
    </StackPanel>
    <StackPanel Name="stackPanel2" Grid.Row="1">
        <TextBlock>朝辞白帝彩云间</TextBlock>
        <TextBlock>千里江陵一日还</TextBlock>
    </StackPanel>
    </Grid>
</Page>
```

由于在 StackPanel1 中声明的样式作用范围为其子元素的所有 TextBlock 元素，所以它对 StackPanel2 中的 TextBlock 不起作用。

【例 9-2】演示根元素样式的基本用法。运行效果如图 9-2（b）所示。

该例子的源程序在 Style2.xaml 中，主要代码如下。

```
<Page ……>
    <Page.Resources>
        <Style x:Key="b1" TargetType="StackPanel">
            <Setter Property="Background" Value="#FFDFF9F7" />
        </Style>
        <Style TargetType="TextBlock">
            <Setter Property="HorizontalAlignment" Value="Right" />
            <Setter Property="FontFamily" Value="楷体" />
            <Setter Property="FontSize" Value="16" />
        </Style>
    </Page.Resources>
    ……
</Page>
```

由于在根元素的 XAML 资源中定义的样式只对它的子元素起作用，所以在 Page 的 Resource 属性中声明的样式只对该页的所有子元素有效。

这个例子在 Style1.xaml 的基础上又增加了根元素的样式，并在根元素的资源中设置了 TextBlock 的样式为：楷体，右对齐，字体大小为 16px。因此后两行文字变为页资源中设置的样式。

对于前两行文字来说，首先是根元素中定义的样式起作用，而在框架元素资源内定义的样式又覆盖了在根元素资源中定义的样式，所以其最终呈现的样式是在框架元素资源内定义的样式。

根元素样式和框架元素样式适用于控制具有相同样式的多个元素。采用这种方式的优点是当修改某些元素的样式时，只需要修改资源中定义的样式，修改后所有具有相同样式的元素会自动应用新的样式。

3. 应用程序样式

应用程序样式是指在 App.xaml 文件的 Application.Resources 属性中声明的样式。这种样式的作用范围为整个应用程序项目，对项目中的所有窗口和页面都起作用。

【例 9-3】 演示应用程序样式的基本用法。运行效果如图 9-3（a）所示。

（a）例 9-3 的运行效果　　　　　　（b）例 9-4 的运行效果

图 9-3　例 9-3 和例 9-4 的运行效果

该例子的源程序在 App.xaml 以及 Style3.xaml 中。

App.xaml 的代码如下。

```
<Application.Resources>
    <ResourceDictionary>
        <Style x:Key="TextBlockStyle" TargetType="TextBlock">
            <Setter Property="Background" Value="Blue" />
            <Setter Property="Foreground" Value="White" />
            <Setter Property="HorizontalAlignment" Value="Center" />
            <Setter Property="FontSize" Value="24" />
            <Setter Property="FontFamily" Value="楷体" />
        </Style>
    </ResourceDictionary>
</Application.Resources>
```

在 App.xaml 中定义的样式对整个项目都起作用。

Style3.xaml 的相关代码如下。

```
<Page ……>
    <Page.Resources>
        <Style x:Key="b1" TargetType="StackPanel">
            <Setter Property="Background" Value="#FFDFF9F7" />
        </Style>
        <Style TargetType="TextBlock">
            <Setter Property="HorizontalAlignment" Value="Right" />
            <Setter Property="FontFamily" Value="楷体" />
            <Setter Property="FontSize" Value="16" />
        </Style>
    </Page.Resources>
    <Grid Height="200">
        <Grid.RowDefinitions>
            <RowDefinition Height="2*" />
            <RowDefinition Height="2*" />
        </Grid.RowDefinitions>
        <StackPanel>
            <StackPanel.Resources>
                <Style TargetType="TextBlock">
                    <Setter Property="HorizontalAlignment" Value="Center" />
                    <Setter Property="FontFamily" Value="楷体" />
                    <Setter Property="FontSize" Value="30" />
```

```
            </Style>
        </StackPanel.Resources>
        <TextBlock>朝辞白帝彩云间</TextBlock>
        <TextBlock>千里江陵一日还</TextBlock>
    </StackPanel>
    <StackPanel Style="{StaticResource b1}" Grid.Row="1">
        <TextBlock>朝辞白帝彩云间</TextBlock>
        <TextBlock
            Style="{StaticResource TextBlockStyle}">千里江陵一日还</TextBlock>
    </StackPanel>
  </Grid>
</Page>
```

Style3.xaml 和 Style2.xaml 的区别是在 Style3.xaml 的最后一个 TextBlock 元素内用 Style 引用了 App.xaml 中定义的资源。

4. 资源字典

资源字典是指在单独的 XAML 文件中用 ResourceDictionary 定义的样式。在元素样式、应用程序样式中都可以包含 ResourceDictionary。例如：

```
<Style>
    <Style.Resources>
        <ResourceDictionary Source="Dictionary1.xaml"/>
    </Style.Resources>
</Style>
```

定义资源字典后，既可以让其只对某个元素或者某一页起作用，也可以让其对项目的所有元素都起作用。另外，还可以在一个 ResourceDictionary 中合并其他 ResourceDictionary。

下面以在 Style4.xaml 中合并资源字典为例说明资源字典的基本用法。

【例 9-4】 演示资源字典的基本用法。运行效果如图 9-3（b）所示。

该例子的源程序见 Themes 的文件夹下的 Dictionary1.xaml 的资源字典文件以及 Style4.xaml 文件。

Dictionary1.xaml 的代码如下。

```
<ResourceDictionary
        xmlns="http://schemas.microsoft.com/winfx/2006/xaml/presentation"
        xmlns:x="http://schemas.microsoft.com/winfx/2006/xaml">
    <Style x:Key="d1" TargetType="TextBlock">
        <Setter Property="FontSize" Value="40" />
        <Setter Property="HorizontalAlignment" Value="Center" />
        <Setter Property="VerticalAlignment" Value="Center" />
        <Setter Property="Foreground">
            <Setter.Value>
                <LinearGradientBrush EndPoint="0.5,1"
                        MappingMode="RelativeToBoundingBox"
                        StartPoint="0.5,0">
                    <GradientStop Color="#FF21E6CB" Offset="0" />
                    <GradientStop Color="#FFF37831" Offset="1" />
                </LinearGradientBrush>
            </Setter.Value>
        </Setter>
    </Style>
</ResourceDictionary>
```

Style4.xaml 的主要代码如下。

```
<Page ......>
    <Page.Resources>
        <ResourceDictionary>
            <ResourceDictionary.MergedDictionaries>
                <ResourceDictionary Source="../Themes/Dictionary1.xaml" />
            </ResourceDictionary.MergedDictionaries>
            <Style TargetType="TextBlock" BasedOn="{StaticResource d1}">
                <Setter Property="Foreground" Value="Red" />
            </Style>
            <Style TargetType="StackPanel">
                <Setter Property="Background">
                    <Setter.Value>
                        <RadialGradientBrush>
                            <GradientStop Color="#FFF5D507" Offset="0" />
                            <GradientStop Color="#FF22E2D9" Offset="0.25" />
                            <GradientStop Color="White" Offset="1" />
                        </RadialGradientBrush>
                    </Setter.Value>
                </Setter>
            </Style>
        </ResourceDictionary>
    </Page.Resources>
    <Grid>
        <StackPanel>
            <TextBlock Style="{StaticResource d1}">朝辞白帝彩云间</TextBlock>
            <TextBlock Text="千里江陵一日还" />
        </StackPanel>
    </Grid>
</Page>
```

在 Style4.xaml 的根元素样式中，使用了 BasedOn 声明在应用程序样式的基础上继续设置，即将它与指定的样式设置进行级联。

至此，我们学习了 WPF 应用程序中最基本的样式设置方法。

用 Style 定义元素的样式时，有一点需要注意，由于很多 WPF 控件都是由其他 WPF 控件组合而成的，如果在根元素样式或应用程序样式内不用 x:Key 声明，可能会得到意想不到的结果。例如将例子中 App.xaml 内的 x:Key="TextBlockStyle"去掉，由于不再指定 x:Key，则它会应用于该项目的所有 TextBlock 控件，即使 TextBlock 是另一个控件（如 Button）的组成部分也不例外。将 x:Key 去掉后，再次运行应用程序，我们会发现所有按钮显示的文字前景色和背景色也全变了，这显然不是我们所希望的结果。所以在根元素样式、应用程序样式以及资源字典中，最好在 Style 声明中指定 x:Key，以避免产生不希望的结果。

9.2.5　使用 C#代码定义和引用样式

除了用 XAML 定义和引用样式外，还可以用 C#代码来实现相同的功能。

用 XAML 定义的资源如果声明了键（Key），则可以在 C#代码中访问这些资源。实际上，不论是哪种 XAML 资源，编译或执行应用程序的时候，这些 XAML 资源最终都会被整合到 WPF 应用程序的 ResourceDictionary 对象中，供 C#代码访问。

假如页面中有一个名为 border1 的 Border 控件，并且用 XAML 定义了下面的样式：

```
<Border Name="border1">
```

```
    <Border.Resources>
        <Style x:Key="backgroundKey" TargetType="Border">
            <Setter Property="Background" Value="Blue" />
        </Style>
    </Border.Resources>
</Border>
```

则 Border.Resources 也可以用下面的 C#代码来实现：

```
ResourceDictionary d1 = border1.Resources;
d1.Add("backgroundKey", Brushes.Blue);
```

在 C#代码中，可通过对象的 Resources["key"]直接访问某个 XAML 资源。另外，WPF 还提供了 FindResource(key)方法和 TryFindResource(key)方法来搜索 XAML 资源，两者的区别是如果找不到资源，FindResource(key)方法会产生异常，而 TryFindResource(key)方法则返回 null 而不产生异常。

下面的代码演示了如何查找 XAML 资源，并将其作为静态资源来引用：

```
Brush b1 = (Brush)border1.TryFindResource("backgroundKey");
if (b1 != null) border1.Background = b1;
```

如果将 b1 作为动态资源来引用，则需要调用 SetResourceReference 方法来实现：

```
if (b2 != null) border1.SetResourceReference(Border.BorderBrushProperty, b2);
```

也可以从资源集合中获取定义的样式，然后将其分配给元素的 Style 属性。注意资源集合中的项都属于 Object 类型，必须先将查找到的样式强制转换为 Style，然后才能将其分配给 Style 属性。

下面的代码为名为 textblock1 的 TextBlock 设置定义的 TitleText 样式：

```
textblock1.Style = (Style)(this.Resources["TitleText"]);
```

样式一旦应用，便会密封并且无法更改。如果要动态更改已应用的样式，必须创建一个新样式来替换现有样式。

【例 9-5】 演示如何用 C#代码定义和引用样式。运行效果如图 9-4 所示。

图 9-4　例 9-5 的运行效果

该例子的源程序见 Style5.xaml 及其代码隐藏类。

Style5.xaml 的主要内容如下。

```
<Page x:Class="ch09.Examples.Style5" ……>
    <StackPanel>
        <Border Name="border1" Height="60" CornerRadius="10" BorderThickness="2">
            <TextBlock Name="textBlock1" HorizontalAlignment="Center"
                    VerticalAlignment="Center" FontSize="16" Text="朝辞白帝彩云间" />
        </Border>
        <Separator />
```

```
        <StackPanel Orientation="Horizontal" HorizontalAlignment="Center">
            <Button Content="定义样式" Margin="10" Click="buttonAdd_Click" />
            <Button Content="引用样式" Margin="10" Click="buttonRef_Click" />
        </StackPanel>
        <Separator />
        <TextBlock Name="textBlock2" HorizontalAlignment="Center" />
        <Separator />
    </StackPanel>
</Page>
```

Style5.xaml.cs 的主要代码如下。

```
private void buttonAdd_Click(object sender, RoutedEventArgs e)
{
    Button btn = e.Source as Button;
    ResourceDictionary d1 = border1.Resources;
    d1.Add("backgroundKey", Brushes.Blue);
    d1.Add("borderBrushKey", new SolidColorBrush(Color.FromRgb(0xFF, 0, 0)));
    textBlock1.Resources.Add("forgroundKey", Brushes.White);
    textBlock2.Text = "样式定义成功";
    btn.IsEnabled = false;
}
private void buttonRef_Click(object sender, RoutedEventArgs e)
{
    //演示如何查找 XAML 资源
    Brush b1 = (Brush)border1.TryFindResource("backgroundKey");
    Brush b2 = (Brush)border1.TryFindResource("borderBrushKey");
    Brush b3 = (Brush)textBlock1.TryFindResource("forgroundKey");
    //演示如何将 b1、b3 作为静态资源来引用
    if (b1 != null) border1.Background = b1;
    if (b3 !=null) textBlock1.Foreground = b3;
    //演示如何将 b2 作为动态资源来引用
    if (b2 != null) border1.SetResourceReference(Border.BorderBrushProperty, b2);
}
```

9.3 在 Style 元素中使用模板和触发器

在 XAML 资源的 Style 元素中，也可以利用模板来自定义控件的外观。另外，触发器也是
WPF 应用程序中常用的技术之一。

9.3.1 模板

WPF 提供了两种模板化技术，一种是样式模板化，另一种是数据模板化。

1. 样式模板化
所谓样式模板化，是指利用控件模板（ControlTemplate）来定义控件的外观，从而让控件呈
现出各种形式。在 Style 中，用 Template 属性定义控件的模板。

下面的代码演示了如何利用样式模板化为 Separator 重新定义样式：

```
<Style TargetType="Separator">
    <Setter Property="Template">
        <Setter.Value>
```

```
    <ControlTemplate>
        <Rectangle Width="60" Height="10" Fill="Blue" />
    </ControlTemplate>
    </Setter.Value>
    </Setter>
</Style>
```

Separator 默认显示一条横线，这段代码用矩形取代了默认的横线。

对于 ListBox 等控件，还可以分别定义 HeadTemplate 和 ContentTemplate。

下面通过例子说明具体用法。

【例 9-6】 演示样式模板化的基本用法。运行效果如图 9-5 所示。

图 9-5　例 9-6 的运行效果

该例子的源程序在 Style6.xaml 及其代码隐藏类中。

Style6.xaml 的内容如下。

```xml
<Page x:Class="ch09.Examples.Style6" ……>
    <Page.Resources>
        <Style TargetType="Button">
            <Setter Property="Margin" Value="5 0 0 0" />
            <Setter Property="Background" Value="AliceBlue" />
            <Setter Property="Template">
                <Setter.Value>
                    <ControlTemplate TargetType="Button">
                        <Border BorderBrush="Black" BorderThickness="1">
                        <StackPanel>
                            <Image Source="/images/Screen.jpg" Height="40" />
                            <ContentPresenter HorizontalAlignment="Center"
                                        VerticalAlignment="Bottom"/>
                        </StackPanel>
                        </Border>
                    </ControlTemplate>
                </Setter.Value>
            </Setter>
        </Style>
        <Style TargetType="Separator">
            <Setter Property="Margin" Value="15 0 10 0" />
            <Setter Property="Template">
                <Setter.Value>
                    <ControlTemplate>
                        <Rectangle Width="10" Height="60">
                            <Rectangle.Fill>
                                <LinearGradientBrush EndPoint="0.5,1" StartPoint="0.5,0">
                                    <GradientStop Color="#FF98B2F9" Offset="0" />
```

```
                    <GradientStop Color="#FFF70909" Offset="1" />
                    <GradientStop Color="#FFF4F983" Offset="0.483" />
                </LinearGradientBrush>
            </Rectangle.Fill>
        </Rectangle>
    </ControlTemplate>
</Setter.Value>
        </Setter>
    </Style>
</Page.Resources>
<StackPanel Orientation="Horizontal"
        HorizontalAlignment="Center" VerticalAlignment="Center"
        Button.Click="Button_Click">
    <Button Content="按钮 1" />
    <Separator />
    <Button Content="按钮 2" />
    <Separator />
    <Button Content="按钮 3" />
</StackPanel>
</Page>
```

Style6.xaml.cs 的主要代码如下。

```
private void Button_Click(object sender, RoutedEventArgs e)
{
    Button btn = e.Source as Button;
    if (btn != null)
    {
        MessageBox.Show("你单击了" + btn.Content);
    }
}
```

2. 数据模板化

除了利用样式模板自定义控件的外观外，还可以利用数据模板自定义控件的外观。由于数据模板用到了数据绑定的相关知识，所以在介绍数据绑定与数据验证相关内容时，我们再学习数据模板化的具体用法。

9.3.2　触发器

触发器（Trigger）是指某种条件发生变化时自动触发某些动作。在<Style>和</Style>之间，可以利用样式设置触发器。

1. 属性触发器

属性触发器用控件的属性作为触发条件，即当对象的属性发生变化时自动更改对应的其他属性。有两种类型的属性触发器，一种是 Trigger，用于单条件触发；另一种是 MultiTrigger，用于多条件触发。

下面的代码演示了 Trigger 的基本用法：

```
<Style TargetType="Button">
    <Setter Property="Width" Value="60"/>
    <Style.Triggers>
        <Trigger Property="IsMouseOver" Value="True">
            <Setter Property="Width" Value="80"/>
        </Trigger>
    </Style.Triggers>
</Style>
```

这段 Style 定义一个 Trigger 元素，该触发器的作用是：当按钮的 IsMouseOver 属性变为 True 时，自动将按钮的 Width 属性设置为 80。当 IsMouseOver 属性为 False，即触发条件失效时，宽度回到默认 Setter 的设置值 60。

2. 事件触发器

事件触发器（EventTrigger）用路由事件（RoutedEvent）作为触发条件，当指定的路由事件引发时启动一组操作，例如播放动画等。

下面的代码演示了 EventTrigger 的基本用法：

```
<Style TargetType="Button">
    <Setter Property="Height" Value="30" />
    <Style.Triggers>
        <EventTrigger RoutedEvent="Mouse.MouseEnter">
            <EventTrigger.Actions>
                <BeginStoryboard>
                    <Storyboard>
                        <DoubleAnimation Duration="0:0:0.2"
                                Storyboard.TargetProperty="Height" To="90" />
                    </Storyboard>
                </BeginStoryboard>
            </EventTrigger.Actions>
        </EventTrigger>
        <EventTrigger RoutedEvent="Mouse.MouseLeave">
            <EventTrigger.Actions>
                <BeginStoryboard>
                    <Storyboard>
                        <DoubleAnimation Duration="0:0:1"
                                Storyboard.TargetProperty="Height" />
                    </Storyboard>
                </BeginStoryboard>
            </EventTrigger.Actions>
        </EventTrigger>
    </Style.Triggers>
</Style>
```

3. 数据触发器

数据触发器分为 DataTrigger 和 MultiDataTrigger 两种：DataTrigger 用控件的 DataContext 的属性作为触发条件；MultiDataTrigger 用控件的 DataContext 的多个属性作为触发条件。

属性触发器只检查 WPF 的附加属性，而数据触发器则可检查任何一种可绑定的属性。属性触发器一般用来检查 WPF 可视元素的属性，而数据触发器则通常用来检查不可视对象的属性。

【例 9-7】 演示触发器的基本用法。运行效果如图 9-6 所示。

图 9-6　例 9-7 的运行效果

该例子的源程序在 Style7.xaml 文件中，代码如下。

```xml
<Page x:Class="ch09.Examples.Style7" ……>
    <Page.Resources>
        <Style TargetType="Button">
            <Setter Property="Margin" Value="10 0 0 0" />
            <Setter Property="Width" Value="60" />
            <Setter Property="Height" Value="30" />
            <Setter Property="Background" Value="AliceBlue" />
            <EventSetter Event="Click" Handler="Button_Click" />
            <Style.Triggers>
                <Trigger Property="IsMouseOver" Value="True">
                    <Setter Property="Width" Value="80" />
                </Trigger>
                <MultiTrigger>
                    <MultiTrigger.Conditions>
                        <Condition Property="IsFocused" Value="True"></Condition>
                        <Condition Property="Content" Value="{x:Null}"></Condition>
                    </MultiTrigger.Conditions>
                    <Setter Property="ToolTip" Value="content is null!"></Setter>
                </MultiTrigger>
                <EventTrigger RoutedEvent="Mouse.MouseEnter">
                    <EventTrigger.Actions>
                        <BeginStoryboard>
                            <Storyboard>
                                <DoubleAnimation Duration="0:0:0.2"
                                        Storyboard.TargetProperty="Height"
                                        To="90" />
                            </Storyboard>
                        </BeginStoryboard>
                    </EventTrigger.Actions>
                </EventTrigger>
                <EventTrigger RoutedEvent="Mouse.MouseLeave">
                    <EventTrigger.Actions>
                        <BeginStoryboard>
                            <Storyboard>
                                <DoubleAnimation Duration="0:0:1"
                                        Storyboard.TargetProperty="Height" />
                            </Storyboard>
                        </BeginStoryboard>
                    </EventTrigger.Actions>
                </EventTrigger>
            </Style.Triggers>
        </Style>
    </Page.Resources>
    <StackPanel Orientation="Horizontal" HorizontalAlignment="Center">
        <Button Content="按钮 1" />
        <Button Content="按钮 2" />
    </StackPanel>
</Page>
```

运行程序时，将鼠标移动到【按钮 1】或者【按钮 2】的上面，它就会自动应用动画。

9.4　主题（Themes）

主题（Themes，也叫外观）是在系统或应用程序级别上定义的一组资源，利用主题，可以一次性指定项目内所有元素的默认样式，为应用程序的控件和其他可视元素提供默认的外观。

WPF 应用程序中的主题是通过资源字典来实现的，对于应用程序开发人员来说，既可以引用系统主题，也可以自定义主题。

9.4.1　系统主题

系统主题是指操作系统级别的主题，这些主题都保存在对应的.dll 文件中。主要有：

- Aero.NormalColor.xaml：Windows 7 的默认主题。
- AeroLite.NormalColor.xaml：Windows Server 2012、Windows 8 的主题。
- Luna.NormalColor.xaml ：Windows XP 的默认蓝色主题。
- Luna.Homestead.xaml ：Windows XP 的橄榄色主题。
- Luna.Metallic.xaml ：Windows XP 的银色主题。
- Royale.NormalColor.xaml ：Windows XP Media Center Edition 的默认主题。
- Classic.xaml：不使用视觉样式。

下面通过例子说明如何使用这些主题。

【例 9-8】 演示系统主题的基本用法。

（1）添加系统主题引用。鼠标右击 ch09 项目的【引用】，选择【添加引用】命令，在弹出的窗口中，选中要引用的主题，如图 9-7 所示。

图 9-7　添加系统主题引用

（2）在 Examples 文件夹下，添加一个名为 Theme1.xaml 的页，内容如下。

```
<Page x:Class="ch09.Examples.Theme1" ……>
    <Grid Height="200">
        <Grid.RowDefinitions>
            <RowDefinition Height="Auto" />
            <RowDefinition Height="Auto" />
            <RowDefinition Height="25" />
```

```xml
                <RowDefinition Height="Auto" />
                <RowDefinition Height="*" />
            </Grid.RowDefinitions>
            <WrapPanel Grid.Row="0" Margin="5">

                <Button Margin="5" Content="Aero" Click="ThemeButton_Click">
                    <Button.Resources>
                        <ResourceDictionary Source="/PresentationFramework.Aero;component/
themes/Aero.NormalColor.xaml" />
                    </Button.Resources>
                </Button>
                <Button Margin="5" Content="AeroLite" Click="ThemeButton_Click">
                    <Button.Resources>
                        <ResourceDictionary Source="/PresentationFramework.AeroLite;
component/themes/AeroLite.NormalColor.xaml" />
                    </Button.Resources>
                </Button>
                <Button Margin="5" Content="Luna 蓝色" Click="ThemeButton_Click">
                    <Button.Resources>
                        <ResourceDictionary Source="/PresentationFramework.Luna;component/
themes/Luna.NormalColor.xaml" />
                    </Button.Resources>
                </Button>
                <Button Margin="5" Content="Luna 橄榄色" Click="ThemeButton_Click">
                    <Button.Resources>
                        <ResourceDictionary Source="/PresentationFramework.Luna;component/
themes/Luna.Homestead.xaml" />
                    </Button.Resources>
                </Button>
                <Button Margin="5" Content="Luna 银色" Click="ThemeButton_Click">
                    <Button.Resources>
                        <ResourceDictionary Source="/PresentationFramework.Luna;component/
themes/Luna.Metallic.xaml" />
                    </Button.Resources>
                </Button>
                <Button Margin="5" Content="Royale" Click="ThemeButton_Click">
                    <Button.Resources>
                        <ResourceDictionary Source="/PresentationFramework.Royale;
component/themes/Royale.NormalColor.xaml" />
                    </Button.Resources>
                </Button>
                <Button Margin="5" Content="Classic" Click="ThemeButton_Click">
                    <Button.Resources>
                        <ResourceDictionary Source="/PresentationFramework.Classic;
component/themes/Classic.xaml" />
                    </Button.Resources>
                </Button>
            </WrapPanel>
            <Separator Grid.Row="1" />
            <TextBlock Name="textBlock" Grid.Row="2"
                    VerticalAlignment="Center" HorizontalAlignment="Center" />
            <Separator Grid.Row="3" />
            <Grid Grid.Row="4" Margin="10" VerticalAlignment="Center">
                <Grid.ColumnDefinitions>
                    <ColumnDefinition Width="*" />
                    <ColumnDefinition Width="*" />
```

```xml
            <ColumnDefinition Width="*" />
            <ColumnDefinition Width="*" />
        </Grid.ColumnDefinitions>
        <StackPanel HorizontalAlignment="Center"
            VerticalAlignment="Center">
            <Button Content="按钮 1" />
            <Button Content="按钮 2" Margin="0 4 0 0" />
        </StackPanel>
        <StackPanel Grid.Column="1">
            <CheckBox Content="选项 1" />
            <CheckBox IsChecked="True" Content="选项 2" />
            <CheckBox Content="选项 3" />
        </StackPanel>
        <StackPanel Grid.Column="2">
            <RadioButton IsChecked="True" Content="单选 1" />
            <RadioButton Content="单选 2" />
            <RadioButton Content="单选 3" />
        </StackPanel>
            <ListBox Grid.Column="3">
                <ListBoxItem>第 1 项</ListBoxItem>
                <ListBoxItem IsSelected="True">第 2 项</ListBoxItem>
                <ListBoxItem>第 3 项</ListBoxItem>
            </ListBox>
    </Grid>
    <Rectangle Grid.RowSpan="5" Stroke="Gray"/>
    </Grid>
</Page>
```

Theme1.xaml.cs 的主要代码如下。

```csharp
public partial class Theme1 : Page
{
    ResourceDictionary[] dict;
    public Theme1()
    {
        InitializeComponent();
        dict = new ResourceDictionary[]
        {
            new ResourceDictionary(){ Source = new Uri(
"/PresentationFramework.Aero;component/themes/Aero.NormalColor.xaml",
UriKind.RelativeOrAbsolute)},
            new ResourceDictionary(){ Source = new Uri(
"/PresentationFramework.AeroLite;component/themes/AeroLite.NormalColor.xaml",
 UriKind.RelativeOrAbsolute)},
            new ResourceDictionary(){ Source = new Uri(
"/PresentationFramework.Luna;component/themes/Luna.NormalColor.xaml",
 UriKind.RelativeOrAbsolute)},
            new ResourceDictionary(){ Source = new Uri(
 "/PresentationFramework.Luna;component/themes/Luna.Homestead.xaml",
UriKind.RelativeOrAbsolute)},
            new ResourceDictionary(){ Source = new Uri(
 "/PresentationFramework.Luna;component/themes/Luna.Metallic.xaml",
UriKind.RelativeOrAbsolute)},
            new ResourceDictionary(){ Source = new Uri(
```

```
"/PresentationFramework.Royale;component/themes/Royale.NormalColor.xaml",
UriKind.RelativeOrAbsolute)},
        new ResourceDictionary(){ Source = new Uri(
"/PresentationFramework.Classic;component/themes/Classic.xaml",
UriKind.RelativeOrAbsolute)}
    };
    App.Current.Resources = dict[0];
    textBlock.Text = "当前主题: Aero";
}
private void ThemeButton_Click(object sender, RoutedEventArgs e)
{
    Button btn = e.Source as Button;
    string s=btn.Content.ToString();
    textBlock.Text = "当前主题: " + s;
    switch (s)
    {
        case "Aero": App.Current.Resources = dict[0]; break;
        case "AeroLite": App.Current.Resources = dict[1]; break;
        case "Luna 蓝色": App.Current.Resources = dict[2]; break;
        case "Luna 橄榄色": App.Current.Resources = dict[3]; break;
        case "Luna 银色": App.Current.Resources = dict[4]; break;
        case "Royale": App.Current.Resources = dict[5]; break;
        case "Classic": App.Current.Resources = dict[6]; break;
    }
}
}
```

（3）在 MainWindow.xaml 中添加一个名为"例 8"的按钮，然后按<F5>键调试运行程序，单击"例 8"按钮，运行效果如图 9-8 所示。选择不同的主题，我们会发现界面中所有控件的外观都会自动跟着改变，而不是仅仅改变右侧的外观。

图 9-8　例 9-8 的运行效果

9.4.2　自定义主题

除了可以引用系统主题外，还可以在 WPF 应用程序中自定义应用程序的主题。一般将自定义主题作为单个文件保存在 Themes 文件夹下的 XAML 资源字典中（注意必须保存在 Themes 文件夹下才能被自动找到），这样就可以在多个应用程序中重用某个主题，从而实现应用程序的换肤功能。

WPF 在查找元素样式时，会首先沿元素树向上查找相应的资源，然后再在应用程序资源集合中查找，或者说，主题是最后查找的位置。如果都找不到，就使用系统默认提供的主题。

9.5　本地化处理

在一个软件中针对某种国家的语言实现的技术称为本地化（Localization）。这一节我们主要学习如何利用本地化在一个软件中实现多国语言版。

9.5.1　利用资源字典实现本地化处理

本地化技术有很多种实现方案。在 WPF 应用程序中，比较方便的就是利用资源字典来实现。当用户选择某种国家的语言时，只需要选择对应的资源字典即可，而不需要修改其他任何代码。

下面以同时提供中英文两种形式的界面为例说明本地化的具体实现办法。明白了如何实现两种国家的语言版，自然也就明白了如何实现多国语言版。

【例 9-9】演示如何利用资源字典在一个软件中同时提供中文版和英文版。运行效果如图 9-9 所示。

（a）启动后默认显示效果　　　　　　　　　（b）选择 English 后显示效果

图 9-9　例 9-9 的运行效果

（1）在 ch09 项目中添加一个名为 XamlResource 的文件夹，然后鼠标右击该文件夹，选择【添加】→【资源字典】，在该文件夹下添加 3 个资源字典文件，文件名分别为 Languages.xaml、zh-CN.xaml 和 en-US.xaml。

Languages.xaml 文件的内容如下。

```
<ResourceDictionary
    xmlns="http://schemas.microsoft.com/winfx/2006/xaml/presentation"
    xmlns:x="http://schemas.microsoft.com/winfx/2006/xaml"
    xmlns:system="clr-namespace:System;assembly=mscorlib">
  <system:String x:Key="zh-CN">简体中文</system:String>
  <system:String x:Key="en-US">English</system:String>
</ResourceDictionary>
```

zh-CN.xaml 文件的内容如下。

```
<ResourceDictionary
    xmlns="http://schemas.microsoft.com/winfx/2006/xaml/presentation"
    xmlns:x="http://schemas.microsoft.com/winfx/2006/xaml"
    xmlns:system="clr-namespace:System;assembly=mscorlib">
```

```
    <system:String x:Key="LanguageSetup">设置</system:String>
    <system:String x:Key="Name">姓名: </system:String>
    <system:String x:Key="Age">年龄: </system:String>
    <system:String x:Key="Ok">确定</system:String>
    <system:String x:Key="Cancel">取消</system:String>
</ResourceDictionary>
```

en-US.xaml 文件的内容如下。

```
<ResourceDictionary
        xmlns="http://schemas.microsoft.com/winfx/2006/xaml/presentation"
        xmlns:x="http://schemas.microsoft.com/winfx/2006/xaml"
        xmlns:system="clr-namespace:System;assembly=mscorlib">
    <system:String x:Key="LanguageSetup">Setup</system:String>
    <system:String x:Key="Name">Name:</system:String>
    <system:String x:Key="Age">Age:</system:String>
    <system:String x:Key="Ok">OK</system:String>
    <system:String x:Key="Cancel">Cancel</system:String>
</ResourceDictionary>
```

（2）在 Examples 文件夹下添加一个名为 LocalPage1.xaml 的页，然后将 LocalPage1.xaml 改为如下内容。

```
<Page x:Class="ch09.Examples.LocalPage1"
    xmlns="http://schemas.microsoft.com/winfx/2006/xaml/presentation"
    xmlns:x="http://schemas.microsoft.com/winfx/2006/xaml"
    xmlns:mc="http://schemas.openxmlformats.org/markup-compatibility/2006"
    xmlns:d="http://schemas.microsoft.com/expression/blend/2008"
    mc:Ignorable="d" d:DesignHeight="300" d:DesignWidth="300" Title="Page1">
    <Page.Resources>
        <ResourceDictionary>
            <ResourceDictionary.MergedDictionaries>
                <ResourceDictionary
                    Source="/Examples/XamlResources/Languages.xaml" />
                <ResourceDictionary
                    Source="/Examples/XamlResources/zh-CN.xaml" />
            </ResourceDictionary.MergedDictionaries>
        </ResourceDictionary>
    </Page.Resources>
    <Grid Height="160" MinHeight="160" VerticalAlignment="Top">
        <Grid.ColumnDefinitions>
            <ColumnDefinition MinWidth="50" Width="Auto" />
            <ColumnDefinition Width="*" />
        </Grid.ColumnDefinitions>
        <Grid.RowDefinitions>
            <RowDefinition Height="30" />
            <RowDefinition Height="*" />
            <RowDefinition Height="*" />
            <RowDefinition Height="30" />
        </Grid.RowDefinitions>
        <Menu Grid.ColumnSpan="2">
            <MenuItem Header="{DynamicResource LanguageSetup}">
                <MenuItem Header="{DynamicResource zh-CN}"
                    Click="MenuItem_Click" />
                <MenuItem Header="{DynamicResource en-US}"
                    Click="MenuItem_Click" />
            </MenuItem>
```

```
    </Menu>
    <TextBlock HorizontalAlignment="Right" VerticalAlignment="Center"
            Grid.Row="1" Grid.Column="0" Text="{DynamicResource Name}" />
    <TextBlock HorizontalAlignment="Right" VerticalAlignment="Center"
            Grid.Row="2" Grid.Column="0" Text="{DynamicResource Age}" />
    <TextBox Margin="5 10 5 10" Grid.Row="1" Grid.Column="1" />
    <TextBox Margin="5 10 5 10" Grid.Row="2" Grid.Column="1" />
    <StackPanel Orientation="Horizontal" HorizontalAlignment="Center"
            Grid.Row="3" Grid.ColumnSpan="2">
        <Button Margin="0 4 0 4" Padding="10 0 10 0"
                Content="{DynamicResource Ok}" />
        <Button Margin="20 4 0 4" Padding="10 0 10 0"
                Content="{DynamicResource Cancel}" />
    </StackPanel>
    </Grid>
</Page>
```

这个页面只是演示了本地化的一种设计思路，之所以在这个页面中合并和设置资源字典选项，而不是在 App.xaml 中去实现它，是为了让该例子与其他例子互不干扰。在实际的项目开发中不应该这样做，而应该在 App.xaml 中去实现这些功能，这样才能使本地化工作对整个应用程序都起作用。

另外，在这段代码中，对资源字典的动态引用是利用【属性】窗口的本地资源来选择的。例如设置菜单的 Header 属性时，单击 Header 属性右侧的小方块，选择"本地资源"，即可看到在资源字典中定义的资源，然后选择一个即可。如图 9-10 所示。

图 9-10　将本地资源作为动态资源

（3）将 LocalPage1.xaml.cs 改为下面的内容。

```csharp
using System;
using System.Collections.Generic;
using System.Windows;
using System.Windows.Controls;
namespace ch09.Examples
{
    public partial class LocalPage1 : Page
    {
        public LocalPage1()
        {
            InitializeComponent();
            InitLanguages();
        }
```

```
private string currentLanguage = "zh-CN";
private string pfx = "/Examples/XamlResources/";
private List<string> languages = new List<string>();
private void InitLanguages()
{
    foreach (var v in this.Resources.MergedDictionaries)
    {
        if (v.Source.OriginalString == pfx + "Languages.xaml")
        {
            foreach (var language in v.Keys)
            {
                languages.Add(language.ToString());
            }
        }
    }
}
private void MenuItem_Click(object sender, RoutedEventArgs e)
{
    string selectedLanguageName = (e.Source as MenuItem).Header.ToString();
    foreach (var v in languages)
    {
        string languageName = this.FindResource(v).ToString();
        if (languageName == selectedLanguageName)
        {
            ResourceDictionary currentDict = new ResourceDictionary()
            {
                Source = new Uri(pfx + currentLanguage + ".xaml", UriKind.Relative)
            };
            this.Resources.MergedDictionaries.Remove(currentDict);
            currentDict.Source = new Uri(pfx + v + ".xaml", UriKind.Relative);
            this.Resources.MergedDictionaries.Add(currentDict);
            currentLanguage = v;
            break;
        }
    }
}
```

（4）在 MainWindow.xaml 中添加一个名为"例 9"的按钮，然后按<F5>键运行程序，在菜单中选择不同的语言，观察显示结果。

9.5.2　利用嵌入的资源实现本地化处理

除了使用 XAML 资源字典实现本地化功能以外，还可以利用嵌入的资源实现相同的功能。这一节我们通过例子简单说明其用法。

【例 9-10】　演示如何用嵌入的资源实现多国语言版。

（1）在 ch09 项目中，添加一个名为 ResxResources 的文件夹。

（2）鼠标右击 ResxResources 文件夹，选择【添加】→【新建项】命令，在弹出的窗口中，选择"资源文件"，添加一个文件名为 zh-CN.resx 的资源文件。

用同样的办法再添加一个名为 en-US.resx 的资源文件。

（3）双击 zh-CN.resx，VS2012 就会自动打开资源设计器。在资源设计器中，将字符串类型访问修饰符选择为 Public，然后添加字符串资源。添加后的结果如图 9-11 所示。

图 9-11　添加 zh-CN.resx

注意字符串类型的访问修饰符一定要选择为 Public（通过图右上角下拉列表框选择），这一步是关键，否则后面的资源绑定将会失败。

用同样的办法添加 en-US.resx 的字符串资源。添加后的结果如图 9-12 所示。

图 9-12　添加 en-US.resx

（4）在 Examples 文件夹下添加一个名为 AppString.cs 的类，代码如下。

```
namespace ch09.Examples
{
    public class AppString
    {
        private static string currentCultureName = "zh-CN";
        public AppString(){ }
        public static object CC
        {
            get
            {
                switch (currentCultureName)
                {
                    case "zh-CN": return new ResxResources.zh_CN();
                    case "en-US": return new ResxResources.en_US();
                    default: return new ResxResources.zh_CN();
                }
            }
        }
    }
}
```

该文件中静态的 CC 属性用于决定引用哪个本地化的资源。

（5）鼠标右击 ch09 解决方案，选择"重新生成解决方案"，以便能在 XAML 中看到资源文件中的字符串资源。

（6）在 Examples 文件夹下，添加一个文件名为 LocalPage2.xaml 的页。

（a）在根元素 Page 中添加下面的代码。

```
xmlns:local="clr-namespace:ch09.Examples"
```

（b）在 Page.Resources 中添加下面的代码。

```
<local:AppString x:Key="r1" />
```

（c）在 Grid 的开始标记内添加下面的代码。

```
DataContext="{StaticResource r1}"
```

（d）添加其他代码。注意对数据绑定是利用【属性】窗口的"创建数据绑定"来选择的。例如设置按钮的 Content 属性时，在【属性】窗口中单击 Content 属性右侧的小方块，选择"创建数据绑定"，即可看到在字符串资源中定义的资源，然后选择一个即可。

最终得到的 LocalPage2.xaml 的内容如下。

```
<Page x:Class="ch09.Examples.LocalPage2"
    xmlns="http://schemas.microsoft.com/winfx/2006/xaml/presentation"
    xmlns:x="http://schemas.microsoft.com/winfx/2006/xaml"
    xmlns:mc="http://schemas.openxmlformats.org/markup-compatibility/2006"
    xmlns:d="http://schemas.microsoft.com/expression/blend/2008"
    xmlns:local="clr-namespace:ch09.Examples"
    mc:Ignorable="d" d:DesignHeight="300" d:DesignWidth="300" Title="LocalPage2">
<Page.Resources>
    <local:AppString x:Key="r1" />
</Page.Resources>
<Grid Height="150" MinHeight="150" VerticalAlignment="Top"
        DataContext="{StaticResource r1}">
    <Grid.ColumnDefinitions>
        <ColumnDefinition MinWidth="50" Width="Auto" />
        <ColumnDefinition Width="*" />
    </Grid.ColumnDefinitions>
    <Grid.RowDefinitions>
        <RowDefinition Height="*" />
        <RowDefinition Height="*" />
        <RowDefinition Height="30" />
    </Grid.RowDefinitions>
    <TextBlock HorizontalAlignment="Right" VerticalAlignment="Center"
        Grid.Row="0" Grid.Column="0"
        Text="{Binding CC.Name, Mode=OneWay}" />
    <TextBlock HorizontalAlignment="Right" VerticalAlignment="Center"
        Grid.Row="1" Grid.Column="0"
        Text="{Binding CC.Age, Mode=OneWay}" />
    <TextBox Margin="5 10 5 10" Grid.Row="0" Grid.Column="1" />
    <TextBox Margin="5 10 5 10" Grid.Row="1" Grid.Column="1" />
    <StackPanel Orientation="Horizontal" HorizontalAlignment="Center"
        Grid.Row="2" Grid.ColumnSpan="2">
        <Button Margin="0 4 0 4" Padding="10 0 10 0"
            Content="{Binding CC.Ok, Mode=OneWay}" />
        <Button Margin="20 4 0 4" Padding="10 0 10 0"
            Content="{Binding CC.Cancel, Mode=OneWay}" />
    </StackPanel>
</Grid>
</Page>
```

（7）在 MainWindow.xaml 中，添加一个名为"例10"的按钮。

（8）按<F5>键运行程序，选择"例10"按钮，观察显示结果。如图 9-13（a）所示。

（a）使用 zh-CN.resx

（b）使用 en-US.resx

图 9-13　使用不同的 resx 文件

（9）将 AppString.cs 中的 currentCultureName 的值改为 en-US：

```
private static string currentCultureName = "en-US";
```

然后重新运行程序，选择"例10"按钮，观察显示结果。如图 9-13（b）所示。

与利用资源字典实现本地化的例子相似，这个例子同样只是演示了使用字符串资源的一种设计思路。在实际的项目中，应该在 App.xaml 中自动判断本地操作系统默认的语言，并根据判断结果自动选择对应的资源。

习　　题

1. 在 WPF 应用程序中，静态资源和动态资源在使用上有何区别？
2. 在 WPF 应用程序中，样式的级联控制包括哪些方法？其优先级是什么？
3. 什么是触发器，触发器分为哪些类型？

第10章
动画与多媒体

　　动画是快速播放一系列图像给人造成一种场景连续变化的幻觉。比如每秒播放 10 个画面，由于人眼的滞留作用，这些画面中的场景看起来就像是一体和连续变化的一样。

　　WPF 提供的动画类型都在 System.Windows.Media.Animation 命名空间下。

10.1　WPF 动画基础

　　在 WPF 应用程序中，所有可见对象都可以实现动画功能。

10.1.1　WPF 动画的分类

　　WPF 提供了两大类动画技术，如表 10-1 所示。

表 10-1　　　　　　　　　　　　　　　　动画分类及其实现建议

动画技术选择	动画类型	说　　明
使用 WPF 动画计时系统	基本动画 (From/To/By)	在某个时间段内让对象的某个属性从一个值逐渐过渡到另一个值，用 From/To 或者 From/By 实现
	关键帧动画	可同时包含多条并行执行的时间线（一个属性对应一条时间线），每条时间线上都可以指定多个关键时间点，属性的值在这些关键时间点上使用内插算法实现两两之间逐渐过渡
	路径动画	可同时包含多条并行执行的时间线（一个属性对应一条时间线），每条时间线上关键时间点上属性的值是通过指定的路径计算出来的，WPF 自动让属性值在这些关键时间点上两两之间逐渐过渡
	自定义动画	动画行为由开发人员自己定义
不使用 WPF 动画计时系统	逐帧动画	根据用户的鼠标或键盘动作，利用 Rendering 事件和 StopWatch 类来实现。在对象的 Loaded 事件中初始化；在 Rendering 事件中动态计算下一帧将要呈现的对象并修改当前帧和下一帧的间隔时间；在对象的 UnLoad 事件中释放对象。这是最原始的动画实现技术，即所有动画细节全部由开发人员自己实现

1. 使用 WPF 动画计时系统

　　WPF 内部实现了一套高效的动画计时系统，开发人员可利用它直接对控件的附加属性值进行动画处理。在动画计时系统下，按照处理技术不同，WPF 动画可分为基本动画、关键帧动画和路径动画。但如果从是否可交互以及受支持的程度来看，又可以分为本地动画、时钟动画和演示图板动画。表 10-2 为不同的动画实现技术的区别。其中"基于实例"指的是在 WPF 的计时系统中直接用 C#代码对控件的属性值进行动画处理；"可交互"是指在 WPF 的计时系统中，是否可以控制动画的暂停、继续、停止等交互操作。

表 10-2　　　　　　　　　　　　　属性动画的处理技术

动画实现技术	说　　明	支持 C#	支持 XAML	可 交 互
本地动画	基于实例	是	否	否
时钟动画	基于实例	是	否	是
演示图板动画	基于实例、样式、控件模板、数据模板	是	是	是

从表中可以看出，本地动画和时钟动画只能用 C#来实现，不支持 XAML，而演示图板动画同时支持 C#和 XAML，而且还可以控制动画的交互。

对于演示图板动画来说，WPF 提供了两种演示图板：ParallelTimeline 和 Storyboard，这两个类都是从 Timeline 类继承的，Storyboard 是一个更大范围的演示图板模型，可以将其认为是 ParallelTimeline 的集合。在一个 Storyboard 中可以包含多个 ParallelTimeline，每个 ParallelTimeline 又可以包含多个 TimeLine。

对控件的属性进行动画处理时，技术选择的原则是：

- 如果不需要交互（启动、暂停、继续、停止等），使用本地动画（仅用 C#代码）实现比较方便，当然也可以用 Storyboard 来实现（XAML 或者 C#）。
- 如果需要交互，而且对象个数不多，使用 Storyboard 和 XAML 比较方便。
- 如果对象个数非常多，而且这些对象处理的属性相同，同时又需要交互控制，此时使用时钟动画效率比较高，但只能用 C#来实现。

2. 不使用 WPF 动画计时系统

如果不使用 WPF 的动画计时系统，也可以用 CompositionTarget 的 Rendering 事件逐帧进行动画处理。例如：

```
public class MyClass
{
    private double frameCounter = 0;
    /// <summary>每秒帧数(fps)</summary>
    public long FramesRate { get; private set; }
    public MyClass ()
    {
        this.Loaded += OnLoaded;
        this.Unloaded += OnUnloaded;
        CompositionTarget.Rendering += CompositionTarget_Rendering;
    }
    void CompositionTarget_Rendering(object sender, EventArgs e)
    {
        RenderingEventArgs args = e as RenderingEventArgs;
        this.frameCounter++;
        this.FramesRate = (long)(frameCounter / args.RenderingTime.TotalSeconds);
    }
    void OnLoaded(object sender, System.Windows.RoutedEventArgs e)
    {
        //……
    }
```

```
void OnUnloaded(object sender, RoutedEventArgs e)
{
    //······
}
}
```

由于每帧都会自动调用一次此事件处理程序，因此可在该事件处理程序中根据用户与最后一组对象交互的情况，重新计算下一帧将要显示的内容。

既然逐帧动画不使用 WPF 的动画计时系统，当然也不能利用 WPF 的动画计时行为进行暂停、继续、停止等交互操作。换言之，只能自己编写 C#代码来实现交互功能。

逐帧动画无法在样式、控件模板或数据模板中进行定义。

10.1.2　Storyboard 和 Timeline

除了逐帧动画以外，本地动画、时钟动画以及演示图板动画都是基于 Timeline 类来实现的。

1．Storyboard

Storyboard 类是一组时间线的容器，它由一条总时间线控制，在它包含的所有时间线上定义的动画都可以并行执行，而且还可以通过该容器整体控制动画的启动、暂停、继续、停止等交互操作。

使用 Storyboard 进行动画处理需要完成下面的步骤。

* 声明一个 Storyboard 以及一个或多个动画。
* 使用 TargetName 和 TargetProperty 附加属性指定每个动画的目标对象和属性。
* 启动 Storyboard 执行动画。

启动 Storyboard 的办法有两种：一种是在 C#代码中调用 Storyboard 类提供的 Begin 方法来实现，另一种是在 XAML 中利用 Trigger 或 DataTrigger 来实现。

2．Timeline

时间线（Timeline）表示一个总时间段，总时间段由一个或多个子时间段组成，在每条时间线的每个子时间段内，都可以定义一个动画。

Timeline 类是定义计时行为的抽象基类。该抽象类提供了控制动画播放的属性，从该类继承的各种动画类都可以使用这些属性。包括基本动画、关键帧动画、路径动画以及自定义动画。

（1）Duration 属性

该属性是一个 TimeSpan 类型，表示动画持续的时间，在 XAML 中用"时:分:秒"的形式表示。默认情况下，当时间线到达 Duration 指定的值时，就会停止播放动画。

使用该属性时需要注意，即使子时间线的长度大于 Storyboard 时间线本身的长度，当 Storyboard 停止播放时，它的所有子时间线也会立即停止播放。例如：

```
<Storyboard x:Key="Storyboard1" Duration="0:0:3">
    <DoubleAnimation Storyboard.TargetName="Rectangle1" To="500" Duration="0:0:5"
                     Storyboard.TargetProperty="Width" />
    <DoubleAnimation Storyboard.TargetName="Rectangle2" To="200" Duration="0:0:2"
                     Storyboard.TargetProperty="Width" />
</Storyboard>
```

在这段 XAML 代码中，虽然 Rectangle1 的 Duration 设置为 5 秒，但是由于 Storyboard 的 Duration 设置为 3 秒，所以该动画播放 3 秒就全部结束了。

同样道理，如果演示图板中的某条时间线包含子时间线，只要这条时间线停止动画，它的子时间线也会立即停止动画。

【例 10-1】 演示 Duration 属性的基本用法。

① 新建一个项目名和解决方案名都是 ch10 的 WPF 应用程序项目。

② 在项目下添加一个 Examples 文件夹。

③ 在 Examples 文件夹下添加一个名为 DurationPage.xaml 的页，具体代码请参看源程序。

④ 在 Examples 文件夹下添加一个名为 MenuPage.xaml 的页，具体代码请参看源程序。该页将作为本章所有例子的导航页。

⑤ 在 Examples 文件夹下添加一个名为 MainPage.xaml 的页。该页将作为本章所有例子的主页，具体代码见源程序。

⑥ 修改主窗体，让其继承自 NavigationWindow。这一步的目的是为了能在主窗体中使用超链接和导航，同时还能控制主窗体显示的位置和大小。

• 将 MainWindow.xaml 的根元素改为 NavigationWindow，修改后的代码如下。

```
<NavigationWindow x:Class="ch10.MainWindow"
    xmlns="http://schemas.microsoft.com/winfx/2006/xaml/presentation"
    xmlns:x="http://schemas.microsoft.com/winfx/2006/xaml"
    Title="第10章示例" Height="400" Width="700"
    Background="#FFF3F8FD" WindowStartupLocation="CenterScreen">
</NavigationWindow>
```

• 修改 MainWindow.xaml.cs，将 MainWindow 改为继承自 NavigationWindow，并将其 Content 属性设置为 Examples 文件夹下的 MainPage 的实例。修改后的代码如下。

```
public partial class MainWindow : System.Windows.Navigation.NavigationWindow
{
    public MainWindow()
    {
        InitializeComponent();
        this.Content = new ch10.Examples.MainPage();
    }
}
```

⑦ 按<F5>键运行应用程序。单击"例 1"超链接，运行效果如图 10-1 所示。

（a）初始效果　　　　　　　　　　　　　　　　　（b）动画播放期间的效果

图 10-1　DurationPage.xaml 的运行效果

（2）RepeatBehavior 属性

该属性指定时间线播放的重复行为。默认情况下，重复次数为 1.0，即播放一次时间线。RepeatBehavior="0:0:10"表示重复到 10 秒为止；RepeatBehavior="2.5x"表示重复 2.5 次；RepeatBehavior="Forever"表示一直重复，直到手动停止或停止计时系统为止。

至于如何重复，还要看其他属性。例如 Timeline 提供有一个 IsCumulative 属性，该属性指示是否在重复过程中累加动画的基值（默认为 false，即不改变基值）。基值是指在 XAML 中指定的初始值，假如在 XAML 中设置某个 Label 的 Width="50"，则其基值就是 50，此时如果宽度动画从 50 变化到 70（From="50" To="70"），RepeatBehavior="6x"，并且 IsCumulative="true"，则第 1 次从基值 50 渐变到 70；然后基值变为 70；第 2 次再从基值（70）到 90，然后基值变为 90；第 3 次从基值（90）到 110；以此类推。

如果 IsCumulative="false"，则重复的 6 次全部都是从 50 到 70，即基值不变。

【例 10-2】 演示 RepeatBehavior 属性的基本用法。运行效果如图 10-2 所示。

图 10-2　RepeatBehaviorPage.xaml 的运行效果

该例子的源程序见 RepeatBehaviorPage.xaml，主要代码如下。

```
<Page.Resources>
    <Storyboard x:Key="Storyboard1">
        <DoubleAnimation Storyboard.TargetName="Rect1"
            Storyboard.TargetProperty="Width" To="500"
            Duration="0:0:5" />
        <DoubleAnimation Storyboard.TargetName="Rect2"
            Storyboard.TargetProperty="Width" To="200"
            Duration="0:0:2" RepeatBehavior="0:0:10" />
        <DoubleAnimation Storyboard.TargetName="Rect3"
            Storyboard.TargetProperty="Width" To="200"
            Duration="0:0:2" RepeatBehavior="2.5x"
            IsCumulative="True" />
        <DoubleAnimation Storyboard.TargetName="Rect4"
            Storyboard.TargetProperty="Width" To="200"
            Duration="0:0:2" RepeatBehavior="Forever" />
    </Storyboard>
</Page.Resources>
<Page.Triggers>
    <EventTrigger SourceName="Button1" RoutedEvent="Button.Click">
        <BeginStoryboard x:Name="story1"
            Storyboard="{StaticResource Storyboard1}" />
    </EventTrigger>
    <EventTrigger SourceName="Button2" RoutedEvent="Button.Click">
        <StopStoryboard BeginStoryboardName="story1" />
    </EventTrigger>
    <EventTrigger SourceName="Button3" RoutedEvent="Button.Click">
        <PauseStoryboard BeginStoryboardName="story1" />
    </EventTrigger>
    <EventTrigger SourceName="Button4" RoutedEvent="Button.Click">
        <ResumeStoryboard BeginStoryboardName="story1" />
```

```
        </EventTrigger>
    </Page.Triggers>
<DockPanel>
    <StackPanel DockPanel.Dock="Bottom" Height="40"
        Orientation="Horizontal" HorizontalAlignment="Center">
        <Button Name="Button1" Content="开始" Margin="10" />
        <Button Name="Button2" Content="停止" Margin="10" />
        <Button Name="Button3" Content="暂停" Margin="10" />
        <Button Name="Button4" Content="继续" Margin="10" />
    </StackPanel>
    <Separator DockPanel.Dock="Bottom" />
    <Canvas>
        <Rectangle Width="100" Height="20" Canvas.Left="0" Name="Rect1"
            Fill="Red"></Rectangle>
        <Rectangle Width="100" Height="20" Canvas.Top="30" Name="Rect2"
            Fill="Green"></Rectangle>
        <Rectangle Width="100" Height="20" Canvas.Top="60" Name="Rect3"
            Fill="Red"></Rectangle>
        <Rectangle Width="100" Height="20" Canvas.Top="90" Name="Rect4"
            Fill="Green"></Rectangle>
    </Canvas>
</DockPanel>
```

（3）AutoReverse 属性

该属性指定 Timeline 在每次向前迭代播放结束后是否继续反向迭代播放。

假设动画的任务是将宽度从 50 到 100 播放。如果 AutoReverse="true"，则当播放到宽度为 100 后就会继续将宽度从 100 到 50 反向播放。

另外，如果 AutoReverse="true"并且 RepeatBehavior 设置为重复次数，则一次重复是指一次向前迭代和一次向后迭代。例如：

```
<DoubleAnimation
    Storyboard.TargetName="MyRectangle" Storyboard.TargetProperty="Width"
    From="0" To="100" Duration="0:0:5" RepeatBehavior="2"  AutoReverse="True" />
```

在这段 XAML 中，重复次数为 2，实际上总共用了 20 秒时间。第 1 次向前迭代 5 秒，然后向后迭代 5 秒；第 2 次又是向前迭代 5 秒，向后迭代 5 秒。

如果容器时间线（包括 Storyboard 以及 Storyboard 内每个 ParallelTimeline 的 Timeline）有子 Timeline 对象，则当容器时间线反向时，它的子 Timeline 对象也会立即跟着反向。

【例 10-3】 演示 AutoReverse 属性的基本用法。运行效果如图 10-3 所示。

图 10-3   AutoReversePage.xaml 的运行效果

该例子的完整源程序见 AutoReversePage.xaml 文件, 主要代码如下。

```xml
<Page.Resources>
    <Storyboard x:Key="Storyboard1">
        <DoubleAnimation Storyboard.TargetName="Rect1"
                Storyboard.TargetProperty="Width" To="500"
                Duration="0:0:3" RepeatBehavior="2" AutoReverse="True" />
        <DoubleAnimation Storyboard.TargetName="Rect2"
                Storyboard.TargetProperty="Width" To="500"
                Duration="0:0:3" RepeatBehavior="2x" AutoReverse="True" />
        <DoubleAnimation Storyboard.TargetName="Rect3"
                Storyboard.TargetProperty="Width" To="200"
                Duration="0:0:1" RepeatBehavior="Forever"
                AutoReverse="True" />
    </Storyboard>
</Page.Resources>
<Page.Triggers>
    <EventTrigger SourceName="Button1" RoutedEvent="Button.Click">
        <BeginStoryboard x:Name="story1"
                Storyboard="{StaticResource Storyboard1}" />
    </EventTrigger>
    <EventTrigger SourceName="Button2" RoutedEvent="Button.Click">
        <StopStoryboard BeginStoryboardName="story1" />
    </EventTrigger>
    <EventTrigger SourceName="Button3" RoutedEvent="Button.Click">
        <PauseStoryboard BeginStoryboardName="story1" />
    </EventTrigger>
    <EventTrigger SourceName="Button4" RoutedEvent="Button.Click">
        <ResumeStoryboard BeginStoryboardName="story1" />
    </EventTrigger>
</Page.Triggers>
<DockPanel>
    <StackPanel DockPanel.Dock="Bottom" Height="40"
            Orientation="Horizontal" HorizontalAlignment="Center">
        <Button Name="Button1" Content="开始" Margin="10" />
        <Button Name="Button2" Content="停止" Margin="10" />
        <Button Name="Button3" Content="暂停" Margin="10" />
        <Button Name="Button4" Content="继续" Margin="10" />
    </StackPanel>
    <Separator DockPanel.Dock="Bottom" />
    <Canvas>
        <Rectangle Width="100" Height="20" Canvas.Left="0" Name="Rect1"
            Fill="Red"></Rectangle>
        <Rectangle Width="100" Height="20" Canvas.Top="30" Name="Rect2"
            Fill="Green"></Rectangle>
        <Rectangle Width="100" Height="20" Canvas.Top="60" Name="Rect3"
            Fill="Red"></Rectangle>
    </Canvas>
</DockPanel>
```

（4）BeginTime 属性

该属性用于指定时间线开始的时间。如果不指定开始时间, 开始时间默认为 0。

对于容器内的每条时间线来说, 注意其开始时间是相对于父时间线来说的。例如在下面的 XAML 中, 由于父容器 Storyboard 从第 2 秒开始, 因此第 1 个动画从第 2 秒开始播放, 第 2 个动画从第 5 秒开始播放（2 秒+3 秒）。

```
<Storyboard BeginTime="0:0:2">
    <DoubleAnimation
        Storyboard.TargetName="MyRectangle1" Storyboard.TargetProperty="Width"
        From="0" To="100" Duration="0:0:5"/>
    <DoubleAnimation
    Storyboard.TargetName="MyRectangle1" Storyboard.TargetProperty="Width"
    From="0" To="100" Duration="0:0:3" />
    <DoubleAnimation
        Storyboard.TargetName="MyRectangle1" Storyboard.TargetProperty="Width"
        From="0" To="100" Duration="0:0:5"/>
    <DoubleAnimation
    Storyboard.TargetName="MyRectangle2" Storyboard.TargetProperty="Width"
    From="0" To="100" Duration="0:0:3" BeginTime="0:0:3" />
</Storyboard>
```

如果将时间线的开始时间设置为 null，则会阻止时间线播放。在 XAML 中可以用 x:Null 标记扩展来指定 Null 值。

（5）FillBehavior 属性

该属性表示当 Timeline 到达活动期的结尾时，即动画播放结束时，是停止动画播放（FillBehavior="Stop"）还是保持动画结束时的值（FillBehavior="HoldEnd"），默认值为"HoldEnd"。例如将宽度动画从 100 变化到 200，如果 FillBehavior="HoldEnd"，则该动画结束后宽度仍保持为 200；如果 FillBehavior="Stop"，则动画结束后宽度将立即还原为 100。

如果停止某个动画所在的容器时间线，则该动画将立即停止播放，属性的值还原为初始值。注意"动画播放结束"的含义是指动画播放到其活动期的结尾后其时间线的计时仍在继续，只是观众看不到动画有变化而已；"停止动画播放"是指停止时间线的计时，即不再进行动画播放。

（6）控制时间线速度的属性

Timeline 类提供了 3 个控制时间线速度的属性。

① SpeedRatio 属性

该属性指定 Timeline 相对于其父时间线的时间进度速率。大于 1 的值表示增加 Timeline 及其子 Timeline 对象的速率，0 和 1 之间的值表示减慢其速率。值 1 表明该 Timeline 的进度速率与其父时间线相同。

容器时间线的 SpeedRatio 设置会影响它的所有子 Timeline 对象。

② AccelerationRatio 属性

该属性指定动画期间时间线相对于 Duration 的加速度，该值必须在 0.0 和 1.0 之间。例如 AccelerationRatio="0.4"表示加速度为 40%，AccelerationRatio="1.0"表示加速度为 100%。指定加速度的效果类似于开车时踩油门，车速从慢逐渐变快。

③ DecelerationRatio 属性

该属性指定动画期间时间线相对于 Duration 的减速度，其值必须在 0.0 和 1.0 之间。例如 DecelerationRatio="0.6"表示减速度为 60%。其效果类似于开车时踩刹车，速度从快逐渐变慢。

也可以同时使用 AccelerationRatio 和 DecelerationRatio，例如：

```
<DoubleAnimation
    Storyboard.TargetName="Rectangle1"
    Storyboard.TargetProperty="(Rectangle.Width)"
    AccelerationRatio="0.4" DecelerationRatio="0.6"
    Duration="0:0:10" From="20" To="400" />
```

【例 10-4】　演示控制速度的基本用法。运行效果如图 10-4 所示。

图 10-4　不同速度控制的运行效果

该例子的完整源程序见 RatioPage.xaml 文件，主要代码如下。

```
<Page.Resources>
    <Storyboard x:Key="Storyboard1" Duration="0:0:3">
        <DoubleAnimation Storyboard.TargetName="Rect1" To="500"
            Storyboard.TargetProperty="Width" Duration="0:0:5"
            SpeedRatio="0.4" />
        <DoubleAnimation Storyboard.TargetName="Rect2" To="500"
            Storyboard.TargetProperty="Width" Duration="0:0:5"
            SpeedRatio="2.5" />
        <DoubleAnimation Storyboard.TargetName="Rect3" To="500"
            Storyboard.TargetProperty="Width" Duration="0:0:5"
            AccelerationRatio="0.4" />
        <DoubleAnimation Storyboard.TargetName="Rect4" To="500"
            Storyboard.TargetProperty="Width" Duration="0:0:5"
            AccelerationRatio="1.0" />
        <DoubleAnimation Storyboard.TargetName="Rect5" To="500"
            Storyboard.TargetProperty="Width" Duration="0:0:5"
            DecelerationRatio="0.4" />
        <DoubleAnimation Storyboard.TargetName="Rect6" To="500"
            Storyboard.TargetProperty="Width" Duration="0:0:5"
            DecelerationRatio="1.0" />
        <DoubleAnimation Storyboard.TargetName="Rect7" To="500"
            Storyboard.TargetProperty="Width" Duration="0:0:5"
            AccelerationRatio="0.6" DecelerationRatio="0.4" />
    </Storyboard>
    <Style TargetType="Rectangle">
        <Setter Property="Width" Value="100" />
        <Setter Property="Height" Value="15" />
    </Style>
</Page.Resources>
......
<Canvas>
    <Rectangle Canvas.Top="0" Name="Rect1" Fill="Red"></Rectangle>
    <Rectangle Canvas.Top="25" Name="Rect2" Fill="Red"></Rectangle>
    <Rectangle Canvas.Top="50" Name="Rect3" Fill="Green"></Rectangle>
    <Rectangle Canvas.Top="75" Name="Rect4" Fill="Green"></Rectangle>
    <Rectangle Canvas.Top="100" Name="Rect5" Fill="Red"></Rectangle>
```

```
        <Rectangle Canvas.Top="125" Name="Rect6" Fill="Red"></Rectangle>
        <Rectangle Canvas.Top="150" Name="Rect7" Fill="Green"></Rectangle>
</Canvas>
```

从运行结果中可以看出，速度不同，动画结束后变化的值也不相同。

10.2 基本动画（From/To/By）

基本动画是一种随着时间变化自动将元素的某个依赖项属性从起始值逐渐过渡到结束值的过程。基本动画是用 From/To 或者 From/By 来实现的，每个动画最多只能指定两个值，完成过渡所需的时间由该动画的 Duration 来确定。

如果一个动画需要指定两个以上的值，应该用关键帧动画来实现，而不是用基本动画来实现。

10.2.1 基本动画类型

WPF 提供的基本动画可控制多种类型，这些动画的命名约定为

`<类型>Animation`

其中可用的<类型>有：Byte、Int16、Int32、Int64、Single、Double、Decimal、Color、Point、Size、Thickness、Rect、Vector、Vector3D、Quaternion、Rotation3D。

在这些动画类型中，常用的有 DoubleAnimation、ColorAnimation 和 PointAnimation。

DoubleAnimation 适用于对 Rectangle、Button、Label 等控件的宽度、高度、不透明度等这些 Double 类型的附加属性进行动画处理，如滑动效果、拉帘效果、渐入渐出效果等。

ColorAnimation 适用于对颜色（前景色、背景色、填充色等）进行渐变动画处理。

PointAnimation 适用于对位置进行动画处理。

由于基本动画是用 From/To 或者 From/By 来实现的，因此只需要在相邻的两个时间点分别设置控件的属性的起始值和结束值，系统就会自动利用计时器在两个相邻的时间点之间让属性从起始值逐渐变化到结束值。

表 10-3 列出了 From/To/By 动画的各种组合及其含义。其中的基值是指进行动画处理的控件的属性值，例如 Width 属性的值等。

表 10-3　　　　　　　　From/To/By 动画的基本用法（假定基值为 120）

格　式	举　例	说　明
From 起始值 To 结束值	From 50 To 200	从起始值 50 逐渐变化到结束值 200
From 起始值 By 偏移量	From 50 By 150	从起始值 50 逐渐变化到 200（即 50+150）
From 起始值	From 50	从起始值 50 逐渐变化到基值 120
To 结束值	To 150	从基值 120 逐渐变化到结束值 150
By 偏移量	By 50	从基值 120 逐渐变化到 170（即 120+50）

如果同时使用 From、By 和 To，则忽略 By 的值。

10.2.2 用本地动画实现基本动画

本地动画是指直接对对象的属性值进行处理的动画，这种动画受计时系统支持，但不能对动

画进行暂停等交互操作。本地动画只能用 C#代码实现，无法用 XAML 来描述。

【**例 10-5**】 演示本地动画的基本用法，将按钮的宽度和背景色进行动画处理。运行效果如图 10-5 所示。

图 10-5　例 10-5 的运行效果

由于要对背景色的 Color 属性进行动画处理，所以先在 LocalAnimation.xaml 文件中使用属性语法声明 Color 类型的值。主要代码如下。

```
<Border Width="120" Height="80" BorderThickness="1" BorderBrush="Green">
    <Button Name="btn1" Content="按钮" Foreground="White" Width="50" Height="30">
        <Button.Background>
            <SolidColorBrush Color="Blue"/>
        </Button.Background>
    </Button>
</Border>
```

LocalAnimation.xaml.cs 文件的主要代码如下。

```
……
using System.Windows.Media.Animation;
……
public partial class LocalAnimation : Page
{
    public LocalAnimation()
    {
        InitializeComponent();
        btn1.Loaded += btn1_Loaded;
    }
    void btn1_Loaded(object sender, RoutedEventArgs e)
    {
        DoubleAnimation da1 = InitDoubleAnimation(100, 1);
        DoubleAnimation da2 = InitDoubleAnimation(60, 1);
        //对背景颜色进行动画处理
        ColorAnimation ca = new ColorAnimation()
        {
            From = Colors.Blue,
            To = Colors.Red,
            Duration = new Duration(TimeSpan.FromSeconds(1.5)),
            AutoReverse = true,
            RepeatBehavior = RepeatBehavior.Forever
        };
        btn1.BeginAnimation(Button.WidthProperty, da1);
```

```
        btn1.BeginAnimation(Button.HeightProperty, da2);
        btn1.Background.BeginAnimation(SolidColorBrush.ColorProperty, ca);
    }
    private DoubleAnimation InitDoubleAnimation(double to, double seconds)
    {
        DoubleAnimation da = new DoubleAnimation()
        {
            To = to,
            Duration = new Duration(TimeSpan.FromSeconds(seconds)),
            AutoReverse = true,
            RepeatBehavior = RepeatBehavior.Forever
        };
        return da;
    }
}
```

在按钮的 Loaded 事件中，用 C#代码同时对 Button 的宽度、高度和背景颜色进行了动画处理。注意不要在构造函数中直接调用 Begin 方法执行动画，这是因为此时页面还没有显示出来，不会有任何效果。

10.2.3　用 Storyboard 实现基本动画

基本动画、关键帧动画、路径动画都可以使用 Storyboard 来实现。用 Storyboard 实现动画时，既可以用 C#代码来编写，也可以用 XAML 来描述。

用 XAML 描述动画时，一般在 Window.Resource 或者 Page.Resource 内用样式、控件模板或者数据模板来定义动画。在 Window.Triggers 或者 Page.Triggers 中定义事件触发器。

一个 XAML 文件中可以定义多个 Storyboard。

每个 Storyboard 都必须指明以下内容。

- 在 Storyboard 中，用 x:Key 定义一个关键字，以便让事件触发器知道使用的是哪个演示图板。

- 在动画中，指明该演示图板应用的目标对象名（Storyboard.TargetName）和属性类型（Storyboard.TargetProperty）。

例如：

```
<Window.Resources>
    <Storyboard x:Key="Storyboard1">
        <DoubleAnimation To="150" Duration="0:0:0.2"
            Storyboard.TargetName="button1"
            Storyboard.TargetProperty="Width" />
    </Storyboard>
</Window.Resources>
<Window.Triggers>
    <EventTrigger RoutedEvent="FrameworkElement.Loaded">
        <BeginStoryboard Storyboard="{StaticResource Storyboard1}" />
    </EventTrigger>
</Window.Triggers>
```

用 C#代码实现时，需要创建 Storyboard 的实例，并通过 Storyboard 提供的 SetTarget 静态方法指明动画和目标对象，通过 SetTargetProperty 静态方法指明动画和附加属性的类型。例如：

```
DoubleAnimation da1 = new DoubleAnimation()
{
    To = 100,
```

```
    Duration = new Duration(TimeSpan.FromSeconds(0.2)),
    AutoReverse = true,
    RepeatBehavior = RepeatBehavior.Forever
};
Storyboard story = new Storyboard();
Storyboard.SetTarget(da1, btn1);
Storyboard.SetTargetProperty(da1, new PropertyPath(Button.WidthProperty));
story.Children.Add(da1);
```

1．自动缩放

下面通过例子演示如何实现按钮的自动缩放。

【例 10-6】 分别用 XAML 和 C#实现基本动画，运行效果如图 10-6（a）所示。其中右侧上方绿色框内的两个按钮（btn1、btn2）动画用 XAML 实现，让宽度高频率不停地自动缩放。下方绿色框内的两个按钮（btn3、btn4）动画用 C#代码实现，让宽度慢频率自动缩放，并受播放按钮的控制（开始、停止、暂停、继续）。

（a）例 10-6 的运行效果　　　　　（b）例 10-7 的运行效果

图 10-6　例 10-6 和例 10-7 的运行效果

该例子的完整源程序见 StoryboardDemo1.xaml 及其代码隐藏类。

StoryboardDemo1.xaml 的主要代码如下。

```
<Page ……>
    <Page.Resources>
        <Storyboard x:Key="Storyboard1">
            <DoubleAnimation Storyboard.TargetName="btn1"
                Storyboard.TargetProperty="Width" To="150"
                Duration="0:0:0.2" AutoReverse="True"
                RepeatBehavior="Forever" />
            <DoubleAnimation Storyboard.TargetName="btn2"
                Storyboard.TargetProperty="Width" To="150"
                Duration="0:0:1" AutoReverse="True"
                RepeatBehavior="Forever" />
        </Storyboard>
        <Style TargetType="Button">
            <Setter Property="Height" Value="20" />
            <Setter Property="Margin" Value="5" />
        </Style>
    </Page.Resources>
    <Page.Triggers>
        <EventTrigger RoutedEvent="FrameworkElement.Loaded">
            <BeginStoryboard Storyboard="{StaticResource Storyboard1}" />
        </EventTrigger>
```

```xml
        </Page.Triggers>
        <Grid>
            <Grid.RowDefinitions >
                <RowDefinition />
                <RowDefinition />
            </Grid.RowDefinitions>
            <Border Grid.Row="0" Width="200" Height="100" BorderThickness="1"
                    BorderBrush="Green">
                <StackPanel VerticalAlignment="Center">
                    <Button Name="btn1" Width="75" Height="30" Background="Red"
                            Margin="5 10 5 10" />
                    <Button Name="btn2" Width="75" Height="30"
                            Background="#FF4BA5F3" />
                </StackPanel>
            </Border>
            <Border Grid.Row="1" Width="260" Height="120" BorderThickness="1"
                    BorderBrush="Green">
                <Grid>
                    <Grid.RowDefinitions>
                        <RowDefinition Height="*" />
                        <RowDefinition Height="30" />
                    </Grid.RowDefinitions>
                    <StackPanel VerticalAlignment="Center">
                        <Button Name="btn3" Width="75" Background="Red" />
                        <Button Name="btn4" Width="75" Background="Green" />
                    </StackPanel>
                    <Separator Grid.Row="0" VerticalAlignment="Bottom"
                            Background="Green" />
                    <StackPanel Orientation="Horizontal"
                            HorizontalAlignment="Center"
                            Button.Click="Button_Click" Grid.Row="1">
                        <Button Name="beginButton" Content="开始" />
                        <Button Name="stopButton" Content="停止" />
                        <Button Name="pauseButton" Content="暂停" />
                        <Button Name="resumeButton" Content="继续" />
                    </StackPanel>
                </Grid>
            </Border>
        </Grid>
    </Page>
```

StoryboardDemo1.xaml.cs 的主要代码如下。

```csharp
......
using System.Windows.Media.Animation;
......
public partial class StoryboardDemo1 : Page
{
    public StoryboardDemo1()
    {
        InitializeComponent();
        btn3.Loaded += button3_Loaded;
    }
    private Storyboard story1;
    void button3_Loaded(object sender, RoutedEventArgs e)
    {
```

```
DoubleAnimation da1 = new DoubleAnimation()
{
    To = 100,
    Duration = new Duration(TimeSpan.FromSeconds(0.2)),
    AutoReverse = true,
    RepeatBehavior = RepeatBehavior.Forever
};
DoubleAnimation da2 = da1.Clone();
da2.To = 200;
da2.Duration = new Duration(TimeSpan.FromSeconds(1));
story1 = new Storyboard();
Storyboard.SetTarget(da1, btn3);
Storyboard.SetTargetProperty(da1, new PropertyPath(Button.WidthProperty));
story1.Children.Add(da1);
Storyboard.SetTarget(da2, btn4);
Storyboard.SetTargetProperty(da2, new PropertyPath(Button.WidthProperty));
story1.Children.Add(da2);
}
private void Button_Click(object sender, RoutedEventArgs e)
{
    Button btn = e.Source as Button;
    if (btn != null)
    {
        string s = btn.Content.ToString();
        switch (s)
        {
            case "开始": story1.Begin(); break;
            case "停止": story1.Stop(); break;
            case "暂停": story1.Pause(); break;
            case "继续": story1.Resume(); break;
        }
    }
}
}
```

2. 淡入淡出

淡入是指让元素逐渐进入视野，淡出是指让元素逐渐从视野中消失。实现这两种效果的办法就是对元素的 Opacity 属性（不透明度，范围为 0.0～1.0）进行动画处理。由于 Opacity 属性的类型是 Double，所以制作这种动画效果使用 DoubleAnimation 来实现。

【例 10-7】 使用 Storyboard 实现淡入淡出效果。运行效果如图 10-6（b）所示。

该例子的完整源程序见 OpacityAnimation.xaml 及其代码隐藏类。

OpacityAnimation.xaml 的主要代码如下。

```
<Page ……>
    <StackPanel Orientation="Horizontal"
    HorizontalAlignment="Center">
    <Rectangle x:Name="MyRectangle1" Width="100" Height="100" Fill="Blue">
        <Rectangle.Triggers>
            <!-- 矩形的透明度动画 -->
            <EventTrigger RoutedEvent="Rectangle.Loaded">
                <BeginStoryboard>
```

```
                      <Storyboard x:Name="Storyboard1">
                          <DoubleAnimation Storyboard.TargetName="MyRectangle1"
                                  Storyboard.TargetProperty="Opacity"
                                  From="0.0" To="1.0" Duration="0:0:2"
                                   AutoReverse="True" RepeatBehavior="Forever" />
                      </Storyboard>
                  </BeginStoryboard>
              </EventTrigger>
          </Rectangle.Triggers>
      </Rectangle>
      <Rectangle MouseLeftButtonDown="MyRectangle2_Clicked"
              x:Name="MyRectangle2" Width="100" Height="100" Fill="Red"
              Margin="20,0,0,0" />
  </StackPanel>
</Page>
```

OpacityAnimation.xaml.cs 主要代码如下（单击右侧的矩形实现淡出效果）。

```
……
using System.Windows.Media.Animation;
……
private void MyRectangle2_Clicked(object sender, MouseButtonEventArgs e)
{
    //实现淡出效果（为了仍能看到矩形，让不透明度从1.0变化到0.05）
    DoubleAnimation da = new DoubleAnimation();
    da.From = 1.0;
    da.To = 0.05;
    da.Duration = new Duration(TimeSpan.FromSeconds(2));
    Storyboard myStoryboard = new Storyboard();
    myStoryboard.Children.Add(da);
    Storyboard.SetTarget(da, MyRectangle2);
    Storyboard.SetTargetProperty(da, new PropertyPath(Rectangle.OpacityProperty));
    myStoryboard.Begin();
}
```

如果希望循环淡入淡出，只需要再设置 AutoReverse 和 RepeatBehavior 即可：

```
da.AutoReverse = true;
da.RepeatBehavior = RepeatBehavior.Forever;
```

3. 滑动效果

除了淡入淡出效果外，还可以用动画实现滑动效果。滑动效果的制作实际上就是对控件的宽度和高度进行动画处理。由于宽度和高度都是 double 类型，所以用 DoubleAmimation 即可实现。

10.2.4 用时钟动画实现基本动画

时钟动画适用于要处理大量类型相同事件而且需要交互的场合。例如对 100 个小球进行动画处理(或者 100 个人、100 个水果、100 个飘落的雪花、100 条枪、……)。在这些情况下，用 Storyboard 和 XAML 来描述显然不合适（要是有几千个、上万个就更无法描述了），而用本地动画又无法交互（控制开始、暂停、继续、停止等），在这种情况下，时钟动画就能体现出它的优势了。

【例 10-8 】 演示时钟动画的基本用法。要求在界面中按用户选择的小球个数立即自动生成动画，小球移动的方向和偏移量随机产生。运行效果如图 10-7 所示。

图 10-7 例 10-8 的运行效果

在这个例子中，我们用 Ellipse 类创建小球对象，目的是为了不让代码变得过于复杂，但这并不是最佳的实现方式。当我们学习了几何图形（PathGeometry）以后，会发现还有执行速度更快的实现办法。

该例子的完整源程序见 ClockAnimation.xaml 及其代码隐藏类。

ClockAnimation.xaml 的主要代码如下。

```xml
<Page ……
      SizeChanged="Page_SizeChanged" Title="ClockAnimation">
  <Page.Resources>
    <Style TargetType="RadioButton">
      <Setter Property="VerticalAlignment" Value="Center" />
      <Setter Property="HorizontalAlignment" Value="Center" />
      <Setter Property="GroupName" Value="g" />
      <Setter Property="Margin" Value="5" />
      <EventSetter Event="Checked" Handler="RadioButton_Checked" />
    </Style>
    <Style TargetType="Button">
      <Setter Property="Margin" Value="5" />
      <Setter Property="Width" Value="50" />
      <Setter Property="Height" Value="20" />
      <EventSetter Event="Click" Handler="Button_Click" />
    </Style>
  </Page.Resources>
  <Grid>
    <Grid.RowDefinitions>
      <RowDefinition Height="*" />
      <RowDefinition Height="60" />
    </Grid.RowDefinitions>
    <Border Grid.Row="0" BorderThickness="3" BorderBrush="#FF33E017">
      <Canvas Name="Canvas1" ClipToBounds="True" />
    </Border>
    <StackPanel Grid.Row="1">
      <StackPanel Orientation="Horizontal">
        <TextBlock VerticalAlignment="Center" Text="选择小球个数：" />
        <RadioButton IsChecked="True" Content="10" />
        <RadioButton Content="50" />
        <RadioButton Content="100" />
        <RadioButton Content="300" />
```

```xml
                <RadioButton Content="500" />
                <RadioButton Content="1000" />
                <RadioButton Content="3000" />
            </StackPanel>
            <Separator />
            <StackPanel Orientation="Horizontal" HorizontalAlignment="Center">
                <Button Content="开始" />
                <Button Content="停止" />
                <Button Content="暂停" />
                <Button Content="继续" />
                <Button Content="移除" />
            </StackPanel>
        </StackPanel>
    </Grid>
</Page>
```

ClockAnimation.xaml.cs 文件的主要代码如下。

```csharp
......
using System.Windows.Media.Animation;
......
public partial class ClockAnimation : Page
{
    public ClockAnimation()
    {
        InitializeComponent();
        CreateAnimatedEllipse();
    }
    private List<AnimationClock> acList;
    private const int w = 20; //小球的宽和高
    private int ellipseNumber = 10;
    private Random r = new Random(DateTime.Now.Millisecond);
    private void CreateAnimatedEllipse()
    {
        ClearCanvas();
        acList = new List<AnimationClock>();
        for (int i = 0; i < ellipseNumber; i++)
        {
            Ellipse ellipse = new Ellipse()
            {
                Width = w,
                Height = w,
                Fill = Brushes.Blue,
            };
            double bottom = Canvas1.ActualHeight;
            double ellipseLeft = r.NextDouble() * Canvas1.ActualWidth - w;
            double ellipseTop = r.NextDouble() * bottom - w;
            if (ellipseLeft <= 0) ellipseLeft = 0;
            if (ellipseTop <= 0) ellipseTop = 0;
            Canvas.SetLeft(ellipse, ellipseLeft);
            Canvas.SetTop(ellipse, ellipseTop);
            Canvas1.Children.Add(ellipse);
            AnimationClock ac1 = CreateDoubleAnimation(ellipseLeft);
```

```
        AnimationClock ac2 = CreateDoubleAnimation(ellipseTop);
        TranslateTransform tt = new TranslateTransform();
        tt.ApplyAnimationClock(TranslateTransform.XProperty, ac1);
        tt.ApplyAnimationClock(TranslateTransform.YProperty, ac2);
        ellipse.RenderTransform = tt;
        acList.Add(ac1);
        acList.Add(ac2);
    }
}
private void ClearCanvas()
{
    if (acList != null)
    {
        foreach (var ac in acList)
        {
            ac.Controller.Remove();
        }
        acList.Clear();
        acList = null;
    }
    Canvas1.Children.Clear();
}
private AnimationClock CreateDoubleAnimation(double n)
{
    double d = 0;
    while (d == 0)
    {
        d = r.NextDouble() - r.NextDouble();
    }
    DoubleAnimation da = new DoubleAnimation()
    {
        From = 0,
        To = d * n,
        Duration = new Duration(TimeSpan.FromSeconds(Math.Abs(d) * 2)),
        AutoReverse = true,
        RepeatBehavior = RepeatBehavior.Forever
    };
    AnimationClock ac = da.CreateClock();
    return ac;
}
private void Button_Click(object sender, RoutedEventArgs e)
{
    Button btn = e.Source as Button;
    if (btn != null)
    {
        string s = btn.Content.ToString();
        switch (s)
        {
            case "开始": foreach (var ac in acList) ac.Controller.Begin(); break;
            case "停止": foreach (var ac in acList) ac.Controller.Stop(); break;
            case "暂停": foreach (var ac in acList) ac.Controller.Pause(); break;
            case "继续": foreach (var ac in acList) ac.Controller.Resume(); break;
```

```
                    case "移除": ClearCanvas(); break;
            }
        }
    }
    private void RadioButton_Checked(object sender, RoutedEventArgs e)
    {
        RadioButton r = e.Source as RadioButton;
        if (r != null)
        {
            if (r.Content != null)
            {
                ellipseNumber = int.Parse(r.Content.ToString());
                CreateAnimatedEllipse();
            }
        }
    }
    private void Page_SizeChanged(object sender, SizeChangedEventArgs e)
    {
        CreateAnimatedEllipse();
    }
}
```

至此，我们演示了基本动画实现的几种方式，对于比较简单的动画，这些基本技术已经能满足需要了。如果动画效果比较复杂，则需要用关键帧动画或者路径动画来实现。

10.3 关键帧动画

关键帧动画本质上也是通过修改附加属性的值来实现动画效果的，它和基本动画的区别是：关键帧动画可以在每段动画中同时指定多个关键时间点和关键属性值，而基本动画每段最多只能指定两个值。

关键帧动画是利用演示图板（Storyboard）来实现的，Storyboard 是并行时间线（ParallelTimeline）的容器。每个 Storyboard 都可以指定一个总时间线，总时间线下可以同时包含多条子时间线，每条子时间线下又可以包含子时间线，从而构成了一棵时间线树。

在 Storyboard 的每条子时间线内，可以定义多个关键时间点，并可以在这些关键时间点处定义属性值的变化。关键时间点和关键属性值共同构成关键帧。

一个 XAML 文件中可以包含多个 Storyboard。

10.3.1 关键帧动画类型

关键帧动画类型是内插关键帧的容器。在关键帧动画类型的开始标记内，需要用 Storyboard.TargetName 指定控件的类型，用 Storyboard.TargetProperty 指定控件的属性。另外，还可以在开始标记内指定该动画的总持续时间（Duration）、如何重复（RepeatBehavior）、是否反向播放（AutoReverse）等。

关键帧动画类型的命名约定为

<类型>AnimationUsingKeyFrames

例如要进行动画处理的属性为按钮的宽度，由于宽度的类型为 Double，所以<类型>为 Double，

对应的关键帧动画类型为 DoubleAnimationUsingKeyFrames。

在每个关键帧动画类型的开始标记和结束标记之间，都可以使用多种内插关键帧类型，每个内插关键帧都由关键时间和关键值组成。例如：

```
<DoubleAnimationUsingKeyFrames Storyboard.TargetName="Button"
                    Storyboard.TargetProperty="(FrameworkElement.Width)" >
    <DiscreteDoubleKeyFrame Value="400" KeyTime="0:0:4" />
    <EasingDoubleKeyFrame Value="500" KeyTime="0:0:3" />
    <SplineDoubleKeyFrame KeySpline="0.6,0.0 0.9,0.00" Value="0" KeyTime="0:0:6"/>
</DoubleAnimationUsingKeyFrames>
```

这段 XAML 中的 KeyTime 表示关键时间，即从前一个关键帧到该关键帧经过的时间；Value 表示关键值，即当前关键时间处的目标动画值。DiscreteDoubleKeyFrame、EasingDoubleKeyFrame 和 SplineDoubleKeyFrame 都是内插关键帧类型。

内插关键帧类型是利用内插方法来实现的，内插关键帧类型的命名约定为

```
<内插方法><类型>KeyFrame
```

例如 DiscreteDoubleKeyFrame 表示该内插关键帧的<内插方法>为离散内插，关键帧<类型>为 Double；EasingDoubleKeyFrame 表示<内插方法>为线性内插；SplineDoubleKeyFrame 表示<内插方法>为样条内插。

WPF 和 Silverlight 都提供了 3 种内插方法，如表 10-4 所示。

表 10-4 关键帧动画可控制的属性类型以及可用的内插方法

WPF 可控制的属性类型	Silverlight 可控制的属性类型	可用的内插方法
Boolean、Matrix、String、Object	Object	离散
Byte、Color、Decimal、Double、Int16、Int32、Int64、Point、Rect、Quaternion、Vector Rotation3D、Single、Size、Thickness、Vector3D	Color、Double、Point	离散、线性、样条

这三种内插方法的含义如下。

● 离散（Discrete）：关键帧从上一个关键值突然变化到当前值，而不是平滑变化。例如两个相邻关键帧的值分别为 100 和 200，持续期间为 5 秒，则在 5 秒之前一直都是 100，到第 5 秒时突然变为 200。比如闪烁效果（用 Boolean 类型的动画实现）就属于离散内插。

● 线性（Linear 或 Easing）：指在相邻关键值之间创建平滑的过渡，一般使用 Easing 实现线性内插。Easing 的含义是它不但能对属性值进行平滑的动画处理，而且还可以使用缓动函数（Easing Function）实现特殊的效果。

● 样条（Spline）：通过三次贝塞尔曲线的两个控制点控制过渡方式。

除了这些内插方法外，还可以用自定义函数实现动画效果。

10.3.2 利用 Blend for VS2012 制作关键帧动画

安装 VS2012 SP2 后，就可以在 Windows 7 下用 Blend for VS2012 打开 WPF 应用程序解决方案。Blend for VS2012 软件的下载和安装见本书第 1 章相关的说明。

Blend for VS2012 是微软研制的一个专业设计工具，其主要用途是以可视化的时间线快速制作 XAML 动画以及快速创建应用程序原型。将 WPF 设计器和 Blend 结合使用，能实现开发人员和设计人员（美工）协同开发同一个 WPF 应用程序或者 Silverlight 应用程序项目中的动画。换言

之，既可以用 Blend 打开 VS2012 创建的 WPF 应用程序项目或者 Silverlight 应用程序项目，也可以用 VS2012 直接打开 Blend 修改后的项目。

这一节我们学习如何利用 Blend for VS2012 来制作关键帧动画。

可以用鼠标拖放的办法将 Blend 的设计界面改为图 10-8 所示的形式。

使用 Blend for VS2012 制作关键帧动画时，需要掌握以下操作要点。

- 创建演示图板后才能利用时间线添加关键帧。

- 先选择要对其进行动画处理的对象，然后拖动时间线到某个关键时间，再修改该关键时间的目标属性值。

- 在事件触发器中指定事件。

下面我们通过例子说明如何联合使用 VS2012 和 Blend for VS2012 制作关键帧动画。

【例 10-9】 演示关键帧动画的基本设计方法。该动画让主窗口内的矩形控件边旋转边逐渐变大然后再逐渐变小。0 秒到 1 秒之间顺时针旋转 2 圈，同时让矩形从原来的 10% 逐渐放大到原来的 2 倍；1 秒到 2 秒间逆时针旋转 2 圈，同时让矩形从原来的 2 倍逐渐缩小到原来的大小。

（1）在 Examples 文件夹下添加一个名为 EasingDoubleKeyFrame.xaml 的页，主要内容如下。

```
<Page ……>
    <DockPanel>
        <Button Name="btn1" DockPanel.Dock="Top" Width="100" Margin="10"
                Content="开始动画"/>
        <Separator DockPanel.Dock="Top"/>
        <Rectangle Name="r1" Width="200" Height="100"  Fill="#FFFDD2A7" Stroke="Green"
                StrokeThickness="25" RadiusX="25" RadiusY="25"/>
    </DockPanel>
</Page>
```

（2）在 MenuPage.xaml 中添加下面的代码。

```
<ListBoxItem>
    <Hyperlink
        NavigateUri="\Examples\EasingDoubleKeyFrame.xaml"
        TargetName="frame2">例 9</Hyperlink>
</ListBoxItem>
```

（3）按<F5>键运行程序，观察运行效果。

（4）退出 VS2012，然后鼠标右键单击 ch10.sln，选择【打开方式】→【Blend for Visual Studio 2012】命令，即在 Blend 中打开了该解决方案。

（5）切换到【项目】选项卡，打开 EasingDoubleKeyFrame.xaml，然后切换到【对象和时间线】选项卡，选择 Name 为 r1 的 Rectangle 控件，单击右上方的"+"号按钮，添加一个名为 Storyboard1 的演示图板。

Blend 的时间线默认在录制界面的左侧，为了能同时看到控件、时间线、XAML 设计器、属性窗口，本例通过鼠标拖放将时间线放在了 XAML 设计器的上面。

（6）确认时间线在第 0 秒处，然后修改下面的属性。

① 在右侧的【属性】窗口中，将旋转变换值（Rotate）设置为-720，意思是刚开始的关键帧状态是先将原界面逆时针旋转 2 圈，为后面的顺时针旋转动画做准备；

② 将缩放变换（Scale）的 X 值和 Y 值均设置为 0.1，意思是将矩形缩放到原始大小的 10%，为后面的逐渐放大动画做准备。

修改这两个属性以后，即得到如图 10-8 所示的界面，即在第 0 秒处出现了一个关键帧。

图 10-8　在第 0 秒处添加关键帧

（7）拖动黄色的时间线到第 1 秒处，将 Scale 的 X 值和 Y 值全部修改为 2，将 Rotate 值修改为 0。得到如图 10-9 所示的界面，即在第 1 秒处出现了一个关键帧。

图 10-9　在第 1 秒处添加关键帧

（8）单击时间线上方的播放按钮，或者左右拖放时间线，观察第 0 秒和第 1 秒两个关键帧之间的动画播放效果。

（9）拖动黄色的时间线到第 2 秒处，将 Scale 的 X 值和 Y 值全部修改为 1，将 Rotate 值修改为 -720，以实现逆时针旋转 2 圈同时让矩形缩小为原始大小的功能。

（10）单击时间线上方的播放按钮，观察动画播放效果。

（11）切换到【触发器】选项卡，选中 Button 控件，将按钮的 Click 事件设置为启动演示图板。

（12）按<F5>键运行应用程序，在右侧界面中单击【开始动画】按钮，观察动画运行效果。

（13）退出 Blend for VS2012，然后用 VS2012 重新打开该解决方案，观察 Blend 在 EasingDoubleKeyFrame.xaml 中自动生成的 XAML 代码。

（14）按<F5>键调试运行，再次观察动画效果。

10.3.3　在关键帧动画中插入样条动画

样条动画使用三次贝塞尔曲线来实现，每条曲线段都由 4 个点来定义：起点、终点和中间的两个控制点。第 1 个控制点（0.0, 1.0）控制贝塞尔曲线前半部分的曲线因子，第 2 个控制点（1.0, 0.0）控制贝塞尔线段后半部分的曲线因子。曲线陡度越大，关键帧更改其值的速度就越快。曲线趋于平缓时，关键帧更改其值的速度也趋于缓慢。例如 KeySpline="0.6, 0.0　0.9, 0.0"表示第 1 个控制点为（0.6, 0.0），第 2 个控制点为（0.9, 0.0），呈现的效果就是开始时变化比较缓慢，然后呈指数方式加速，直到时间段结束为止。

利用这些特点，我们就可以在样条内插动画中，通过改变控制点的值来模拟现实中很多真实的物体移动效果。

在 Blend for VS2012 中，可以直接用可视化的操作方式插入样条动画（Spline）。

【例 10-10】　演示样条动画的基本用法，让一个小球按照样条控制点的设置下落。运行效果如图 10-10（a）所示。

（a）例 10-10 的运行效果　　　　　　　　　　（b）拖动鼠标修改样条控制点

图 10-10　例 10-10 的相关截图

（1）用 VS2012 打开 ch10 项目，在 Examples 文件夹下添加一个名为 SplineExample.xaml 的页，然后在该页中添加一个红色小球。

（2）退出 VS2012，用 Blend for VS2012 打开 ch10 解决方案。

（3）打开 SplineExample.xaml，然后切换到【对象和时间线】选项卡，添加一个名为 Storyboard1 的动画图板。

（4）在第 1 秒处，将椭圆移动到右边某个位置，此时会自动添加 RenderTransform 变换。

（5）单击【记录关键帧】图标，然后在【属性】窗口中选择 KeySpline，用鼠标拖动控制点，将其位置改为如图 10-10（b）所示。

（6）单击时间线上方的播放按钮，测试动画播放效果。

10.3.4 在关键帧动画中插入缓动函数

在内插关键帧中，还可以将特殊的数学公式 $f(t)$ 应用于动画，即随着时间 t 的变化，将函数 $f(t)$ 的值自动插入到某个属性值中，从而实现各种特殊的动画效果。这些实现特殊效果的数学公式称为缓动函数。

定义缓动函数的办法是在内插关键帧动画的 EasingFunction 属性的开始和结束标记之间，用 EasingMode 属性指定缓动函数名。EasingMode 属性是枚举类型，可选值有：

- 【EaseIn】：将动画效果与 $f(t)$ 相关联。
- 【EaseOut】：默认值。将动画效果与 $1-f(t)$ 相关联。
- 【EaseInOut】：动画的前半部分用 EaseIn，后半部分用 EaseOut。

例如：

```
<EasingDoubleKeyFrame KeyTime="0:0:1" Value="-30">
    <EasingDoubleKeyFrame.EasingFunction>
        <BounceEase EasingMode="EaseOut"/>
    </EasingDoubleKeyFrame.EasingFunction>
</EasingDoubleKeyFrame>
```

这段 XAML 指定内插关键帧所用的缓动函数为 BounceEase，内插方式为 EaseOut。

表 10-5 列出了常用的缓动函数及说明。

表 10-5   常用的缓动函数

名　　称	说　　明
BackEase	在某一动画开始沿指示的路径进行动画处理前稍稍收回该动画的移动。其效果类似于跳远时先后退几步再起跑
BounceEase	创建具有弹跳效果的动画。一般使用 EaseOut 模拟落地的反弹效果。Bounces 属性获取或设置弹跳次数；Bounciness 属性获取或设置下一次反弹的幅度，该值越小表示弹性越好，值越大表示弹性越差
CircleEase	创建一个使用循环函数加速和/或减速的动画
ElasticEase	创建类似于弹簧在停止前来回振荡的动画
ExponentialEase	创建使用指数公式加速和/或减速的动画
PowerEase	使用公式 $f(t)=t^p$（其中，p 等于 Power 属性）加速和/或减速的动画
SineEase	创建使用正弦公式加速和/或减速的动画

【例 10-11】 演示缓动函数的基本用法，模拟一个小球从上往下落，当落地时反弹 3 次，每次反弹的强度逐渐减小。运行效果如图 10-11 所示。

图 10-11　例 10-11 的运行效果

（1）用 VS2012 打开 ch10 解决方案，在 Examples 文件夹下添加一个文件名为 EasingFunction Example.xaml 的页，并向该页中添加一个红色小球。

（2）退出 VS2012，然后用 Blend for VS2012 打开 ch10 解决方案。

（3）打开 EasingFunctionExample.xaml，然后切换到【对象和时间线】选项卡，添加一个名为 Storyboard1 的动画图板。

（4）在第 1 秒处，将椭圆移动到下方某个位置，此时会自动添加 RenderTransform 变换。

（5）单击【记录关键帧】图标，然后在【属性】窗口中选择 EasingFunction，选择一种缓动函数。

（6）单击时间线上方的播放按钮，测试动画播放效果。

10.4　路 径 动 画

路径动画是指将元素按照某一指定的几何路径（PathGeometry 对象）进行移动而形成的动画，也可以边移动边旋转，从而实现复杂的变换效果。

10.4.1　使用 PathGeometry 绘制路径

由于路径动画使用几何路径（PathGeometry）来控制对象，因此这一节我们需要提前使用 PathGeometry 以及路径标记语法的相关知识。为了使读者对图形图像绘制方式和技术选择路线有一个完整的认识，我们在二维图形图像处理一章（第 13 章）中再详细介绍 PathGeometry 和路径标记语法的更多用法，这里只需要看懂这一节的例子即可。

【例 10-12】演示路径标记语法的基本用法。运行效果如图 10-12 所示。

图 10-12　例 10-12 的运行效果

该例子的源程序在 Dictionary1.xaml 和 GeometryExample1.xaml 中。

Dictionary1.xaml 的代码如下。

```
<ResourceDictionary
        xmlns="http://schemas.microsoft.com/winfx/2006/xaml/presentation"
        xmlns:x="http://schemas.microsoft.com/winfx/2006/xaml">
    <DrawingBrush x:Key="MyGridBrushResource" Opacity="0.25"
        Viewport="0,0,10,10" ViewportUnits="Absolute" TileMode="Tile">
```

```
    <DrawingBrush.Drawing>
        <DrawingGroup>
            <GeometryDrawing Geometry="M0,0 L1,0 1,1 0,1z"
                    Brush="White" />
            <GeometryDrawing Brush="#9999FF">
                <GeometryDrawing.Geometry>
                    <GeometryGroup>
                        <RectangleGeometry Rect="0,0,1,0.1" />
                        <RectangleGeometry Rect="0,0.1,0.1,0.9" />
                    </GeometryGroup>
                </GeometryDrawing.Geometry>
            </GeometryDrawing>
        </DrawingGroup>
    </DrawingBrush.Drawing>
</DrawingBrush>
<PathGeometry x:Key="pathGeometry1"
    Figures="M 10,100 C 35,0 100,0 130,100
                    C 160,200 240,200 260,100
                    C 260,10 210,10 160,50
                    C 120,70 80,150 40,160" />
</ResourceDictionary>
```

GeometryExample1.xaml 的主要代码如下。

```
<Page ……>
    <Page.Resources>
        <ResourceDictionary>
            <ResourceDictionary.MergedDictionaries>
                <ResourceDictionary Source="/Dictionarys/Dictionary1.xaml"/>
            </ResourceDictionary.MergedDictionaries>
        </ResourceDictionary>
    </Page.Resources>
    <Canvas Background="{StaticResource MyGridBrushResource}">
        <Path Data="{StaticResource pathGeometry1}"
            VerticalAlignment="Top" Margin="15"
            Stroke="Black" StrokeThickness="2" Stretch="None" />
        <Path Fill="Blue" Margin="0,0,15,15">
            <Path.Data>
                <RectangleGeometry x:Name="MyAnimatedRectGeometry"
                    Rect="15,100 30 30" />
            </Path.Data>
        </Path>
    </Canvas>
</Page>
```

10.4.2　路径动画类型

WPF 提供的路径动画类型有：PointAnimationUsingPath、DoubleAnimationUsingPath 和 MatrixAnimationUsingPath。

PointAnimationUsingPath 和 DoubleAnimationUsingPath 都是在指定的时间段内，用 PathGeometry 作为动画的目标值，采用线性内插方式对两个或更多的目标值之间的属性值进行动 画处理。这两种动画类型特别适用于在屏幕上对对象的位置变更进行动画处理。

MatrixAnimationUsingPath 则根据传入的 PathGeometry 生成 Matrix 对象。将其与 MatrixTransform 一起使用时会自动沿路径移动对象。如果将该动画的 DoesRotateWithTangent 属性

设置为 true，它还可以沿路径的曲线旋转对象。

下面通过例子说明如何使用路径动画。

【例 10-13】演示 PointAnimationUsingPath 的基本用法，对 EllipseGeometry 对象的 Center 属性进行动画处理。运行效果如图 10-13 所示。

图 10-13　例 10-13 的运行效果

该例子的源程序在 PathAnimationExample1.xaml 中，主要代码如下。

```xml
<Page ……>
  <Page.Resources>
    <ResourceDictionary>
      <ResourceDictionary.MergedDictionaries>
        <ResourceDictionary Source="/Dictionarys/Dictionary1.xaml" />
      </ResourceDictionary.MergedDictionaries>
    </ResourceDictionary>
  </Page.Resources>
  <Canvas Background="{StaticResource MyGridBrushResource}">
    <Path Margin="15,15,15,15" Stroke="Red"
        Data="{StaticResource pathGeometry1}"/>
    <Path Fill="Blue" Margin="15,15,15,15">
      <Path.Data>
        <EllipseGeometry x:Name="MyAnimatedEllipseGeometry"
            Center="10,100" RadiusX="15" RadiusY="15" />
      </Path.Data>
      <Path.Triggers>
        <EventTrigger RoutedEvent="Path.Loaded">
          <BeginStoryboard Name="MyBeginStoryboard">
            <Storyboard>
              <PointAnimationUsingPath
                  Storyboard.TargetName="MyAnimatedEllipseGeometry"
                  Storyboard.TargetProperty="Center"
                  Duration="0:0:5"
                  PathGeometry="{StaticResource pathGeometry1}"
                  RepeatBehavior="Forever">
              </PointAnimationUsingPath>
            </Storyboard>
          </BeginStoryboard>
        </EventTrigger>
      </Path.Triggers>
    </Path>
  </Canvas>
</Page>
```

【**例 10-14**】演示 DoubleAnimationUsingPath 的基本用法。用 3 个 DoubleAnimationUsingPath 对象沿着几何路径移动并旋转一个矩形。第 1 个动画使矩形沿该路径水平移动；第 2 个动画使矩形沿该路径垂直移动；第 3 个动画对该矩形的 RotateTransform 进行动画处理，使矩形沿着路径的轮廓线旋转（转动）。运行效果如图 10-14 所示。

图 10-14　例 10-14 的运行效果

该例子的源程序在 PathAnimationExample2.xaml 中，主要代码如下。

```
<Page ……>
    <Page.Resources>
        <ResourceDictionary>
            <ResourceDictionary.MergedDictionaries>
                <ResourceDictionary Source="/Dictionarys/Dictionary1.xaml" />
            </ResourceDictionary.MergedDictionaries>
        </ResourceDictionary>
    </Page.Resources>
    <Canvas Background="{StaticResource MyGridBrushResource}">
        <Path Margin="10" Stroke="Red"
                Data="{StaticResource pathGeometry1}" />
        <Rectangle
                Width="30" Height="30" Fill="Blue">
            <Rectangle.RenderTransform>
                <TransformGroup>
                    <RotateTransform x:Name="MyRotateTransform" Angle="0"
                            CenterX="15" CenterY="15" />
                    <TranslateTransform x:Name="AnimatedTranslateTransform" />
                </TransformGroup>
            </Rectangle.RenderTransform>
            <Rectangle.Triggers>
                <EventTrigger RoutedEvent="Path.Loaded">
                    <BeginStoryboard>
                        <Storyboard RepeatBehavior="Forever" AutoReverse="True">
                            <DoubleAnimationUsingPath
                                    Storyboard.TargetName="AnimatedTranslateTransform"
                                    Storyboard.TargetProperty="X"
                                    PathGeometry="{StaticResource pathGeometry1}"
                                    Source="X" Duration="0:0:5" />
                            <DoubleAnimationUsingPath
                                    Storyboard.TargetName="AnimatedTranslateTransform"
                                    Storyboard.TargetProperty="Y"
```

```
                            PathGeometry="{StaticResource pathGeometry1}"
                            Source="Y" Duration="0:0:5" />
                        <DoubleAnimationUsingPath
                            Storyboard.TargetName="MyRotateTransform"
                            Storyboard.TargetProperty="Angle"
                            Source="Angle" Duration="0:0:5"
                            PathGeometry="{StaticResource pathGeometry1}">
                        </DoubleAnimationUsingPath>
                    </Storyboard>
                </BeginStoryboard>
            </EventTrigger>
        </Rectangle.Triggers>
    </Rectangle>
</Canvas>
</Page>
```

【例 10-15】 演示 MatrixAnimationUsingPath 的基本用法。运行效果如图 10-15 所示。

图 10-15   例 10-15 的运行效果

该例子的源程序在 PathAnimationExample3.xaml 中，主要代码如下。

```
<Page ……>
  <Page.Resources>
    <ResourceDictionary>
      <ResourceDictionary.MergedDictionaries>
        <ResourceDictionary Source="/Dictionarys/Dictionary1.xaml" />
      </ResourceDictionary.MergedDictionaries>
    </ResourceDictionary>
  </Page.Resources>
  <Canvas Background="{StaticResource  MyGridBrushResource}">
    <Path Margin="10" Stroke="Red" Data="{StaticResource pathGeometry1}" />
    <Button MinWidth="30" Content="OK">
      <Button.RenderTransform>
        <MatrixTransform x:Name="ButtonMatrixTransform" />
      </Button.RenderTransform>
      <Button.Triggers>
        <EventTrigger RoutedEvent="Button.Loaded">
          <BeginStoryboard>
            <Storyboard>
              <MatrixAnimationUsingPath
                  Storyboard.TargetName="ButtonMatrixTransform"
```

```
                              Storyboard.TargetProperty="Matrix"
                              Duration="0:0:5"
                              PathGeometry="{StaticResource pathGeometry1}"
                              RepeatBehavior="Forever">
                      </MatrixAnimationUsingPath>
                  </Storyboard>
              </BeginStoryboard>
          </EventTrigger>
      </Button.Triggers>
   </Button>
  </Canvas>
</Page>
```

这一节的例子只是为了通过代码说明路径动画实现的原理和基本设计思路，理解路径动画的实现方式。实际上，制作路径动画最快速的办法是利用 Blend for VS2012 来实现。

10.4.3　利用 Blend for VS2012 制作路径动画

Blend for VS2012 提供了更强大的路径动画制作功能，开发人员只需要通过鼠标拖动和简单操作，即可以让其自动生成对应的路径动画。

1.　在 Blend 中绘制形状和路径

利用 Blend 提供的标准矢量绘图功能，可直接绘制形状、路径和蒙板，并对其进行移动、旋转、翻转、倾斜，或改变其大小，也可以使用属性窗口输入精确值。

Blend 提供的形状如图 10-16 所示。选择其中的一个形状，然后在美工版上绘制即可。

图 10-16　利用 Shapes 对象绘制形状或路径

按住<Shift>键的同时进行拖动，可使高度和宽度保持相同。按住<Alt>键的同时进行拖动，可将单击的第一个点作为中心点，而不是以该点作为所绘形状的左上角。释放鼠标按钮后，便会出现用于缩放、旋转、移动、倾斜以及可对形状对象执行的其他操作的转换图柄。

绘制路径时，既可以使用【铅笔】工具直接绘制（生成像素），也可以使用【钢笔】工具绘制路径（生成点或顶点）。用钢笔绘制时，还可以在每个点上拖动来生成曲线，若要绘制封闭路径，绘制结束后再单击第一个点即可。

路径绘制完毕后，同样便会出现用于缩放、旋转、移动、倾斜以及可对路径对象执行的其他操作的转换图柄。此时指针会指明利用"选择"工具能执行的操作。

要删除路径的一部分，可先用【路径选择】工具选择要删除的部分，然后按<Delete>键即可。

要重定义路径上点的控制柄，可先用【路径选择】工具选择要修改的点（或顶点）的路径，然后按住<Alt>键，并在光标变为某个光标之一时单击节点，再从节点拖离即可。

2.　在 Blend for VS2012 中将形状和文本转换为路径

在 Blend for VS2012 中将形状转换为路径的办法为：先单击【选择】工具，然后选择要转换为路径的形状，再右键单击该形状，在快捷菜单中选择【转换为路径】命令即可。注意将形状转换为路径后，将无法修改形状所特有的属性（例如矩形的圆角半径）。而且，如果在转换之前向形状应用了样式，则已转换路径的属性将重置为路径的默认值（无填充画笔，黑色轮廓）。

仅当文本包含在 TextBlock 或 RichTextBox 中时，才能将文本转换为路径。将文本转换为路径的步骤为：先选择 TextBlock 或 RichTextBox 对象，然后单击【对象】菜单，指向【路径】，再单击【转换为路径】即可。将文本转换为路径后，整个文本块会变成一条路径，并用路径的矢量点定义原始文本中每个字符的形状。

也可以将产生的单一路径释放为多条路径，即将文本的每个字符变成一条路径，并且字符中的每个封闭循环也变成一条路径。办法为：先单击【对象】菜单，指向【路径】，然后单击【释放复合路径】。

若要重新组合任意路径，例如用封闭循环构成字符的路径，先选择这些路径（按住<Ctrl>键可选择多个项），然后在【对象】菜单的【路径】下，单击【创建复合路径】。

3. 在 Blend for VS2012 中合并和剪切路径

通过合并路径，可以将两个或多个对象（路径或形状）合并成一个路径对象，从而产生复杂的图形效果，而且生成的复合路径具有自己的属性。

要合并不同的形状，必须先将其转换为路径，之后才能将其包含在复合路径中（在【对象】菜单的【路径】下选择【转换为路径】）。另外，创建复合路径之后，还可以随时分离复合路径，但不会还原原始属性。

剪切路径是一种可应用到其他对象的路径或形状，可用其来隐藏位于剪切路径以外的被遮掩对象的某些部分。

在 Blend for VS2012 中，创建剪切路径之后即可在美工板上对其进行修改，并且可以释放剪切路径，而不会丢失原始路径对象。另外，还可以动态显示剪切路径的各个顶点（例如逐渐公开被遮掩的对象）。

应用剪切路径的步骤为：选择要剪切的路径或形状，按住<Ctrl>键，选择要转换为剪切路径的对象，然后在"对象"菜单上，指向"路径"，单击"生成剪切路径"。

修改剪切路径的步骤为：先选择要剪切路径的对象，然后在"工具"面板中，选择"路径选择"工具，此时美工板上将显示路径对象的各个点（小正方形），使用鼠标（或同时按下<Alt>键）将单独的点和线段拖到新的位置即可。另外，还可以选择"笔"工具在路径上添加或删除点。

删除剪切路径的步骤为：选择被剪切的对象，然后在"对象"菜单上，指向"路径"，单击"删除剪切路径"。

下面通过例子说明其具体用法。

【例 10-16】 在 Blend 中用铅笔绘制一条螺旋状路径，然后让小球沿着该路径移动。运行效果如图 10-17（a）所示。

（1）在 Examples 文件夹下添加一个名为 PathAnimationExample4.xaml 的页，在页中添加一个小球，主要内容如下。

```
<Page ……>
    <Canvas>
        <Ellipse Width="50" Height="50" Fill="Red" />
    </Canvas>
</Page>
```

（2）按<F5>键运行程序，观察运行效果。

（a）例 10-16 的运行效果

（b）绘制路径

图 10-17 例 10-16 的相关截图

（3）退出 VS2012，鼠标右键单击 ch10.sln，选择【打开方式】→【Blend for Visual Studio 2012】，在 Blend 中打开该解决方案。

（4）切换到【项目】选项卡，打开 PathAnimationExample4.xaml，用【铅笔】工具绘制一条螺旋状的路径，在属性窗口中将 Fill 属性设置为 "No Brush"，结果如图 10-17（b）所示。

（5）切换到【对象和时间线】选项卡，选择刚刚绘制的对象，然后选择【路径】→【转换为运动路径】命令，将其转换为运动路径。在随后弹出的窗口中，将运动目标选择为页面中的 Ellipse 对象，以便让小球在该路径上移动，单击【确定】按钮。

（6）此时将自动创建演示图板，如图 10-18 所示。单击播放按钮测试移动效果。

图 10-18 测试移动效果

（7）退出 Blend for VS2012。

（8）用 VS2012 重新打开该解决方案，观察自动生成的 XAML 代码，然后按<F5>键调试运行，再次观察动画移动效果。

10.5 变换（Transform）

在 WPF 应用程序入门一章中，我们已经学习了利用 WPF 设计器实现画笔变换的基本操作方法，这一节我们将在这些概念的基础上进一步介绍用代码实现变换的技术，包括旋转、缩放、扭曲和平移等操作，以及如何对其进行动画处理。

10.5.1 基本概念

WPF 的二维变换操作由 Matrix 来描述，这是一个 3 行 3 列的 Double 值集合，称为变换矩阵。Matrix 使用行优先变换，用行矢量来表示，如图 10-19 所示。

$$\begin{pmatrix} M_{11} & M_{12} & 0.0 \\ M_{21} & M_{22} & 0.0 \\ OffsetX & OffsetY & 0.0 \end{pmatrix} \qquad \begin{pmatrix} 1.0 & 0.0 & 0.0 \\ 0.0 & 1.0 & 0.0 \\ 0.0 & 0.0 & 1.0 \end{pmatrix}$$

（a）变换矩阵的结构　　　　　（b）变换矩阵默认值

图 10-19　变换矩阵及其默认值

通过改变变换矩阵的值，可以旋转、按比例缩放、扭曲和平移对象。例如将 *OffsetX* 的值更改为 100 可使对象沿 *x* 轴移动 100 个单位，将 M_{22} 的值更改为 3 可将对象拉伸为其当前高度的 3 倍。如果同时更改这两个值，则可将对象沿 *x* 轴移动 100 个单位并将其高度拉伸 3 倍。

程序员可直接利用变换矩阵实现各种变换，但由于变换矩阵的实现比较难以理解，因此 WPF 又提供了许多用起来更容易的变换类，使其可直接对元素进行变换操作，而不需要再去处理变换矩阵。

利用变换类变换对象的方法是声明适当的 Transform 类型，并将其应用于对象的变换属性。例如用 ScaleTransform 类设置元素的 ScaleX 和 ScaleY 属性可将其按比例缩放，利用 RotateTransform 类设置 Angle 属性即可实现旋转等。对象类型不同，所具有的变换属性的类型也不全相同。常用类型及其变换属性如表 10-6 所示。

表 10-6　　　　　　　　　　　　　　　WPF 的基本变换类型

类　　型	变换属性
brush	Transform，RelativeTransform
ContainerVisual	Transform
DrawingGroup	Transform
FrameworkElement	RenderTransform，LayoutTransform
Geometry	Transform
TextEffect	Transform
UIElement	RenderTransform

对于框架级别的元素（FrameworkElement）而言，WPF 提供了两种基本的变换形式：RenderTransform 和 LayoutTransform。

LayoutTransform 在元素布局完成前进行变换，这种变换会影响其他元素的布局。下面的代码演示如何使用 LayoutTransform 围绕中心点沿顺时针方向旋转 45°。

```
<Button Content="Rotated Button">
    <Button.LayoutTransform>
        <RotateTransform Angle="45" />
    </Button.LayoutTransform>
</Button>
```

RenderTransform 则是在元素布局完成后才进行变换的，因此这种变换不会影响其他元素的布局。另外，由于 RenderTransform 对性能进行了优化处理，因此对元素进行变换时，特别是进行动画处理时，应尽量用 RenderTransform 来实现。

对元素进行变换，有绝对（Absolute）变换和相对（Relative）变换两种形式。

对于绝对变换来说，如果希望修改元素变换的原点（例如在元素从中心进行旋转、按比例缩放或扭曲时），必须事先知道元素的大小，然后才能进一步改变原点的位置。例如：

```
<Rectangle Width="50" Height="50" Fill="RoyalBlue" Opacity="1.0">
    <Rectangle.RenderTransform>
        <RotateTransform Angle="45" CenterX="25" CenterY="25" />
    </Rectangle.RenderTransform>
</Rectangle>
```

所以一般不采用绝对变换，而是用相对变换来实现。

相对变换是相对于元素的左上角而言的，即左上角为（0，0），右下角为（1，1），左上角和右下角所包含的区域内的相对坐标值（x，y）都在 0 和 1 之间。

1. 设置变换原点（RenderTransformOrigin）

原点也叫中心点，对元素进行变换实际上是对目标对象所在的坐标进行变换。除了平移变换与原点无关以外（平移时不管以何处为原点效果都相同），其他变换都与原点有关。

默认情况下，变换时以元素的左上角（0，0）为中心点进行。在实际应用中，一般用元素的 RenderTransformOrigin 属性设置变换原点。例如下面的代码用相对值指定 Rectangle 元素的原点为矩形的中心：

```
<Rectangle RenderTransformOrigin="0.5,0.5" />
```

2. 平移（TranslateTransform）

TranslateTransform 类按指定的 X 和 Y 移动（平移）元素，单位默认为像素。例如：

```
<Rectangle Height="50" Width="50" Fill="#CCCCCCFF"
    Stroke="Blue" StrokeThickness="2" Canvas.Left="100" Canvas.Top="100">
    <Rectangle.RenderTransform>
        <TranslateTransform X="50" Y="50" />
    </Rectangle.RenderTransform>
</Rectangle>
```

3. 旋转（RotateTransform）

RotateTransform 类按指定的角度旋转元素。

● Angle 属性：指定对象旋转的角度（不是弧度），正值为顺时针旋转，负值为逆时针旋转，默认值为 0。

● CenterX 和 CenterY 属性：指定对象旋转的中心点，即绕哪个点为中心旋转。这两个属性默认值都是 0，即默认绕对象的左上角（0，0）进行旋转。

● RenderTransformOrigin 属性：指定变换原点。

注意变换时 CenterX、CenterY 以及 RenderTransformOrigin 属性全部使用相对坐标而不是绝对坐标，即左上角为（0，0），右下角为（1，1）。这 3 个属性的值都在 0 到 1 之间（包括 0 和 1）。这样一来，不必知道控件的实际宽度和高度就可以进行变换。

下面的 XAML 代码表示绕 Border 控件的中心点（0.5, 0.5）进行旋转：

```
<Border Width="200" Height="100" Background="Red" RenderTransformOrigin="0.5,0.5">
    <Border.RenderTransform>
        <TransformGroup>
            <ScaleTransform />
            <SkewTransform />
            <RotateTransform Angle="50"/>
            <TranslateTransform />
        </TransformGroup>
    </Border.RenderTransform>
</Border>
```

4. 缩放（ScaleTransform）

ScaleTransform 类对元素按比例缩放。

● ScaleX 和 ScaleY 属性：按百分比缩放。例如 ScaleX 值为 1.5 时，会将元素拉伸到其原始宽度的 150%。ScaleY 值为 0.5 时，会将元素的高度缩小到原始大小的 50%。

● CenterX 和 CenterY 属性：指定缩放操作的中心点，默认值为（0, 0）。

【例 10-17】 演示缩放变换的基本用法。运行效果如图 10-20 所示。

图 10-20　例 10-17 的运行效果

该例子的源程序见 ScaleTransformExample.xaml。

下面对例子中的部分代码进行解释。

下面的代码表示将 ScaleTransform 应用于按钮的 RenderTransform 属性。当鼠标移动到该按钮区域内时，ScaleTransform 的 ScaleX 和 ScaleY 属性将被设置为 2，导致按钮变大。当鼠标离开该按钮时，ScaleX 和 ScaleY 将又被置为 1，使按钮返回到其原始大小。

XAML：

```
<Page ……>
  <Canvas Width="400" Height="400">
    <Button Name="Button1" MouseEnter="Enter" MouseLeave="Leave" Content="按钮1">
        <Button.RenderTransform>
            <ScaleTransform x:Name="myScaleTransform" ScaleX="1" ScaleY="1" />
        </Button.RenderTransform>
    </Button>
  </Canvas>
</Page>
```

C#：
```csharp
public partial class TransformExample : Page
{
    private void Enter(object sender, MouseEventArgs args)
    {
        myScaleTransform.ScaleX = 2;
        myScaleTransform.ScaleY = 2;
    }
    private void Leave(object sender, MouseEventArgs args)
    {
        myScaleTransform.ScaleX = 1;
        myScaleTransform.ScaleY = 1;
    }
}
```

下面的代码含义为将第 1 行文本沿着 x 轴放大 150%得到第 2 行文本，沿着 y 轴放大 150%得到第 3 行文本。

```xml
<TextBlock Name="textblockScaleMaster" FontSize="32" Foreground="SteelBlue"
    Text="缩放的文本">
</TextBlock>
<TextBlock FontSize="32" FontWeight="Bold" Foreground="SteelBlue"
    Text="{Binding Path=Text, ElementName=textblockScaleMaster}">
    <TextBlock.RenderTransform>
        <ScaleTransform ScaleX="1.5" ScaleY="1.0" />
    </TextBlock.RenderTransform>
</TextBlock>
<TextBlock FontSize="32" FontWeight="Bold" Foreground="SteelBlue"
    Text="{Binding Path=Text, ElementName=textblockScaleMaster}">
    <TextBlock.RenderTransform>
        <ScaleTransform ScaleX="1.0" ScaleY="1.5" />
    </TextBlock.RenderTransform>
</TextBlock>
```

5. 扭曲（SkewTransform）

SkewTransform 类按指定的角度扭曲元素。扭曲是一种以非均匀方式拉伸坐标空间的变换。SkewTransform 的一个典型用法是在二维对象中模拟三维的深度。

- CenterX 和 CenterY 属性：指定 SkewTransform 的中心点。
- AngleX 和 AngleY 属性：指定 x 轴和 y 轴的扭曲角度，即使当前坐标系沿着这些轴扭曲。

【例 10-18】 演示扭曲变换的基本用法。运行效果如图 10-21 所示。

图 10-21　例 10-18 的运行效果

该例子的源程序见 SkewTransformExample.xaml。代码如下。

```xml
<Page ……>
    <StackPanel HorizontalAlignment="Center" VerticalAlignment="Center">
```

```
    <TextBlock Name="textblockSkewMaster" FontSize="32" FontWeight="Bold"
        Margin="50 0 0 0" Foreground="Maroon"
            Text="扭曲的文本">
        <TextBlock.RenderTransform>
            <SkewTransform AngleX="-30" AngleY="0" />
        </TextBlock.RenderTransform>
    </TextBlock>
    <TextBlock FontSize="32" FontWeight="Bold" Foreground="Maroon"
            Text="{Binding Path=Text, ElementName=textblockSkewMaster}"
            Margin="35, 0, 0, 0">
        <TextBlock.RenderTransform>
            <SkewTransform AngleX="30" AngleY="0" />
        </TextBlock.RenderTransform>
    </TextBlock>
    </StackPanel>
</Page>
```

6. TransformGroup

如果要同时进行多个变换，用 TransformGroup 将多个变换对象组合在一起即可。

10.5.2 对变换进行动画处理

由于 Transform 类继承自 Animatable 类，因此可以通过 WPF 控件的 Effect 属性对各种变换（平移、旋转、缩放、扭曲等）进行动画处理。

下面的代码将 Storyboard 和 DoubleAnimation 与 RotateTransform 一起使用，以便在单击 Button 时使其旋转到位。

```
<Page ……
  Background="White" Margin="50">
  <StackPanel>
    <Button Content="A Button"
      RenderTransformOrigin="0.5,0.5">
      <Button.RenderTransform>
          <RotateTransform x:Name="AnimatedRotateTransform" Angle="0" />
      </Button.RenderTransform>
      <Button.Triggers>
        <EventTrigger RoutedEvent="Button.Click">
          <BeginStoryboard>
            <Storyboard>
              <DoubleAnimation
                Storyboard.TargetName="AnimatedRotateTransform"
                Storyboard.TargetProperty="Angle"
                To="360" Duration="0:0:1" FillBehavior="Stop" />
            </Storyboard>
          </BeginStoryboard>
        </EventTrigger>
      </Button.Triggers>
    </Button>
  </StackPanel>
</Page>
```

另外，由于 Transform 类也继承 Freezable 类，因此可将 Transform 对象声明为资源，从而可以在多个对象之间共享。

【例 10-19】 演示对变换进行动画处理的基本用法。要求实现的功能有：（a）创建一个具有擦除效果的文本，用 DoubleAnimation 对文本块的宽度进行动画处理，宽度值从文本块的原有宽度更改为 0，持续时间为 10 秒，然后再改回其宽度值，重复这一过程。（b）用 DoubleAnimation 对文本块的不透明度进行动画处理，不透明度值从 1.0 更改为 0，持续时间为 5 秒，然后再改回。（c）用 DoubleAnimation 来旋转文本块，文本块执行完全旋转，持续时间为 20 秒，然后继续重复该旋转。运行效果如图 10-22 所示。

图 10-22　例 10-19 的运行效果

该例子的源程序见 TextAnimationExample.xaml。由于代码较多，此处不再列出。

10.6　效果（Effect）

效果是指屏幕或物体表面呈现的特殊外观，比如阴影、发光、模糊等。在 WPF 应用程序中，可对绘图结果（图形、图像、文本等）进行多种效果处理，并将其应用到目标元素上，从而大大增加界面的表现力和吸引力。

Effect 类是实现各种效果的抽象基类。

WPF 提供的用以产生二维效果的常用类有 BlurEffect 和 DropShadowEffect，由于这两个效果都继承自 Effect 类，因此可通过 WPF 元素（如 Rectangle、TextBlock 等）的 Effect 属性来设置。另外还有一个专门的 TextEffect 类，用于对文本中的每个字符进行效果处理，例如将每个字符都旋转 90° 等，此类效果也可通过文本控件（如 TextBlock）的 TextEffect 属性来设置。

由于 Effect 类继承自 Animatable 类，因此在其扩充类中都可以利用该类提供的方法将效果应用到动画中。

用 C#实现时，可调用下面的方法：

- ApplyAnimationClock 方法：将效果的某个依赖项属性应用到时钟动画。
- BeginAnimation 方法：将效果的某个依赖项属性应用到简单动画、关键帧动画或者路径动画。

10.6.1　模糊效果（BlurEffect）

利用继承自 Effect 的 BlurEffect 类，可以使目标纹理生出模糊效果（模拟通过离焦透镜查看对象的情形）。例如实现外部发光效果（围绕对象或颜色区域创建颜色光环）等。

BlurEffect 类的常用属性是 Radius 属性，表示模糊效果曲线的半径，默认值为 5。利用该属性即可获取或设置模糊强度。

【例 10-20】 演示 BlurEffect 的基本用法。运行效果如图 10-23 所示。

图 10-23　例 10-20 的运行效果

该例子的源程序见 BlurEffectExample.xaml，由于与以前例子中的实现代码相似，区别只是一些属性值不同，所以此处不再列出所有代码。

下面的代码片段演示了如何实现模糊效果。

```
<Rectangle Width="100" Height="50" Fill="Red">
    <Rectangle.Effect>
        <BlurEffect Radius="15" />
    </Rectangle.Effect>
</Rectangle>
```

10.6.2　阴影效果（DropShadowEffect）

利用继承自 Effect 的 DropShadowEffect 类，可以在目标纹理对象的周围创建投影效果，比如柔和阴影、噪声、强烈投影以及外部发光效果等。常用属性如下。

- Direction 属性：获取或设置投影的方向，该值用 double 类型的角度来表示。默认值为 315。
- Color 属性：获取或设置投影的颜色。默认值为 Black。
- ShadowDepth 属性：获取或设置投影距纹理下方的距离（double 类型）。默认值为 5。
- Opacity 属性：获取或设置投影的不透明度（double 类型）。默认值为 1。
- BlurRadius 属性：获取或设置一个 double 类型的值，该值指示阴影的模糊效果的半径。默认值为 5。

【例 10-21】 演示 DropShadowEffect 的基本用法。运行效果如图 10-24 所示。

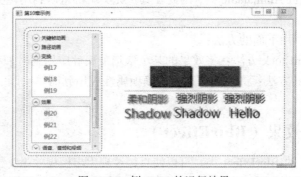

图 10-24　例 10-21 的运行效果

该例子的源程序见 DropShadowEffectExample.xaml，由于不同的阴影效果实现的代码相似，区别只是属性值不同，所以此处不再列出所有代码。另外，虽然在这个例子中只用 Rectangle 和 TextBlock 来演示基本用法，但阴影效果并不仅限于这两个元素，而是可将其应用到任何 WPF 元素上。

下面通过代码片段说明具体实现。

1. 柔和阴影效果

创建柔和阴影效果时，可用 BlurRadius 属性控制阴影的柔和程度或模糊程度（值 0.0 指示无模糊），用 ShadowDepth 属性控制阴影的宽度（例如 4.0 表示阴影的宽度为 4 个像素）。下面的代码片段演示了如何创建柔和阴影效果。

```
<TextBlock Text="柔和阴影" HorizontalAlignment="Center"
     FontSize="25" Foreground="Teal">
     <TextBlock.Effect>
          <DropShadowEffect BlurRadius="4" ShadowDepth="4"
                   Direction="330" Opacity="0.5" />
     </TextBlock.Effect>
</TextBlock>
```

2. 强烈阴影效果

创建强烈阴影效果时，可以将 BlurRadius 属性设置为 0.0（表示不使用阴影），同时用 Direction 属性控制阴影的方向（用度数表示，范围为 0 和 360，向右为 0，向上为 90）。下面的代码片段演示了如何创建强烈阴影效果。

```
<TextBlock Text="强烈阴影" HorizontalAlignment="Center" FontSize="25"
     Foreground="Maroon">
     <TextBlock.Effect>
        <DropShadowEffect ShadowDepth="6" Direction="135"
             Color="Maroon" Opacity="0.35" BlurRadius="0.0" />
     </TextBlock.Effect>
</TextBlock>
```

10.6.3 文本效果（TextEffect）

使用 Effect 类来创建模糊效果和阴影效果时，其会将所有字符作为一个整体进行处理，而利用 TextEffect，则可以对文本中的每个字符进行效果和变换处理。

TextEffect 类提供的与效果和变换有关的常用属性有：

- PositionStart 属性：获取或设置在文本中应用 TextEffect 的开始位置。
- PositionCount 属性：获取或设置在文本中应用 TextEffect 的字符个数。
- Transform 属性：对指定的文本字符进行变换处理。

下面通过例子说明其基本用法。

【例 10-22】利用 TextEffect 对文本中的每个字符分别进行旋转和动画处理。让第 1 个字符串的所有字符都旋转 90 度，让第 2 个字符串中的每个字符以 1 秒为间隔依次不停地单独旋转。运行效果如图 10-25 所示。

图 10-25 例 10-22 的运行效果

该例子的源程序见 TextEffectExample.xaml。代码如下。

```xml
<Page ……>
    <StackPanel Orientation="Horizontal">
        <TextBlock FontFamily="Arial Black" FontSize="48" Foreground="Moccasin"
                Margin="80, 10, 0, 0" Text="旋转的文本">
            <TextBlock.RenderTransform>
                <RotateTransform Angle="90" />
            </TextBlock.RenderTransform>
        </TextBlock>
        <TextBlock FontSize="50" Margin="-200,80,0,0" Text="WPF 应用程序">
            <TextBlock.TextEffects>
                <TextEffect PositionCount="1" x:Name="MyTextEffect">
                    <TextEffect.Transform>
                        <RotateTransform x:Name="TextEffectRotateTransform" Angle="0"
                                CenterX="10" CenterY="10" />
                    </TextEffect.Transform>
                </TextEffect>
            </TextBlock.TextEffects>
            <TextBlock.Triggers>
                <EventTrigger RoutedEvent="TextBlock.Loaded">
                    <EventTrigger.Actions>
                        <BeginStoryboard>
                            <Storyboard>
                                <ParallelTimeline RepeatBehavior="Forever">
                                    <DoubleAnimation
                                        Storyboard.TargetName="TextEffectRotateTransform"
                                            Storyboard.TargetProperty="Angle"
                                            From="0" To="360" Duration="00:00:0.75"
                                            BeginTime="0:0:0.25" />
                                </ParallelTimeline>
                                <DoubleAnimation From="30" To="370"
                                        Duration="00:00:7" RepeatBehavior="Forever"
                                        AutoReverse="True"
                                        Storyboard.TargetName="TextEffectRotateTransform"
                                        Storyboard.TargetProperty="CenterX" />
                                <Int32AnimationUsingKeyFrames
                                        Storyboard.TargetName="MyTextEffect"
                                        Storyboard.TargetProperty="PositionStart"
                                        Duration="0:0:7" AutoReverse="True"
                                        RepeatBehavior="Forever">
```

```
                    <Int32AnimationUsingKeyFrames.KeyFrames>
                        <DiscreteInt32KeyFrame Value="0" KeyTime="0:0:0" />
                        <DiscreteInt32KeyFrame Value="1" KeyTime="0:0:1" />
                        <DiscreteInt32KeyFrame Value="2" KeyTime="0:0:2" />
                        <DiscreteInt32KeyFrame Value="3" KeyTime="0:0:3" />
                        <DiscreteInt32KeyFrame Value="4" KeyTime="0:0:4" />
                        <DiscreteInt32KeyFrame Value="5" KeyTime="0:0:5" />
                        <DiscreteInt32KeyFrame Value="6" KeyTime="0:0:6" />
                        <DiscreteInt32KeyFrame Value="7" KeyTime="0:0:7" />
                    </Int32AnimationUsingKeyFrames.KeyFrames>
                </Int32AnimationUsingKeyFrames>
              </Storyboard>
            </BeginStoryboard>
          </EventTrigger.Actions>
        </EventTrigger>
      </TextBlock.Triggers>
    </TextBlock>
  </StackPanel>
</Page>
```

10.7　音频和视频

WPF 应用程序也提供了对语音（Speech）、音频（Audio）和视频（Video）的支持类，使用 WPF 提供的这些类，可非常容易地实现语音、音频和视频播放。

10.7.1　语音

Microsoft.NET 框架在 System.Speech.Synthesis.SpeechSynthesizer 类中提供了对已安装的语音合成引擎功能的访问，这一功能对需要通过文字发音的项目非常有用。这一节我们用一个例子简单说明它在 WPF 应用程序中的基本用法。

【例 10-23】演示语音的基本用法。读取 Window 7 自带的语音合成引擎，然后用它来朗读输入的任意中英文文本。运行效果如图 10-26 所示。

图 10-26　语音朗读文字的运行效果

（1）打开 ch10 解决方案，鼠标右击项目下的【引用】，选择【添加引用】，在弹出的窗口中添加对 System.Speech.dll 文件的引用，如图 10-27 所示。

图 10-27　添加 Speech 引用

（2）在 Example 文件夹下，添加一个名为 SpeechExample.xaml 的页。
SpeechExample.xaml 的主要代码如下。

```xaml
<Page ……>
    <Grid>
        <Grid.RowDefinitions>
            <RowDefinition Height="*" />
            <RowDefinition Height="Auto" />
        </Grid.RowDefinitions>
        <Grid.ColumnDefinitions>
            <ColumnDefinition Width="*" />
            <ColumnDefinition Width="80" />
        </Grid.ColumnDefinitions>
        <GroupBox Grid.ColumnSpan="3" Header="请输入要朗读的中英文" BorderBrush="Blue">
            <TextBox Name="textBox1" TextWrapping="Wrap" Margin="10"/>
        </GroupBox>
        <StackPanel Grid.Row="1" Orientation="Horizontal">
            <Label Content="音量:" />
            <Slider Name="VolumeSlider" Width="80" Value="50" Minimum="0"
                    Maximum="100" TickFrequency="5"
                    ValueChanged="VolumeChanged" />
            <Label Margin="10 0 0 0" Content="语速:" />
            <Slider Name="RateSlider" Width="80" Value="-1" Minimum="-5"
                    Maximum="7" TickFrequency="1"
                    ValueChanged="RateChanged" />
        </StackPanel>
        <Button Name="btnSpeek" Grid.Row="1" Grid.Column="1" Margin="10 0 20 0"
                Content="朗读" Click="btnSpeek_Click" />
    </Grid>
</Page>
```

SpeechExample.xaml.cs 的代码如下。

```csharp
using System.Text;
using System.Windows;
using System.Windows.Controls;
using System.Speech.Synthesis;
namespace ch10.Examples
```

```
    {
        public partial class SpeechExample : Page
        {
            SpeechSynthesizer speech = new SpeechSynthesizer();
            public SpeechExample()
            {
                InitializeComponent();
                ShowInfo();
            }
            private void ShowInfo()
            {
                var Voices = speech.GetInstalledVoices();
                StringBuilder sb = new StringBuilder();
                sb.AppendLine("Window 7 自带的语音合成引擎有：");
                foreach (var v in Voices)
                {
                    var info = v.VoiceInfo;
                    sb.AppendLine("名称： " + info.Name);
                    sb.AppendLine("\tCulture: " + info.Culture);
                    sb.AppendLine("\tAge: " + info.Age);
                    sb.AppendLine("\tGender: " + info.Gender);
                    sb.AppendLine("\tDescription: " + info.Description);
                }
                textBox1.Text = sb.ToString();
            }
            private void btnSpeek_Click(object sender, RoutedEventArgs e)
            {
                speech.SpeakAsync(textBox1.Text);
            }
            private void VolumeChanged(
                object sender, RoutedPropertyChangedEventArgs<double> e)
            {
                speech.Volume = (int)((Slider)e.Source).Value;
            }
            private void RateChanged(
                object sender, RoutedPropertyChangedEventArgs<double> e)
            {
                speech.Rate = (int)((Slider)e.Source).Value;
            }
        }
    }
```

（3）按<F5>键运行程序，观察语音朗读的效果。

10.7.2　音频和视频（MediaElement）

在 WPF 中，播放音频或视频最简单的方法就是用 MediaElement 控件来实现，该对象可播放多种类型的音频文件和视频文件，而且还能控制媒体的播放、暂停、停止以及音量和播放速度等。

WPF 支持的音频文件类型有：AIF、AIFC、AIFF、ASF、AU、MID、MIDI、MP2、MP3、MPA、MPE、RMI、SND、WAV、WMA 和 WMD 等。这些文件类型都是 Windows Media Player 10 支持的文件格式。注意 Silverlight 只支持 MP3 和 WMA 文件类型。

WPF 支持的视频文件类型有：ASF、AVI、DVR-MS、IFO、M1V、MPEG、MPG、VOB、

WM 和 WMV 等。这些文件类型也都是 Windows Media Player 10 支持的文件格式。注意 Silverlight 只支持 WMV 文件类型。

若要在 WPF 中使用音频或视频，必须在计算机上安装 Windows Media Player 10 或更高版本。

使用 MediaElement 播放音频或视频时，有两点需要注意：

● 如果将媒体与应用程序一起分发，则不能将媒体文件用作项目资源，必须将其作为内容文件来处理。或者说，将被播放的媒体文件导入到项目中时，必须将文件的【类型】属性改为"内容"，而且必须将【复制到输出目录】属性设置为"如果较新则复制"或者"总是复制"，然后文件才能正常播放。

● 在 MediaElement 中设置媒体文件路径时，由于被播放的文件是内容文件，所以该路径是指相对于当前生成的可执行文件（调试环境下为 bin\Debug 下的.exe 文件）的相对路径（也可以将其理解为相对于项目根目录的相对路径），而不是相对于当前页面的相对路径。这一点与引用被编译的其他文件的相对路径不同，使用时要特别注意。换言之，引用内容文件时，不论内容文件是图像还是音频、视频，代码中的相对路径都是指相对于当前可执行文件的路径来说的。

MediaElement 有两种使用模式：独立模式和时钟模式。

1. 独立模式

在独立模式下，MediaElement 的用法和 Image 控件的用法相似，可直接指定其 Source URI。另外，设置该控件的大小时，要么仅设置宽度，要么仅设置高度，此时将 Stretch 属性设置为"Fill"可在填充时自动保持其宽高比；如果同时设置宽度和高度又希望填充时还要保持宽高比，可将 Stretch 属性设置为"UniformToFill"。

MediaElement 的常用属性和事件如下。

● LoadedBehavior 属性：设置加载 MediaElement 并完成预播放后的行为（Play、Pause、Manual、Stop、Close）。默认为 Play，表示加载完成后立即播放；Pause 表示加载后停在第 1 帧；Manual 表示通过代码控制。如果希望用按钮事件控制播放、暂停等行为，需要将该属性设置为"Manual"。

● UnloadedBehavior 属性：设置卸载 MediaElement 后的行为，默认为 Close，即播放完后立即关闭媒体并释放所有媒体资源。

● MediaOpened 事件：加载媒体文件后引发，利用该事件可获取视频文件的宽度和高度。对于音频文件，其宽度和高度始终为零。

【例 10-24】 演示在独立模式下 MediaElement 的基本用法。运行效果如图 10-28 所示。

图 10-28　例 10-24 的运行效果

该例子的源程序在 MediaElementExample1.xaml 及其代码隐藏类中。

MediaElementExample1.xaml 的主要代码如下。

```xml
<Page ……>
    <Grid>
        <Grid.RowDefinitions>
            <RowDefinition Height="Auto" />
            <RowDefinition Height="*" />
        </Grid.RowDefinitions>
        <StackPanel Grid.Row="0">
            <StackPanel Orientation="Horizontal">
                <TextBlock Margin="5" Text="视频: " />
                <RadioButton Margin="5" GroupName="a"
                    Checked="RadioButton_Checked">Wildlife.wmv</RadioButton>
                <RadioButton Margin="5" GroupName="a"
                    Checked="RadioButton_Checked">bee.wmv</RadioButton>
                <RadioButton Name="r1" Margin="5" GroupName="a"
                    Checked="RadioButton_Checked">xbox.wmv</RadioButton>
            </StackPanel>
            <Separator />
            <StackPanel Orientation="Horizontal">
                <TextBlock Margin="5" Text="音频: " />
                <RadioButton Margin="5" GroupName="a"
                    Checked="RadioButton_Checked">blues.wma</RadioButton>
                <RadioButton Margin="5" GroupName="a"
                    Checked="RadioButton_Checked">ringin.wav</RadioButton>
                <RadioButton Margin="5" GroupName="a"
                    Checked="RadioButton_Checked">dj.mp3</RadioButton>
            </StackPanel>
        </StackPanel>
        <DockPanel Grid.Row="1">
            <StackPanel Height="36" Orientation="Horizontal" DockPanel.Dock="Bottom">
                <Image Source="/images/UI_play.gif"
                    MouseDown="OnMouseDownPlayMedia" Margin="5" />
                <Image Source="/images/UI_pause.gif"
                    MouseDown="OnMouseDownPauseMedia" Margin="5" />
                <Image Source="/images/UI_stop.gif"
                    MouseDown="OnMouseDownStopMedia" Margin="5" />
                <TextBlock VerticalAlignment="Center" Margin="5">音量</TextBlock>
                <Slider Name="volumeSlider" VerticalAlignment="Center"
                    ValueChanged="ChangeMediaVolume" Minimum="0"
                    Maximum="1" Value="0.5" Width="70" />
                <TextBlock Margin="5" VerticalAlignment="Center">跳转到</TextBlock>
                <Slider Name="timelineSlider" Margin="5"
                    ValueChanged="SeekToMediaPosition" Width="70" />
            </StackPanel>
            <StackPanel DockPanel.Dock="Bottom" Orientation="Horizontal"
                    HorizontalAlignment="Center">
                <TextBlock Name="textBlock1" Margin="20 0 0 0" />
            </StackPanel>
            <DockPanel Background="LightGray">
                <MediaElement Name="myMediaElement" Margin="20 20 20 20 "
                    Source="media/xbox.wmv"
                    MediaOpened="Element_MediaOpened"
```

```
                    LoadedBehavior="Manual" VerticalAlignment="Stretch"
                    Stretch="Fill" />
            </DockPanel>
        </DockPanel>
        <Rectangle Grid.RowSpan="2" Stroke="Green" StrokeThickness="1" />
    </Grid>
</Page>
```

MediaElementExample1.xaml.cs 的主要代码如下。

```csharp
public partial class MediaElementExample1 : Page
{
    public MediaElementExample1()
    {
        InitializeComponent();
        this.Loaded += MediaElementExample_Loaded;
    }
    void MediaElementExample_Loaded(object sender, RoutedEventArgs e)
    {
        r1.IsChecked = true;
    }
    System.Diagnostics.Stopwatch w = new System.Diagnostics.Stopwatch();
    public void Element_MediaOpened(object sender, EventArgs e)
    {
        timelineSlider.Maximum =
            myMediaElement.NaturalDuration.TimeSpan.TotalMilliseconds;
        TimeSpan d = myMediaElement.NaturalDuration.TimeSpan;
        if (d.Hours == 0)
        {
            textBlock1.Text = string.Format("文件：{0}，长度：{1}分{2}秒",
                myMediaElement.Source.OriginalString, d.Minutes, d.Seconds);
        }
        else
        {
            textBlock1.Text = string.Format("文件：{0}，长度：{1}小时{2}分{3}秒",
                myMediaElement.Source.OriginalString, d.Hours, d.Minutes, d.Seconds);
        }
    }
    void OnMouseDownPlayMedia(object sender, MouseButtonEventArgs args)
    {
        myMediaElement.Play();
        InitializePropertyValues();
    }
    void OnMouseDownPauseMedia(object sender, MouseButtonEventArgs args)
    {
        myMediaElement.Pause();
    }
    void OnMouseDownStopMedia(object sender, MouseButtonEventArgs args)
    {
        myMediaElement.Stop();
    }
    public void ChangeMediaVolume(
        object sender, RoutedPropertyChangedEventArgs<double> args)
    {
        if (myMediaElement != null)
        {
            myMediaElement.Volume = (double)volumeSlider.Value;
```

```
        }
    }
    public void SeekToMediaPosition(
        object sender, RoutedPropertyChangedEventArgs<double> args)
    {
        int SliderValue = (int)timelineSlider.Value;
        TimeSpan ts = new TimeSpan(0, 0, 0, 0, SliderValue);
        myMediaElement.Position = ts;
    }
    void InitializePropertyValues()
    {
        myMediaElement.Volume = (double)volumeSlider.Value;
    }
    private void RadioButton_Checked(object sender, RoutedEventArgs e)
    {
        RadioButton r = sender as RadioButton;
        if (myMediaElement != null)
        {
            myMediaElement.Stop();
            myMediaElement.Source = new Uri("media/" + r.Content, UriKind.Relative);
        }
    }
}
```

2. 时钟模式

在时钟模式下，可将 MediaElement 看作是动画的目标，因此它在计时树中具有相应的 Timeline 和 Clock 项。

当使用 Storyboard 中的 MediaTimeline 控制 MediaElement 的计时时，该功能与其他 Timeline 对象（如动画）的功能完全相同。例如，MediaTimeline 可使用 Timeline 属性（如 BeginTime 属性）指定何时开始 MediaElement（开始媒体播放）。另外，还可以使用 Duration 属性指定 MediaElement 处于活动状态的时间（媒体播放的持续时间）。

【例 10-25】演示时钟模式下 MediaElement 的基本用法。运行效果如图 10-29 所示。

图 10-29　例 10-25 的运行效果

该例子的源程序在 MediaElementExample2.xaml 及其代码隐藏类中。MediaElementExample2.xaml 的主要代码如下。

```xml
<Page ……>
    <StackPanel Background="LightGray" VerticalAlignment="Center">
    <StackPanel Margin="20" Background="White">
        <MediaElement Name="myMediaElement" Margin="10" Width="260"
            MediaOpened="Element_MediaOpened"
            Stretch="Fill" />
        <StackPanel HorizontalAlignment="Center" Width="260"
            Orientation="Horizontal">
        <Image Name="PlayButton" Source="/images/UI_play.gif"
            Margin="30,10,10,10" />
        <Image Name="PauseButton" Source="/images/UI_pause.gif"
            Margin="10" />
        <Image Name="ResumeButton" Source="/images/UI_resume.gif"
            Margin="10" />
        <Image Name="StopButton" Source="/images/UI_stop.gif"
            Margin="10" />
    </StackPanel>
    <Slider Name="timelineSlider" Margin="5" Width="250"
        HorizontalAlignment="Center" />
    <StackPanel.Triggers>
        <EventTrigger RoutedEvent="Image.MouseDown"
                SourceName="PlayButton">
            <EventTrigger.Actions>
                <BeginStoryboard Name="myBegin">
                    <Storyboard SlipBehavior="Slip">
                        <MediaTimeline Source="media/xbox.wmv"
                            Storyboard.TargetName="myMediaElement"
                            BeginTime="0:0:0" AutoReverse="False"
                            CurrentTimeInvalidated="MediaTimeChanged" />
                    </Storyboard>
                </BeginStoryboard>
            </EventTrigger.Actions>
        </EventTrigger>
        <EventTrigger RoutedEvent="Image.MouseDown"
                SourceName="PauseButton">
            <EventTrigger.Actions>
                <PauseStoryboard BeginStoryboardName="myBegin" />
            </EventTrigger.Actions>
        </EventTrigger>
        <EventTrigger RoutedEvent="Image.MouseDown"
                SourceName="ResumeButton">
            <EventTrigger.Actions>
                <ResumeStoryboard BeginStoryboardName="myBegin" />
            </EventTrigger.Actions>
        </EventTrigger>
        <EventTrigger RoutedEvent="Image.MouseDown"
                SourceName="StopButton">
            <EventTrigger.Actions>
                <StopStoryboard BeginStoryboardName="myBegin" />
            </EventTrigger.Actions>
        </EventTrigger>
    </StackPanel.Triggers>
    </StackPanel>
    </StackPanel>
</Page>
```

MediaElementExample2.xaml.cs 的主要代码如下。

```
public partial class MediaElementExample2 : Page
{
    public MediaElementExample2()
    {
        InitializeComponent();
    }
    private void Element_MediaOpened(object sender, EventArgs e)
    {
        timelineSlider.Maximum                                       =
myMediaElement.NaturalDuration.TimeSpan.TotalMilliseconds;
    }
    private void MediaTimeChanged(object sender, EventArgs e)
    {
        timelineSlider.Value = myMediaElement.Position.TotalMilliseconds;
    }
}
```

10.7.3　SoundPlayerAction 类

该类专门用于播放.wav 类型的音频文件（不能播放其他类型的音频文件）。下面的代码演示如何使用 SoundPlayerAction 触发.wav 文件的播放。

```
<Page ……>
  <Page.Triggers>
    <EventTrigger RoutedEvent="Button.Click" SourceName="clickButton">
      <EventTrigger.Actions>
        <SoundPlayerAction Source="media\lowbat.wav"/>
      </EventTrigger.Actions>
    </EventTrigger>
    <EventTrigger RoutedEvent="Button.MouseEnter" SourceName="hoverButton">
      <EventTrigger.Actions>
        <SoundPlayerAction Source="media\tada.wav"/>
      </EventTrigger.Actions>
    </EventTrigger>
  </Page.Triggers>
  <StackPanel Width="200">
    <Button Name="clickButton">Click to Play Sound</Button>
    <Button Name="hoverButton">Hover to Play Sound</Button>
  </StackPanel>
</Page>
```

习　　题

1. WPF 动画有哪些类型？
2. 简要解释 Timeline 类的功能及其主要属性。
3. 关键帧动画中提供了哪些内插方法？

第 11 章
数据绑定与数据验证

数据绑定是应用程序中 UI 与 UI 以及 UI 与 CLR 对象之间建立连接的过程。通过数据绑定，可以将目标的依赖项属性与数据源的值绑定在一起，然后再根据绑定方式，决定当源或目标发生变化时，另一方是否跟着自动改变。

这一章我们主要学习 Binding 类的基本用法。另外，通过它还可以实现数据验证的功能。

11.1 数 据 绑 定

WPF 提供了三种数据绑定技术：Binding、MultiBinding 和 PriorityBinding。这三种 Binding 的基类都是 BindingBase，而 BindingBase 又继承于 MarkupExtension。

在 WPF 中，ContentControl（如 Button）和 ItemsControl（如 ListBox 和 ListView）都提供了内置的功能，使单个数据项或数据项集合可以进行灵活的数据绑定，并可以生成排序、筛选和分组后的视图。

11.1.1 数据绑定基本概念

在 System.Windows.Data 命名空间下，WPF 提供了一个 Binding 类，利用该类可将目标的附加属性与数据源的值绑定在一起。数据源可以是任何修饰符为 public 的属性，包括控件属性、数据库、XML 或者 CLR 对象的属性等。

Binding 类继承的层次结构为

```
System.Object
  System.Windows.Markup.MarkupExtension
    System.Windows.Data.BindingBase
      System.Windows.Data.Binding
```

可以看出，Binding 类继承自 BindingBase，而 BindingBase 又继承自 MarkupExtension，所以可直接用绑定标记扩展来实现数据绑定。

绑定标记扩展的特性语法格式为

```
<object property="{Binding declaration}" .../>
```

格式中的 object 为绑定目标，一般为 WPF 元素；property 为目标属性；declaration 为绑定声明。绑定声明可以有零个或多个，如果有声明，每个声明一般都以"绑定属性=值"的形式来表示，绑定属性是指 Binding 类提供的各种属性，值是指数据源。如果有多个声明，各声明之间用逗号分隔。例如：

```
<Slider Name="slide1" Maximum="100" />
<TextBlock Text="{Binding ElementName=slide1,Path=Value}" />
```

这里的 ElementName=slide1 表示绑定的元素名为 slide1，Path=Value 表示绑定到 slide1 控件的 Value 属性值。这样一来，当拖动 Slide 控件的滑动条时，TextBlock 的 Text 属性值也会自动更改。

由于绑定标记扩展的特性语法用法比较简洁，所以一般用这种形式实现数据绑定即可。但是在有些情况下，可能无法用特性语法来表示，此时可以用属性语法来描述，例如：

```
<TextBlock>
    <TextBlock.Text>
        <Binding ElementName="slide1" Path="Value" />
    </TextBlock.Text>
</TextBlock>
```

实际上，用 Binding 类实现数据绑定时，不论采用哪种形式，其本质都是在绑定声明（declaration）中利用 Binding 类提供的各种属性来描述绑定信息。表 11-1 列出了 Binding 类提供的常用属性及其含义。

表 11-1　　　　　　　　　　　　Binding 类提供的常用属性及其含义

属　　　性	说　　　明
Mode	获取或设置一个值，该值指示绑定的数据流方向。默认为 Default
Path	获取或设置绑定源的属性路径
UpdateSourceTrigger	获取或设置一个值，该值确定绑定源更新的执行时间
Converter	获取或设置要使用的转换器
StringFormat	获取或设置一个字符串，该字符串指定如果绑定值显示为字符串的格式，其用法类似于 ToString 方法中的格式化表示形式
TargetNullValue	获取或设置当源的值为 null 时在目标中使用的值

下面我们学习这些常用属性的基本用法。

1. 绑定和绑定表达式（Binding、BindingExpression）

在学习数据绑定的具体用法之前，我们首先需要了解 Binding 和 BindingExpression 的关系，这对进一步理解相关功能和概念很有帮助。

BindingExpression 是维持绑定源与绑定目标之间连接的基础对象。由于一个 Binding 实例中可包含多个 BindingExpression 实例，所以当创建一个名为 binding1 的 Binding 对象后，就可以通过该对象绑定多个属性，让每个绑定属性对应 binding1 中的一个 BindingExpression 实例，从而实现多个属性共享同一个 Binding 对象的目的。

假如有下面的 XAML：

```
<Slider Name="slide1" Width="100" Maximum="100" />
<Rectangle Name="r1" Height="15" Fill="Red" />
<TextBlock Name="t1" />
```

则下面的 C#代码就可以让 r1 和 t1 共享同一个名为 b1 的 Binding 实例：

```
Binding b1 = new Binding()
{
    ElementName = slide1.Name,
    Path = new PropertyPath(Slider.ValueProperty),
    StringFormat= "[{0:##0}%]"
};
BindingOperations.SetBinding(r1, Rectangle.WidthProperty, b1);
```

```
BindingOperations.SetBinding(t1, TextBlock.TextProperty, b1);
```

在这段代码中，有两个 BindingExpression 实例共享 b1 对象。

另外，如果要绑定的对象是 FrameworkElement 或 FrameworkContentElement，还可以通过对象名直接调用该对象的 SetBinding 方法实现绑定，例如：

```
r1.SetBinding(Rectangle.WidthProperty, b1);
```

其效果和用 BindingOperations 提供的静态方法相同。

如果要获取某绑定控件的 Binding 对象或者 BindingExpression 对象，可用类似下面的 C#代码来实现：

```
Binding b = BindingOperations.GetBinding(t1, TextBlock.TextProperty);
BindingExpression be = BindingOperations.GetBindingExpression(
    t1, TextBlock.TextProperty);
```

通过绑定控件得到与其对应的 Binding 对象或者 BindingExpression 对象以后，就可以对其进行进一步操作，比如控制更新时间、验证输入结果等。

2. 绑定模式（Mode 属性）

在 WPF 中，不论要绑定什么元素，不论数据源的特性是什么，每个绑定都始终遵循图 11-1 所示的绑定模型。

图 11-1　数据绑定及其绑定方式

从图中可以看出，进行数据绑定时，目标属性必须是依赖项属性，而对源属性则没有此要求。另外，绑定源并不仅限于 CLR 对象的属性，还可以是 XML、ADO.NET 等。

WPF 提供了以下数据绑定方式（XAML 中用 Mode 属性描述；C#中用 BingdingMode 枚举描述）：

• OneWay：单向绑定。当源发生变化时目标也自动变化。这种模式适用于绑定的控件为隐式只读控件的情况（如学号），或者目标属性没有用于进行更改的控件接口的情况（如表的背景色）。如果不需要监视目标属性的更改，使用 OneWay 绑定模式可避免 TwoWay 绑定模式的系统开销。

• TwoWay：双向绑定。当源或目标有一方发生变化时，另一方也自动变化。这种绑定模式适用于可编辑或交互式的 UI 方案。

• OneTime：单次绑定。当应用程序启动或数据上下文（DataContext）发生更改时才更新目标，此后源的变化不再影响目标。这种绑定模式适用于绑定静态的数据，它实质上是 OneWay 绑定的简化形式，在源值不更改的情况下可以提供更好的性能。

• OneWayToSource：反向绑定。当目标发生变化时源也跟着变化，这种方式与 OneWay 绑定刚好相反。

• Default：如果不声明绑定模式，默认为 Default，该方式自动获取目标属性的默认 Mode 值。一般情况下，可编辑控件属性（如文本框和复选框的属性）默认为双向绑定，而其他多数属性默认为单向绑定。确定依赖项属性绑定在默认情况下是单向还是双向的 C#编程方法是：使用依赖项属性的 GetMetadata 方法获取属性的属性元数据，然后检查其 BindsTwoWayByDefault 属性的布尔值。

例如：

```
<TextBlock
    Text="{Binding ElementName=listBox1, Path=SelectedItem.Content, Mode=OneWay}"/>
```

要使用 TwoWay 方式，可用 TextBox 来实现：

```
<TextBox Text="{Binding ElementName=listBox1, Path=SelectedItem.Content,
    Mode=TwoWay}" />
```

此时如果修改 TextBox 的 Text 属性，将其改为另一种颜色，由于使用的绑定模式是双向绑定，因此 listBox1 中的选项也会自动改变。

3. 控制更新源的时间（UpdateSourceTrigger）

TwoWay 和 OneWayToSource 默认都会自动侦听目标属性的更改，并将这些更改传播回源。对于这两种模式，如果希望改变更新源的时间，可以通过设置 UpdateSourceTrigger 属性来实现，其取值有三个：

- Explicit：表示用 C#代码调用 BindingExpression 的 UpdateSource 方法时才更新源。
- LostFocus：当目标控件失去焦点时自动更新源。
- PropertyChanged：目标控件的绑定属性每次发生更改时都会自动更新源。

不同的依赖项属性具有不同的默认 UpdateSourceTrigger 值。大多数依赖项属性的默认 UpdateSourceTrigger 值都为 PropertyChanged，也就是说，只要目标属性更改，就会自动更新源。

但是，对于 TextBox 等文本编辑控件来说，不论使用 TwoWay 或 OneWayToSource 绑定模式，其 UpdateSourceTrigger 的默认值是 LostFocus 而不是 PropertyChanged。之所以这样设置，是因为每次键击之后都进行更新会降低性能，这种默认设置在大多数情况下是合适的，但在某些特殊情况下可能需要修改该属性的值才能满足需求，比如在即时通信软件中，要让一方知道另一方正在输入或编辑信息，此时可将另一方的 UpdateSourceTrigger 属性设置为 PropertyChanged。另外，为了在 TextBox 失去焦点时即验证输入的数据是否正确，可将 UpdateSourceTrigger 属性设置为 LostFocus；要实现单击某个提交按钮时才通过 C#代码调用 UpdateSource 方法更新源，可将 UpdateSourceTrigger 属性设置为 Explicit。

4. 绑定路径语法（Path 属性）

使用 Path 属性可以指定数据源的属性路径。Path 取值有以下可能性。

（1）Path 的值为源对象的属性名，例如 Path="Text"。另外，在 C#中还可以通过类似语法指定属性的子属性。

（2）当绑定到附加属性时，需要用圆括号将其括起来，例如 Path=(DockPanel.Dock)。

（3）用方括号指定属性索引器，且还可以使用嵌套的索引器。例如 Path=list[0]。另外，还可以混合使用索引器和子属性，如 Path=list.Info[id, Age]。

（4）在索引器内部，可以使用多个由逗号分隔的索引器参数，还可以使用圆括号指定每个参数的类型。例如 Path="[(sys:Int32)42,(sys:Int32)24]"，其中 sys 映射到 System 命名空间。

（5）如果源为集合视图，则可以用斜杠（/）指定当前项。例如 Path=/表示绑定到视图中的当前项。另外，还可以结合使用属性名和斜杠，如 Path=/Offices/ManagerName 表示绑定到源集合中的当前项。

（6）可以使用点(.)路径绑定到当前源。例如 Text="{Binding}"等效于 Text="{Binding Path=.}"。

5. 数据转换

用 XAML 来描述数据绑定时，WPF 提供的类型转换器能将一些类型的值转换为字符串表示形式。但在有些情况下，可能还需要开发人员自定义转换器，例如当绑定的源对象是类型为 DateTime 的属性时，在这种情况下，为了使绑定正常工作，需要先将该属性值转换为自定义的字符串表示形式。

要将转换器与绑定关联，一般先创建一个实现 IValueConverter 接口的类，然后实现两个方法：Convert 方法和 ConvertBack 方法。

实现 IValueConverter 接口时，由于转换器是分区域性的，所以 Convert 和 ConvertBack 方法都有指示区域性信息的 culture 参数。如果区域性信息与转换无关，在自定义转换器中可以忽略该参数。另外，最好用 ValueConversionAttribute 特性向开发工具指示转换所涉及的数据类型。

下面的代码演示了如何将转换应用于绑定中使用的数据。此日期转换器转换输入的日期值，使其只显示年月日。

```
[ValueConversion(typeof(DateTime), typeof(string))]
public class DateConverter : IValueConverter
{
    public object Convert(object value, Type targetType,
        object parameter, System.Globalization.CultureInfo culture)
    {
        DateTime date = (DateTime)value;
        return date.ToString("yyyy-MM-dd");
    }
    public object ConvertBack(object value, Type targetType,
        object parameter, System.Globalization.CultureInfo culture)
    {
        string strValue = value as string;
        DateTime resultDateTime;
        if (DateTime.TryParse(strValue, out resultDateTime))
        {
            return resultDateTime;
        }
        return DependencyProperty.UnsetValue;
    }
}
```

一旦创建了转换器，即可将其作为资源添加到 XAML 文件中。例如：

```
<Page ……
    xmlns:src="clr-namespace:ch11.Examples"/>
<Page.Resource>
    <src:DateConverter x:Key="dateConverter"/>
</Page.Resource>
<TextBlock Text="{Binding BirthDate, Converter={StaticResource dateConverter}}" />
```

至此，我们了解了数据绑定涉及的基本概念。在后面的学习中，我们将通过例子逐步演示具体用法。

11.1.2　简单数据绑定

使用 Binding 对象建立绑定时，每个绑定实际上都由四部分组成：绑定目标、目标属性、绑定源、要使用的源值的路径。

如果不指定绑定源，绑定将不会起任何作用。

1. 在单个属性中直接指定绑定源

对于数据源是单个数据的情况，有三种直接指定绑定源的方式：

- ElementName：源是另一个 WPF 元素。
- Souce：源是一个 CLR 对象。
- RelativeSource：源和目标是同一个元素。

这三种方式是相互排斥的，即每次只能使用其中的一种方式，否则将会引发异常。

（1）用 ElementName 绑定到其他控件

Binding 类的 ElementName 属性用于指明数据源来自哪个元素。当将某个 WPF 元素绑定到其他 WPF 元素时，该属性很有用。

下面的代码通过 ElementName 将矩形的宽度（ Rectangle 控件的 Width 属性 ）和滑块的值（ Slider 控件的 Value 属性 ）绑定在一起，这样一来，就可以利用滑块自动更改矩形的宽度：

```
<Slider Name="slide1" Width="100" Maximum="100" />
<Rectangle Width="{Binding ElementName=slide1,Path=Value}" Height="15" Fill="Red" />
```

再看一个例子，假如有下面的名为 listBox1 的 ListBox：

```
<ListBox x:Name="listBox1" Width="248" Height="56">
    <ListBoxItem Content="Blue" />
    <ListBoxItem Content="Green" />
    <ListBoxItem Content="Red" />
    <ListBoxItem Content="Yellow" />
</ListBox>
```

要将 TextBlock 的 Text 属性和 Background 属性绑定到该 listBox1 中的选定项，可用下面的 XAML 来描述：

```
<TextBlock
    Text="{Binding ElementName=listBox1, Path=SelectedItem.Content}"
    Background="{Binding ElementName=listBox1, Path=SelectedItem.Content}" />
```

由于 listBox1 的 ListBoxItem 的 Content 是系统颜色名，所以 Text 属性和 Background 属性都可以绑定到它的 SelectedItem.Content 属性。

另外，也可以用 C#以编程方式实现相同的绑定效果。下面通过例子说明具体用法。

【例 11-1】　演示 Binding 类 ElementName 属性的基本用法。

作为本章的第 1 个例子，该例子将在其步骤中创建本章所有例子共用的主界面。

① 新建一个项目名和解决方案名都是 ch11 的 WPF 应用程序项目。

② 在项目中添加一个 Dictionarys 文件夹，然后在该文件夹下添加一个文件名为 Dictionary1. xaml 的资源字典，将代码改为下面的内容。

```
<ResourceDictionary
    xmlns="http://schemas.microsoft.com/winfx/2006/xaml/presentation"
    xmlns:x="http://schemas.microsoft.com/winfx/2006/xaml">
    <Style x:Key="Animate1">
        <Setter Property="Control.Margin" Value="20" />
        <Setter Property="Control.RenderTransformOrigin" Value="0.5,0.5" />
        <Setter Property="Control.Background">
            <Setter.Value>
                <SolidColorBrush x:Name="backColor" Color="FloralWhite" />
            </Setter.Value>
        </Setter>
        <Setter Property="Control.RenderTransform">
            <Setter.Value>
                <TransformGroup>
                    <ScaleTransform />
                    <SkewTransform />
```

```
                    <RotateTransform />
                    <TranslateTransform />
                </TransformGroup>
            </Setter.Value>
        </Setter>
        <Style.Triggers>
            <EventTrigger RoutedEvent="FrameworkElement.Loaded">
                <BeginStoryboard>
                    <Storyboard>
                        <DoubleAnimationUsingKeyFrames Storyboard.TargetProperty=
"(UIElement.RenderTransform).(TransformGroup.Children)[0].(ScaleTransform.ScaleX)">
                            <EasingDoubleKeyFrame KeyTime="0" Value="0.1" />
                            <EasingDoubleKeyFrame KeyTime="0:0:1" Value="1" />
                        </DoubleAnimationUsingKeyFrames>
                        <DoubleAnimationUsingKeyFrames Storyboard.TargetProperty=
"(UIElement.RenderTransform).(TransformGroup.Children)[0].(ScaleTransform.ScaleY)">
                            <EasingDoubleKeyFrame KeyTime="0" Value="0.1" />
                            <EasingDoubleKeyFrame KeyTime="0:0:1" Value="1" />
                        </DoubleAnimationUsingKeyFrames>
                        <DoubleAnimationUsingKeyFrames Storyboard.TargetProperty=
"(UIElement.RenderTransform).(TransformGroup.Children)[2].(RotateTransform.Angle)">
                            <EasingDoubleKeyFrame KeyTime="0" Value="-720" />
                            <EasingDoubleKeyFrame KeyTime="0:0:1" Value="0" />
                        </DoubleAnimationUsingKeyFrames>
                    </Storyboard>
                </BeginStoryboard>
            </EventTrigger>
        </Style.Triggers>
    </Style>
</ResourceDictionary>
```

在这个资源字典中，创建了一个 x:Key="Animate1"的动画，其效果是边放大边旋转。

③ 修改 App.xaml，添加下面的代码，以便在整个应用程序都可以引用资源字典中定义的动画。

```
<Application.Resources>
    <ResourceDictionary>
        <ResourceDictionary.MergedDictionaries>
            <ResourceDictionary Source="/Dictionarys/Dictionary1.xaml" />
        </ResourceDictionary.MergedDictionaries>
    </ResourceDictionary>
</Application.Resources>
```

这样一来，凡是用 Style="{StaticResource Animate1}"引用该动画的控件，都会在初次加载时自动边旋转边放大，直到放大到该控件的大小为止。

④ 在项目中添加一个 Examples 文件夹。

⑤ 在 Examples 文件夹下添加一个文件名为 Binding1.xaml 的页。

Binding1.xaml 的主要内容如下。

```
<Page ……
    d:DesignHeight="300" d:DesignWidth="600" Title="BindingExample1">
    <Grid Style="{StaticResource Animate1}" Height="220" Width="600">
        <Grid.RowDefinitions>
            <RowDefinition Height="*" />
            <RowDefinition Height="2*" />
        </Grid.RowDefinitions>
```

```xml
        <StackPanel Grid.Row="0" Background="LemonChiffon"
                VerticalAlignment="Center" Orientation="Horizontal">
            <Slider Name="slide1" Width="100" Maximum="100"
                    HorizontalAlignment="Left" TickPlacement="TopLeft"
                    TickFrequency="5" SmallChange="1" />
            <TextBlock Text="用 xaml 实现:" VerticalAlignment="Center" Margin="10 0 0 0"/>
            <Rectangle Width="{Binding ElementName=slide1,Path=Value}"
                    Height="15" Fill="Red" HorizontalAlignment="Left"
                    Margin="5 0 0 0" />
            <TextBlock Margin="5" Background="#FFD0FDFD"
                    Text="{Binding ElementName=slide1,Path=Value,
                        StringFormat=[{0:f0}%]}" />
            <TextBlock Text="用 C#实现:" VerticalAlignment="Center"
                    Margin="20 0 0 0" />
            <Rectangle Name="r1" Height="15" Fill="Red"
                    HorizontalAlignment="Left" Margin="10 0 0 0" />
            <TextBlock Name="t1" Margin="5" Background="#FFD0FDFD" />
        </StackPanel>
        <StackPanel Grid.Row="1">
        <TextBlock Text="可选颜色: " />
            <ListBox x:Name="listBox1" Width="248" Height="80">
                <ListBoxItem Content="Blue" />
                <ListBoxItem Content="Green" />
                <ListBoxItem Content="Red" />
                <ListBoxItem Content="Yellow" />
            </ListBox>
            <TextBlock Text="选择的颜色为: " />
            <TextBlock
                    Text="{Binding ElementName=listBox1, Path=SelectedItem.Content}"
                    Background="{Binding ElementName=listBox1,
                        Path=SelectedItem.Content}" />
        </StackPanel>
    </Grid>
</Page>
```

Binding1.xaml.cs 的内容如下。

```csharp
using System.Windows;
using System.Windows.Controls;
using System.Windows.Data;
using System.Windows.Shapes;
namespace ch11.Examples
{
    public partial class Binding1 : Page
    {
        public Binding1()
        {
            InitializeComponent();
            this.Loaded += BindingExample1_Loaded;
        }
        void BindingExample1_Loaded(object sender, RoutedEventArgs e)
        {
            Binding b1 = new Binding()
            {
                ElementName = slide1.Name,
                Path = new PropertyPath(Slider.ValueProperty),
```

```
                          StringFormat= "[{0:##0}%]"
                       };
             BindingOperations.SetBinding(r1, Rectangle.WidthProperty, b1);
             BindingOperations.SetBinding(t1, TextBlock.TextProperty, b1);
          }
      }
  }
```

⑥ 修改 MainPage.xaml 及其代码隐藏类，将其改为下面的内容。

MainPage.xaml 的主要内容如下。

```
<Page ……
    d:DesignHeight="300" d:DesignWidth="600" Title="MainPage"
    ShowsNavigationUI="False" WindowTitle="第11章示例"
    Background="#FFF0F9D8">
  <Page.Resources>
    <Style TargetType="Button">
      <Setter Property="Margin" Value="10 10 10 0" />
    </Style>
  </Page.Resources>
  <DockPanel>
    <ScrollViewer VerticalScrollBarVisibility="Auto">
    <StackPanel DockPanel.Dock="Left" Width="100"
         Background="#FFF8FBE5" Button.Click="Button_CLick">
      <Label Content="第11章示例" Background="Blue" Foreground="White" />
      <Button Content="例1" Tag="Binding1.xaml" />
    </StackPanel>
    </ScrollViewer>
    <Frame Name="frame1" BorderThickness="2" BorderBrush="#FFA6C9FD" />
  </DockPanel>
</Page>
```

MainPage.xaml.cs 的主要内容如下。

```
private void Button_CLick(object sender, RoutedEventArgs e)
{
    Button btn = e.Source as Button;
    if (btn != null)
    {
        frame1.Source = new Uri("Examples/" + btn.Tag, UriKind.Relative);
    }
}
```

⑦ 按<F5>键调试运行，运行效果如图 11-2 所示。

图 11-2　例 11-1 的运行效果

（2）用 Source 绑定到 CLR 对象

Binding 类的 Source 属性表示绑定的数据源为 CLR 对象，该 CLR 对象既可以是.NET 框架提供的类的实例，也可以是自定义类的实例。

假如在 ch11 项目的 Example 文件夹下有一个 StudentExample2 类，要绑定到该类中的 XueHao 属性，则可用下面的 XAML 实现：

```
<Page ……
    xmlns:src="clr-namespace:ch11.Examples">
    <Page.Resources>
        <src:StudentExample2 x:Key="info" XueHao=001 />
    </Page.Resources>
    <TextBlock Text="{Binding XueHao, Source={StaticResource info}}" />
</Page>
```

用这种方式声明数据绑定时，先将被绑定的对象（此处为 StudentExample2 的实例）声明为资源，并用 x:Key 指定一个键值（此处为 info），此时 WPF 就会自动创建一个名为 info 的 StudentExample2 实例，XueHao=001 是调用构造函数时初始化 XueHao 属性，当然还可以初始化其他属性。

当将 TextBlock 的 Text 属性绑定到 StudentExample2 对象的 XueHao 属性时，在 Binding 后可省略 "Path=" 而直接指定绑定的属性路径，然后再用 Source 属性指明数据源属于哪个对象。换句话说，下面的代码

```
<TextBlock Text="{Binding XueHao, Source={StaticResource info}}" />
```

等效于

```
<TextBlock Text="{Binding Path=XueHao, Source={StaticResource info}}" />
```

其含义都是将 TextBlock 的 Text 属性绑定到 info 对象的 XueHao 属性。即绑定的数据源对象的属性路径为 XueHao，数据源对象为 info。

如果构造函数带有参数，还可以用 ObjectDataProvider 类传递这些参数，例如：

```
<Page.Resources>
  <ObjectDataProvider x:Key="myDataSource" ObjectType="{x:Type src:Person}">
   <ObjectDataProvider.ConstructorParameters>
     <system:String>001</system:String>
   </ObjectDataProvider.ConstructorParameters>
  </ObjectDataProvider>
</Page.Resources>
```

【例 11-2】演示 Binding 类 Source 属性的基本用法。

① 打开 ch11 解决方案，在 Examples 文件夹下添加一个文件名为 StudentExample2.cs 的类，主要代码如下。

```
class StudentExample2
{
    public string XueHao { get; set; }
    public string XingMing { get; set; }
    public string XingBie { get; set; }
}
```

② 在解决方案资源管理器中鼠标右击项目名，选择【重新生成】，以便能在 XAML 中绑定该对象的属性。

③ 在 Examples 文件夹下添加一个文件名为 Binding2.xaml 的页，主要内容如下。

```
<Page ……
    xmlns:src="clr-namespace:ch11.Examples"
```

```
    ······>
    <Page.Resources>
        <src:StudentExample2 x:Key="info" XueHao="001" XingMing="张三" />
    </Page.Resources>
    <Grid Style="{StaticResource Animate1}" Height="100" Width="260">
        <StackPanel Orientation="Horizontal" VerticalAlignment="Center">
            <TextBlock Text="学号: " />
            <TextBlock Text="{Binding XueHao,
                Source={StaticResource info},TargetNullValue=[未定义]}" />
            <TextBlock Margin="20 0 0 0" Text="姓名: " />
            <TextBlock Text="{Binding XingMing,
                Source={StaticResource info},TargetNullValue=[未定义]}" />
            <TextBlock Margin="20 0 0 0" Text="性别: " />
            <TextBlock Text="{Binding XingBie,
                Source={StaticResource info},TargetNullValue=[未定义]}" />
        </StackPanel>
    </Grid>
</Page>
```

代码中的"TargetNullValue=[未定义]"表示当绑定源的属性值为 null 时显示"[未定义]"。

④ 在 MainPage.xaml 中添加下面的代码。

```
<Button Content="例2" Tag="Binding2.xaml" />
```

⑤ 按<F5>键调试运行，单击"例 2"按钮，运行效果如图 11-3 所示。

图 11-3　例 11-2 的运行效果

（3）用 RelativeSource 绑定相对目标

RelativeSource 表示数据源是相对于绑定目标而言的，该属性的默认值为 null。当要将对象的某个属性绑定到它自身的另一个属性，或者在样式（Style）或模板（ControlTemplate）中使用数据绑定时，RelativeSource 属性很有用。

RelativeSource 有以下枚举值：

● Self：表示绑定的数据源是元素自身。

● TemplatedParent：表示数据源是 Template 中元素的父元素（Parent），仅当在模板中使用数据绑定时，才可以使用此模式。

● PreviousData：表示数据源是集合（Collection）中的前一个数据。

● FindAncestor：表示数据源是数据绑定元素父链中的上级。可用它绑定到特定类型或其子类的上级。如果要指定 AncestorType 和 AncestorLevel，可以使用此模式。

在这些绑定模式中，最基本的模式是 Self，其他都属于高级应用。

当一个实例的一个属性依赖同一个实例的另一个属性的值时，可以用 Self 模式来实现。如下面的 XAML 定义一个 Rectangle，通过数据绑定让高度和宽度绑定在一起。其效果就是无论宽度如何变化，Rectangle 始终都呈现一个正方形：

```
<Rectangle Width="100"
        Height="{Binding RelativeSource={RelativeSource Self},Path=Width}" />
```

另外，还可以将 Converter 参数应用于具有{RelativeSource Self}的绑定，并使用转换器在源类型和目标类型之间进行转换。

【例 11-3】　演示 Binding 类 RelativeSource 属性的基本用法。

（1）打开 ch11 解决方案，在 Examples 文件夹下添加一个文件名为 Binding3.xaml 的页。
Binding3.xaml 的主要内容如下。

```
<Page ……>
    <Grid Style="{StaticResource Animate1}" Height="300" Width="500">
        <StackPanel>
            <Slider Name="slide1" HorizontalAlignment="Stretch"
                    TickPlacement="Both" TickFrequency="5"
                    SmallChange="1" Maximum="200" ValueChanged="slide1_ValueChanged" />
            <StackPanel Margin="0 20 0 0" Orientation="Horizontal"
                    HorizontalAlignment="Center">
                <Rectangle Name="r1" Margin="10" Fill="Red"
                    Width="{Binding ElementName=slide1,Path=Value }"
                    Height="{Binding RelativeSource={RelativeSource Self},Path=Width}" />
                <Rectangle Name="r2" Margin="10" Fill="Blue"
                    Width="{Binding ElementName=slide1,Path=Value }" />
            </StackPanel>
            <TextBlock Name="textBlock1" Background="AliceBlue" />
        </StackPanel>
    </Grid>
</Page>
```

Binding3.xaml.cs 的主要内容如下。

```
public partial class Binding3 : Page
{
    public Binding3()
    {
        InitializeComponent();
        slide1.Value = 100;
        Binding b2 = new Binding()
        {
            RelativeSource = RelativeSource.Self,
            Path = new PropertyPath(Rectangle.WidthProperty)
        };
        r2.SetBinding(Rectangle.HeightProperty, b2);
    }
    private void slide1_ValueChanged(
        object sender, RoutedPropertyChangedEventArgs<double> e)
    {
        textBlock1.Text = "当前滑块值：" + slide1.Value.ToString("###");
    }
}
```

（2）在 MainPage.xaml 中添加下面的代码。

```
<Button Content="例 3" Tag="Binding3.xaml" />
```

（3）按<F5>键调试运行，运行效果如图 11-4 所示。

图 11-4　例 11-3 的运行效果

2. 通过 DataContext 将多个属性绑定到相同的源

要将多个属性绑定到某个相同的数据源，除了用 ElementName、Source 或者 RelativeSource 属性在各个绑定声明上显式指定绑定源以外，还可以先在父元素中只声明一次 DataContext 属性，然后在子元素中就可以利用数据上下文实现多个目标的绑定。在父元素中设置了 DataContext 属性以后，其子元素会继承该属性所指定的数据上下文。

【例 11-4】 演示利用 DataContext 实现数据绑定的基本用法。

（1）打开 ch11 解决方案，在 Examples 文件夹下添加一个文件名为 StudentExample4.cs 的类，主要代码如下。

```
class StudentExample4
{
    public string XueHao { get; set; }
    public string XingMing { get; set; }
    public StudentExample4()
    {
        XueHao = "001";
        XingMing = "张三";
    }
}
```

（2）在解决方案资源管理器中鼠标右键单击项目名，选择【重新生成】，以便让其自动生成 StudentExample4 对象，重新生成后才能在后面的步骤中用 XAML 绑定该对象的属性。

（3）在 Examples 文件夹下添加一个文件名为 Binding4.xaml 的页，主要内容如下。

```
<Page ……
    xmlns:src="clr-namespace:ch11.Examples"
    ……>
    <Page.Resources>
        <src:StudentExample4 x:Key="info" />
    </Page.Resources>
    <StackPanel Style="{StaticResource Animate1}"
            Height="100" Width="260"
            Orientation="Horizontal"
            DataContext="{StaticResource info}">
        <TextBlock Margin="10" Text="{Binding XueHao}" />
        <TextBlock Margin="10" Text="{Binding XingMing}" />
    </StackPanel>
</Page>
```

（4）在 MainPage.xaml 中添加下面的代码。

```
<Button Content="例 4" Tag="Binding4.xaml" />
```

（5）按<F5>键调试运行，单击"例 4"按钮，运行效果如图 11-5 所示。

图 11-5　例 11-4 的运行效果

3．利用绑定实现数据源的属性更改通知

在实际应用中，我们可能会经常遇到这样的需求：当源对象的某些属性发生变化时，要求目标属性能自动收到通知并立即进行相应的处理。此时可利用 OneWay 或 TwoWay 绑定模式来实现，这两种模式都要求源对象必须实现 INotifyPropertyChanged 接口，以便让绑定目标的属性自动反映绑定源属性的动态更改。

INotifyPropertyChanged 接口只有一个成员：

```
event PropertyChangedEventHandler PropertyChanged
```

要在类中实现 INotifyPropertyChanged 接口，需要声明一个 PropertyChanged 事件，并创建 OnPropertyChanged 方法以引发该事件。对每个需要更改通知的属性来说，一旦源属性进行了更新，就调用 OnPropertyChanged 方法。

【例 11-5】　演示如何利用绑定实现数据源的属性更改通知。

（1）打开 ch11 解决方案，在 Examples 文件夹下添加一个文件名为 StudentExample5.cs 的类，主要代码如下。

```
class StudentExample5 : INotifyPropertyChanged
{
    private string xuehao = "001";
    public string XueHao
    {
        get { return xuehao; }
        set
        {
            xuehao = value;
            OnPropertyChanged("XueHao");//注意传递的是属性名字符串
        }
    }
    private string xingMing = "张三";
    public string XingMing
    {
        get { return xingMing; }
        set
        {
            xingMing = value;
            OnPropertyChanged("XingMing");//注意传递的是属性名字符串
        }
    }
```

```
//实现 INotifyPropertyChanged 接口，该接口要求实现下面的事件
public event PropertyChangedEventHandler PropertyChanged;
//当属性改变时，引发 PropertyChanged 事件
protected void OnPropertyChanged(string name)
{
    PropertyChangedEventHandler handler = PropertyChanged;
    if (handler != null)
    {
        handler(this, new PropertyChangedEventArgs(name));
    }
}
```

（2）在解决方案资源管理器中鼠标右键单击项目名，选择【重新生成】，以便让其自动生成 StudentExample5 对象，重新生成后才能在后面的步骤中用 XAML 绑定该对象的属性。

（3）在 Examples 文件夹下添加一个文件名为 Binding5.xaml 的页。

Binding5.xaml 的主要内容如下。

```
<Page ……
    xmlns:src="clr-namespace:ch11.Examples"
    ……>
<Page.Resources>
    <src:StudentExample5 x:Key="info" />
</Page.Resources>
<StackPanel Style="{StaticResource Animate1}" Height="150" Width="260">
<StackPanel Name="stackPanel1" Margin="20" Orientation="Horizontal"
        DataContext="{DynamicResource info}">
    <TextBlock VerticalAlignment="Center" Margin="10 10 0 0" Text="学号: " />
    <TextBlock Width="40" VerticalAlignment="Center" Margin="0 10 0 0"
        Text="{Binding XueHao, Mode=OneWay}" />
    <TextBlock VerticalAlignment="Center" Margin="20 10 0 0" Text="姓名: " />
    <TextBox Width="60" VerticalAlignment="Center" Margin="0 10 0 0"
        Text="{Binding XingMing, Mode=TwoWay}" />
</StackPanel>
    <Separator />
    <Button Name="btn1" Margin="10" Content="修改源的属性" Click="btn_Click" />
    <TextBlock Name="textBlockResult" HorizontalAlignment="Center" />
</StackPanel>
</Page>
```

Binding5.xaml.cs 的主要内容如下。

```
private void btn_Click(object sender, RoutedEventArgs e)
{
    //StudentExample5 info = this.FindResource("info") as StudentExample5;
    StudentExample5 info = stackPanel1.DataContext as StudentExample5;
    info.XueHao = "002";
    info.XingMing = "李四";
    textBlockResult.Text = "数据源属性更改完成! ";
}
```

在按钮的 Click 事件中，先通过 C#代码获取父元素 stackPanel1 的 DataContext 属性得到 StudentExample5 对象，然后更改它的属性，此时界面中的绑定属性也会自动更改。

代码中也可以用 this.FindResource("info")获取 StudentExample5 对象，其结果和用 DataContext 相同。

（4）在 MainPage.xaml 中添加下面的代码。

```
<Button Content="例5" Tag="Binding5.xaml" />
```

（5）按<F5>键调试运行，运行效果如图 11-6 所示。

图 11-6　例 11-5 的运行效果

11.1.3　数据模板化

数据模板化是指利用数据模板（DataTemplate）将控件和多项数据自动绑定在一起。

由于绑定到集合需要用数据模板来实现，所以这一节我们先了解如何使用 DataTemplate，然后再学习其他相关的技术。

1．利用 ObservableCollection<T>类实现集合

在动态数据绑定中，为了让集合中的插入、删除等操作可以自动更新 UI，要求集合必须实现 INotifyCollectionChanged 接口，此接口公开一个事件，只要基础集合发生更改，都会引发该事件。

WPF 在 System.Collections.ObjectModel 命名空间下提供了一个 ObservableCollection<T>类，该类是公开 INotifyCollectionChanged 接口的数据集合的内置实现。将目标控件绑定到集合时，应该优先考虑用 ObservableCollection<T>来实现，而不是用 List<T>来实现，这是因为 List<T>对象不会自动引发集合更改事件。另外，ObservableCollection<T>添加或移除项时不需要重新生成整个列表，所以运行效率高、速度很快。

使用 ObservableCollection<T>集合时需要注意一点，由于 INotifyCollectionChanged 接口只是对集合中的项进行绑定，但并不深入到项的内部，所以如果集合中每一项的对象包含多个属性，而且希望这些属性值变化时也都能自动从源传送到目标，则所有这些属性都必须实现 INotifyPropertyChanged 接口。如果只需要项在更改时才更新绑定结果，则不要求每一项的属性都实现 INotifyPropertyChanged 接口。

下面我们通过代码说明为什么要使用数据模板。

假如在项目中的 Examples 文件夹下有一个 Books.cs 文件，该文件包含下面的类：

```
using System.Collections.Generic;
namespace ch11.Examples
{
    class Books : ObservableCollection<Book>
    {
        public Books()
        {
            this.Add(new Book() { BookName = "数据结构", Description = "2009年出版" });
```

```
                    this.Add(new Book() { BookName = "操作系统", Description = "2010年出版" });
        }
    }
    class Book
    {
        public string BookName { get; set; }
        public string Description { get; set; }
    }
}
```

设计界面时，可以用下面的 XAML 将 ListBox 绑定到 Books：

```xml
<Page ……
    xmlns:src="clr-namespace:ch11.Examples">
    <Page.Resources>
        <src:Books x:Key="bookList" />
    </Page.Resources>
    <StackPanel>
        <ListBox ItemsSource="{Binding Source={StaticResource bookList}}"/>
    </StackPanel>
</Page>
```

如果不使用 DataTemplate，这段绑定代码将显示下面的内容。

```
ch11.Examples.Book
ch11.Examples.Book
```

显然这不是我们希望的结果。这是因为 ListBox 在尝试显示集合中的对象时，默认情况下会自动调用每一项对象的 ToString 方法，而 Book 类中并没有重写该方法，因此它默认显示的是其基类 System 提供的 ToString 方法，即显示的是类的实例名。

如果在 Book 类中重写 ToString 方法，则 ListBox 就会显示重写的字符串表示形式。例如在 Book 类中添加下面的代码：

```csharp
public override string ToString()
{
    return BookName.ToString();
}
```

此时 ListBox 将显示下面的结果：

```
数据结构
操作系统
```

但这种重写 ToString 方法的实现方式并不灵活，而且绑定到 XML 等其他数据时也无法重写 ToString 方法。

解决这个问题的办法就是用 DataTemplate 来实现。

2. 用内联式定义 DataTemplate

定义 DataTemplate 的第一种方式是设置控件的 ItemTemplate 属性。例如：

```xml
<StackPanel>
    <ListBox Width="400" Margin="10"
            ItemsSource="{Binding Source={StaticResource bookList}}">
        <ListBox.ItemTemplate>
            <DataTemplate>
                <StackPanel Orientation="Horizontal">
                    <TextBlock Margin="10 0 0 0" Text="{Binding Path=BookName}" />
                    <TextBlock Margin="10 0 0 0" Text="{Binding Path=Description}" />
                </StackPanel>
            </DataTemplate>
```

```
    </ListBox.ItemTemplate>
  </ListBox>
</StackPanel>
```

这样修改以后，ListBox 将显示下面的结果：

数据结构 2009 年出版

操作系统 2010 年出版

这是一种内联式的数据模板表示方法，但用这种方法定义的模板无法复用。更为常见的方法是在资源中定义数据模板，然后即可在多处重用该模板。

3. 将 DataTemplate 创建为资源

如果希望复用某个数据模板，一般将其定义为 XAML 资源。这样一来，凡是引用该模板的控件都可以利用它显示绑定的数据。例如：

```
<Page.Resources>
    <src:Books x:Key="bookList" />
    <DataTemplate x:Key="booksTemplate">
        <StackPanel Orientation="Horizontal">
            <TextBlock Margin="10 0 0 0" Text="{Binding Path=BookName}" />
            <TextBlock Margin="10 0 0 0" Text="{Binding Path=Description}" />
        </StackPanel>
    </DataTemplate>
</Page.Resources>
```

定义数据模板后，就可以用 ItemsSource 进行数据绑定，并用 ItemTemplate 指定使用的数据模板：

```
<StackPanel>
    <ListBox Width="400" Margin="10"
            ItemsSource="{Binding Source={StaticResource bookList}}"
            ItemTemplate="{StaticResource booksTemplate}"  />
</StackPanel>
```

4. 在 DataTemplate 中使用触发器

DataTrigger 用于根据某个源属性的值自动触发显示的外观。可以用该触发器的 Setter 来设置目标属性值，或者用 EnterActions、ExitActions 属性来设置绑定属性的值，实现动画等操作。

另外，还可以用 MultiDataTrigger 类更改多个数据绑定属性值。

下面的 XAML 资源演示了 DataTrigger 和 MultiDataTrigger 的基本用法。其中 DataTrigger 部分设置当书名为"数据结构"时让该项的前景色显示为红色；MultiDataTrigger 代码设置当多个属性都满足时才改变背景色：

```
<Style.Triggers>
    <DataTrigger Binding="{Binding Path=BookName}"
            Value="数据结构">
        <Setter Property="Foreground" Value="Red" />
    </DataTrigger>
    <MultiDataTrigger>
        <MultiDataTrigger.Conditions>
            <Condition Binding="{Binding Path=BookName}" Value="操作系统" />
            <Condition Binding="{Binding Path=Description}" Value="2010 年出版" />
        </MultiDataTrigger.Conditions>
        <Setter Property="Background" Value="Cyan" />
    </MultiDataTrigger>
</Style.Triggers>
```

【例 11-6】 演示数据模板化的基本用法。

（1）打开 ch11 解决方案，在 Examples 文件夹下添加一个文件名为 Student.cs 的类，代码如下。

```
using System;
namespace ch11.Examples
{
    class Student
    {
        public string XueHao { get; set; }
        public string XingMing { get; set; }
        public string XingBie { get; set; }
        public DateTime BirthDate { get; set; }
        public int Score { get; set; }
        public string Level
        {
            get
            {
                if (Score < 60) return "不及格";
                else return "OK";
            }
        }
    }
}
```

（2）在 Examples 文件夹下添加一个文件名为 StudentList.cs 的类，代码如下。

```
using System;
using System.Collections.ObjectModel;
namespace ch11.Examples
{
    class StudentList : ObservableCollection<Student>
    {
        public StudentList()
        {
            this.Add(new Student()
            {
                XueHao = "001", XingMing = "张三", XingBie = "男",
                Score = 90, BirthDate = new DateTime(1990, 1, 1)
            });
            this.Add(new Student()
            {
                XueHao = "002", XingMing = "李四", XingBie = "男",
                Score = 50, BirthDate = new DateTime(1992, 5, 3)
            });
            this.Add(new Student()
            {
                XueHao = "003", XingMing = "王五心", XingBie = "女",
                Score = 80, BirthDate = new DateTime(1991, 11, 10)
            });
            this.Add(new Student()
            {
                XueHao = "004", XingMing = "赵柳", XingBie = "女",
                Score = 48, BirthDate = new DateTime(1992, 5, 20)
            });
        }
    }
}
```

（3）在 Examples 文件夹下添加一个文件名为 DateConvert.cs 的类，代码如下。

```
using System;
using System.Windows;
using System.Windows.Data;
namespace ch11.Examples
{
    [ValueConversion(typeof(DateTime), typeof(string))]
    public class DateConverter : IValueConverter
    {
        public object Convert(object value, Type targetType,
            object parameter, System.Globalization.CultureInfo culture)
        {
            DateTime date = (DateTime)value;
            return date.ToString("yyyy-MM-dd");
        }
        public object ConvertBack(object value, Type targetType,
            object parameter, System.Globalization.CultureInfo culture)
        {
            string strValue = value as string;
            DateTime resultDateTime;
            if (DateTime.TryParse(strValue, out resultDateTime))
            {
                return resultDateTime;
            }
            return DependencyProperty.UnsetValue;
        }
    }
}
```

这段代码只是为了演示如何实现自定义的数据类型转换。实际上，也可以用 Binding 类提供的 StringFormat 属性来实现。

（4）在【解决方案资源管理器】中鼠标右击项目名，选择【重新生成】，以便能在 XAML 中绑定这些对象。

（5）在 Examples 文件夹下添加一个文件名为 Binding6.xaml 的页，主要内容如下。

```
<Page ……
    xmlns:src="clr-namespace:ch11.Examples"
    ……>
    <Page.Resources>
        <src:StudentList x:Key="studentList" />
        <src:DateConverter x:Key="dateConverter" />
        <DataTemplate x:Key="students">
            <Grid MinWidth="400">
                <Grid.ColumnDefinitions>
                    <ColumnDefinition Width="*" />
                    <ColumnDefinition Width="*" />
                    <ColumnDefinition Width="*" />
                    <ColumnDefinition Width="2*" />
                    <ColumnDefinition Width="*" />
                </Grid.ColumnDefinitions>
                <TextBlock Grid.Column="0" Text="{Binding Path=XueHao}" />
                <TextBlock Grid.Column="1" Text="{Binding Path=XingMing}" />
                <TextBlock Grid.Column="2" Text="{Binding Path=XingBie}" />
                <TextBlock Grid.Column="3"
                    Text="{Binding Path=BirthDate,
```

```
                    Converter={StaticResource dateConverter}}" />
                <TextBlock Grid.Column="4" Text="{Binding Path=Score}" />
            </Grid>
        </DataTemplate>
        <Style TargetType="ListBoxItem">
            <Style.Triggers>
                <DataTrigger Binding="{Binding Path=Level}" Value="不及格">
                    <Setter Property="Foreground" Value="Red" />
                </DataTrigger>
                <MultiDataTrigger>
                    <MultiDataTrigger.Conditions>
                        <Condition Binding="{Binding Path=XingBie}"
                                Value="男" />
                        <Condition Binding="{Binding Path=Level}"
                                Value="不及格" />
                    </MultiDataTrigger.Conditions>
                    <Setter Property="Background" Value="Cyan" />
                </MultiDataTrigger>
            </Style.Triggers>
        </Style>
    </Page.Resources>
    <Grid>
        <ListBox Margin="10" HorizontalAlignment="Stretch"
                ItemsSource="{Binding Source={StaticResource studentList}}"
                ItemTemplate="{StaticResource students}" />
    </Grid>
</Page>
```

（6）在 MainPage.xaml 中添加下面的代码。

```
<Button Content="例6" Tag="Binding6.xaml" />
```

（7）按<F5>键调试运行，运行效果如图 11-7 所示。

图 11-7　例 11-6 的运行效果

11.1.4　通过数据模板和视图绑定到集合

在 WPF 中，绑定到集合实际上是通过绑定到集合视图来实现的。

对于如 ListBox、ListView 或 TreeView 等从 ItemElement 继承的项来说，可使用 Binding 类的 ItemsSource 属性将其绑定到集合视图。

ItemsSource 属性默认使用 OneWay 绑定模式。

1. 绑定到默认集合视图

集合视图是实现 ICollectionView 接口的类，它位于绑定源集合顶部的层，通过它使用排序、筛选和分组查询来导航和显示源集合时，不需要更改基础源集合本身。另外，集合视图还维护着一个指向集合中的当前项的指针。当用集合视图实现数据绑定时，如果源集合实现了 INotifyCollectionChanged 接口，则 CollectionChanged 事件引发的更改将自动传播到视图。

由于视图不会更改基础源集合，因此每个源集合可以有多个关联的视图。换言之，视图的用处是可利用它通过多种不同的方式来显示相同的数据。如在页面左侧显示按学号排序的任务，而在页面右侧显示按性别分组的任务。

直接将目标绑定到集合时，如果不指定自定义的视图，WPF 会自动为集合创建一个默认的集合视图，并绑定到此默认视图。在演示数据模板化基本用法的例子中，实际上使用的就是默认集合视图。

2. 绑定到自定义集合视图

自定义集合视图是利用 CollectionViewSource 对象来实现的，该对象会自动同步所选内容，一般将 CollectionViewSource 定义为资源来使用。例如：

```
<Page.Resources>
    <src:StudentList x:Key="Info" />
    <CollectionViewSource x:Key="studentsView"
        Source="{Binding Source={StaticResource Info}}" />
</Page.Resources>
......
<ListBox ItemsSource="{Binding Source={StaticResource studentsView}}" />
```

如果 ListBox 控件没有绑定到 CollectionViewSource 对象（比如绑定到默认视图），则需要将其 IsSynchronizedWithCurrentItem 属性设置为 true 才能达到同步所选项的目的。

另外，通过将两个或更多控件绑定到同一视图，还可以轻松实现"主-从"绑定方案。例如将 ListBox 和 ContentControl 绑定到同一个 sudentsView 后，当选中 ListBox 中的某一项时，在 ContentControl 中就会自动显示选定项的详细信息。

下面通过例子说明具体用法。

【例 11-7】 演示如何绑定到自定义的集合视图，以及如何实现主-从绑定方案。

（1）在 ch11 项目的 Examples 文件夹下添加一个文件名为 Binding7.xaml 的页，主要内容如下。

```
<Page ……
    xmlns:src="clr-namespace:ch11.Examples"
    ……>
<Page.Resources>
    <src:StudentList x:Key="Info" />
    <DataTemplate x:Key="itemTemplate1">
        <StackPanel Orientation="Horizontal">
            <TextBlock Margin="10 0 0 0" Text="{Binding XueHao}" />
            <TextBlock Margin="10 0 0 0" Text="{Binding XingMing}" />
        </StackPanel>
    </DataTemplate>
    <DataTemplate x:Key="itemTemplate2">
        <StackPanel Orientation="Horizontal">
            <StackPanel.Resources>
                <Style TargetType="TextBlock">
                    <Setter Property="Margin" Value="10 0 0 0" />
                </Style>
            </StackPanel.Resources>
            <TextBlock Text="{Binding XueHao}" />
            <TextBlock Text="{Binding XingMing}" />
            <TextBlock Text="{Binding XingBie}" />
```

```
            <TextBlock Text="{Binding BirthDate, StringFormat=yyyy-MM-dd}" />
            <TextBlock Text="{Binding Score}" />
        </StackPanel>
    </DataTemplate>
    <CollectionViewSource x:Key="studentsView"
            Source="{Binding Source={StaticResource Info}}" />
</Page.Resources>
<Grid Style="{StaticResource Animate1}" Width="300" Height="120">
    <Grid.RowDefinitions>
        <RowDefinition Height="*" />
        <RowDefinition Height="20" />
    </Grid.RowDefinitions>
    <ListBox ItemsSource="{Binding Source={StaticResource studentsView}}"
            ItemTemplate="{StaticResource itemTemplate1}" />
    <StackPanel Grid.Row="1" Orientation="Horizontal">
        <TextBlock Text="当前项：" />
        <ContentControl
                Content="{Binding Source={StaticResource studentsView}}"
                ContentTemplate="{StaticResource itemTemplate2}" />
    </StackPanel>
    <Border BorderThickness="1" BorderBrush="Black" Grid.RowSpan="2" />
</Grid>
</Page>
```

（2）在 MainPage.xaml 中添加下面的代码。

```
<Button Content="例7" Tag="Binding7.xaml" />
```

（3）按<F5>键调试运行，运行效果如图 11-8 所示。

图 11-8　例 11-7 的运行效果

3．对集合视图进行排序、筛选和分组

通过集合上的视图，还可以对集合数据进行筛选、分组，并能让用户根据列对应的值对多列表格数据进行排序。

至此，我们学习了数据绑定最基本的用法。

实际上，除了可以将目标属性绑定到源的属性外，还可以利用 ObjectDataProvider 将目标属性绑定到源的某个枚举或者方法。利用 DataContext 还可以绑定到 LINQ 查询的结果。

介绍数据库相关内容时，我们再学习数据绑定的更多具体用法，这里不再进一步阐述。

11.2　数　据　验　证

在用户通过界面输入信息时，出于安全及效率等因素考虑，常常需要确保这些输入信息符合

要求，数据验证就是为此而提供的。通过它能自动检查被验证数据的正确性。

11.2.1　数据验证的基本概念

在 WPF 应用程序中实现数据验证功能时，最常用的办法是将数据绑定与验证规则关联在一起。WPF 提供了两种内置的验证规则，除此之外还可以自定义验证规则。

1. ValidationRule 类

不论是内置的验证规则还是自定义验证规则，由于所有这些规则都继承自 ValidationRule 类，所以要理解其内部是如何验证的，我们必须先了解 ValidationRule 类提供的属性和方法。

（1）ValidatesOnTargetUpdated 属性

该属性获取或设置更新绑定目标时是否执行验证规则，如果是则为 true，否则为 false。例如验证字符串时，如果将该属性设置为 true，则会在启动后立即执行验证规则。

（2）ValidationStep 属性

该属性获取或设置什么时候执行验证规则。取值有：RawProposedValue（在任何转换前运行 ValidationRule）、ConvertedProposedValue（在转换值后运行 ValidationRule）、UpdatedValue（在源更新后运行 ValidationRule）、CommittedValue（在将值提交给数据源后运行 ValidationRule）。默认值是 RawProposedValue。

由于所有验证规则都继承自 ValidationRule 类，它们都可以使用这两个属性。

（3）Validate 方法

ValidationRule 类提供的验证方法中有一个 Validate 方法，其重载形式如下。

```
public abstract ValidationResult Validate(Object value, CultureInfo cultureInfo)
public virtual ValidationResult Validate(
    Object value, CultureInfo cultureInfo, BindingExpressionBase owner)
public virtual ValidationResult Validate(
    Object value, CultureInfo cultureInfo, BindingGroup owner)
```

参数中的 value 表示要检查的绑定目标的值；cultureInfo 表示区域性信息。

可以看出，第 1 个 Validate 方法是一个抽象方法，即要求扩充类必须实现这个方法。绑定引擎对目标进行验证时，会自动调用验证规则中指定的所有 Validate 方法来检查源值的合法性。

2. 内置的 ExceptionValidationRule 验证规则

WPF 提供的第一种内置的验证规则是用继承自 ValidationRule 的 ExceptionValidationRule 类来实现的。该规则用于检查在"绑定源属性"的更新过程中引发的异常。在更新源时，如果有异常（比如类型不匹配）或不满足条件，它会自动将异常添加到错误集合中，在 UI 中只需要利用模板绑定该错误集合即可显示验证错误信息。

3. 内置的 DataErrorValidationRule 验证规则

WPF 提供的第二种内置的验证规则是用继承自 ValidationRule 的 DataErrorValidationRule 类来实现的。该规则用于检查由实现 IDataErrorInfo 接口的对象所引发的错误（包括默认的转换器产生的异常），开发人员可在实现的接口中通过目标属性字符串直接自定义被绑定对象在验证过程中出现的错误信息。

4. 自定义验证规则类

除了可直接使用内置的验证规则外，还可以自定义从 ValidationRule 类派生的类，通过在派生类中实现 Validate 方法来创建自定义的验证规则。

5．Binding 类提供的与数据验证有关的常用属性

Binding 不但提供了数据绑定功能，也提供了与数据验证有关的属性。由于数据验证是将验证规则和绑定模型关联在一起来实现的，所以我们需要了解这些相关的常用属性。

- ValidatesOnExceptions 属性：获取或设置是否包含 ExceptionValidationRule。若包含则为 true，否则为 false。
- ValidatesOnDataErrors 属性：获取或设置是否包含 DataErrorValidationRule，若包含则为 true，否则为 false。
- UpdateSourceTrigger 属性：获取或设置绑定源更新的执行时间。
- ValidationRules 属性：获取用于检查用户输入有效性的规则集合。此属性只能在 XAML 中通过集合语法进行设置，或者通过访问集合对象并使用它的各种方法（如 Add 方法）来进行设置。

6．WPF 内部的验证过程

在使用 WPF 数据绑定模型将 ValidationRules 与 Binding 对象关联后，WPF 就可以自动验证数据是否满足要求。

WPF 内部的验证过程如下。

- 第 1 步：绑定引擎检查是否有 ValidationStep 属性为"RawProposedValue"的验证规则（即基类为 ValidationRule 的对象，包括内置的验证规则和自定义验证规则），如果有则调用这些对象的 Validate 方法，直到其中一个规则出错或者全部规则都通过为止。
- 第 2 步：绑定引擎调用转换器。
- 第 3 步：绑定引擎检查是否有 ValidationStep 属性为"ConvertedProposedValue"的验证规则，如果有则调用这些对象的 Validate 方法，直到其中一个规则出错或者全部规则都通过为止。
- 第 4 步：绑定引擎设置源属性。
- 第 5 步：绑定引擎检查是否有 ValidationStep 属性为"UpdatedValue"的验证规则，如果有则调用这些对象的 Validate 方法，直到其中一个规则出错或者全部规则都通过为止。
- 第 6 步：绑定引擎检查是否有 ValidationStep 属性为"CommittedValue"的验证规则，如果有则调用这些对象的 Validate 方法，直到其中一个规则出错或者全部规则都通过为止。

理解 WPF 内部的验证过程时，需要注意以下几点。

（1）不论是哪一步，只要有未通过的验证规则，绑定引擎就会创建一个 ValidationError 对象并将该对象添加到绑定元素的 Validation.Errors 集合中。另外，如果 Validation.Errors 不为空，它还会将被验证元素的 Validation.HasError 附加属性设置为 true。换言之，开发人员通过 Validation.HasError 附加属性可判断是否有验证错误，通过 Validation.Errors 集合可获取验证未通过时的错误信息。

（2）不论是哪一步，在执行新的验证之前都会先移除在该步骤中添加到绑定元素的 Validation.Errors 附加属性的任何 ValidationError，然后再进行这一步的验证。这样可确保不重复出现这一步的验证错误信息，也能保证验证成功时 Validation.Errors 中不再包含这一步的验证错误。

（3）任何方向（目标到源或源到目标）上的有效值传输操作都会清除 Validation.Errors 附加属性。

7．利用控件模板自定义验证失败时显示的信息

当用户在 TextBox 控件或其他输入控件中输入或编辑数据时，如果 Binding 对象设置了 ExceptionValidationRule 验证规则，并且目标属性的值更新到源的过程中出现异常，WPF 会自动将控件的模板设置为 Validation.ErrorTemplate 附加属性定义的模板。利用这个特点，我们可以用控件模板自定义验证失败时的提示信息。

假如有下面的类：

```csharp
public class SourceData1
{
    private int age;
    public int Age
    {
        get { return age; }
        set
        {
            if (value < 0 || value > 130)
            {
                throw new Exception("年龄必须在 0 到 130 之间");
            }
            age = value;
        }
    }
}
```

下面的代码演示了如何用 ExceptionValidationRule 验证 TextBox 中输入的信息。

```xml
<Page ……
    xmlns:src="clr-namespace:ch11.Examples">
    <Page.Resources>
        <src:SourceData1 x:Key="src1" />
        <Style TargetType="TextBox">
            <Style.Triggers>
                <Trigger Property="Validation.HasError" Value="true">
                <Setter Property="ToolTip"
                    Value="{Binding RelativeSource={RelativeSource Self},
                    Path=(Validation.Errors)[0].ErrorContent}" />
                </Trigger>
            </Style.Triggers>
        </Style>
    </Page.Resources>
    <StackPanel Orientation="Horizontal">
        <TextBlock Margin="10 10 0 10" Text="年龄: " />
        <TextBox>
            <TextBox.Text>
            <Binding Path="Age" Source="{StaticResource src1}"
                    UpdateSourceTrigger="PropertyChanged">
                    ValidatesOnExceptions="True">
            </Binding>
            </TextBox.Text>
        </TextBox>
    </StackPanel>
</Page>
```

这段代码的含义是利用 ToolTip 在被验证的控件上显示错误信息，并在错误发生时将 TextBox 用一个红色矩形包围起来。

当验证失败时，将 TextBox 用一个红色矩形包围起来是 WPF 提供的默认方式，如果界面中的控件很多，使用这种方式比较合适。但是，由于它只显示包围的矩形框，没有直接提示错误信息，给用户的感觉不好。还有，即使像上面的代码那样添加了 ToolTip，但它只有在鼠标悬停在 TextBox

控件上时才显示错误信息，用户无法一眼看出所有的验证错误。所以在实际项目中一般不这样做，而是在资源字典中利用控件模板自定义能直接看到错误信息的显示方式。

11.2.2　利用验证规则和绑定模型实现验证

这一节我们通过例子具体说明如何利用验证规则和绑定模型实现数据验证。

1．利用自定义验证规则实现验证

在 WPF 应用程序中进行数据验证时，首选的验证方式就是自定义验证规则，即在单独的类中提供验证逻辑。例如：

```
public class RequiredValidation : ValidationRule
{
    public override ValidationResult Validate(object value,
        System.Globalization.CultureInfo cultureInfo)
    {
        string str = value as string;
        if (string.IsNullOrEmpty(str))
        {
            return new ValidationResult(false, "不能为空");
        }
        return ValidationResult.ValidResult;
    }
}
```

使用自定义验证规则这种方式实现的好处是只需要编写一次通用的验证逻辑，就可以在各种被验证的控件中直接使用，而不需要在每个数据源中都去定义验证逻辑。

在控件中使用自定义验证规则时需要注意，对于字符串验证，一定要将验证规则的 ValidatesOnTargetUpdated 属性设置为 true，即将其设置为更新绑定目标时执行验证规则。例如：

```
<Binding.ValidationRules>
    <src: RequiredValidation ValidatesOnTargetUpdated="True" />
</Binding.ValidationRules>
```

由于初始化对象时，引用类型的字段默认初始化为 null，而字符串是引用类型，所以如果希望用户必须输入信息，而不是 null 或者空字符串，就必须设置 ValidatesOnTargetUpdated 属性才能确保更新目标时就进行验证。例如界面中有一个【确定】按钮，当用户进入界面后直接单击该按钮时，如果不将字符串验证规则的 ValidatesOnTargetUpdated 属性设置为 true，则即使有验证错误，也仍然能通过验证，显然这不是我们希望的结果。

还有，在单击【确定】按钮时，需要遍历窗口或页中的所有输入框来判断是否有验证失败的数据，此功能需要用单独的代码来实现。

下面通过例子说明具体实现。

【例 11-8】　演示如何实现自定义验证规则。

（1）在 ch11 项目中添加一个 images 文件夹，并在该文件夹下添加一个文件名为 sad.png 的哭脸图标文件。

（2）在 Dictionarys 文件夹下，添加一个文件名为 Dictionary2.xaml 的资源字典，并在其中实现验证错误的信息提示模板，以便多个要被验证的 TextBox 能够共享它。

```
<ResourceDictionary
    xmlns="http://schemas.microsoft.com/winfx/2006/xaml/presentation"
    xmlns:x="http://schemas.microsoft.com/winfx/2006/xaml">
    <Style x:Key="ValidationTextStyle" TargetType="TextBox">
```

```xml
                    <Setter Property="Width" Value="60" />
                    <Setter Property="Margin" Value="10" />
                    <Style.Triggers>
                        <Trigger Property="Validation.HasError" Value="true">
                            <Setter Property="Validation.ErrorTemplate">
                                <Setter.Value>
                                    <ControlTemplate>
                                        <DockPanel LastChildFill="True">
                                            <TextBlock DockPanel.Dock="Right"
                                                Foreground="Red" FontSize="12pt"
                                                Text="{Binding ElementName=MyAdorner,
                            Path=AdornedElement.(Validation.Errors)[0].ErrorContent}">
                                            </TextBlock>
                                            <Image DockPanel.Dock="Right" Width="20"
                                                Source="/images/sad.png" />
                                            <Border BorderBrush="Red"
                                                BorderThickness="1">
                                                <AdornedElementPlaceholder
                                                    Name="MyAdorner" />
                                            </Border>
                                        </DockPanel>
                                    </ControlTemplate>
                                </Setter.Value>
                            </Setter>
                        </Trigger>
                    </Style.Triggers>
                </Style>
            </ResourceDictionary>
```

（3）在 ch11 项目的 Example 文件夹下，添加一个名为 CustomValidationRules.cs 的类文件，然后将所有自定义的验证规则都放在该文件中。当然，也可以每个类都用一个单独的文件来保存。

CustomValidationRules.cs 文件的代码如下。

```csharp
using System.Windows.Controls;
namespace ch11.Examples
{
    public class RequiredValidation : ValidationRule
    {
        public override ValidationResult Validate(object value,
            System.Globalization.CultureInfo cultureInfo)
        {
            string str = value as string;
            if (string.IsNullOrEmpty(str))
            {
                return new ValidationResult(false, "不能为空");
            }
            return ValidationResult.ValidResult;
        }
    }
    public class StringLengthValidation : ValidationRule
    {
        public int MinLength { get; set; }
        public int MaxLength { get; set; }
        public StringLengthValidation()
        {
            MinLength = 0;
```

```
            MaxLength = int.MaxValue;
        }
        public override ValidationResult Validate(object value,
            System.Globalization.CultureInfo cultureInfo)
        {
            string str = (string)value;
            if (string.IsNullOrEmpty(str))
            {
                return new ValidationResult(false, "不能为空");
            }
            if (str.Length < MinLength || str.Length > MaxLength)
            {
                return new ValidationResult(false,
                    string.Format("字符串长度必须在{0}到{1}之间", MinLength, MaxLength));
            }
            return new ValidationResult(true, null);
        }
    }
    public class IntRangeValidation : ValidationRule
    {
        public int Min { get; set; }
        public int Max { get; set; }
        public IntRangeValidation()
        {
            Min = 0;
            Max = int.MaxValue;
        }
        public override ValidationResult Validate(object value,
            System.Globalization.CultureInfo cultureInfo)
        {
            string str = value as string;
            int m;
            if (int.TryParse(str, out m) == false)
            {
                return new ValidationResult(false, "应该输入整数");
            }
            if ((m < Min) || (m > Max))
            {
                return new ValidationResult(false,
                    string.Format("输入的数必须在 {0} 到 {1} 之间", Min, Max));
            }
            return new ValidationResult(true, null);
        }
    }
}
```

该文件包含了 3 个单独的类，RequiredValidation 类定义的验证规则是要求字符串非空，StringLengthValidation 类定义的验证规则是要求字符串长度在某个范围内，IntRangeValidation 类定义的验证规则是要求输入在某个范围内的整数。

定义了这几个验证规则后，凡是要求输入字符串或整型值的场合，都可以使用这些规则来验证数据的合法性。

（4）在 Example 文件夹下，添加一个名为 ValidationHelp.cs 的类，该类用于检查界面中的所有元素是否都通过了验证，代码如下。

```
using System.Windows;
using System.Windows.Controls;
namespace ch11.Examples
{
    public class ValidationHelp
    {
        // 验证窗口或页面中的指定元素及其子元素
        public static bool IsValid(DependencyObject node)
        {
            // 检查元素是否通过验证
            if (node != null)
            {
                // 注意：Validation.GetHasError 只有在附加了验证规则时才起作用
                bool isValid = !Validation.GetHasError(node);
                if (!isValid)
                {
                    return false;
                }
            }
            //如果元素符合验证规则的要求，则检查其所有子元素
            foreach (object subnode in LogicalTreeHelper.GetChildren(node))
            {
                if (subnode is DependencyObject)
                {
                    //如果不符合验证规则要求，则立即返回 false，否则继续检查
                    if (IsValid((DependencyObject)subnode) == false)
                    {
                        return false;
                    }
                }
            }
            //所有依赖项元素均符合验证规则要求
            return true;
        }
    }
}
```

（5）在 Example 文件夹下，添加一个名为 SourceData1.cs 的类，代码如下。

```
namespace ch11.Examples
{
    public class SourceData1
    {
        public string XingMing { get; set; }
        public int Age { get; set; }
        public int Score { get; set; }
    }
}
```

（6）在 Example 文件夹下，添加一个名为 ValidationExample1.xaml 的页。
ValidationExample1.xaml 的主要代码如下。

```
<Page ……
    xmlns:src="clr-namespace:ch11.Examples"
    ……>
    <Page.Resources>
```

```xml
        <ResourceDictionary>
            <ResourceDictionary.MergedDictionaries>
                <ResourceDictionary Source="/Dictionarys/Dictionary2.xaml" />
            </ResourceDictionary.MergedDictionaries>
            <src:SourceData1 x:Key="src1" />
        </ResourceDictionary>
    </Page.Resources>
    <StackPanel Height="150">
        <StackPanel Orientation="Horizontal">
            <TextBlock Margin="10 10 0 10" Text="姓名: " />
            <TextBox Name="txt1" Style="{StaticResource ValidationTextStyle}">
                <TextBox.Text>
                    <Binding Path="XingMing" Source="{StaticResource src1}"
                            UpdateSourceTrigger="PropertyChanged">
                        <Binding.ValidationRules>
                            <src:StringLengthValidation MinLength="2"
                                    ValidatesOnTargetUpdated="True" />
                        </Binding.ValidationRules>
                    </Binding>
                </TextBox.Text>
            </TextBox>
        </StackPanel>
        <StackPanel Orientation="Horizontal">
            <TextBlock Margin="10 10 0 10" Text="年龄: " />
            <TextBox Style="{StaticResource ValidationTextStyle}">
                <TextBox.Text>
                    <Binding Path="Age" Source="{StaticResource src1}"
                            UpdateSourceTrigger="PropertyChanged">
                        <Binding.ValidationRules>
                            <src:IntRangeValidation Min="0" Max="130" />
                        </Binding.ValidationRules>
                    </Binding>
                </TextBox.Text>
            </TextBox>
        </StackPanel>
        <StackPanel Orientation="Horizontal">
            <TextBlock Margin="10 10 0 10" Text="成绩: " />
            <TextBox Style="{StaticResource ValidationTextStyle}">
                <TextBox.Text>
                    <Binding Path="Score" Source="{StaticResource src1}"
                            UpdateSourceTrigger="PropertyChanged">
                        <Binding.ValidationRules>
                            <src:IntRangeValidation Min="0" Max="100" />
                        </Binding.ValidationRules>
                    </Binding>
                </TextBox.Text>
            </TextBox>
        </StackPanel>
        <Button Name="buttonOK" Content="OK" Click="Button_Click" />
    </StackPanel>
</Page>
```

ValidationExample1.xaml.cs 的主要代码如下。

```csharp
private void Button_Click(object sender, RoutedEventArgs e)
{
```

```
    if (ValidationHelp.IsValid(this) == false)
    {
        MessageBox.Show("输入的数据不符合要求");
        return;
    }
    SourceData1 src1 = this.FindResource("src1") as SourceData1;
    MessageBox.Show(string.Format("姓名：{0}，年龄：{1}，成绩{2}",
        src1.XingMing, src1.Age, src1.Score));
}
```

（7）在 MainPage.xaml 中添加下面的代码。

```
<Button Content="例8" Tag=" ValidationExample1.xaml" />
```

（8）按<F5>键调试运行，运行效果如图 11-9 所示。

图 11-9　例 11-8 的运行效果

当单击【OK】按钮时，如果没有通过验证，将弹出警告对话框，并返回到验证界面，让用户继续修改输入的信息。

2. 利用内置的 ExceptionValidationRule 实现验证

除了使用自定义验证规则外，还可以在验证的同时使用内置的 ExceptionValidationRule 验证规则。

ExceptionValidationRule 有两种用法，一种是在 Binding 的 ValidationRules 的子元素中声明该验证规则，这种方式只能用 XAML 来描述。例如：

```
<TextBox>
  <TextBox.Text>
    <Binding Path="XingMing" Source="{StaticResource src1}"
        UpdateSourceTrigger="PropertyChanged">
      <Binding.ValidationRules>
        <ExceptionValidationRule />
      </Binding.ValidationRules>
    </Binding>
  </TextBox.Text>
</TextBox>
```

另一种是直接在 Binding 属性中指定该验证规则，这种方式用法比较简单，而且还可以在 C# 代码中直接设置此属性。例如：

```
<TextBox>
  <TextBox.Text>
    <Binding Path="XingMing" Source="{StaticResource src1}"
        UpdateSourceTrigger="PropertyChanged"
        ValidatesOnExceptions="True">
```

```
            </Binding>
        </TextBox.Text>
    </TextBox>
```

这两种设置方式的作用完全相同，一般使用第 2 种方式即可。

下面通过例子说明具体用法。

【例 11-9】 演示 ValidatesOnExceptions 的基本用法。

该例子需要使用自定义验证规则例子的第（1）到第（4）步创建的类。

（1）在 Example 文件夹下，添加一个名为 SourceData2.cs 的类，代码如下。

```
using System;
namespace ch11.Examples
{
    public class SourceData2
    {
        public string XingMing { get; set; }
        private int age;
        public int Age
        {
            get { return age; }
            set
            {
                if (value < 0 || value > 130)
                {
                    throw new Exception("年龄必须在 0 到 130 之间");
                }
                age = value;
            }
        }
    }
}
```

（2）在 Example 文件夹下，添加一个名为 ValidationExample2.xaml 的页。

ValidationExample2.xaml 的主要代码如下。

```
<Page ……
    xmlns:src="clr-namespace:ch11.Examples"
>
    <Page.Resources>
        <ResourceDictionary>
            <ResourceDictionary.MergedDictionaries>
                <ResourceDictionary Source="/Dictionarys/Dictionary2.xaml" />
            </ResourceDictionary.MergedDictionaries>
            <src:SourceData2 x:Key="src2" />
        </ResourceDictionary>
    </Page.Resources>
    <StackPanel Height="100">
        <StackPanel Orientation="Horizontal">
        <TextBlock Margin="10 10 0 10" Text="姓名: " />
        <TextBox Style="{StaticResource ValidationTextStyle}">
            <TextBox.Text>
                <Binding Path="XingMing" Source="{StaticResource src2}"
                        UpdateSourceTrigger="PropertyChanged"
                        ValidatesOnExceptions="True">
                    <Binding.ValidationRules>
                        <src:StringLengthValidation
```

```
                    MinLength="2" MaxLength="30"
                    ValidatesOnTargetUpdated="True"/>
                </Binding.ValidationRules>
            </Binding>
        </TextBox.Text>
    </TextBox>
</StackPanel>
<StackPanel Orientation="Horizontal">
    <TextBlock Margin="10 10 0 10" Text="年龄: " />
    <TextBox Style="{StaticResource ValidationTextStyle}">
        <TextBox.Text>
            <Binding Path="Age" Source="{StaticResource src2}"
                    UpdateSourceTrigger="PropertyChanged"
                    ValidatesOnExceptions="True">
            </Binding>
        </TextBox.Text>
    </TextBox>
</StackPanel>
<Button Name="buttonOK" Content="OK" Click="Button_Click" />
    </StackPanel>
</Page>
```

ValidationExample2.xaml.cs 的主要代码如下。

```
private void Button_Click(object sender, RoutedEventArgs e)
{
    if (ValidationHelp.IsValid(this) == false)
    {
    MessageBox.Show("输入的数据不符合要求");
    return;
    }
    SourceData2 src2 = this.FindResource("src2") as SourceData2;
    MessageBox.Show(string.Format("姓名: {0}, 年龄: {1}", src2.XingMing,src2.Age));
}
```

（3）在 MainPage.xaml 中添加下面的代码。

```
<Button Content="例9" Tag=" ValidationExample2.xaml" />
```

（4）按<F5>键调试运行，运行效果如图 11-10 所示。

图 11-10　例 11-9 的运行效果

3. 利用内置的 DataErrorValidationRule 实现验证

ExceptionValidationRule 可以根据目标属性到源属性值更改过程中所产生的异常来判断验证是否成功，并采用抛出异常的办法让绑定控件处理。但是在开发过程中，我们可能并不希望总是抛出异常，此时可以用 DataErrorValidationRule 来实现。使用这种验证方式时，需要数据源的自定义类继承 IDataErrorInfo 接口。

  DataErrorValidationRule 的用法与 ExceptionValidationRule 相似，也有两种表示方法。一种是在 Binding 的 ValidationRules 的子元素中声明该验证规则，这种方式只能用 XAML 来描述；另一种是直接在 Binding 属性中指定该验证规则，这种方式用法比较简单，而且还可以在 C#代码中直接设置此属性。

  下面通过例子说明具体用法。

  【例 11-10】 演示 DataErrorValidationRule 的基本用法。

  该例子需要使用自定义验证规则例子的第（1）到第（4）步创建的类。

  （1）在 ch11 项目的在 Example 文件夹下，添加一个名为 SourceData3.cs 的类，代码如下。

```csharp
using System.ComponentModel;
namespace ch11.Examples
{
    class SourceData3 : IDataErrorInfo
    {
        public string XingMing { get; set; }
        public int Age { get; set; }
        public int Score { get; set; }
        //获取指示对象在何处出错的错误信息（要求实现的接口）
        public string Error
        {
            get{ return null; }
        }
        //获取具有给定名称的属性的错误信息（要求实现的接口）
        public string this[string name]
        {
            get
            {
                string result = null;
                switch (name)
                {
                    case "XingMing":
                        if (string.IsNullOrEmpty(XingMing))
                        {
                            result = "姓名不能为空";
                        }
                        else if (XingMing.Length < 2)
                        {
                            result = "姓名要求至少两个字符";
                        }
                        break;
                    case "Age":
                        if (Age < 0 || Age > 130)
                        {
                            result = "年龄必须在 0 到 130 之间";
                        }
                        break;
                    case "Score":
                        if (Score < 0 || Score > 100)
                        {
                            result = "成绩必须在 0 到 100 之间";
```

```
                    }
                break;
            }
            return result;
        }
    }
}
```

（2）在 Example 文件夹下，添加一个名为 ValidationExample3.xaml 的页。
ValidationExample3.xaml 的主要代码如下。

```xml
<Page ……
    xmlns:src="clr-namespace:ch11.Examples"
>
    <Page.Resources>
        <ResourceDictionary>
            <ResourceDictionary.MergedDictionaries>
                <ResourceDictionary Source="/Dictionarys/Dictionary2.xaml" />
            </ResourceDictionary.MergedDictionaries>
            <src:SourceData3 x:Key="src3" />
        </ResourceDictionary>
    </Page.Resources>
    <StackPanel Height="150">
        <StackPanel Orientation="Horizontal">
            <TextBlock Margin="10 10 0 10" Text="姓名: " />
                <TextBox Style="{StaticResource ValidationTextStyle}">
                <TextBox.Text>
                    <Binding Path="XingMing" Source="{StaticResource src3}"
                            UpdateSourceTrigger="PropertyChanged"
                            ValidatesOnDataErrors="True" >
                    </Binding>
                </TextBox.Text>
                </TextBox>
        </StackPanel>
        <StackPanel Orientation="Horizontal">
            <TextBlock Margin="10 10 0 10" Text="年龄: " />
            <TextBox Style="{StaticResource ValidationTextStyle}">
                <TextBox.Text>
                    <Binding Path="Age" Source="{StaticResource src3}"
                            UpdateSourceTrigger="PropertyChanged"
                             ValidatesOnDataErrors="True">
                    </Binding>
                </TextBox.Text>
            </TextBox>
        </StackPanel>
        <StackPanel Orientation="Horizontal">
            <TextBlock Margin="10 10 0 10" Text="成绩: " />
            <TextBox Style="{StaticResource ValidationTextStyle}">
                <TextBox.Text>
                    <Binding Path="Score" Source="{StaticResource src3}"
                            UpdateSourceTrigger="PropertyChanged"
                            ValidatesOnDataErrors="True">
                    </Binding>
                </TextBox.Text>
            </TextBox>
```

```
                    </StackPanel>
                    <Button Name="buttonOK" Content="OK" Click="Button_Click" />
                </StackPanel>
            </Page>
```

ValidationExample3.xaml.cs 的主要代码如下。

```
private void Button_Click(object sender, RoutedEventArgs e)
{
    if (ValidationHelp.IsValid(this) == false)
    {
        MessageBox.Show("输入的数据不符合要求");
        return;
    }
    SourceData3 src3 = this.FindResource("src3") as SourceData3;
    MessageBox.Show(string.Format("姓名：{0}，年龄：{1}", src3.XingMing, src3.Age));
}
```

（3）在 MainPage.xaml 中添加下面的代码。

```
<Button Content="例10" Tag=" ValidationExample3.xaml" />
```

（4）按<F5>键调试运行，运行效果如图 11-11 所示。

图 11-11　例 11-10 的运行效果

习　　题

1. 简要回答数据绑定的作用。
2. WPF 提供了哪几种数据绑定技术？
3. 简述 WPF 提供的数据绑定方式。
4. 简要回答有哪些方式可以控制更新源的时间。
5. ValidationStep 属性取值有几种？
6. Binding 类提供的与数据验证有关的常用属性有哪些？

第12章
数据库与实体数据模型

在 WPF 应用程序中，利用.NET 框架提供的数据访问技术，可方便地对数据库进行各种操作。这一章我们主要学习在 WPF 应用程序中利用实体数据模型访问数据库的基本用法。

12.1　创建数据库和表

为了使本书的例子复制到其他计算机上后，能够继续调试运行而不用修改任何代码，本章的所有例子均采用 SQL Server 2012 Express LocalDB 数据库（简称 LocalDB 数据库）作为示例数据库。这一节我们学习如何创建 LocalDB 数据库，并在数据库中添加、编辑表结构和数据。

12.1.1　ADO.NET 数据访问技术

ADO.NET 是微软提出的数据访问模型，该架构通过特定的应用程序编程接口（API），对数据库进行创建、检索、更新、删除等操作。

ADO.NET 的最大特点就是在提供保持连接访问方式的基础上，还支持对数据的断开连接方式的访问，由于断开连接方式减少了与数据库的活动连接数目，所以既能减轻数据库服务器的负担，同时又提高了数据处理的效率。

在 ADO.NET 中，可以多种方式访问数据库，下面我们先简单了解常用的几种方式，以便对将要选择的技术有一个整体认识。

1. 利用 DataSet 访问数据库

访问 SQL Server 数据库的第 1 种方式是用 DataSet 来实现，这是 ADO.NET 刚推出时提供的技术，用于在断开连接方式下对数据进行处理，在 VS2005、VS2008、VS2010 和 VS2012 中都可以使用，目前仍有很多开发人员在使用它。

这种方式将驻留在本机内存中的 DataSet 作为中间层，即应用程序和 DataSet 进行交互，DataSet 再和数据库进行交互。

2. 利用 LINQ to SQL 访问数据库

访问数据库的第 2 种方式是用 LINQ to SQL 来实现，在 VS2008、VS2010 和 VS2012 中可以使用。

这种方式直接和 SQL Server 数据库进行交互，执行效率高，速度快，但以该方式只能访问 SQL Server，它不支持其他类型的数据库。

在 LINQ to SQL 中，先利用 O/R 设计器构建模型，再利用该模型传递 SQL 语句，执行 SQL

命令，也可以用 LINQ 语法直接访问 SQL Server。使用这种技术时，一般先用它设计自定义的中间层对象模型（中间件），然后将它们做成.dll 文件供其他应用程序调用。

3. 利用实体框架和 LINQ to Entities 访问数据库

第 3 种方式是用实体框架和 LINQ to Entities 来实现，这是微软建议的数据库访问方式，在 VS2008、VS2010 和 VS2012 中均可使用。在.NET 数据访问技术中将这种架构的封装称为 EDM（Entity Data Model，ADO.NET 实体数据模型）。

EDM 的设计思路是让应用程序和实体数据模型交互，实体数据模型再和数据库交互。

该技术和前两种方式不同，用这种技术实现的模型是一种开放式的架构，所有数据库供应商都可以实现这种模型。换言之，在 VS2012 中利用该模型可支持多种类型的数据库（包括 SQL Server、Oracle、DB2、MySQL 等），而且可由数据库供应商直接提供该模型的数据库访问引擎，例如 SQL Server 针对 VS2012 的数据库访问引擎由开发商微软公司提供，Oracle 针对 VS2012 的数据库访问引擎由开发商 Oracle 公司提供，DB2 针对 VS2012 的数据库访问引擎由开发商 IBM 公司提供。这样做的好处是只要数据库版本升级，数据库供应商就能及时提供与数据库版本对应的数据库访问引擎，既能保证时效性，同时也避免了版权纠纷等其他问题。

微软最初将这种模型内置在.NET 框架中，但由于数据库版本的升级，原来内置的模型很容易引起对新版本数据库的不支持，所以从 VS2012 开始，微软也不再将该模型内置在.NET 框架内，而是和其他数据库供应商一样，改为以数据库为主体，单独提供与数据库版本对应的实体框架模型数据库引擎。

在 VS2012 中，微软的办法是通过内置的 NuGet 提供实体框架模型的版本自动升级（也可以单独从 NuGet 网站下载、安装），目前的最新版本是 5.0 版，支持 SQL Server 2012 数据库，也支持 SQL Server 2008 和 SQL Server 2005 等早期版本的数据库，但不再支持已淘汰的 SQL Server 2000。

12.1.2　SQL Server 2012 简介

SQL Server 是微软公司研制的数据库，其版本经历了 SQL Server 2000、SQL Server 2005、SQL Server 2008 和 SQL Server 2012。其中 SQL Server 2000 由于只支持中小型数据库已被淘汰，SQL Server 从 2005 版本开始提供对大型数据库的支持，在 SQL Server 2012 中还提供了对空间数据的全面支持。例如在 SQL Server 2008 中只提供半球（而且还略小）的空间地理信息存储支持，而 SQL Server 2012 则提供了对整个地球的空间信息存储的支持。

SQL Server 2012 主要有以下版本。

SQL Server 2012 Enterprise（64 位和 32 位）：该版本提供了全面的高端数据中心功能，性能极为快捷、虚拟化不受限制，还具有端到端的商业智能。利用该版本可为关键任务工作负荷提供较高的服务级别，支持最终用户访问深层数据。该版本支持的数据库大小可达到 524 272 TB，每个文件的大小可达到 16TB。

SQL Server 2012 Business Intelligence（64 位和 32 位）：该版本提供了综合性平台，可支持组织构建和部署安全、可扩展且易于管理的 BI 解决方案。它提供基于浏览器的数据浏览与可见性等卓越功能，以及功能强大的数据集成功能和增强的集成管理。

SQL Server 2012 Standard（64 位和 32 位）：该版本提供了基本数据管理和商业智能数据库，使部门和小型组织能够顺利运行其应用程序并支持将常用开发工具用于内部部署和云部署。利用该版本有助于以最少的 IT 资源获得高效的数据库管理。

SQL Server 2012 Web（64 位和 32 位）：这种功能的版本以前叫专业版，现在叫 Web 版。该版本在 Web 资源的可伸缩性、经济性和可管理性方面总成本较低。

SQL Server 2012 Developer（64 位和 32 位）：该版本支持开发人员基于 SQL Server 构建任意类型的应用程序。它包括 Enterprise 版的所有功能，但有许可限制，只能用作开发和测试，不能用作生产服务器。

SQL Server 2012 Express（64 位和 32 位）：该版本是入门级的免费数据库，是学习和构建桌面及小型服务器数据驱动应用程序的理想选择，也是独立软件供应商、开发人员和构建客户端应用程序的人员的最佳选择。如果需要使用更高级的数据库功能，还可以将该版本无缝升级到其他更高端的 SQL Server 版本。

SQL Server 2012 Express LocalDB：这是 Express 的一种轻型免费版本，该版本具备所有可编程性功能，在用户模式下运行，并且具有快速的零配置安装和必备组件要求较少的特点。安装 VS2012 时已经自动包含了这个版本，所以在 VS2012 开发环境下可以直接创建 SQL Server 2012 Express LocalDB 数据库，并在库中添加或修改表、存储过程、视图以及函数。

本章例子使用的是 SQL Server 2012 Express LocalDB 数据库。

12.1.3　创建 LocalDB 数据库

在 VS2012 开发环境下学习和调试数据库应用程序时，用 SQL Server 2012 Express LocalDB 数据库来实现即可，优点是用法简单，而且将项目和数据库从一台机器复制到另一台机器上时，不需要做任何修改。

LocalDB 是基于服务的数据库。安装后其默认的实例名为"(LocalDB)\v11.0"，一般用默认实例即可，但也可以用命名实例。

通过应用程序访问数据库时，VS2012 会自动将该.mdf 文件附加到 LocalDB 的默认实例中，当不再使用数据库时，LocalDB 便将.mdf 文件从默认实例中自动分离出来。

虽然本章的例子用 LocalDB 来讲解，但是其实现代码对 SQL Server 2012 的其他版本同样适用。如果读者希望将调试用的数据库文件改为 SQL Server 2012 企业版，只需要将创建的数据库附加到数据库服务器，然后修改程序中的数据库连接字符串即可，而不需要修改其他代码。

也可以在 VS2012 下使用 SQL Server 2008，比如 SQL Server 2008 Express 版，但是如果将其升级到 SQL Server 2012 Express LocalDB，将无法再用 SQL Server 2008 的 Express 打开数据库文件。

为了方便读者领会和理解，本章介绍的所有例子均是对 MyDb.mdf 进行处理。表 12-1～表 12-3 列出了 MyDb.mdf 中的各表名和假设的数据。

表 12-1　　　　　　　　　　学院编码对照表（XueYuan）

编　　　码	名　　　称
01	计算机学院
02	数学学院
03	文学院

表 12-2 学生基本情况表（Student）

学　号	姓　　名	性　　别	出生日期	学院编码	成　　绩	照　片
05001001	张三玉	女	1987-10-5	01	88	
05001002	李斯	男	1986-4-18	01	76	
04013029	王武	男	1986-5-19	03	94	
04013030	王小琳	女	1985-11-6	03	37	
03013031	赵六方	男	1987-12-28	03	55	
03115002	欧阳陈其	男	1986-1-1	02	92	

表 12-3 家庭成员情况表（FamilyInfo）

学　号	成员姓名	成员性别	与本人关系	id
05001001	张明勤	男	父亲	1
05001001	胡留燕	女	母亲	2
05001001	张三地	男	兄长	3
05001002	李商祥	男	父亲	4
05001002	赵菊音	女	母亲	5
04013030	王琳	女	母亲	6

下面我们通过例子说明如何创建 MyDb.mdf 数据库。

【例 12-1】 演示在 VS2012 开发环境下直接创建数据库的基本用法。

（1）运行 VS2012，新建一个项目名为 DatabaseFirstExample、解决方案名为 ch12 的项目，选择模板为"WPF 应用程序"。

（2）用鼠标右键单击项目名 DatabaseFirstExample，选择【添加】→【新建项】，在弹出的窗口中，选择【数据】→【基于服务的数据库】，将文件名修改为 MyDb.mdf。

（3）单击【添加】按钮，在弹出的窗口中，选择【实体数据模型】，单击【下一步】。

（4）在弹出的窗口中，选择【空模型】，单击【完成】。

此时项目中就会自动创建一个文件名为 MyDb.mdf 的 SQL Server 2012 Express LocalDB 数据库文件，以及名为 Model1.edmx 的空模型。注意此时可能会弹出一个警告框，警告不要使用来源不明的架构，在警告框中选中【不再显示此信息】即可。另外，之所以选择【空模型】，是因为我们创建的是空数据库，还无法根据数据库生成对应的模型。

（5）鼠标右击 Model1.edmx，选择【删除】，删除自动生成的空模型，因为从这个模型名称中看不出它和 MyDb.mdf 之间的关系。在后面的例子中我们还会重新创建针对 MyDb.mdf 的实体数据模型。

（6）双击项目中的 MyDb.mdf 文件，此时会自动打开【服务器资源管理器】，鼠标右击【表】，选择【添加新表】，将 SQL 脚本改为下面的内容。

```
CREATE TABLE [dbo].[Student] (
    [XueHao]    NCHAR (8)      NOT NULL,
    [XingMing]  NVARCHAR (50)  NOT NULL,
    [XingBie]   NCHAR (1)      NULL,
    [BirthDate] DATE           NULL,
    [ChengJi]   INT            NULL,
```

```
    [XueYuanID]  NCHAR (2)        NULL,
    [Photo]      VARBINARY (MAX) NULL,
    PRIMARY KEY CLUSTERED ([XueHao] ASC),
    CONSTRAINT [FK_Student_XueYuan]
        FOREIGN KEY ([XueYuanID]) REFERENCES [dbo].[XueYuan] ([XueYuanID])
);
```

也可以通过设计界面直接添加表字段，如图 12-1 所示。注意输入完成后一定要单击【更新】，然后在弹出的窗口中选择【更新数据库】，再鼠标右击【服务子资源管理器】中的【表】，选择【刷新】才能看到添加的 Student 表。

图 12-1　添加 Student 表

（7）按照上一步介绍的步骤，分别创建 XueYuan 表和 FamilyInfo 表。

创建 XueYuan 表的 SQL 脚本如下。

```
CREATE TABLE [dbo].[XueYuan] (
    [XueYuanID]       NCHAR (2)     NOT NULL,
    [XueYuanMinCheng] NVARCHAR (50) NULL,
    PRIMARY KEY CLUSTERED ([XueYuanID] ASC)
);
```

创建 FamilyInfo 表的 SQL 脚本如下。

```
CREATE TABLE [dbo].[FamilyInfo] (
    [AutoId]   INT           IDENTITY (1, 1) NOT NULL,
    [XingMing] NVARCHAR (50) NULL,
    [XingBie]  NCHAR (1)     NULL,
    [GuanXi]   NVARCHAR (50) NULL,
    [XueHao]   NCHAR (8)     NOT NULL,
    PRIMARY KEY CLUSTERED ([AutoId] ASC),
    CONSTRAINT [FK_FamilyInfo_Student] FOREIGN KEY ([XueHao]) REFERENCES [dbo].
[Student] ([XueHao]) ON DELETE CASCADE
);
```

通过【属性】窗口中的"标识规范"也可将家庭成员表（FamilyInfo）的 ID 设置为自动增量。

（8）观察 MyDb.mdf 的属性设置。

当我们在项目中新建或者添加一个现有的数据库文件后，数据库文件的【复制到输出目录】

这个属性必须引起我们的注意。特别是初学者，往往对"我在运行时添加的数据，下次再运行怎么又不见了"这个问题感到迷惑，这主要是因为当我们按<F5>键调试应用程序时，它连接到的实际是 bin\Debug 文件夹下的数据库文件，而不是项目文件夹下的数据库文件。或者说，在【服务器资源管理器】下看到的只是项目文件夹下数据库的表结构和数据，而不是 bin\Debug 文件夹下的数据库文件的表结构和数据。

对于在项目中创建或添加的.mdf 文件，由于其【复制到输出目录】属性默认被设置为"始终复制"，即每次生成应用程序时，数据库文件就从项目目录被复制到 bin\Debug 目录下，从而覆盖 bin\Debug 目录下原来的数据库文件。因此，下次运行应用程序时，肯定看不到上次运行时添加到数据库中的数据。

解决这个问题的推荐办法是将测试数据添加到项目下的.mdf 文件中，这样可避免每次都添加新数据。但是要记住运行时实际操作的数据库是 bin\Debug 下的数据库，在运行时添加或修改的测试数据在下次运行时将不存在，如果一定要保存运行时添加的数据，并希望能通过【服务器资源管理器】查看，可以先退出 VS2012，然后手工将 bin\Debug 目录下的.mdf 和.ldf 文件复制到项目目录下即可。

（9）将表 12-1、表 12-2 和表 12-3 中列出的测试数据添加到 MyDb.mdf 数据库中。添加或修改数据库表结构和数据的办法是：双击项目下的 MyDb.mdf 文件，在【服务器资源管理器】中，鼠标右击【表】下的某个表名，选择【打开表定义】可修改表结构，选择【显示表数据】可添加或修改测试数据。

至此，我们完成了 MyDb.mdf 的创建过程。

12.2　利用实体框架创建实体数据模型

ADO.NET Entity Framework（简称 EF）是微软建议的数据访问架构。这一节我们简单介绍与 EF 相关的数据访问技术。

12.2.1　实体框架基本概念

实体框架（Entity Framework）使开发人员能够通过"概念应用程序模型"来创建数据访问应用程序，而不是直接对"关系存储架构"编程。

实体框架的目标是降低面向数据的应用程序所需的代码量并减轻开发人员的维护工作，其核心是实体数据模型（Entity Data Model，EDM），该模型通过对象关系映射（Object/Relational Mapping，ORM），让开发人员使用 LINQ 查询和管理强类型的数据对象，而不是直接访问数据库。

图 12-2 是实体框架的基本结构。

使用实体框架，开发人员可以方便地访问 SQL Server、Oracle、DB2、MySQL 等各种类型的数据库。另外，将语言集成查询（LINQ）和实体框架相结合，能快速开发出各种数据访问相关的应用程序。

图 12-2　实体框架的基本结构

12.2.2　实体框架开发模式

实体框架提供了数据库优先、模型优先和代码优先三种开发模式。这三种开发模式各有特点，开发团队可根据实际项目需要，选择其中的一种模式。

1. 数据库优先（Database First）

数据库优先（Database First）是指先创建数据库，然后再根据数据库生成对应的实体数据模型（.edmx 文件）。

在 VS2012 中，可直观地使用图形化的实体框架设计器来显示和编辑 .edmx 文件。

如果已经创建了数据库，利用实体框架可以从数据库自动生成实体数据模型。其中，实体包括类和属性。类对应于数据库中的表，属性对应表中的列。数据模型包括数据库结构信息，实体和数据库之间的映射则以 XML 的形式保存在 .edmx 文件中。

当数据库结构变化较少时，或者已经存在数据库，数据库优先是一种比较合适的选择。

2. 模型优先（Model First）

模型优先（Model First）是指先利用开发工具提供的模板创建实体数据模型（.edmx 文件），然后再根据实体数据模型生成数据库。

这种模式是先用实体框架设计器创建模型，然后由设计器生成 DDL（数据定义语言）语句来创建数据库。该模式仍然用 .edmx 文件来存储模型和映射信息。

3. 代码优先（Code First）

代码优先（Code First）是指先编写数据模型代码，然后再根据代码（classes）生成数据库；或者先编写创建数据库的代码，然后再从数据库用代码生成实体数据模型。

这种模式的基本思路是，不论是否存在数据库，开发人员都可以利用实体框架，用 C# 语言直接编写类和属性分别表示数据库中的表和列，然后通过实体框架提供的 API 处理数据库和代码所表示的概念之间的映射，而不是用 .edmx 文件保存映射关系。实体框架提供的数据访问 API 基于 DbContext 类，该类还提供了用于数据库优先模式和模型优先模式的工作流。

如果还没有创建数据库，利用该模式还能自动创建数据库。当修改模型后，会自动删除已创建的数据库并重新创建它。

12.2.3　从数据库创建实体数据模型

这一节我们通过例子说明如何用数据库优先模式创建实体数据模型，即根据 MyDb.mdf 数据库创建 MyDbEntities。

【例 12-2】 使用"实体数据模型"模板生成 MyDbModel.edmx 文件，实现 MyDbModel 概念模型和 MyDb.mdf 数据库（表、视图以及存储过程）之间的映射。

（1）打开 ch12 解决方案，然后鼠标右击 ch12 项目，选择【添加】→【新建项】，在弹出的窗口中选择"ADO.NET 实体数据模型"，修改名称为 MyDbModel.edmx。

（2）单击【添加】按钮，在弹出的窗口中，选择【从数据库生成】。

（3）单击【下一步】，在弹出的窗口中，选择连接的数据库为 MyDb.mdf，在 App.Config 中将实体数据连接保存为 MyDbEntities。

（4）单击【下一步】，在弹出的窗口中，选择要生成实体数据模型的表。

（5）单击【完成】按钮，此时就会自动生成与数据库表对应的实体数据模型，如图 12-3 所示。

图 12-3　生成的实体数据模型

至此，我们成功创建了实体类，以后就可以利用这些实体类和数据绑定控件访问数据库中的数据。

 如果在数据库中又创建了新表或修改了现有表的结构，对应的实体数据模型也必须更新。更新办法是在实体数据模型的设计界面中单击鼠标右键，在快捷菜单中选择"从数据库更新模型"，然后按提示更新即可。

（6）设置 Student 和 FamilyInfo 的关联操作。

由于学生基本情况表（Student）和学生家庭成员表（FamilyInfo）通过学号关联，当删除基本情况表中的某个学生记录时，该学生的所有家庭成员信息也应该自动删除，所以还要设置这两个表之间的关联操作。

单击 Student 和 FamilyInfo 之间的关联线，在【属性】窗口中，将【End1 OnDelete】属性值改为"Cascade"，如图 12-4 所示。意思是删除 Student 表中的某个学号的记录时，FamilyInfo 表中与该学号对应的所有记录也全部自动删除。

图 12-4　设置删除时的关联操作

12.3　使用 LINQ to Entities 访问实体对象

通过数据库优先模式创建了实体对象以后，就可以利用实体对象上下文（从 DbContext 继承的类）对数据库进行各种操作了。

.NET 提供了三种实体框架查询技术：LINQ to Entities、Entity SQL 以及 ObjectQuery<T>。LINQ to Entities 用 LINQ 表达式和 LINQ 标准查询运算符对实体框架对象进行查询，用法直观；而 Entity SQL 和 ObjectQuery<T>则提供了基于方法的查询。

在实际开发中，一般综合使用这些查询技术。

12.3.1　创建实体框架上下文（DbContext）实例

从 MyDb.mdf 数据库创建实体数据模型后，实体框架就会自动生成 MyDbEntities 类，该类继承自 DbContext，在 MyDbModel.Context.cs 文件中，主要内容如下。

```
public partial class MyDbEntities : DbContext
{
    public MyDbEntities()
        : base("name=MyDbEntities")
    {
    }

    protected override void OnModelCreating(DbModelBuilder modelBuilder)
    {
        throw new UnintentionalCodeFirstException();
    }

    public DbSet<FamilyInfo> FamilyInfo { get; set; }
    public DbSet<Student> Student { get; set; }
    public DbSet<XueYuanBianMa> XueYuanBianMa { get; set; }
}
```

其中实体集（DbSet，从 EntitySet 元素继承）是实体类型实例的容器。实体类型与实体集之间的关系类似于关系数据库中行与表之间的关系。实体类型（自动生成的 Student 类、FamilyInfo 类以及 XueYuan 类，分别在 Student.cs、FamilyInfo.cs 和 XueYuan.cs 文件中）与行类似，用于定义一组相关数据；实体集（DbSet）与表类似，用于包含实体类型的实例。

具体实现时，有两种使用实体框架上下文实例的方式。

1. 在页面或窗口中只创建一个实体框架上下文实例

第一种方式是在一个页面或窗口中只创建一个实体框架上下文实例，当退出页面或窗口时调用 Dispose 方法释放该实例。这种方式适用于在窗口或页面的生存期内需多次使用该实体框架上下文实例的情况。

如果是窗口，可在当前窗口的 Closing 事件中调用实例的 Dispose 方法。例如：

```
public partial class Window1 : Window
{
    private MyDbEntities context = new MyDbEntities();
    public Window1()
    {
        InitializeComponent();
        this.Closing += Window1_Closing;
    }
    void Window1_Closing(object sender, System.ComponentModel.CancelEventArgs e)
    {
        context.Dispose();
    }
    ......
}
```

如果是页面，可在当前页的 UnLoaded 事件中调用实例的 Dispose 方法。例如：

```
public partial class Page1 : Page
{
    MyDbEntities context = new MyDbEntities();
    public Page1 ()
    {
        InitializeComponent();
        this.Unloaded += Page1_Unloaded;
    }
    void Page1_Unloaded(object sender, RoutedEventArgs e)
    {
        context.Dispose();
    }
    ......
}
```

2. 使用 using 语句实例化实体框架上下文

第二种方式是使用 using 语句实例化实体框架上下文，然后在 using 块内利用该实例提供的属性和方法操作数据库，此时退出 using 块后就会立即释放该实例。一般用法为

```
using(var context = new MyDbEntities())
{
    //语句块
}
```

不论使用哪种方式，都要确保不再使用该实例时立即释放实体框架上下文实例占用的内存。实际上，在项目开发中，凡是有可能占用大量内存的资源，当它们不再使用时都要立即调用 Dispose 释放它，而不是完全靠垃圾回收器去释放它（无法保证立即释放），这样才能保证应用程序始终有快速的反应。

3. 通过实体框架上下文实例操作数据

由于实体框架实现了将概念模型中定义的实体和关系映射到数据源的功能，所以可直接通过 context 实例调用 MyDbEntities 对象提供的属性和方法，即应用程序先和实体数据模型（MyDbEntities 对象）交互，然后实体数据模型（MyDbEntities 对象）再与数据库交互。

DbContext 类提供的常用属性和方法如下。

● Database 属性：该属性返回数据库实例，利用它可检查数据库是否存在，以及创建和删除数据库。

● SaveChanges 方法：将更改保存到数据库。

凡是从 DbContext 类继承的实例，都可以利用它提供的属性和方法操作数据。例如将从数据源返回的数据具体化为对象、跟踪对象的更改、处理并发、将对象更改传播到数据源，以及将对象绑定到控件。

12.3.2　加载相关对象

在实体数据模型中，有多种加载实体对象的方法。

1. 使用 LINQ to Entities 加载对象

这种方式称为延迟加载（Lazy Loading），即先利用 LINQ to Entities 定义查询语句，然后再通过 foreach 或者通过数据绑定获取查询结果时才将数据加载到对象中。下面的代码演示了如何使用 LINQ to Entities 加载 Student 对象。

```
using (var context = new MyDbEntities())
{
    var q = from t in context.Student
            where t.ChengJi >= 60
            select new
            {
                学号 = t.XueHao,姓名 = t.XingMing,
                性别 = t.XingBie, 成绩 = t.ChengJi
            };
    dataGrid1.ItemsSource = q.ToList();
}
```

2. 使用 Load 方法加载对象

这种方式称为显式加载，即通过 Load 方法将数据加载到实体中。例如：

```
using (var db = new MyDbEntities())
{
    db.Student.Load();  //相当于执行不带条件的 LINQ 查询语句
    dataGrid1.ItemsSource = db.Student.Local; //相当于执行 ToList 方法
}
```

下面通过例子说明这两种方式的具体用法。

【例 12-3】 显示成绩大于等于 60 的所有学生信息。运行效果如图 12-5 所示。

图 12-5　例 12-3 的运行效果

该例子的源程序见 Example03.xaml 及其代码隐藏类。

Example03.xaml 的主要代码如下。

```
<Page ……>
    <StackPanel>
        <TextBlock Text="显示成绩大于等于 60 的所有学生信息"/>
        <DataGrid Name="dataGrid1" AutoGenerateColumns="True"/>
    </StackPanel>
</Page>
```

Example03.xaml.cs 的主要代码如下。

```
public Example03()
{
    InitializeComponent();
    using (var context = new MyDbEntities())
    {
        var q = from t in context.Student
                where t.ChengJi >= 60
                select new
                {
                    学号 = t.XueHao, 姓名 = t.XingMing,
                    性别 = t.XingBie, 成绩 = t.ChengJi
```

```
        };
    dataGrid1.ItemsSource = q.ToList();
    }
}
```

12.3.3 查询数据

利用 LINQ to Entities 可查询多个对象，例如同时查询 Student 对象和 XueYuan 对象。

【例 12-4】显示学生信息，并将所在学院编码显示为实际的名称。运行效果如图 12-6(a)所示。

（a）例 12-4 的运行效果　　　　　　　　（b）例 12-5 的运行效果

图 12-6　例 12-4 和例 12-5 的运行效果

该例子的源程序见 Example04.xaml 及其代码隐藏类。

Example04.xaml 的主要代码如下。

```
<Page ……>
    <DataGrid Name="dataGrid1" AutoGenerateColumns="True"/>
</Page>
```

Example04.xaml.cs 的主要代码如下。

```
public Example4()
{
    InitializeComponent();
    this.Loaded += Example04_Loaded;
}
void Example04_Loaded(object sender, RoutedEventArgs e)
{
    using (var context = new MyDbEntities())
    {
        var q = from t1 in context.Student
                from t2 in context.XueYuan
                where t1.XueYuanID==t2.XueYuanID
                select new
                {
                    学号 = t1.XueHao, 姓名 = t1.XingMing, 性别 = t1.XingBie,
                    学院=t2.XueYuanMingCheng, 成绩 = t1.ChengJi
                };
        dataGrid1.ItemsSource = q.ToList();
    }
}
```

【例 12-5】统计所有姓王的学生人数以及这些学生的合计成绩。运行效果如图 12-6（b）所示。

该例子的源程序见 Example05.xaml 及其代码隐藏类。

Example05.xaml 的主要代码如下。

```
<Page ……>
    <StackPanel>
        <TextBlock Name="txtResult" />
        <DataGrid Name="dataGrid1" AutoGenerateColumns="True"/>
    </StackPanel>
</Page>
```

Example05.xaml.cs 的主要代码如下。

```
public Example05()
{
    InitializeComponent();
    this.Loaded += Example05_Loaded;
}

void Example05_Loaded(object sender, RoutedEventArgs e)
{
    using (var context = new MyDbEntities())
    {
        var q1 = from t in context.Student
                 where t.XingMing.StartsWith("王") == true
                 select t.ChengJi;
        txtResult.Text = string.Format(
            "姓王的人数:{0}, 合计成绩: {1}", q1.Count(), q1.Sum());
        var q2 = from t in context.Student
                 select new
                 {
                     学号=t.XueHao, 姓名=t.XingMing, 成绩=t.ChengJi
                 };
        dataGrid1.ItemsSource = q2.ToList();
    }
}
```

【例 12-6】 显示学生学号、姓名及其家庭成员信息。运行效果如图 12-7 所示。

学号	姓名	家庭成员姓名	家庭成员性别	与本人关系
05001001	张三玉	张明勤	男	父亲
05001001	张三玉	胡菌燕	女	母亲
05001001	张三玉	张三地	男	兄长
05001002	李斯	李商祥	男	父亲
05001002	李斯	赵菊音	女	母亲

图 12-7　例 12-6 的运行效果

该例子的源程序见 Example06.xaml 及其代码隐藏类。

Example06.xaml 的主要代码如下。

```
<Page ……>
    <DataGrid Name="dataGrid1" AutoGenerateColumns="True">
    </DataGrid>
</Page>
```

Example06.xaml.cs 的主要代码如下。

```
public Example6()
{
    InitializeComponent();
    using (var context = new MyDbEntities())
```

```
    {
        var q = from t1 in context.Student
                from t2 in context.FamilyInfo
                where t1.XueHao == t2.XueHao
                select new
                {
                    学号 = t1.XueHao, 姓名 = t1.XingMing,
                    家庭成员姓名 = t2.XingMing,
                    家庭成员性别 = t2.XingBie,
                    与本人关系 = t2.GuanXi
                };
        dataGrid1.ItemsSource = q.ToList();
    }
}
```

12.3.4 修改数据

修改对象中的数据时，常用有两种办法。

第一种办法是使用实体框架和 LINQ to Entities 修改数据，即先利用查询得到要修改的实体对象，修改后再调用实体对象上下文的 SaveChanges 方法将其保存到数据库中，这是建议的修改办法。

第二种办法是通过 MyDbEntities 对象（从 DbContext 继承的实体数据模型上下文）的 Dababase 属性调用 ExecuteSqlCommand 方法，在该方法中直接传递要执行的 SQL 语句（修改、添加、删除等操作）。但是由于传递 SQL 语句只有在执行时才能发现 SQL 语句是否有语法错误，因此一般不使用这种办法。

【例 12-7】 将张三玉的成绩增加 10 分。运行效果如图 12-8 所示。

图 12-8 例 12-7 的运行效果

该例子的源程序见 Example07.xaml 及其代码隐藏类。

Example07.xaml 的主要代码如下。

```
<Page ……>
    <StackPanel>
        <DataGrid Name="dataGrid1" />
        <StackPanel Orientation="Horizontal" HorizontalAlignment="Center">
            <Button Width="100" Margin="10" Content="使用 LINQ 修改" Click="btn_Click" />
            <Button Width="100" Margin="10" Content="使用 SQL 修改" Click="btn_Click" />
        </StackPanel>
    </StackPanel>
</Page>
```

Example07.xaml.cs 的主要代码如下。

```
public partial class Example07 : Page
{
```

```
private MyDbEntities context = new MyDbEntities();
public Example07()
{
    InitializeComponent();
    this.Unloaded += Example07_Unloaded;
    ShowResult();
}
void Example07_Unloaded(object sender, RoutedEventArgs e)
{
    context.Dispose();
}
private void btn_Click(object sender, RoutedEventArgs e)
{
    Button btn = e.Source as Button;
    if (btn.Content.ToString() == "使用 LINQ 修改")
    {
        var q = from t in context.Student
                where t.XingMing == "张三玉"
                select t;
        foreach (var v in q)
        {
            v.ChengJi += 10;
        }
        int i = context.SaveChanges();
        txtInfo.Text = "使用 LINQ 修改了" + i + "条记录";
        ShowResult();
    }
    else if (btn.Content.ToString() == "使用 SQL 修改")
    {
        var db = context.Database;
        try
        {
            int i = db.ExecuteSqlCommand(
"update Student set ChengJi=ChengJi+10 where XingMing={0}", "张三玉");
            txtInfo.Text = "使用 SQL 修改了" + i + "条记录";
            ShowResult();
        }
        catch (Exception ex)
        {
            MessageBox.Show("执行失败: " + ex.Message);
        }
    }
}
private void ShowResult()
{
    //由于 SQL 直接更改数据库，不修改实体上下文
    //所以必须获取新的实体上下文实例才能得到最新的数据
    if (context != null)
    {
        context.Dispose();
        context = new MyDbEntities();
    }
    var q = from t in context.Student
```

```
            where t.XingMing == "张三玉"
            select new { 姓名 = t.XingMing, 成绩 = t.ChengJi };
        dataGrid1.ItemsSource = q.ToList();
    }
}
```

12.3.5　添加或删除数据

添加或删除数据的办法也是直接对实体对象进行操作，操作完成后再调用实体对象上下文的 SaveChanges 方法将其保存到数据库中。

另外，也可以像修改数据一样，通过 MyDbEntities 对象（从 DbContext 继承）的 Dababase 属性调用 ExecuteSqlCommand 方法，在该方法中直接传递要执行的 SQL 语句。但是一般不使用这种办法。

在下面的例子中，我们先演示如何通过代码直接添加或删除数据，在下一节介绍 DataGrid 的更多用法时，再演示通过界面操作来实现添加、删除和修改数据。

【例 12-8】 演示如何通过代码直接添加、删除数据。运行效果如图 12-9 所示。

图 12-9　例 12-8 的运行效果

该例子的源程序见 Example08.xaml 及其代码隐藏类。

Example08.xaml 的主要代码如下。

```xml
<Page ……>
    <StackPanel>
        <TextBlock Text="结果: " />
        <DataGrid Name="dataGrid1" />
        <StackPanel Orientation="Horizontal" HorizontalAlignment="Center">
            <Button Width="100" Margin="10" Content="添加数据"
                Click="btn_Click" />
            <Button Width="100" Margin="10" Content="删除数据"
                Click="btn_Click" />
        </StackPanel>
    </StackPanel>
</Page>
```

Example08.xaml.cs 的主要代码如下。

```csharp
public partial class Example08 : Page
{
    public Example08()
    {
        InitializeComponent();
```

```
        ShowResult();
    }
    private void ShowResult()
    {
        using (var context = new MyDbEntities())
        {
            var q = from t in context.Student
                    select new
                    {
                        学号=t.XueHao,
                        姓名=t.XingMing,
                        成绩=t.ChengJi
                    };
            dataGrid1.ItemsSource = q.ToList();
        }
    }
    private void btn_Click(object sender, RoutedEventArgs e)
    {
        string s = (e.Source as Button).Content.ToString();
        if (s == "添加数据")
        {
            using (var context = new MyDbEntities())
            {
                Student student = new Student()
                {
                    XueHao = "06001001",
                    XingMing = "胡启",
                    XingBie = "男",
                    XueYuanID = "01",
                    ChengJi = 77
                };
                try
                {
                    context.Student.Add(student);
                    context.SaveChanges();
                }
                catch(Exception ex)
                {
                    MessageBox.Show("添加失败: " + ex.Message);
                }
            }
            ShowResult();
        }
        else if (s == "删除数据")
        {
            using (var context = new MyDbEntities())
            {
                var q = from t in context.Student
                        where t.XueHao == "06001001"
                        select t;
                foreach (var v in q)
                {
                    context.Student.Remove(v);
                }
```

```
                context.SaveChanges();
            }
            ShowResult();
        }
    }
}
```

12.4 DataGrid 控件

虽然前面的例子中我们已经多次使用了 DataGrid 控件，但并没有涉及该控件的更多复杂用法。实际上，DataGrid 控件是一个功能非常多的控件，除了可以利用该控件显示、编辑数据之外，还可以利用它进行灵活的样式控制和数据校验处理。

将 DataGrid 控件添加到 WPF 窗口或页面后，该控件默认具有的功能主要有：

- 支持自动排序。用鼠标单击某个列标题，则对应的列就会自动按升序或降序排序（单击升序，再单击降序）。字母顺序区分大小写。
- 支持自动调整大小功能。双击标题之间的列分隔符，该分隔符左边的列会自动按照单元格的内容展开或收缩。
- 单击 DataGrid 左上角的矩形块可以选择整个表，单击每行左边的矩形块可以选择整行。
- 支持调整列宽功能。在标题区拖动列分隔符可调整显示的列宽。
- 支持编辑功能。双击单元格或者按<F2>键可直接编辑单元格内容。在编辑模式下，按<Enter>键可提交更改，或者按<Esc>键将单元格恢复为更改前的值。
- 如果用户滚动至网格的结尾，将会看到用于添加新记录的行。用户可在该行中直接添加数据，DataGrid 控件会自动将其添加到 ItemsSource 中。

12.4.1 绑定各种类型的数据

从前面的例子中我们已经看到，DataGrid 通过 ItemsSource 属性来绑定数据。当设置该属性后，DataGrid 控件将自动生成对应的列，生成列的类型即取决于列中数据的类型。

1. DataGrid 提供的列类型

DataGrid 默认提供的列类型有以下几种。

- DataGridTextColumn：String 类型，默认用字符串显示该列的内容。
- DataGridCheckBoxColumn：Boolean 类型，默认用 CheckBox 控件显示该列的内容。
- DataGridComboBoxColumn：Enum 类型，默认用 ComboBox 控件显示该列的内容。
- DataGridHyperlinkColumn：Uri 类型，默认用 Hyperlink 控件显示该列的内容。
- 自定义类型：可用 DataGridTemplateColumn 自定义其他数据类型。

自定义类型时，一般在资源字典中定义模板，在 App.xaml 中合并资源字典。

下面的代码演示了如何分别定义显示模板和编辑模板。

```
<DataTemplate x:Key="PhotoTemplate">
    <Image Height="30" Source="{Binding Photo}" />
</DataTemplate>
<DataTemplate x:Key="EditingPhotoTemplate">
    ......
</DataTemplate>
```

下面的代码演示了如何在页的 DataGrid 中引用定义的模板。

```
<DataGrid Name="DG1" ItemsSource="{Binding}" AutoGenerateColumns="False" >
    <DataGrid.Columns>
        <DataGridTemplateColumn Header="照片"
            CellTemplate="{StaticResource PhotoTemplate}"
            CellEditingTemplate="{StaticResource EditingPhotoTemplate}" />
    </DataGrid.Columns>
</DataGrid>
```

DataGrid 的 AutoGenerateColumns 属性控制是否自动生成列，该属性默认的值为 true。用 XAML 描述绑定的列时，需要将该属性设置为 false。

2. 自定义日期类型

对于日期类型的数据，可在自定义模板中让其按照 "yyyy-MM-dd" 的格式显示，编辑时则可利用 DatePicker 控件显示日历。

3. 导入图像

用 DataGrid 编辑数据时，若要实现图像导入的功能，可以先得到选定的行，将其转换为绑定的实体对象，然后再获取对象对应的属性，以此即可实现照片导入。具体在 C#代码中，可通过 DataGrid 的 SelectedCells 属性获取选定的单元格，通过 SelectedItem 获取选定的一行，通过 SelectedItems 属性获取选定的所有行。

下面通过例子说明具体实现。

【例 12-9】 演示用 XAML 实现数据绑定以及显示和编辑各种类型数据的基本方法。运行效果如图 12-10 所示。

（a）编辑出生日期

（b）编辑所在学院

（c）查看、替换或导入新照片

图 12-10　例 12-9 的运行效果

（1）打开 ch12 解决方案。

（2）在项目下添加一个名为 Resource 的文件夹，然后在该文件夹下添加一个名为 DataGrid

ColumnTemplate.xaml 的资源字典，将代码改为下面的内容。

```xaml
<ResourceDictionary xmlns="http://schemas.microsoft.com/winfx/2006/xaml/presentation"
                    xmlns:x="http://schemas.microsoft.com/winfx/2006/xaml">
    <DataTemplate x:Key="BirthDateTemplate">
        <TextBlock Text="{Binding BirthDate, StringFormat={}{0:yyyy-MM-dd}}" />
    </DataTemplate>
    <DataTemplate x:Key="EditingBirthDateTemplate">
        <DatePicker
            SelectedDate="{Binding BirthDate, Mode=TwoWay,
                NotifyOnValidationError=true, ValidatesOnExceptions=true}">
            <DatePicker.Resources>
                <Style TargetType="DatePickerTextBox">
                    <Setter Property="Template">
                        <Setter.Value>
                            <ControlTemplate TargetType="DatePickerTextBox">
                                <TextBox x:Name="PART_TextBox"
                                    Text="{Binding Path=SelectedDate,
                        RelativeSource={RelativeSource AncestorType={x:Type DatePicker}},
                                    StringFormat={}{0:yyyy-MM-dd}}" />
                            </ControlTemplate>
                        </Setter.Value>
                    </Setter>
                </Style>
            </DatePicker.Resources>
        </DatePicker>
    </DataTemplate>
    <DataTemplate x:Key="PhotoTemplate">
        <Image Source="{Binding Photo}" Width="20" />
    </DataTemplate>
</ResourceDictionary>
```

（3）修改 App.xaml，添加合并资源字典的代码。

```xaml
<Application.Resources>
    <ResourceDictionary>
        <ResourceDictionary.MergedDictionaries>
            <ResourceDictionary Source="/Resources/DataGridColumnTemplate.xaml" />
        </ResourceDictionary.MergedDictionaries>
    </ResourceDictionary>
</Application.Resources>
```

（4）在 Example 文件夹下添加一个名为 Example09.xaml 的页。

（5）修改 Example09.xaml，主要代码如下。

```xaml
<Page ……/>
    <Border BorderBrush="Green" BorderThickness="1">
    <StackPanel>
        <TextBlock Text="在单元格中直接编辑学生基本信息表" />
        <DataGrid Name="dataGrid1" AutoGenerateColumns="False"
                Background="#FFDDFBF9">
            <DataGrid.Columns>
                <DataGridTextColumn Header="学号" Binding="{Binding XueHao}" />
                <DataGridTextColumn Header="姓名"
                        Binding="{Binding XingMing}" />
                <DataGridTextColumn Header="性别" Binding="{Binding XingBie}" />
                <DataGridTemplateColumn Header="出生日期"
```

```
                  SortMemberPath="BirthDate"
                  CellTemplate="{StaticResource BirthDateTemplate}"
            CellEditingTemplate="{StaticResource EditingBirthDateTemplate}" />
            <DataGridTextColumn Header="成绩" Binding="{Binding ChengJi}" />
            <DataGridComboBoxColumn x:Name="bm1" Header="所在学院"
                  SortMemberPath="XueYuanID"
                  SelectedValueBinding="{Binding XueYuanID}"
                  SelectedValuePath="id" DisplayMemberPath="mc"
                  Selector.IsSelected="True" />
            <DataGridTemplateColumn Header="照片"
                  CellTemplate="{StaticResource PhotoTemplate}">
                <DataGridTemplateColumn.CellEditingTemplate>
                    <DataTemplate>
                        <StackPanel>
                            <Image Width="100" Source="{Binding Photo}" />
                            <Button x:Name="importPhotoButton"
                                Content="导入照片"
                                Click="btnImportPhoto_Click" />
                        </StackPanel>
                    </DataTemplate>
                </DataGridTemplateColumn.CellEditingTemplate>
            </DataGridTemplateColumn>
        </DataGrid.Columns>
    </DataGrid>
    <Button Content="保存" Width="70" Margin="0 10 0 0" Click="btnSave_Click" />
    </StackPanel>
    </Border>
</Page>
```

（6）修改 Example09.xaml.cs，主要代码如下。

```
public partial class Example09 : Page
{
    private MyDbEntities context = new MyDbEntities();
    public Example09()
    {
        InitializeComponent();
        this.Unloaded += Example09_Unloaded;
        var q = from t in context.Student
                select t;
        dataGrid1.ItemsSource = q.ToList();
        var q1 = from t in context.XueYuan
                 select new
                 {
                     id = t.XueYuanID,
                     mc = t.XueYuanID + " " + t.XueYuanMingCheng
                 };
        bm1.ItemsSource = q1.ToList();
    }
    void Example09_Unloaded(object sender, RoutedEventArgs e)
    {
        context.Dispose();
    }
    private void btnImportPhoto_Click(object sender, RoutedEventArgs e)
    {
        Microsoft.Win32.OpenFileDialog ofd = new Microsoft.Win32.OpenFileDialog();
```

```
            if (ofd.ShowDialog() == true)
            {
                System.IO.Stream myStream = ofd.OpenFile();
                byte[] bt = new byte[myStream.Length];
                myStream.Read(bt, 0, (int)myStream.Length);
                var item = dataGrid1.SelectedItem as Student;
                var q = from t in context.Student
                        where t.XueHao == item.XueHao
                        select t;
                try
                {
                    var q1 = q.FirstOrDefault();
                    if (q1 != null)
                    {
                        q1.Photo = bt;
                    }
                }
                catch(Exception ex)
                {
                    MessageBox.Show(ex.Message);
                }
            }
        }
        private void btnSave_Click(object sender, RoutedEventArgs e)
        {
            try
            {
                context.SaveChanges();
                MessageBox.Show("保存成功。");
            }
            catch (Exception ex)
            {
                MessageBox.Show(ex.Message, "保存失败");
            }
        }
    }
```

（7）按<F5>键调试运行。分别双击不同的单元格即可编辑对应数据，最后按【保存】按钮将结果保存到数据库中。

> 如果希望添加的数据在下次运行时仍能看到，退出该解决方案，然后手工将 bin\Debug 文件夹下的 MyDb.mdf 和 MyDb_log.ldf 复制到项目目录下（覆盖原来的数据库文件）即可。

12.4.2　标题和行列控制

DataGrid 对各个区域提供了非常灵活的样式设置和显示控制，包括标题、列、行以及单元格等。这一节我们通过例子演示一些常用功能，其他功能请读者自己尝试。

1. 标题和单元格样式控制

用 DataGrid 的 ColumnHeaderStyle 属性可自定义标题的样式。用 DataGrid 的 CellStyle 属性可控制单元格的样式。

2. 列控制

列控制包括列的样式以及列的显示控制。

（1）固定左边的某些列

如果一行的内容较多，用户查看数据时可能需要左右移动滚动条，同时用户可能需要频繁参考一列或若干列，这可以通过冻结控件中的某一列来减少操作。冻结某一列后，其左侧的所有列也被自动冻结。冻结的列保持不动，而其他所有列可以滚动。

例如将 FrozenColumnCount 属性设置为 2，则最左侧的两列将被冻结。

```
<DataGrid …… FrozenColumnCount="2" ……>
```

（2）防止调整列顺序以及防止对列排序

设置 DataGrid 的 CanUserReorderColumns 属性为 false 可防止用户用鼠标拖放修改列的显示顺序，而设置 CanUserResizeColumns 可防止改变列大小，设置 CanUserSortColumns 属性可防止对列自动排序。这些属性默认都是 true。

3. 行控制

行控制同样包括每一行的样式以及显示控制。

（1）行的样式控制

用 DataGrid 的 RowStyle 属性以及 RowHeaderStyle 属性可控制行的样式。

（2）隔行显示背景色

为了容易分辨不同的行，用户可能要求交替行有不同的背景色，设置 DataGrid 的 RowBackground 和 AlternatingRowBackground 属性即可隔行交替显示背景色。例如：

```
<DataGrid …… RowBackground="White" AlternatingRowBackground="#FFF3FDFC" ……>
```

（3）防止添加和删除行

默认情况下，用户可以直接删除 DataGrid 中的行，也可以在最末的空白行中直接添加新行内容。为了防止用户误操作，可禁止这些功能，让用户通过单击提供的按钮来实现添加、删除行。

分别设置 DataGrid 的 CanUserAddRows、CanUserDeleteRows 和 CanUserResizeRows 属性可防止用户添加、删除行以及修改行的大小。

例如 CanUserAddRows 属性默认为 true，此时 DataGrid 的底部会显示一空白新行，用户可在该新行中直接输入信息。如果不希望显示空白行，将此属性设置为 false 即可。

下面通过例子说明这些控制的具体用法。

【例 12-10】　演示 DataGrid 控件标题及列控制的基本用法。运行效果如图 12-11 所示。

（a）鼠标移动到列标题时自动改变背景色

图 12-11　例 12-10 的运行效果

（b）鼠标移动到某行时自动改变背景色

（c）鼠标拖动横向滚动条时左侧的两列不随着滚动

图 12-11　例 12-10 的运行效果（续）

（1）打开 ch12 解决方案。

（2）在 Resource 文件夹下添加一个名为 DataGridStyle.xaml 的资源字典，将代码改为下面的内容。

```xml
<ResourceDictionary
    xmlns="http://schemas.microsoft.com/winfx/2006/xaml/presentation"
    xmlns:x="http://schemas.microsoft.com/winfx/2006/xaml">
  <Style x:Key="ColumnHeaderStyle1" TargetType="DataGridColumnHeader">
    <Setter Property="Background">
      <Setter.Value>
        <LinearGradientBrush EndPoint="0,1" StartPoint="0,0">
          <GradientStop Color="#FFD7F0EE" Offset="1" />
          <GradientStop Color="#FF8CEAF9" Offset="0.5" />
          <GradientStop Color="#FFEBEBEB" Offset="0.5" />
          <GradientStop Color="#FFDAE9EC" />
          <GradientStop Color="#FF98F3F3" Offset="0.5" />
        </LinearGradientBrush>
      </Setter.Value>
    </Setter>
    <Setter Property="Foreground" Value="Black" />
    <Setter Property="BorderBrush" Value="Black" />
    <Setter Property="BorderThickness" Value="0.5,0,0.5,1" />
    <Setter Property="Padding" Value="15,0,15,0" />
    <Style.Triggers>
      <Trigger Property="IsMouseOver" Value="True">
        <Setter Property="Background" Value="Blue" />
        <Setter Property="Foreground" Value="White" />
      </Trigger>
    </Style.Triggers>
  </Style>
  <Style x:Key="RowStyle1" TargetType="DataGridRow">
    <Setter Property="Background" Value="#FFF5F9F8" />
    <Style.Triggers>
```

```
            <Trigger Property="IsMouseOver" Value="True">
                <Setter Property="Foreground" Value="Red" />
            </Trigger>
        </Style.Triggers>
    </Style>
</ResourceDictionary>
```

（3）修改 App.xaml，添加合并资源字典的代码。

```
<Application.Resources>
    <ResourceDictionary>
        <ResourceDictionary.MergedDictionaries>
            <ResourceDictionary Source="/Resources/DataGridColumnTemplate.xaml" />
            <ResourceDictionary Source="/Resources/DataGridStyle.xaml" />
        </ResourceDictionary.MergedDictionaries>
    </ResourceDictionary>
</Application.Resources>
```

（4）在 Example 文件夹下添加一个名为 Example10.xaml 的页。

（5）修改 Example10.xaml，主要代码如下。

```
<Page ……/>
    <StackPanel>
        <DataGrid Name="dataGrid1" AutoGenerateColumns="False"
                Background="#FFDDFBF9"
                ColumnHeaderStyle="{StaticResource ColumnHeaderStyle1}"
                RowStyle="{StaticResource RowStyle1}"
                RowBackground="White" AlternatingRowBackground="#FFF3FDFC"
                HorizontalScrollBarVisibility="Visible"
                CanUserAddRows="False" IsReadOnly="True"
                FrozenColumnCount="2">
            <DataGrid.Columns>
                <DataGridTextColumn Header="学号" Binding="{Binding XueHao}" />
                <DataGridTextColumn Header="姓名" Binding="{Binding XingMing}" />
                <DataGridTextColumn Header="性别" Binding="{Binding XingBie}" />
                <DataGridTextColumn Header="成绩" Binding="{Binding ChengJi}" />
                <DataGridTemplateColumn Header="出生日期"
                        SortMemberPath="BirthDate"
                        CellTemplate="{StaticResource BirthDateTemplate}" />
                <DataGridTextColumn Header="学院编码"
                        Binding="{Binding XueYuanID}" />
                <DataGridTextColumn Header="学院名称"
                        Binding="{Binding XueYuan.XueYuanMingCheng}" />
                <DataGridTemplateColumn Header="照片"
                        CellTemplate="{StaticResource PhotoTemplate}">
                </DataGridTemplateColumn>
            </DataGrid.Columns>
        </DataGrid>
    </StackPanel>
</Page>
```

（6）修改 Example10.xaml.cs，主要代码如下。

```
public partial class Example10 : Page
{
    MyDbEntities context = new MyDbEntities();
    public Example10()
```

```
        {
            InitializeComponent();
            this.Unloaded += Example10_Unloaded;
            var q = from t in context.Student
                    select t;
            dataGrid1.ItemsSource = q.ToList();
        }
        void Example10_Unloaded(object sender, RoutedEventArgs e)
        {
            context.Dispose();
        }
    }
```

（7）按<F5>键调试运行。

习　　题

1. 实体框架的设计目的是什么？它有哪些优点？
2. 实体框架提供哪些数据库开发模式？各有什么特点？
3. 在访问数据库实体对象时，修改数据有哪两种方法？推荐使用哪种方法？

第13章
二维图形图像处理

除了动画和多媒体以外，WPF 还提供了对二维、三维图形图像处理技术的完美支持，包括栅格图（位图）、矢量图以及三维模型建模和呈现等。

这一章我们主要学习二维图形图像处理相关的基本技术。

13.1　图形图像处理基础

WPF 使用的图形图像呈现技术与 WinForm 使用的 GDI+ 呈现技术完全不同。GDI+ 提供的 API 都是用"即时模式"来呈现，由于这种模式只保存界面上可见部分的图形图像，因此当用户调整窗口大小或者对象的外观发生变化导致可见部分失效时，需要程序员自己去维护绘图的状态。而在 WPF 应用程序中，系统采用"保留模式"来负责图形图像的呈现，其内部用一组序列化绘图状态来保存这些对象，这样就可以让 WPF 自动进行重绘，而不再需要程序员编程去维护这些状态。

另外，WPF 使用矢量图和与设备无关的技术来处理二维、三维图形的显示，并能根据本机的图形硬件（显卡、GPU）自动选择合适的呈现技术，而不是像 GDI+ 那样仅仅通过软件来模拟，因此在二维、三维图形图像处理的执行性能上远远高于 WinForm 应用程序的纯软件实现模式。因此，在一个窗口表面呈现数以百计的不同图形图像这种在传统的 WinForm 项目中看似不可能做到的事情，在 WPF 中完全可以实现而且还能保持高性能。

13.1.1　与二维三维图形图像处理相关的类

图形图像处理涉及的类非常多，这是因为屏幕上显示的所有信息本质上都是用图形或者图像绘制出来的。将图形、图像、文本、视频处理以后，一般都需要将其按某种方式绘制出来。为了实现绘制功能，WPF 提供了 3 个主要的抽象基类：Shape 类、Drawing 类和 Visual 类，大部分对象的绘制功能都从这 3 个类之一派生，用这 3 个类的派生类创建的绘图对象分别称为 Shape 对象、Drawing 对象和 Visual 对象。

根据实现的功能不同，Shape、Drawing 和 Visual 分别被放在不同的命名空间中。

● System.Windows.Media 命名空间：提供了颜色、画笔、几何图形、图像、文本、音频、视频等丰富媒体处理功能。Drawing 类和 Visual 类都在该命名空间内。

● System.Windows.Media.Imaging 命名空间：提供了对图像进行编码和解码的类。

● System.Windows.Controls 命名空间：提供除了形状控件外的其他各种 WPF 控件，这些控件都是从 Visual 类派生的，包括 Image 控件以及我们在前面的章节中学习过的其他各种控件，这些控件按功能进行了分类，并提供了专门的实现。

● System.Windows.Shapes 命名空间：提供了基本的几何图形形状控件，这些控件都是从 Shape 类派生的，而由于 Shape 又是从 Visual 类派生而来的，所以这些控件本质上也都是从 Visual 类派生的。

WPF 分别提供 Shape、Drawing 和 Visual 类的动机在于让开发人员能更好地根据项目需要，合理选择不同的技术来处理内存消耗与应用程序性能的关系。System.Windows.Shapes 命名空间中的控件和 System.Windows.Controls 命名空间中的控件用于顶层功能处理，继承自 Drawing 类的对象用于中层功能处理，继承自 Visual 类的对象用于底层功能处理。

直接用顶层功能实现时，开发效率最高，需要编写的代码很少，但程序运行性能不一定是最高的；直接用底层功能实现时，程序执行性能最高，但开发效率较低，需要编写的代码也较多。这和"用汇编语言实现时执行效率高但开发效率低、用高级语言实现时开发效率高但执行效率会低一些"是一个道理。可见，针对不同的需求选择合适的实现技术非常重要，即需要开发人员在应用程序的"开发效率"和"运行性能"之间做一个合理的折中选择。片面追求性能而不考虑开发效率会大大延长项目的研发周期，而且在性能没有明显提升的情况下片面追求从底层去实现意义也不大；反之，只追求开发效率而不管性能好坏也会使项目中某些功能实现的技术选择的合理性受质疑。

因此，用 WPF 编写图形图像处理程序前，我们首先应该明白顶层（Shapes、Controls 命名空间下的派生类）、中层（Drawing 派生类）和底层（Visual 派生类）分别适用于哪些方面，这样才能根据需求选择合适的实现技术。

1. Geometry 及其派生类

Geometry 类在 System.Windows.Media 命名空间内（PresentationCore.dll 文件）。该类是定义二维图形形状的抽象基类。从 Geometry 继承的类仅用于定义几何图形的形状，包括基本几何图形、路径几何图形以及复合几何图形，但这些派生类本身没有绘制功能，用它定义几何形状后还需要靠其他对象（如 Path、Image）或者画笔（如 ImageBrush、DrawingBrush）来绘制。

Geometry 类继承的层次结构如下：

```
Object→DispatcherObject→DependencyObject
→Freezable→Animatable
→Geometry
→ CombinedGeometry → EllipseGeometry → GeometryGroup → LineGeometry → PathGeometry →
RectangleGeometry→StreamGeometry
```

从 Geometry 继承的层次结构可以看出，Geometry 派生类没有从 Visual、UIElement 和 FrameworkElement 继承（即没有提供布局和绘制功能），所以只能用这些对象定义几何图形的形状，但也正是因为这一点，Geometry 对象占用的内存才较少，所以当多处使用同一个几何形状时（比如背景图的小方格），在资源字典中用 Geometry 将形状一次性定义出来，明显比用 Shape 分别实现这些小方格的运行效率高。

另外，由于 Geometry 对象是从 Freezable 类继承而来的，因此还可以将这些几何对象冻结（指定义后便不可更改，这是一种提高性能的技术，在 C#代码中调用几何对象的 Freeze 方法可让其冻结）。同时，Geometry 对象又是从 Animatable 继承而来的，所以还可以对其进行动画处理。

2. Shape 及其派生类

Shape 类在 System.Windows.Shapes 命名空间内（PresentationFramework.dll 文件），该类是在 FrameworkElement 级别定义和绘制基本几何图形形状的抽象基类，从该类继承的类都被封装成了 WPF 控件，利用这些控件可在界面上直接定义和绘制几何图形的形状。

Shape 类继承的层次结构如下：

```
Object→DispatcherObject→DependencyObject
→Visual→UIElement→FrameworkElement
→Shape
→Ellipse→Line→Path→Polygon→Polyline→Rectangle
```

从 Shape 类的继承层次结构可以看出，继承自 Shape 的类包括：Ellipse 类、Line 类、Path 类、Polygon 类、Polyline 类和 Rectangle 类，由于 Shape 是从 Visual、UIElement 和 FrameworkElement 派生而来的，所以直接用 Shape 对象绘制几何形状时开发效率最高，需要编写的代码最少。

使用从 Shape 类继承的类创建的对象统称为 Shape 对象。

可将 Shape 对象分为两大类别：一种是基本形状控件（Rectangle、Ellipse、Line、PolyLine、Polygen），这些控件可直接绘制它所描述的几何图形的形状；另一种是 Path 控件，该控件先用 Geometry 对象定义几何图形的形状，然后再自动将其绘制出来。

3. Drawing 及其派生类

Drawing 类在 System.Windows.Media 命名空间内（PresentationCore.dll 文件）。该类是描述二维绘图的抽象基类，不能直接创建该类的实例，但可以使用从该类继承的类。

Drawing 类继承的层次结构如下：

```
Object→DispatcherObject→DependencyObject
→Freezable→Animatable
→Drawing
→DrawingGroup→GeometryDrawing→GlyphRunDrawing→ImageDrawing→VideoDrawing
```

从 Drawing 类继承的层次结构可以看出，Drawing 类也是从 Freezable 和 Animatable 继承而来的，所以这些对象都可以在资源字典中定义，并被多个对象共享。

由于 Drawing 对象没有提供 Visual、UIElement 和 FrameworkElement 的功能，因此用它实现绘制功能时占用的内存较少，是描述背景、剪贴画以及使用 Visual 对象进行低级别绘制的理想选择。

从 Drawing 类继承的类创建的对象统称为 Drawing 对象。

但是，由于 Drawing 继承树中包含了对动画（Animatable）的支持，所以它仍然不是速度最快的绘制方案。换言之，如果不需要动画功能，要达到最快的绘制效率，可以用 Visual 派生类来实现。

4. Visual 及其派生类

Visual 类也在 System.Windows.Media 命名空间内（PresentationCore.dll 文件）。

Visual 类继承的层次结构如下：

```
Object→DispatcherObject→DependencyObject
→Visual
→ContainerVisual→Viewport3DVisual→UIElement
```

从 Visual 类的继承层次结构可以看出，Visual 类的负担最轻，因此用它实现绘制功能时占用的内存最少。

Visual 类提供的功能包括：

- 输出显示：呈现 Visual 对象的持久的序列化绘图内容。
- 转换：对可视对象执行转换。
- 剪辑：为 Visual 对象提供剪辑区域支持。
- 命中测试：确定指定的坐标点或几何图形是否包含在可视对象的边界内。
- 边界框计算：确定 Visual 对象的边框。

从另一个角度来看，Visual 对象提供的功能类似于 Win32 应用程序模型中的窗口句柄（HWND），它提供的绘制方法类似于 GDI+的 Graphics 对象提供的方法。但是，Visual 对象是自动判断用哪种技术实现的（GDI+或者 DirectX）——这样能充分利用显卡和 GPU 的性能——而不是全部靠软件来模拟，这是 Visual 与 HWND 截然不同的地方。

从体系结构上来看，Visual 对象负责呈现（Rendering）持久性序列化的绘图内容、对可视对象执行转换、提供剪辑区域支持、进行命中测试以及确定可视化对象的边框等，但不负责事件处理、布局、样式、数据绑定以及全球化等功能，这些功能实际上是由 UIElement 和 FrameworkElement 来实现的。

实际上，由于所有 WPF 控件（包括 Shape 控件）都是从 UIElement 派生的，而 UIElement 又是从 Visual 派生的，所以所有 WPF 控件也都是从 Visual 继承而来的，只不过这些控件对某些功能进行了专门的封装而已。

5. TileBrush 及其派生类

TileBrush 类也在 System.Windows.Media 命名空间内（PresentationCore.dll 文件），该类描述使用一个或多个图块绘制区域的方法。

继承的层次结构如下：

```
Object→DispatcherObject→DependencyObject
→Freezable→Animatable→Brush
→TileBrush
→DrawingBrush→ImageBrush→VisualBrush
```

从该类继承的类包括 DrawingBrush、ImageBrush 和 VisualBrush，利用这些画笔可用图块的内容定义绘制区域。

- DrawingBrush：绘制画笔，这种画笔有一个 Drawing 属性，利用它可以用 Drawing 派生类来绘制某个区域，可绘制的内容包括图形、图像、文本、视频。一般用它绘制用 Geometry 派生类实现的形状，也可以用它将来自图像文件的图像绘制到区域中的某个局部区域内（用 Rect 指定将图像绘制到区域中的哪个局部区域）。
- ImageBrush：图像画笔，该类是对 DrawingBrush 类的进一步封装，专门用于绘制图像。这种画笔有一个 ImageSource 属性，一般用它将来自图像文件的图像直接绘制到某区域。
- VisualBrush：可视画笔，它是对 DrawingBrush 和 ImageBrush 的更高层次的封装，在它提供的属性中包含了大量的可视对象，这些对象都可以利用 VisualBrush 实现可视化。这种画笔有一个 Visual 属性，在该属性内可定义 UIElement、DrawingVisual 或 ContainerVisual。UIElement 意味着可直接用 TextBlock 等大多数 WPF 控件来定义要绘制的内容，ContainerVisual 意味着也可以用 Drawing 定义绘制的内容（在 ContainerVisual 中用 DrawingGroup 包含一个或多个从 Drawing 派生的对象）。

从 TileBrush 继承的层次结构中可以看出，VisualBrush 也可以用 Drawing 派生类来实现绘制功能。

6. 技术选择原则

综合而言，用 Drawing 派生类来实现二维图形图像处理是 Shape、Drawing 和 Visual 三种技术中的一种比较理想的折中方案，这种方式既能获得相对比较好的性能，而且又不会让实现的代码过于复杂。

当然，任何技术选择原则都不是绝对的，比如我们只需要在界面中画一个矩形，此时直接用 Rectangle 控件实现就行了，因为它内部就是用 Visual 实现的，我们只需要指定相关的属性即可，而没必要再亲自用 Visual 或者 Drawing 从底层去做这个事。但是，如果要求将这个矩形画在 TextBlock 的内部或边界区域，而且 TextBlock 移动时这个矩形也自动跟着移动，此时用 VisualBrush 或者 DrawingBrush 来实现最合适，这是因为这两种画笔已经帮我们做了配套的工作，我们只需要用画笔将图形定义出来，然后在控件的属性中指定使用的是哪种画笔就行了；如果这个矩形在"任何情况下"自始至终都是和某个功能一起使用的，此时制作一个实现这种功能的自定义控件（用 Visual 实现）最合适，因为它能使运行效率在任何情况下都比用其他控件实现的效率高。

实际上，到底用哪种技术来实现比较合适，关键是看所用的类是从哪些类继承而来的，这就是我们为什么要列出 Geometry、Shape、Drawing、Visual 以及 TileBrush 继承的层次结构的主要原因。只有明白了这一点，才不会陷入"知其然而不知其所以然"的迷茫。

对于图像处理来说，WPF 在 System.Windows.Media.Imaging 命名空间中提供了专门的编码解码等处理类，我们直接使用它就行了，而图像的绘制功能还是靠其他技术来实现。

13.1.2　创建本章例子的主程序

本实例中程序将作为本章所有例子共用的主程序，首先我们学习如何利用 DrawingBrush 绘制背景和动画图。例子中涉及的相关概念在后面还有详细的介绍，这里只需要知道如何创建即可。

【例 13-1】　创建本章例子的主程序，并演示如何用 DwawingBrush 绘制背景和动画图。

（1）运行 VS2012，新建一个项目名和解决方案名都是 ch13 的 WPF 应用程序。

（2）在项目下添加一个 Resources 文件夹，在该文件夹下分别添加 Images、Dictionary 和 Content 文件夹，然后将使用的图像文件和视频文件复制到对应的文件夹下。

（3）将 Content 文件夹下所有文件的【生成操作】属性改为"内容"，将【复制到输出目录】属性改为"如果较新则复制"。这一步的目的是为了让该目录下的图像文件和视频文件发布后仍能正常访问。

（4）在 Dictionary 文件夹下添加一个文件名为 TiledTriangle.xaml 的资源字典，将代码改为下面的内容。

```
<ResourceDictionary
    xmlns="http://schemas.microsoft.com/winfx/2006/xaml/presentation"
    xmlns:x="http://schemas.microsoft.com/winfx/2006/xaml">
  <DrawingBrush x:Key="TiledBackground" Opacity="0.1"
      Viewport="0,0,10,10" ViewportUnits="Absolute" TileMode="Tile">
    <DrawingBrush.Drawing>
      <DrawingGroup>
        <GeometryDrawing Geometry="M0,0 L1,0 1,1 0,1z"
            Brush="White" />
        <GeometryDrawing Brush="#9999FF">
          <GeometryDrawing.Geometry>
```

```
            <GeometryGroup>
                <RectangleGeometry Rect="0,0,1,0.1" />
                <RectangleGeometry Rect="0,0.1,0.1,0.9" />
            </GeometryGroup>
        </GeometryDrawing.Geometry>
    </GeometryDrawing>
</DrawingGroup>
</DrawingBrush.Drawing>
</DrawingBrush>
</ResourceDictionary>
```

（5）在 Dictionary 文件夹下分别添加文件名为 AnimatedButton.xaml 和文件名为 TiledBackground.xaml 的资源字典。前者用于主界面左侧的按钮（鼠标移动到按钮上时自动放大，鼠标离开按钮时自动还原），后者用于主界面右侧的背景，由于前面的章节中我们已经学习过相关代码的用法，此处不再列出源程序。

（6）在 Dictionary 文件夹下分别添加文件名为 RadialGradientBrushs.xaml 和 GradientStops.xaml 的资源字典，字典中定义一些线性渐变和径向渐变的画笔，本章后面的例子中要多次用到这些画笔，由于我们已经学习过线性渐变和径向渐变的基本用法，所以此处也不再列出源程序。

（7）修改 App.xaml 合并资源字典。

（8）修改 MainWindow.xaml，利用资源字典创建主页面上方的动画图，相关的代码如下。

```
<DockPanel>
    <Rectangle DockPanel.Dock="Top" Height="60"
        Style="{StaticResource TiledTriangle}"/>
```

（9）修改 MainWindow.xaml，利用资源字典创建主页面右侧的背景图，相关的代码如下。

```
<ScrollViewer Grid.Column="1" Margin="5 10 10 10"
            HorizontalScrollBarVisibility="Visible"
            VerticalScrollBarVisibility="Visible">
    <Frame Name="frame1" Background="{StaticResource TiledBackground}"
        BorderThickness="2" BorderBrush="#FFA6C9FD"
        ScrollViewer.CanContentScroll="True"
        NavigationUIVisibility="Hidden" />
</ScrollViewer>
```

（10）修改 MainWindow.xaml 添加其他代码。由于这些代码的用法我们也都已经学习过，所以这里也不再列出源程序。

（11）按<F5>键调试运行。即可看到窗口右侧用小方格组成的背景以及窗口上方不停地缩放和旋转变化的动画，如图 13-1 所示。

图 13-1   本章所有例子使用的背景和动画效果

13.2 图 形 处 理

图形处理是指对二维矢量几何图形的处理，由于矢量图形是根据几何图形的特征来计算并绘制的（例如直线只保存"起点、终点、绘制的是直线"这 3 个特征），因此绘制的矢量图形不会有任何失真。

在 WPF 中，有两种定义二维几何图形形状的技术，一种是用 Geometry 对象实现，另一种是用 Shape 对象实现。从表面上看，用 Geometry 对象和用 Shape 对象定义的几何图形的形状十分相似，两者的主要区别是 Geometry 对象只定义图形的形状但自身没有绘制功能，适用于将其作为 XAML 资源的场合；而 Shape 对象除了定义图形的形状外其自身还具有绘制功能，适用于直接对某种图形的形状进行界面级别处理的场合。

在前面的章节中，我们已经学习了 Shape 对象的基本功能，但由于可以用多种方式绘制 Geometry 对象，所以在实际项目中 Geometry 对象的用途比 Shape 对象的用途更广泛。

这一节我们主要学习 Geometry 对象的基本用法，并利用继承自 Shape 的 Path 控件来绘制这些对象。掌握了这些基本用法后，再进一步学习如何利用 ImageBrush、DrawingBrush 或者 VisualBrush 将图形绘制到其他控件上。

13.2.1 二维几何图形和路径标记语法

System.Windows.Media 命名空间下的 Geometry 类是定义二维几何图形的抽象基类，从该类的扩充类创建的对象统称为 Geometry 对象，表 13-1 列出了这些派生类及其说明。

表 13-1   从 Geometry 派生的类

图形形状	类	说　　明
简单几何图形	LineGeometry	定义一条由两个点连接的直线
	RectangleGeometry	定义一个矩形
	EllipseGeometry	定义一个椭圆
路径几何图形	PathGeometry	用路径定义一系列基本图形
	StreamGeometry	用流定义一系列基本图形
复合几何图形	CombinedGeometry	按照合并规则将两个图形合并在一起
	GeometryGroup	将多个图形组合在一起

对于不需要框架元素级别功能的图形，用 Geometry 派生类去实现能获得比较高的性能，这是我们学习这些派生类的主要目的。

1. 路径几何图形

路径几何图形是指把一系列图形按照某种方式组合在一起构成的形体。

WPF 提供了两种定义路径几何图形的类：PathGeometry 和 StreamGeometry。这两个类均提供了多个描绘由直线、弧线和曲线组成的复杂图形的方法。

Path 控件专门用于绘制定义的路径几何图形。该类虽然是从 Shape 类继承的，但它实际上是利用 Geometry 对象来定义图形，然后再通过它的下列属性实现绘制功能。

- Fill 属性：描述用哪种画笔（Brush）填充封闭的形状。
- Stroke 属性：描述用钢笔（Pen 类的实例）的哪种 Color 或 Brush 绘制形状的轮廓。
- StrokeThickness 属性：描述轮廓的粗细。

（1）PathGeometry

PathGeometry 是 PathFigure 对象的集合，用于创建基本形状以及组合后的复杂形状。

PathFigureCollection 中的每个 PathFigure 由一个或多个线段（Segment）组成，表 13-2 列出了这些线段的类型及其含义。这些线段类型都是从 PathSegment 类派生的，通过组合这些线段对象，可以创建各种几何图形。

表 13-2　　　　　　　　　　　　　　　线段类型

线段类型	说　　明
ArcSegment	在两个点之间创建一条椭圆弧线
BezierSegment	在两个点之间创建一条三次方贝塞尔曲线
LineSegment	在两个点之间创建一条直线
PolyBezierSegment	创建一系列三次方贝塞尔曲线
PolyLineSegment	创建一系列直线
PolyQuadraticBezierSegment	创建一系列二次贝塞尔曲线
QuadraticBezierSegment	创建一条二次贝塞尔曲线

下面的代码使用 PathGeometry 创建一个三角形。

```
<Path Stroke="Black" StrokeThickness="1">
  <Path.Data>
    <PathGeometry>
      <PathGeometry.Figures>
        <PathFigureCollection>
          <PathFigure IsClosed="True" StartPoint="10,100">
            <PathFigure.Segments>
              <PathSegmentCollection>
                <LineSegment Point="100,100" />
                <LineSegment Point="100,50" />
              </PathSegmentCollection>
            </PathFigure.Segments>
          </PathFigure>
        </PathFigureCollection>
      </PathGeometry.Figures>
    </PathGeometry>
  </Path.Data>
</Path>
```

这段代码创建的形状如图 13-2（a）所示。

PathFigure 中的所有线段会自动合并为一个几何形状，该形状将每一条线段的终点作为下一条线段的起点。StartPoint 属性指定绘制第一条线段的起始点，后面的每条线段都以上一条线段的终点作为起点。再看一段 XAML 代码：

```
<Path Stroke="Black" StrokeThickness="1" >
  <Path.Data>
    <PathGeometry>
      <PathGeometry.Figures>
        <PathFigure StartPoint="10,50">
```

```
    <PathFigure.Segments>
      <BezierSegment
        Point1="100,0"
        Point2="200,200"
        Point3="300,100"/>
      <LineSegment Point="400,100" />
      <ArcSegment
        Size="50,50" RotationAngle="45"
        IsLargeArc="True" SweepDirection="Clockwise"
        Point="200,100"/>
    </PathFigure.Segments>
      </PathFigure>
    </PathGeometry.Figures>
  </PathGeometry>
  </Path.Data>
</Path>
```

这段代码创建的形状如图 13-2（b）所示。

（a）用 PathGeometry 定义的三角形　　　　　（b）用 PathGeometry 定义的线段

图 13-2　用 PathGeometry 定义几何图形

（2）StreamGeometry

StreamGeometry 也可用于定义一个可包含曲线、弧线和直线的复杂几何形状，由于它的运行效率很高，所以是描绘物体表面装饰的理想选择。

下面的代码创建一个 StreamGeometry，其结果是一个三角形。

```
Path myPath = new Path();
myPath.Stroke = Brushes.Black;
myPath.StrokeThickness = 1;
StreamGeometry geometry = new StreamGeometry();
geometry.FillRule = FillRule.EvenOdd;
using (StreamGeometryContext ctx = geometry.Open())
{
    ctx.BeginFigure(new Point(10, 100),
                    true, //对该图形包含的区域进行点击测试、呈现和剪裁
                    true); //使该图形成为闭合的图形
    ctx.LineTo(new Point(100, 100), true /*绘制轮廓*/, false /*不平滑连接*/);
    ctx.LineTo(new Point(100, 50), true, false);
}
geometry.Freeze(); //冻结该对象，使其不可再更改
myPath.Data = geometry;
Panel1.Children.Add(myPath);
```

选择用 PathGeometry 还是用 StreamGeometry，可按下面的原则处理：当需要高效率描绘复杂的几何图形而且不使用数据绑定、动画或修改时，可考虑使用 StreamGeometry，否则使用 PathGeometry。另外，凡是能用 StreamGeometry 实现的功能也都可以用 PathGeometry 来实现。

2. 路径标记语法

路径标记语法是 StreamGeometry 和 PathGeometry 的一种简化的 XAML 命令描述形式。表 13-3 列出了路径标记语法可以使用的命令及其含义。

在路径标记语法中，每个命令都用一个字母表示，大写字母表示后面的参数是绝对值，小写字母表示后面的参数是相对值。

表 13-3　　　　　　　　　　　　　　　路径标记语法可以使用的命令

命令类型	说　　明
移动 （M 或 m）	参数：startPoint 示例：M 10,20 功能：指定新图形的起点。大写的 M 表示 startPoint 是绝对值；小写的 m 表示 startPoint 是相对于上一个点的偏移量，如果是(0,0)，则表示不存在偏移。当在移动命令之后列出多个点时，即使指定的是线条命令，也将绘制出连接这些点的线
直线 （L 或 l）	参数：endPoint 示例：L 20,30 功能：在当前点与指定的终点之间创建一条直线
水平线 （H 或 h）	参数：x 示例：M 10,50 H 90 功能：在当前点与指定的 x 坐标之间创建一条水平线。x 表示线的终点的 x 坐标（double 类型）
垂直线 （V 或 v）	参数：y 示例：M 10,50 V 200 功能：在当前点与指定的 y 坐标之间创建一条垂直线。y 表示线的终点的 y 坐标（double 类型）
二次贝塞尔曲线 （Q 或 q）	参数：p1 endPoint 示例：M 10,100 Q 200,200 300,100 功能：通过使用指定的控制点(p1)在当前点与指定的终点之间创建一条二次贝塞尔曲线
平滑的二次贝塞尔曲线（T 或 t）	参数：p2 endPoint 示例：T 100,200,300,200 功能：在当前点与指定的终点之间创建一条二次贝塞尔曲线。控制点假定为前一个命令的控制点相对于当前点的反射。如果前一个命令不存在，或者前一个命令不是二次贝塞尔曲线命令或平滑的二次贝塞尔曲线命令，则此控制点就是当前点。p2 指曲线的控制点，用于确定曲线的起始正切值。endPoint 指曲线将绘制到的点
三次方贝塞尔曲线（C 或 c）	参数：p1 p2 endPoint 示例：M 10,100 C 100,0 200,200 300,100 功能：通过使用两个指定的控制点（p1 和 p2）在当前点与指定的终点之间创建一条三次方贝塞尔曲线。
平滑的三次方贝塞尔曲线（S 或 s）	参数：p2 endPoint 示例：M 10,100 C35,0 135,0 160,100 S285,200 310,100 功能：在当前点与指定的终点之间创建一条三次方贝塞尔曲线。第一个控制点假定为前一个命令的第二个控制点相对于当前点的反射。如果前一个命令不存在，或者前一个命令不是三次方贝塞尔曲线命令或平滑的三次方贝塞尔曲线命令，则假定第一个控制点就是当前点。第二个控制点，即曲线终端的控制点由 p2 指定

续表

命令类型	说　明
椭圆弧线（A 或 a）	参数：size, rotationAngle, isLargeArcFlag, sweepDirectionFlag, endPoint 示例：M 10,100 A 100,50 45 1 0 200,100 功能：在当前点与指定的终点之间创建一条椭圆弧线。Size，弧的 x 轴半径和 y 轴半径；rotationAngle，椭圆的旋转度数；isLargeArcFlag，如果弧线的角度应大于或等于 180 度，则设置为 1，否则设置为 0；sweepDirectionFlag，如果弧线按照正角方向绘制，则设置为 1，否则设置为 0；endPoint，弧线将绘制到的点
关闭（Z 或 z）	示例：M 10,100 L 100,100 100,50 Z M 10,10 100,10 100,40 Z 功能：终止当前的图形并创建一条连接当前点和图形起点的线。此命令用于在图形的最后一个线段与第一个线段之间创建一条连线（转角）

（1）用 XAML 实现

下面的代码演示了如何用 XAML 描述 StreamGeometry：

```
<Path Stroke="Black" Fill="Gray" Data="M 10,100 C 10,300 300,-200 300,100" />
```

下面代码用路径标记语法描述 PathGeometry 中的 PathFigureCollection：

```
<Path Stroke="Black" Fill="Gray">
  <Path.Data>
    <PathGeometry Figures="M 10,100 C 10,300 300,-200 300,100" />
  </Path.Data>
</Path>
```

（2）用 C#实现

路径标记语法也可以用下面的 C#代码实现：

```
Path path=new Path();
path.Data = PathGeometry.Parse("M 10,100 C 10,300 300,-200 300,100");
```

注意这里有一个实现技巧，由于用 XAML 实现时能直观地看到绘制效果，所以可先用 XAML 实现路径几何图形的定义，待绘制的效果符合要求后再将其复制到 PathGeometry.Parse 方法的参数中。

（3）空格和逗号

路径标记语法中每个命令后的空格和逗号实际上并不是必需的，但是为了看起来容易理解，最好用空格或者逗号将其分隔开。

当依次输入多个同一类型的命令时，可以省略重复的命令。例如 L 100,200 300,400 等同于 L 100,200 L 300,400。

从下一小节开始，我们学习用 Geometry 对象定义图形的各种基本用法，并用 Path 控件来绘制它。

13.2.2　基本图形

基本图形包括直线、折线、矩形、椭圆、多边形以及曲线等。

1. 直线

LineGeometry 类用 StartPoint 和 EndPoint 定义直线的起点和终点，也可以用路径标记语法来描述它。

直线没有填充功能，绘制直线时，即使设置了 Fill 属性也不会起作用。

【例 13-2】 绘制一条数学上使用的坐标轴，即让坐标系的原点位于窗口中心，横向从左到右

为 x 正方向，纵向从下到上为 y 轴正方向，然后在此坐标系统下绘制一条从（0，0）点到（30，30）的直线。运行效果如图 13-3 所示。

图 13-3　绘制直线的基本用法

该例子的源程序在 LineExample1.xaml 中，主要代码如下。

```xml
<Page …… d:DesignHeight="150" d:DesignWidth="450">
    <Page.Resources>
        <Style TargetType="Path">
            <Setter Property="RenderTransformOrigin" Value="0.5,0.5" />
            <Setter Property="Stroke" Value="Red" />
            <Setter Property="StrokeThickness" Value="2" />
            <Setter Property="RenderTransform">
                <Setter.Value>
                    <TransformGroup>
                        <ScaleTransform ScaleY="-1" ScaleX="1" />
                        <TranslateTransform X="100" Y="0" />
                    </TransformGroup>
                </Setter.Value>
            </Setter>
        </Style>
    </Page.Resources>
    <StackPanel Orientation="Horizontal" Height="150"
            HorizontalAlignment="Center">
        <Border BorderBrush="Green" BorderThickness="1">
            <StackPanel>
                <TextBlock Text="方法1（LineGeometry）: " />
                <Canvas Width="200" Height="120" Margin="10">
                    <Path>
                        <Path.Data>
                            <GeometryGroup>
                                <LineGeometry StartPoint="-100,0"
                                    EndPoint="100,0" />
                                <LineGeometry StartPoint="0,-60"
                                    EndPoint="0,60" />
                                <LineGeometry StartPoint="0,0"
                                    EndPoint="30,30" />
                            </GeometryGroup>
                        </Path.Data>
                    </Path>
```

```
                </Canvas>
            </StackPanel>
        </Border>
        <Border Margin="10 0 0 0" BorderBrush="Green" BorderThickness="1">
            <StackPanel>
                <TextBlock Text="方法 2（路径标记语法）：" />
                <Canvas Width="200" Height="120" Margin="10">
                    <Path Data="M-100,0 L100,0
                            M0,-50 L0,50
                            M0,0 L30,30">
                    </Path>
                </Canvas>
            </StackPanel>
        </Border>
    </StackPanel>
</Page>
```

2．折线

折线是将一系列的点依次用直线相连，当这些点之间的距离很近时，其效果与曲线就很相似了。

有两种绘制折线的方法，一种是用 LineGeometry 实现，另一种是用 PolyLine 实现。

下面举一个有点接近实际应用的例子。在各种医疗检测设备图形中，如脑电图、心电图等，都会用图形显示检测的结果。假如已知检测到的一系列的点已经保存在内存中，那么将这些点两两之间依次连接成直线就比较简单了。

【例 13-3】 根据正弦函数计算出多个点，然后将这些点用直线依次相连。运行效果如图 13-4所示。

图 13-4　绘制直线

该例子用两种方式（XAML 和 C#）分别演示了如何用 LineGeometry 绘制直线，源程序在 LineExample2.xaml 及其代码隐藏类中。

LineExample2.xaml 的主要代码如下。

```
<Page …… d:DesignHeight="300" d:DesignWidth="500">
    <Page.Resources>
        <Style TargetType="Path">
            <Setter Property="StrokeThickness" Value="2" />
            <Setter Property="RenderTransformOrigin" Value="0,0" />
            <Setter Property="RenderTransform">
```

```xml
                <Setter.Value>
                    <TransformGroup>
                        <TranslateTransform X="360" Y="-100" />
                        <ScaleTransform ScaleY="-1" ScaleX="0.6" />
                    </TransformGroup>
                </Setter.Value>
            </Setter>
        </Style>
    </Page.Resources>
    <Canvas Name="canvas1" Width="500" Height="220" Margin="20">
        <Path Name="path1" Stroke="Red"
            Data="M-385,0 L385,0 375,5 M385,0 L375,-5
                M0,-100 L0,105 -5,95 M0,105 L5,95">
        </Path>
        <Path Name="path2" Stroke="Black"/>
    </Canvas>
</Page>
```

LineExample2.xaml.cs 的主要代码如下。

```csharp
public LineExample2()
{
    InitializeComponent();
    StreamGeometry g1 = new StreamGeometry();
    using (StreamGeometryContext ctx = g1.Open())
    {
        int dx = 360, dy = 100;
        double y0 = Math.Sin(-dx * Math.PI / 180.0);
        ctx.BeginFigure(new Point(-dx, dy * y0), false, false);
        for (int x = -dx; x < dx; x++)
        {
            double y = Math.Sin(x * Math.PI / 180.0);
            ctx.LineTo(new Point(x, dy * y), true, true);
        }
    }
    g1.Freeze();
    StreamGeometry g2 = new StreamGeometry();
    using (StreamGeometryContext ctx = g2.Open())
    {
        int dx = 360, dy = 50;
        double y0 = Math.Sin(-dx * Math.PI / 180.0);
        ctx.BeginFigure(new Point(-dx, dy * y0), false, false);
        for (int x = -dx; x < dx + 60; x += 60)
        {
            double y = Math.Sin(x * Math.PI / 180.0);
            ctx.LineTo(new Point(x, dy * y), true, true);
        }
    }
    g2.Freeze();
    GeometryGroup group = new GeometryGroup();
    group.Children.Add(g1);
    group.Children.Add(g2);
    path2.Data = group;
}
```

3. 矩形

RectangleGeometry 类使用 System.Windows 命名空间下的 Rect 结构来定义矩形的轮廓，该结构指定矩形的左上角位置以及矩形的高度和宽度，另外还可以通过设置 RadiusX 和 RadiusY 属性创建圆角矩形。

用 RectangleGeometry 绘制矩形时，可以用 Path 元素的 Stroke 和 StrokeThickness 指定绘制的轮廓颜色和轮廓宽度，用 Path 元素的 Fill 属性指定填充区域（纯色、渐变色、图案、图像等）。例如：

```
<Path Fill="LemonChiffon" Stroke="Black" StrokeThickness="1">
    <Path.Data>
        <RectangleGeometry Rect="50,50,25,25" />
    </Path.Data>
</Path>
```

下面的代码用 C#实现相同的功能。

```
Path myPath = new Path();
myPath.Fill = Brushes.LemonChiffon;
myPath.Stroke = Brushes.Black;
myPath.StrokeThickness = 1;
RectangleGeometry r = new RectangleGeometry();
r.Rect = new Rect(50,50,25,25);
myPath.Data = r;
```

【例 13-4】　演示矩形的基本绘制方法。运行效果如图 13-5 所示。

图 13-5　绘制矩形

该例子的源程序在 RctangleExample.xaml 及其代码隐藏类中。

RctangleExample.xaml 的主要代码如下。

```
<Page ……>
    <Grid>
        <Path Fill="{StaticResource rb2}" Stroke="Blue" StrokeThickness="1">
            <Path.Data>
                <GeometryGroup>
                    <RectangleGeometry Rect="450,20,50,30" />
                    <RectangleGeometry Rect="450,70,50,30" />
                    <RectangleGeometry Rect="450,120,50,30" />
                </GeometryGroup>
            </Path.Data>
        </Path>
        <Path Name="path1" Fill="{StaticResource rb1}"
```

```
                        Stroke="Blue" StrokeThickness="1"/>
    </Grid>
</Page>
```

RctangleExample.xaml.cs 的主要代码如下。

```
public RectangleExample()
{
    InitializeComponent();
    GeometryGroup group = new GeometryGroup();
    int x = 40, y = 10;
    for (int i = 0; i < 10; i++)
    {
        RectangleGeometry r1 = new RectangleGeometry()
        {
            Rect = new Rect(x, y, 45, 300 - y)
        };
        group.Children.Add(r1);
        x += 45;
        y += 30;
    }
    path1.Data = group;
}
```

4. 椭圆

EllipseGeometry 类通过中心点（Center 属性）、x 半径（RadiusX 属性）和 y 半径（RadiusY）来定义椭圆的形状。当 x 半径和 y 半径相同时，其效果就是一个圆。例如：

```
<Path Fill="Gold" Stroke="Black" StrokeThickness="1">
    <Path.Data>
        <EllipseGeometry Center="50,50" RadiusX="50" RadiusY="50" />
    </Path.Data>
</Path>
```

【例 13-5】 演示椭圆的基本绘制方法。运行效果如图 13-6 所示。

图 13-6　绘制椭圆

该例子的源程序在 EllipseExample.xaml 中，由于不同椭圆的实现代码非常相似，这里不再列出所有代码。

下面的代码片段演示了如何绘制椭圆。

```
<Path Margin="20" Stroke="Blue" StrokeThickness="4">
    <Path.Fill>
        <RadialGradientBrush>
            <GradientStop Color="#FFF71111" Offset="0" />
            <GradientStop Color="White" Offset="1" />
        </RadialGradientBrush>
```

```
      </Path.Fill>
      <Path.Data>
         <EllipseGeometry RadiusX="25" RadiusY="25" />
      </Path.Data>
   </Path>
```

5. 多边形

多边形是由 3 条或 3 条以上的边组成的闭合图形，包括规则多边形和不规则多边形。

常用有两种实现多边形的技术，一种是用 PathGeometry 或者 StreamGeometry 来实现，另一种是用继承自 Shape 的 Polygon 或者 Polyline 实现。不论采用哪种方式，其设计思路都是先生成一系列的点，然后再将这些点依次连接构成封闭的多边形。

如果将最后一个点和首个点相连，就是 Polygon，否则就是 Polyline。

【例 13-6】演示用 C#实现任意数量的规则多边形的基本绘制方法。运行效果如图 13-7 所示。

图 13-7　绘制规则多边形

该例子的源程序在 PolygonExample.xaml 及其代码隐藏类中。

PolygonExample.xaml 的主要代码如下。

```
<Page ……>
   <StackPanel VerticalAlignment="Center" Margin="20 0">
      <Border BorderBrush="Blue" BorderThickness="1">
      <Canvas Height="200" Margin="-200 0 0 0" HorizontalAlignment="Center">
         <Path Name="path1" Fill="{StaticResource rb3}"
               Stroke="Red" StrokeThickness="2"/>
      </Canvas>
      </Border>
      <StackPanel Margin="10" Orientation="Horizontal"
            HorizontalAlignment="Center">
         <TextBlock Text="边数（3-30）: " VerticalAlignment="Center" />
         <TextBox Name="textBox1" Text="8" Width="60" />
         <Button Name="btn1" Margin="20 0 0 0" Content="绘制" Click="btn_Click" />
      </StackPanel>
   </StackPanel>
</Page>
```

PolygonExample.xaml.cs 的主要代码如下。

```
public PolygonExample()
{
```

```
        InitializeComponent();
        DrawRegularPolygon(int.Parse(textBox1.Text));
    }
    private void btn_Click(object sender, RoutedEventArgs e)
    {
        int numSides;  //边数
        if (int.TryParse(textBox1.Text, out numSides) == false)
        {
            path1.Data = null;
            return;
        }
        if (numSides < 3 || numSides > 30)
        {
            path1.Data = null;
            return;
        }
        DrawRegularPolygon(numSides);
    }
    private void DrawRegularPolygon(int numSides)
    {
        GeometryGroup gg = new GeometryGroup();
        gg.Children.Add(BuildRegularPolygon(numSides, 100));
        gg.Children.Add(BuildRegularPolygon(numSides, 50));
        gg.FillRule = FillRule.EvenOdd;  //多个图形组合时才起作用
        gg.Freeze();  //冻结以便提高性能
        path1.Data = gg;
    }
    private StreamGeometry BuildRegularPolygon(int numSides,int r)
    {
        Point c = new Point(100, 100);  //中心点
        StreamGeometry geometry = new StreamGeometry();
        using (StreamGeometryContext ctx = geometry.Open())
        {
            Point c1 = c;
            double step = 2 * Math.PI / Math.Max(numSides, 3);
            double a = step;
            for (int i = 0; i < numSides; i++, a += step)
            {
                c1.X = c.X + r * Math.Cos(a);
                c1.Y = c.Y + r * Math.Sin(a);
                if (i == 0)
                {
                    ctx.BeginFigure(c1, true, true);
                }
                else
                {
                    ctx.LineTo(c1, true, false);
                }
            }
        }
        return geometry;
    }
```

6. 曲线

曲线包括椭圆弧、二次贝塞尔曲线、三次贝塞尔曲线等。

【例 13-7】 演示椭圆弧、二次贝塞尔曲线、三次贝塞尔曲线的基本绘制方法。运行效果如图 13-8 所示。

图 13-8 带动画的曲线

该例子的源程序在 ArcExample.xaml 中，主要代码如下。

```
<Page ……>
    <Canvas HorizontalAlignment="Left" Margin="0">
        <Path Name="myPath" Stroke="Black" StrokeThickness="2">
            <Path.Data>
                <PathGeometry>
                    <PathGeometry.Figures>
                        <PathFigureCollection>
                            <PathFigure StartPoint="10,200">
                                <PathFigure.Segments>
                                    <PathSegmentCollection>
                                        <ArcSegment
                                            Size="50,60"
                                            SweepDirection="Clockwise"
                                            Point="200,200" />
                                        <ArcSegment x:Name="myArcSegment" Size="100,50"
                                            RotationAngle="45"
                                            IsLargeArc="True"
                                            SweepDirection="CounterClockwise"
                                            Point="200,100" />
                                        <QuadraticBezierSegment
                                            Point1="200,200"
                                            Point2="300,100" />
                                        <BezierSegment Point1="100,0"
                                            Point2="200,300"
                                            Point3="80,240" />
                                    </PathSegmentCollection>
                                </PathFigure.Segments>
                            </PathFigure>
                        </PathFigureCollection>
                    </PathGeometry.Figures>
                </PathGeometry>
            </Path.Data>
            <Path.Triggers>
```

```
        <EventTrigger RoutedEvent="Path.Loaded">
            <BeginStoryboard Name="myBeginStoryBoard">
                <Storyboard>
                    <SizeAnimation
                            Storyboard.TargetName="myArcSegment"
                            Storyboard.TargetProperty="Size"
                            From="90,80" To="200,200"
                            Duration="0:0:2" AutoReverse="True"
                            RepeatBehavior="Forever" />
                </Storyboard>
            </BeginStoryboard>
        </EventTrigger>
    </Path.Triggers>
    </Path>
    </Canvas>
</Page>
```

13.2.3 复合图形

利用 Geometry 对象的基本形状和线段以及路径标记语法，可组合成任意形状的复合图形。

使用 GeometryGroup、CombinedGeometry 或者用 C#调用 Geometry 静态的 Combine 方法，都可以创建复合几何图形。但由于 GeometryGroup 不执行合并操作，所以其性能比使用 CombinedGeometry 对象或 Combine 方法的性能高。

1. 组合图形（GeometryGroup）

GeometryGroup 类创建它所包含的 Geometry 对象的组合体，但不合并其包含的区域。可以向 GeometryGroup 中添加任意数量的 Geometry 对象，然后再用 Path 将组合后的结果呈现出来。

GeometryGroup 的 FillRule 属性可用于获取或设置如何组合 GeometryGroup 中所包含对象的相交区域。其取值为两个枚举值之一。

* EvenOdd：按此规则判断点是否在内部，只绘制位于填充区域内部的部分，这是默认值。判断办法是从该点沿任意方向绘制一条无限长的射线，然后计算该射线与给定形状相交所形成的路径段数。如果该数为奇数，则点在内部；如果为偶数，则点在外部。

* NonZero：按此规则判断点是否在内部，只绘制位于填充区域内部的部分。判断办法是从该点沿任意方向绘制一条无限长的射线，然后检查形状段与射线的交点位置。从零开始计数，每当线段从左向右穿过该射线时加 1，而每当路径段从右向左穿过该射线时减 1。计算交点的数目后，如果结果不为零，则说明该点位于内部，否则位于外部。

【例 13-8】 演示 GeometryGroup 的基本用法以及 FillRule 的含义。运行效果如图 13-9 所示。

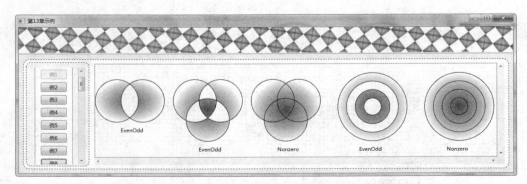

图 13-9 GeometryGroup 的基本用法以及 FillRule 的含义

该例子完整的源程序见 GeometryGroup1.xaml，由于不同图形的区别只是椭圆的中心点和 FillRule 的值不同，所以此处不再列出所有代码。

下面的代码片段是该例子的一部分，绘制的效果是同心圆。

```
<StackPanel Margin="20 0 0 0">
    <Path>
        <Path.Data>
            <GeometryGroup FillRule="Nonzero">
                <EllipseGeometry RadiusX="20" RadiusY="20" Center="100,90" />
                <EllipseGeometry RadiusX="40" RadiusY="40" Center="100,90" />
                <EllipseGeometry RadiusX="60" RadiusY="60" Center="100,90" />
                <EllipseGeometry RadiusX="80" RadiusY="80" Center="100,90" />
            </GeometryGroup>
        </Path.Data>
    </Path>
    <TextBlock Text="Nonzero" />
</StackPanel>
```

2. 合并图形（CombinedGeometry）

CombinedGeometry 对象和该对象的 Combine 方法用布尔操作合并图形，使用它可以合并两个几何图形所定义的区域，合并后没有封闭区域的 Geometry 对象将被丢弃。

这里有一点需要说明，虽然这种方式只能合并两个图形，但由于这两个图形也可以是复合后的几何图形，所以实际上可以用它合并任意个数的图形。

GeometryCombineMode 枚举指定如何合并几何图形，枚举值有：

● Exclude：该方式从第一个图形包含的区域中除去第二个图形包含的区域。如果给出两个几何图形 A 和 B，则从几何图形 A 的区域中除去几何图形 B 的区域，所产生的区域为 A–B。

● Intersect：该方式用两个区域的"交集"来合并两个区域。新的区域由两个几何图形之间的重叠区域组成。

● Union：这是默认的合并方式。该方式用两个区域的"并集"来组合两个区域。如果给出两个几何图形 A 和 B，则所生成的几何图形为 A+B。

● Xor：该方式把在第一个区域中但不在第二个区域中的区域与在第二个区域中但不在第一个区域中的区域进行合并。新的区域由(A–B) + (B–A)组成。

【例 13-9】 演示 CombinedGeometry 的基本用法以及 GeometryCombineMode 的含义。

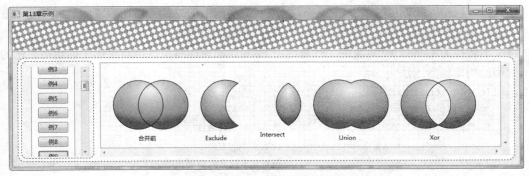

图 13-10　GeometryCombineMode 的含义

该例子完整的源程序见 CombinedGeometry1.xaml，此处不再列出所有代码。

下面的代码片段用 Union 模式定义了一个 CombinedGeometry。Geometry1 和 Geometry2 定义

为相同半径的圆，但是中心偏离 50 像素。

```xml
<Path Stroke="Black" StrokeThickness="1" Fill="#CCCCFF">
  <Path.Data>
    <CombinedGeometry GeometryCombineMode="Union">
      <CombinedGeometry.Geometry1>
        <EllipseGeometry RadiusX="50" RadiusY="50" Center="75,75" />
      </CombinedGeometry.Geometry1>
      <CombinedGeometry.Geometry2>
        <EllipseGeometry RadiusX="50" RadiusY="50" Center="125,75" />
      </CombinedGeometry.Geometry2>
    </CombinedGeometry>
  </Path.Data>
</Path>
```

下面我们再用一个例子演示相关用法，当然，例子的目的只是为了演示设计思路和不同的实现方式，同时为了避免代码太过复杂，只演示了比较简单的复合形状。

【例 13-10】 演示复合图形的基本绘制方法。运行效果如图 13-11 所示。

图 13-11　例 13-10 的运行效果

该例子的完整源程序见 CombinedGeometryExample.xaml，此处不再列出代码。

13.2.4　将格式化文本转换为图形

在有些应用中，我们可能需要将文本字符串转换为离散的路径几何图形，然后再对其做进一步的处理，例如绘制空心字、制作沿文字的笔画进行移动的动画等。

将文本转换为 Geometry 对象的关键是使用 FormattedText 对象，该对象用于创建格式化的文本。常用的构造函数语法为

```
public FormattedText(
    string textToFormat,             //要显示的文本
    CultureInfo culture,             //文本的特定区域性
    FlowDirection flowDirection,     //读取文本的方向
    Typeface typeface,               //设置文本格式时应使用的字体系列、粗细、样式和拉伸
    double emSize,                   //设置文本格式时应使用的字号
    Brush foreground                 //用于绘制每个标志符号的画笔
)
```

创建 FormattedText 对象之后，即可使用该对象提供的 BuildGeometry 方法和 BuildHighlight

Geometry 方法将文本转换为 Geometry 对象，前者返回格式化文本的几何图形，后者返回格式化文本的边界框的几何图形。

由于转换后得到的 Geometry 对象变成了用笔画组合的几何图形，因此可以继续对其笔画和笔画内的填充区域做进一步的处理。笔画是指转换为图形后的文本的轮廓，填充是指转换为图形后文本轮廓的内部区域。

【例 13-11】 演示如何将格式化文本转换为 Geometry 对象，并演示如何利用它绘制空心字。运行效果如图 13-12 所示。

图 13-12　例 13-11 的运行效果

（1）创建一个文件名为 FormattedStrings 的类，在该文件中定义一些静态的方法，以便多处使用它将格式化字符串转换为图形，主要代码如下。

```
using System.Windows;
using System.Windows.Media;
namespace ch13.GeometryExamples
{
    class FormattedStrings
    {
        public static Geometry BuildGeometryFromText(string text)
        {
            Typeface typeface = new Typeface(new FontFamily("隶书"),
                FontStyles.Normal, FontWeights.Normal, FontStretches.Normal);
            FormattedText ft = new FormattedText(text,
                System.Globalization.CultureInfo.CurrentCulture,
                FlowDirection.LeftToRight,
                typeface, 80, Brushes.Black);
            Geometry g = ft.BuildGeometry(new Point(0, 0));
            return g;
        }
        public static Geometry BuildGeometryFromText(string text,
            string typefaceName, double emSize)
        {
            Typeface typeface = new Typeface(new FontFamily(typefaceName),
                FontStyles.Normal, FontWeights.Normal, FontStretches.Normal);
            FormattedText ft = new FormattedText(text,
                System.Globalization.CultureInfo.CurrentCulture,
                FlowDirection.LeftToRight,
                typeface, emSize, Brushes.Black);
```

```
            Geometry g = ft.BuildGeometry(new Point(0, 0));
            return g;
        }
    }
}
```

（2）添加 TextToGeometry.xaml。

TextToGeometry.xaml 的主要代码如下。

```xaml
<StackPanel VerticalAlignment="Center" HorizontalAlignment="Center">
    <Path Name="path1" Stroke="Blue"/>
    <Path Name="path2" Stroke="Red" />
    <Path Name="path3" Stroke="Blue" Fill="#FFE28C8C" />
</StackPanel>
```

TextToGeometry.xaml.cs 的主要代码如下。

```csharp
public TextToGeometry()
{
    InitializeComponent();
    path1.Data = FormattedStrings.BuildGeometryFromText("隶书空心字图形");
    path2.Data = FormattedStrings.BuildGeometryFromText("填充的楷体空心", "楷体", 80);
    path3.Data = FormattedStrings.BuildGeometryFromText("填充的宋体空心", "宋体", 80);
    path3.Fill = this.FindResource("RGBrush2") as Brush;
}
```

（3）运行程序观察结果。

13.3　图　像　处　理

图像是指按照某种格式编码存储的图，一般用与设备无关的像素保存图像中的每个点的信息（红色通道、蓝色通道、绿色通道以及透明度），图像编码格式不同，每个像素点占用的字节数也不一定相同。

图像处理是指对各种图像格式的文件以及绘图结果进行处理，包括图像的编码、解码、元数据存储和读取、创建、加载、保存、压缩、解压缩、显示、绘制、剪裁、合并、平铺、拉伸、旋转、缩放、蒙版以及将矢量图形转换为图像等。

显示单个图像时，用 Image 控件实现即可；将图像拉伸或平铺到窗口、页面或者其他 WPF 元素上时，一般用画笔（ImageBrush、DrawingBrush、VisualBrush）来实现。

除了 Image、ImageBrush、DrawingBrush、VisualBrush 这些常用的对象以外，其他托管的图像处理 API 都在 System.Windows.Media.Imaging 命名空间中。

在 VS2012 开发环境下，可以直接编辑和创建多种格式的图像文件。将图像文件添加到项目中，然后双击项目下的图像文件，或者在主菜单中选择【文件】→【新建】→【图形】，都会弹出图像编辑器窗口。

VS2012 内置的图像编辑器提供了很多基本的图像处理功能。限于篇幅，我们不再展开阐述图像编辑器的用法，有兴趣的读者可自己尝试。

13.3.1　图像处理常用类

System.Windows.Media.Imaging 命名空间中提供了很多图像处理的类，其中最常用的类是

BitmapSource 类、BitmapFrame 类和 BitmapImage 类。除此之外，还有从 BitmapSource 继承的其他一些类。

1. BitmapSource 类

BitmapSource 类用于对图像进行解码和编码，它是 WPF 图像处理管线的基本构造块。该类表示具有特定大小和分辨率的单个不变的像素集，可以用它表示多帧图像中的单个帧，也可以表示在 BitmapSource 上执行转换的结果。

对于位图解码方案，BitmapSource 基于用户计算机操作系统上已安装的编解码器自动发现并对其编码和解码。

BitmapSource 最大为 2^{32} 个字节（64GB），如果图像的高度为 h 像素，宽度为 w 像素，每通道 32 位，共 4 通道，则 $h*w$ =64GB/（4B*4B）=4GB，即可加载的图像像素数（$h*w$）最大可达到 4GB（32MB 宽度*32MB 高度）。换言之，只要内存容量足够大，即使是超级巨幅图像，利用 BitmapSource 也能轻松对其进行处理。

2. BitmapFrame 类

BitmapFrame 是 BitmapSource 派生类中比较常用的类之一，该类用于存储图像格式的实际位图数据。利用 BitmapFrame 能将各种格式的图像转换为位图，然后对其进行处理，比如灰度处理、旋转、缩放、剪切等。

3. BitmapImage 类

BitmapImage 也是从 BitmapSource 类派生的，它是一个为了加载 XAML 而优化的专用 BitmapSource。

BitmapImage 的特点是只加载自动缩放后的结果，而不是先在内存中缓存原始大小的图像然后再对其进行缩放，所以该方式与直接指定 Image 的宽度或高度相比能大大节省内存的容量。

可以用 BitmapImage 的属性或者用其他 BitmapSource 对象（如 CroppedBitmap 或 FormatConvertedBitmap）来转换图像。如缩放、旋转、更改图像的像素格式或剪切图像等。

用 Image 控件显示图像时，除了用特性语法直接指定 Source 来绘制图像以外，还可以利用属性语法在 Image 的 Source 属性中用 BitmapImage 来绘制图像，这是建议的绘制图像的方式，比特性语法描述的运行效率高。例如：

XAML：

```
<Image Width="100">
  <Image.Source>
    <BitmapImage DecodePixelWidth="100" UriSource="/images/img1.jpg" />
  </Image.Source>
</Image>
```

注意用 BitmapImage 作为 Image 的 Source 时，必须确保声明的 DecodePixelWidth 与 Image 的 Width 的值相同，DecodePixelHeight 与 Image 的 Height 值相同。

另外，这段代码中没有同时指定宽度和高度，而只指定二者之一，这样做可以保持原始图像的宽高比不变。如果同时指定 Image 的宽度和高度，而不指定它的 Stretch 属性，由于 Stretch 属性的默认值是"Fill"，因此有可能会拉伸图像而引起变形。

下面用 C#实现相同的功能：

```
int width=100;
Image myImage = new Image();
myImage.Width = width;
// 注意: BitmapImage.UriSource 必须在 BeginInit 和 EndInit 块之间
```

```
BitmapImage myBitmapImage = new BitmapImage();
myBitmapImage.BeginInit();
myBitmapImage.UriSource = new Uri("/images/img1.jpg");
myBitmapImage.DecodePixelWidth = width;
myBitmapImage.EndInit();
myImage.Source = myBitmapImage;
```

4. 从 BitmapSource 继承的其他类

除了 BitmapFrame 类和 BitmapImage 类以外，从 BitmapSource 继承的类还有很多，下面列出其中比较常用的一些类。

- ColorConvertedBitmap 类：更改 BitmapSource 的颜色空间。
- FormatConvertedBitmap 类：为 BitmapSource 提供像素格式转换功能。
- CroppedBitmap 类：裁剪一个 BitmapSource。
- CachedBitmap 类：为 BitmapSource 提供缓存功能。
- RenderTargetBitmap 类：将 Visual 对象转换为位图。
- WriteableBitmap 类：提供一个可写入并可更新的 BitmapSource。

13.3.2　图像的编码和解码

WPF 提供了多种格式的图像编码器和解码器，如表 13-4 所示，编码和解码的这些类都在 System.Windows.Media.Imaging 命名空间下，都是从 BitmapSource 类继承的。

表 13-4　　　　　　　　　　　　　WPF 提供的图像编码和解码器

图像格式	文件扩展名	编 码 器	解 码 器
位图图像（BMP）	.bmp	BmpBitmapEncoder	BmpBitmapDecoder
联合图像专家组图像（JPEG）	.jpg	JpegBitmapEncoder	JpegBitmapDecoder
可移植网络图形图像（PNG）	.png	PngBitmapEncoder	PngBitmapDecoder
标记图像文件格式图像（TIFF）	.tif	TiffBitmapEncoder	TiffBitmapDecoder
图形交换格式图像（GIF）	.gif	GifBitmapEncoder	GifBitmapDecoder
Windows Media 照片图像	.wdp	WmpBitmapEncoder	WmpBitmapDecoder

在这些图像格式中，除了 GIF 和 TIFF 这两种图像可以包含多个帧以外，其他格式的图像仅包含单帧。帧由解码器用作输入数据，并传递到编码器以创建图像文件。

1. 图像格式编码

图像编码是指将图像数据转换为特定图像格式的过程。可以用已编码的图像数据创建新的图像文件。

下面的示例演示使用编码器保存一个新创建的位图图像。

```
FileStream stream = new FileStream("new.bmp", FileMode.Create);
BmpBitmapEncoder encoder = new BmpBitmapEncoder();
TextBlock myTextBlock = new TextBlock();
myTextBlock.Text = "Codec Author is: " + encoder.CodecInfo.Author.ToString();
encoder.Frames.Add(BitmapFrame.Create(image));
encoder.Save(stream);
```

【例 13-12】演示 TIFF 图像编码以及保存图像的基本用法。运行效果如图 13-13 所示。

图 13-13　图像编码

该例子的完整源程序在 EncoderExample.xaml 及其代码隐藏类中。

下面介绍例子中涉及的部分代码。

（1）添加内容文件

在 Resources 文件夹的 Content 子文件夹下添加一个文件名为 img1.jpg 的图像文件，将其【复制到输出目录】属性的值改为 "如果较新则复制"，【生成操作】改为 "内容"。

这一步的目的是为了演示如何将图像资源作为 "内容" 来处理，该目录下的其他文件的属性都是 "内容" 文件。这些文件都不会作为 "Resource" 包含在.exe 内，而是随发布程序一起发布。特别是视频文件，必须用这种方式才能使其在发布后也能正常访问。

（2）创建 BitmapSource

下面的代码演示了如何创建 BitmapSource，创建后用它设置 Image 的 Source 属性即可。运行效果见本例子结果左侧的图。

```
private BitmapSource CreateBitmapSource()
{
    // 定义 BitmapSource 使用的参数
    PixelFormat pf = PixelFormats.Bgr32;
    int width = 200;
    int height = 200;
    int rawStride = (width * pf.BitsPerPixel + 7) / 8;
    byte[] rawImage = new byte[rawStride * height];
    // 初始化图像数据
    Random value = new Random();
    value.NextBytes(rawImage);
    // 创建 BitmapSource
    BitmapSource bitmap = BitmapSource.Create(width, height,
        96, 96, pf, null, rawImage, rawStride);
    return bitmap;
}
```

（3）从图像文件中创建 BitmapImage

下面的代码演示了如何从图像文件中创建位图（BitmapImage）。运行效果见本例子结果中间的图。

```
private BitmapImage CreateBitmapImage()
{
    BitmapImage bi = new BitmapImage();
```

```
    // 注意 BitmapImage.UriSource 必须在 BeginInit/EndInit 块内
    bi.BeginInit();
    bi.UriSource = new Uri("/Resources/Content/img1.jpg", UriKind.Relative);
    bi.EndInit();
    return bi;
}
```

另外还要注意，在这段代码中，用 C#代码读取的图像文件是相对于当前的.exe 文件的路径而言的。由于项目的 Resources/Content 文件夹下的所有文件的【生成操作】属性值都是"内容"，【复制到输出目录】属性值都是"如果较新则复制"，所以这段代码读取的图像文件路径实际上是 bin/Debug/Resources/Content/img1.jpg，而不是项目下的 Resources/Images/img1.jpg。

（4）用 BitmapFrame 创建 BitmapSource

下面的代码演示了如何用 BitmapFrame 创建 BitmapSource，并演示如何将编码后的 TIFF 图像保存到文件中。观察 bin\Debug 下的 empty.tif 可看到创建的文件。运行效果见本例子结果右侧的图。

```
private BitmapSource CreateTifImageFile()
{
    int width = 200;
    int height = width;
    int stride = width / 8;
    byte[] pixels = new byte[height * stride];
    Random value = new Random();
    value.NextBytes(pixels);
    List<System.Windows.Media.Color> colors = new List<System.Windows.Media.Color>();
    colors.Add(System.Windows.Media.Colors.Red);
    colors.Add(System.Windows.Media.Colors.Blue);
    colors.Add(System.Windows.Media.Colors.Green);
    BitmapPalette myPalette = new BitmapPalette(colors);
    BitmapSource image = BitmapSource.Create(width, height,
        96, //DpiX
        96, //DpiY
        PixelFormats.Indexed1, myPalette, pixels, stride);
    FileStream stream = new FileStream("empty.tif", FileMode.Create);
    TiffBitmapEncoder encoder = new TiffBitmapEncoder();
    textBlock3.Text += "\r\n 编码器: " + encoder.CodecInfo.FriendlyName;
    encoder.Frames.Add(BitmapFrame.Create(image));
    encoder.Save(stream);
    return image;
}
```

2. 图像格式解码

图像格式解码是指将某种图像格式转换为可以由系统使用的图像数据。解码后，即可以对其进行显示、处理操作，或编码为其他格式。

默认情况下，WPF 加载原始大小的图像并对其进行解码。为了避免不必要的内存开销，一般将图像解码为指定的大小或者只加载指定大小的图像，这样不仅缩小了应用程序的工作集，而且还可提高执行速度。比如显示缩略图时应该直接创建缩略图大小的图像，而不是让 WPF 将图像解码为其完整大小后再缩小至缩略图的大小。

下面的代码演示了如何使用位图解码器对 BMP 格式的图像进行解码。

```
Uri myUri = new Uri("MyImg.bmp", UriKind.RelativeOrAbsolute);
BmpBitmapDecoder decoder1 = new BmpBitmapDecoder(myUri,
        BitmapCreateOptions.PreservePixelFormat, BitmapCacheOption.Default);
BitmapSource bitmapSource1 = decoder.Frames[0];
```

```
Image myImage = new Image();
myImage.Source = bitmapSource1;
myImage.Stretch = Stretch.None;
myImage.Margin = new Thickness(20);
```

【例 13-13】 演示图像解码以及获取原始图像信息的基本用法。运行效果如图 13-14 所示。

图 13-14　图像解码

主要步骤如下。

（1）添加 DecoderExample.xaml 页。

DecoderExample.xaml 的主要代码如下。

```xml
<Page ……>
    <DockPanel Width="400" Height="220">
        <StackPanel DockPanel.Dock="Left">
            <TextBlock Name="textBlock1" VerticalAlignment="Center" />
            <Image Name="thumbnail" Width="100">
                <Image.Source>
                    <BitmapImage DecodePixelWidth="100"
                            UriSource="/Resources/Images/img1.jpg" />
                </Image.Source>
            </Image>
        </StackPanel>
        <ScrollViewer HorizontalScrollBarVisibility="Visible"
                VerticalScrollBarVisibility="Visible" Margin="10 0 0 0">
            <Image Name="image1" Stretch="None" />
        </ScrollViewer>
    </DockPanel>
</Page>
```

DecoderExample.xaml.cs 的主要代码如下。

```csharp
public DecoderExample()
{
    InitializeComponent();
    JpegDecode();
}
private void JpegDecode()
{
    //相对于当前可执行文件的图像文件路径,注意作为文件流读取时, Resources 前不要加斜杠
    string filePath = "Resources/Content/img1.jpg";
    //解码
```

```
Stream imageStreamSource = new FileStream(
        filePath, FileMode.Open, FileAccess.Read, FileShare.Read);
JpegBitmapDecoder decoder = new JpegBitmapDecoder(imageStreamSource,
        BitmapCreateOptions.PreservePixelFormat, BitmapCacheOption.Default);
BitmapFrame bf = decoder.Frames[0];
//显示原始大小的图像
image1.Source = bf;
//获取原始图像信息
StringBuilder sb = new StringBuilder();
sb.AppendLine("右侧是原始图像：");
sb.AppendLine(string.Format("宽度：{0}，高度：{1}", bf.Width, bf.Height));
sb.AppendLine(string.Format("宽度（像素数）：{0}", bf.PixelWidth));
sb.AppendLine(string.Format("高度（像素数）：{0}", bf.PixelHeight));
sb.AppendLine(string.Format("每像素位数：{0}", bf.Format.BitsPerPixel));
sb.AppendLine();
sb.AppendLine();
sb.AppendLine("下面是该图的缩略图：");
textBlock1.Text = sb.ToString();
}
```

（2）修改主页面添加"例10"按钮，然后运行观察效果。

13.3.3　像素格式转换（FormatConvertedBitmap）

FormatConvertedBitmap 类为 BitmapSource 提供像素格式转换的功能。很多应用都需要对图像的像素逐个进行处理，比如提取图像特征、进行颜色校正处理等。下面通过例子简单说明在 WPF 中如何实现灰度处理。

【例 13-14】 演示如何将彩色图像转换为灰度图和黑白图。运行效果如图 13-15 所示。

图 13-15　将彩色图像转换为灰度图和黑白图

源程序见 GrayExample.xaml 及其代码隐藏类。

GrayExample.xaml 的主要代码如下。

```
<Page ……>
    <Page.Resources>
        <BitmapImage x:Key="source" DecodePixelWidth="200"
            UriSource="/Resources/Images/img1.jpg" />
        <Style TargetType="Button">
            <Setter Property="Margin" Value="10,0,0,0" />
```

```
                <Setter Property="Width" Value="80" />
            </Style>
        </Page.Resources>
        <StackPanel HorizontalAlignment="Center" VerticalAlignment="Center">
            <StackPanel Orientation="Horizontal" HorizontalAlignment="Center">
                <StackPanel HorizontalAlignment="Center">
                    <TextBlock Text="原始图像" />
                    <Image Name="image1" Width="200" Source="{StaticResource source}" />
                </StackPanel>
                <StackPanel Margin="10 0 0 0">
                    <TextBlock Text="转换后的图像" />
                    <Image Name="image2" Width="200" VerticalAlignment="Top" />
                </StackPanel>
            </StackPanel>
            <WrapPanel Margin="10" Name="wrapPanel1" Button.Click="btn_Click"
                    HorizontalAlignment="Center"  Orientation="Horizontal">
                <Button Content="Gray2" />
                <Button Content="Gray4" />
                <Button Content="Gray8" />
                <Button Content="Gray16" />
                <Button Content="BlackWhite" />
            </WrapPanel>
        </StackPanel>
    </Page>
```

GrayExample.xaml.cs 的主要代码如下。

```
void btn_Click(object sender, RoutedEventArgs e)
{
    string s = (e.Source as Button).Content.ToString();
    PixelFormat format = PixelFormats.Gray2;
    switch (s)
    {
        case "Gray2": format = PixelFormats.Gray2; break;
        case "Gray4": format = PixelFormats.Gray4; break;
        case "Gray8": format = PixelFormats.Gray8; break;
        case "Gray16": format = PixelFormats.Gray16; break;
        case "BlackWhite": format = PixelFormats.BlackWhite; break;
    }
    image2.Source = ConvertToGray(format);
}
private FormatConvertedBitmap ConvertToGray(PixelFormat format)
{
    FormatConvertedBitmap fcb = new FormatConvertedBitmap();
    fcb.BeginInit();
    fcb.Source = (BitmapSource)image1.Source;
    fcb.DestinationFormat = format;
    fcb.EndInit();
    return fcb;
}
```

13.3.4 旋转剪切和缩放图像

除了上面介绍的基本图像处理类外，还可以利用 TransformedBitmap 旋转图像，利用 Image 或者 CroppedBitmap 剪切图像，利用 ScaleTransform 缩放图像，并将处理后的结果保存到新的图像文件中。

- 旋转图像：位图图像仅支持 90 度增量的旋转，即只能选择以下旋转角度之一，0、90、180、270。如果希望让图像旋转任意角度，应该用画笔变换来实现。

- 剪切图像：如果只想调整图像的一部分，可以用 Image 或者 CroppedBitmap 的 Clip 属性实现；如果需要编码和保存剪切过的图像，应该用 CroppedBitmap 来实现。

- 缩放图像：利用 TransformedBitmap 可缩放图像。也可以用画笔缩放实现。

下面通过例子说明具体用法。

【例 13-15】 演示旋转、剪切和缩放图像并将处理结果保存到新的图像文件中的基本用法。运行效果如图 13-16 所示。

图 13-16　例 13-15 的运行效果

源程序见 RotateClipScaleExample.xaml 及其代码隐藏类。

RotateClipScaleExample.xaml 的主要代码如下。

```xml
<Page ……>
   <Page.Resources>
      <Style TargetType="Image">
         <Setter Property="Stretch" Value="Uniform" />
      </Style>
   </Page.Resources>
      <StackPanel Orientation="Horizontal" VerticalAlignment="Center">
      <Border BorderThickness="1" BorderBrush="Black">
         <StackPanel>
            <TextBlock Text="处理前" HorizontalAlignment="Center" />
            <Image Name="image1" Width="100"/>
         </StackPanel>
      </Border>
      <Border Margin="10 0 0 0" BorderThickness="1" BorderBrush="Black">
         <StackPanel>
            <TextBlock Text="旋转后" HorizontalAlignment="Center" />
            <Image Name="image2" Width="100"/>
         </StackPanel>
      </Border>
      <Border Margin="10 0 0 0" BorderThickness="1" BorderBrush="Black">
         <StackPanel>
            <TextBlock Text="剪裁后" HorizontalAlignment="Center" />
            <Image Name="image3" Width="100" />
         </StackPanel>
      </Border>
      <Border Margin="10 0 0 0" BorderThickness="1" BorderBrush="Black">
         <StackPanel>
```

```
            <TextBlock Text="缩放后" HorizontalAlignment="Center" />
            <Image Name="image4" Width="100" />
        </StackPanel>
    </Border>
    <Border Margin="10 0 0 0" BorderThickness="1" BorderBrush="Black">
        <StackPanel>
            <TextBlock Text="新图像文件" HorizontalAlignment="Center" />
            <Image Name="image5" Width="100" />
        </StackPanel>
    </Border>
</StackPanel>
</Page>
```

RotateClipScaleExample.xaml.cs 的主要代码如下。

```
public RotateClipScaleExample()
{
    InitializeComponent();
    //解码
    string filePath = "Resources/Content/img1.jpg";
    Stream stream = new FileStream(filePath, FileMode.Open, FileAccess.Read,
FileShare.Read);
    using (stream)
    {
        //解码
        var decoder = BitmapDecoder.Create(stream,
            BitmapCreateOptions.PreservePixelFormat, BitmapCacheOption.Default);
        var bitmapFrame = decoder.Frames[0];
        image1.Source = bitmapFrame;
        //旋转 90 度
        var rotate = new RotateTransform(90);
        var rotatedBitMap = new TransformedBitmap(bitmapFrame, rotate);
        bitmapFrame = BitmapFrame.Create(rotatedBitMap);
        image2.Source = bitmapFrame;
        //裁剪
        CroppedBitmap chainedBitMap = new CroppedBitmap(bitmapFrame,
            new Int32Rect(0, 0, (int)bitmapFrame.Width, (int)bitmapFrame.Height / 2));
        bitmapFrame = BitmapFrame.Create(chainedBitMap);
        image3.Source = bitmapFrame;
        //缩放
        var scare = new ScaleTransform(1.5, 2);
        var scaredBitMap = new TransformedBitmap(bitmapFrame, scare);
        bitmapFrame = BitmapFrame.Create(scaredBitMap);
        image4.Source = bitmapFrame;
        //编码
        var encoder = new JpegBitmapEncoder();
        encoder.Frames.Add(BitmapFrame.Create(bitmapFrame));
        //保存
        encoder.Save(File.Create("NewImg1.jpg"));
        //显示
        image5.Source = encoder.Frames[0];
    }
}
```

除了 CroppedBitmap 外，还可以利用 Image 的 Clip 属性剪切图像。

【例 13-16】 演示用 Image 的 Clip 属性剪切图像的基本用法。运行效果如图 13-17 所示。

图 13-17　用 Image 的 Clip 属性剪切图像

源程序见 ClipExample1.xaml。主要代码如下。

```
<Page ……>
    <StackPanel HorizontalAlignment="Center" Height="170" Orientation="Horizontal">
        <Border BorderThickness="1" BorderBrush="Black">
        <StackPanel>
            <TextBlock Text="剪裁前" HorizontalAlignment="Center" />
            <Image Source="/Resources/Images/img1.jpg" Width="200" Height="150" />
        </StackPanel>
        </Border>
        <Border Margin="10 0 0 0" BorderThickness="1" BorderBrush="Black">
            <StackPanel>
            <TextBlock Text="剪裁后" HorizontalAlignment="Center" />
            <Image Source="/Resources/Images/img1.jpg"
                    Stretch="Fill" Width="200" Height="150">
              <Image.Clip>
                  <EllipseGeometry RadiusX="100" RadiusY="75" Center="100,75" />
              </Image.Clip>
            </Image>
            </StackPanel>
        </Border>
    </StackPanel>
</Page>
```

13.3.5　自动播放和逐帧绘制 GIF 动画

GIF 和 TIFF 都可以包含多帧图像。在 WPF 控件一章中，我们已经学习了如何在 WPF 应用程序中自动播放 GIF 动画，这里我们主要学习如何将 GIF 包含的多帧图像逐帧显示出来。其意义在于：既然可以将每一帧都单独读出来，当然也能对每一帧的图分别进行处理。

【例 13-17】 利用 GifBitmapDecoder 解码器，将 bin\Debug\Resources\Content\a.gif 中包含的所有图像逐帧显示出来。运行效果如图 13-18 所示。

该例子的源程序见 ShowGifFrames.xaml 及其代码隐藏类。注意 bin\Debug\Content\a.gif 文件是通过项目中 Content 文件夹下的 a.gif 自动复制的，其【复制到输出目录】属性值为"如果较新则复制"，【生成】属性值为"内容"。

图 13-18　逐帧显示 GIF 动画图

ShowGifFrames.xaml 的主要代码如下。

```
<Page ……
xmlns:winform="clr-namespace:System.Windows.Forms;assembly=System.Windows.Forms"
    ……>
    <DockPanel Width="700">
        <WindowsFormsHost DockPanel.Dock="Top" Background="Transparent"
            HorizontalAlignment="Center" Width="100" Height="100" >
            <winform:PictureBox ImageLocation="Resources/Content/a.gif"
                    SizeMode="Zoom" />
        </WindowsFormsHost>
        <Separator DockPanel.Dock="Top" />
        <ScrollViewer VerticalScrollBarVisibility="Visible">
            <WrapPanel Name="wrapPanel1" Orientation="Horizontal" />
        </ScrollViewer>
    </DockPanel>
</Page>
```

ShowGifFrames.xaml.cs 的主要代码如下。

```
public ShowGifFrames()
{
    InitializeComponent();
    Uri myUri = new Uri("Resources/Content/a.gif", UriKind.Relative);
    GifBitmapDecoder decoder = new GifBitmapDecoder(myUri,
        BitmapCreateOptions.PreservePixelFormat, BitmapCacheOption.Default);
    foreach (var v in decoder.Frames)
    {
        Image myImage = new Image();
        myImage.Source = v;
        myImage.Width = 50;
        myImage.Height = 50;
        myImage.Stretch = Stretch.Uniform;
        myImage.Margin = new Thickness(10);
        wrapPanel1.Children.Add(myImage);
    }
}
```

13.3.6　其他基本的图像处理技术

除了上面介绍的外，还有一些经常使用的图像处理技术。

1. 将图像作为缩略图加载

将图像作为缩略图加载时，可利用 BitmapImage 的 DecodePixelWidth 属性设置缩略图的大小，这样可以减少加载图像所需的内存。例如：

```
int width=100;
Image myImage = new Image();
myInage.Width = width;
// 注意：BitmapImage.UriSource 必须在 BeginInit 和 EndInit 块之间
BitmapImage myBitmapImage = new BitmapImage();
myBitmapImage.BeginInit();
myBitmapImage.UriSource = new Uri("/images/img1.jpg");
myBitmapImage.DecodePixelWidth = width;
myBitmapImage.EndInit();
myImage.Source = myBitmapImage;
```

2. 将一种图像格式转换为另一种图像格式

如果希望将一种图像格式转换为另一种图像格式，只需要先从解码器中获取图像信息，然后用编码器设置相应的帧并保存图像信息即可。例如：

```
var imageStreamSource = File.OpenRead("test.bmp");
var decoder = BitmapDecoder.Create(imageStreamSource,
    BitmapCreateOptions.PreservePixelFormat, BitmapCacheOption.Default);
var bitmapFrame = decoder.Frames[0];
var encoder = new JpegBitmapEncoder();
encoder.Frames.Add(bitmapFrame);
encoder.Save(File.Create("test1.jpg"));
```

3. 图像处理的一般原则

处理图像时，为了获得更好的性能，请按下面的建议来处理。

（1）应始终将图像解码为所需的大小而不是图像的原始大小。

（2）如有可能，应尽可能将多个图像组合成多帧图像再加载，而不是分别加载和显示单个文件。

13.4　利用画笔绘制图形图像

在本章前面的例子中，我们都是用 Path 控件来绘制定义的 Geometry，用 Image 控件显示图像。这一节我们学习如何利用画笔将图形、图像、文本、视频绘制到某个区域中。

在 WPF 应用程序入门一章中，我们已经学习了纯色画笔（SolidColorBrush）和渐变画笔（LinearGradientBrush、RadialGradientBrush）的基本用法，而除了这两种基本的画笔类型外，WPF 还提供了继承自 TileBrush 的绘制画笔（DrawingBrush、ImageBrush、VisualBrush），通过这些画笔可以自如地控制可视元素的绘制区域。

13.4.1　TileBrush 类

TileBrush 类是一个抽象基类，由于大部分 WPF 元素的区域都可以用继承自 TileBrush 的画笔来绘制，因此在学习这些画笔之前，我们必须首先了解 TileBrush 类提供了哪些在其扩充类中都可以使用的功能。

1. 基本组件

TileBrush 类包括三个主要的组件：内容、图块和输出区域。

（1）内容

从 TileBrush 继承的画笔类型不同，"内容"的含义也不同。

- 如果画笔为 ImageBrush，则表示"内容"为图像。此时用 ImageSource 属性指定 ImageBrush 的内容。
- 如果画笔为 DrawingBrush，则表示"内容"为绘图。此时用 Drawing 属性指定 DrawingBrush 的内容。
- 如果画笔为 VisualBrush，则表示"内容"为可视元素。此时用 Visual 属性指定 VisualBrush 的内容。

（2）图块

图块是用"内容"构造出来的基本块。TileBrush 提供了一个 Stretch 属性，该属性用 Stretch 枚举指定如何用"内容"来构造图块。

（3）输出区域

输出区域指定如何用"图块"填充目标区域。TileBrush 提供了一个 TileMode 属性，该属性指定如何填充目标区域，包括平铺、水平翻转、垂直翻转等。例如 Ellipse 用 Fill 属性指定将图块填充到椭圆的封闭区域，Button 用 Background 指定将图块填充到背景区域，TextBlock 用 Foreground 指定将图块填充到文本的笔画区域等。

2. 拉伸图块（Stretch）

从 TileBrush 继承的画笔类型都可以用 Stretch 属性控制如何拉伸"图块"。该属性用 Stretch 枚举来表示，可用的枚举值有：

- None：图块保持其原始大小。
- Fill：调整图块的大小以填充目标尺寸，不保留纵横比。
- Uniform：在保留图块原有纵横比的同时调整图块的大小，以适合目标尺寸。
- UniformToFill：在保留图块原有纵横比的同时调整图块的大小，以填充目标尺寸。如果目标矩形的纵横比与图块的纵横比不相同，则对图块进行剪裁（将目标矩形尺寸以外的部分裁剪掉）以适合目标矩形的大小。

下面的代码演示了如何在 ImageBrush 中使用 Stretch。

```
<Rectangle Width="125" Height="175" Stroke="Black" StrokeThickness="1">
    <Rectangle.Fill>
        <ImageBrush Stretch="None" ImageSource="/images/img1.jpg"/>
    </Rectangle.Fill>
</Rectangle>
```

【例 13-18】 演示用图像画笔拉伸图像的基本用法。运行效果如图 13-19 所示。

图 13-19　Stretch 属性的含义

源代码见 StretchDemo.xaml。由于这些方式的实现都非常相似，区别仅仅是 Stretch 的值不同，所以这里只列出其中的一种实现代码：

```
<Border>
    <Canvas>
        <Canvas.Background>
            <ImageBrush Stretch="None" ImageSource="/Resources/Images/bananas.jpg" />
        </Canvas.Background>
        <TextBlock Text="None" />
    </Canvas>
</Border>
```

3. 平铺方式（TileMode）

从 TileBrush 继承的画笔类型都可以用 TileMode 属性控制如何用"图块"填充"输出区域"。TileMode 属性用 TileMode 枚举来定义，可用的枚举值有：

- None：不平铺。仅绘制基本图块。
- Tile：平铺。绘制基本图块，并通过重复基本图块来填充剩余的区域，使一个图块的右边缘靠近下一个图块的左边缘，底边缘和顶边缘也是如此。
- FlipX：与 Tile 相同，只不过图块的交替列水平翻转。
- FlipY：与 Tile 相同，只不过图块的交替行垂直翻转。
- FlipXY：FlipX 和 FlipY 的组合。

【例 13-19】 演示用图像画笔填充图像的基本用法。运行效果如图 13-20 所示。

图 13-20　TileMode 属性的含义

完整的源代码见 TileModeDemo.xaml。由于这些方式的实现都非常相似，区别仅仅是显示位置和 TileMode 的值不同，所以这里只列出其中的一种实现代码：

```
<StackPanel Grid.Row="0" Grid.Column="1">
    <TextBlock Text='平铺（TileMode="Tile"）' HorizontalAlignment="Center" />
    <Rectangle Name="tile">
        <Rectangle.Fill>
            <ImageBrush Viewport="0,0,20,20" ViewportUnits="Absolute"
                    TileMode="Tile" AlignmentX="Left" AlignmentY="Top"
                    ImageSource="/Resources/Images/triangle.jpg" />
        </Rectangle.Fill>
    </Rectangle>
</StackPanel>
```

4．Viewport 和 ViewportUnits

TileBrush 默认生成单个图块并拉伸此图块以完全填充输出区域，而其 Viewport 属性决定了基本图块的大小和位置，ViewportUnits 属性则决定了 Viewport 是使用绝对坐标还是相对坐标。从 TileBrush 继承的画笔类型都可以用 Viewport 属性和 ViewportUnits 属性。

如果 Viewport 使用相对坐标，则显示的图像是相对于输出区域的大小而言的，输出区域的左上角用点（0，0）表示，右下角用（1，1）表示，其他坐标（0 和 1 之间的值）表示该区域内的其他位置。

如果 Viewport 使用绝对坐标，将 ViewportUnits 属性设置为 Absolute 即可。

另外，也可以通过 Viewbox 和 ViewboxUnits 属性来实现。Viewbox 属性决定基本图块的大小和位置，ViewboxUnits 属性决定 Viewbox 是使用绝对坐标还是相对坐标。

5．Transform 和 RelativeTransform

TileBrush 类提供了两个变换属性：Transform 和 RelativeTransform。使用这些属性可以旋转、缩放、扭曲和平移画笔的内容。

在动画与多媒体一章中，我们已经学习了 Transform 的基本用法，这一节我们学习如何用 RelativeTransform 对画笔应用变换。

向画笔的 RelativeTransform 属性应用变换时，变换会在其输出映射到绘制区域之前进行。处理顺序如下：

（1）确定画笔输出。对 GradientBrush 而言即确定渐变区域。对 TileBrush 而言意思是将 Viewbox 映射到 Viewport。

（2）将画笔输出投影到 1×1 的变换矩形上。

（3）如果指定了 RelativeTransform，则对画笔输出进行 RelativeTransform 变换。

（4）将变换后的输出投影到要绘制的区域。

（5）如果指定了 Transform，则对画笔输出进行 Transform 变换。

由于画笔输出是在映射到 1×1 矩形的情况下进行 RelativeTransform 的，因此变换中心和偏移量值都是相对的。例如用 RotateTransform 将画笔输出绕其中心旋转 45 度，可将 RotateTransform 的 CenterX 指定为 0.5，将 CenterY 也指定为 0.5。

下面的代码演示了如何使用 RelativeTransform 让矩形绕中心旋转。

```
<Rectangle Width="175" Height="90" Stroke="Black">
  <Rectangle.Fill>
    <ImageBrush ImageSource="/Images/cherries.jpg">
      <ImageBrush.RelativeTransform>
        <RotateTransform CenterX="0.5" CenterY="0.5" Angle="45" />
      </ImageBrush.RelativeTransform>
    </ImageBrush>
  </Rectangle.Fill>
</Rectangle>
```

下面的代码演示了如何使用 Transform 让矩形绕中心旋转，此时必须将 RotateTransform 对象的 CenterX 和 CenterY 设置为绝对坐标。由于画笔要绘制的矩形为 175 × 90 像素，因此其中心点为（87.5，45）。

```
<Rectangle Width="175" Height="90" Stroke="Black">
  <Rectangle.Fill>
    <ImageBrush ImageSource="/Images/cherries.jpg">
```

```
    <ImageBrush.Transform>
      <RotateTransform CenterX="87.5" CenterY="45" Angle="45" />
    </ImageBrush.Transform>
  </ImageBrush>
 </Rectangle.Fill>
</Rectangle>
```

【例 13-20】 演示对画笔进行变换的基本用法。运行效果如图 13-21 所示。

图 13-21　将变换应用到画笔

该例子完整的源程序见 TransformDemo.xaml，此处不再列出代码。

13.4.2　图像画笔（ImageBrush）

图像画笔（ImageBrush）是一种"内容"为图像的画笔，一般用它来将图像绘制到控件的背景或者轮廓内，或者用图像作为基本图块，然后平铺到某个区域内。

ImageBrush 使用 ImageSource 属性指定要绘制的图像，一般用位图（BitmapImage）指定图像源。但由于 BitmapImage 能将各种图像格式转换为位图来处理，所以实际上可以用 ImageBrush 绘制各种格式的图像。例如：

```
<Grid>
  <Grid.Background>
    <ImageBrush ImageSource="images/pic1.jpg" />
  </Grid.Background>
</Grid>
```

默认情况下，ImageBrush 会将图像拉伸（Stretch）以完全充满要绘制的区域，如果绘制的区域和该图像的长宽比不同，为了防止图像变形，可以将 Stretch 属性从默认值 Fill 更改为 None、Uniform 或者 UniformToFill。

【例 13-21】 演示图像画笔的基本用法。运行效果如图 13-22 所示。

图 13-22　图像画笔基本用法

该例子的源程序见 ImageBrush1.xaml。主要代码如下。

```
<Page ……>
    <Page.Resources>
        <ImageBrush x:Key="MyImageBrush" ImageSource="/Resources/Images/img1.jpg" />
    </Page.Resources>
    <StackPanel HorizontalAlignment="Center"
            VerticalAlignment="Center" TextBlock.FontSize="16"
            TextBlock.Foreground="Red">
        <StackPanel Orientation="Horizontal">
            <Ellipse Height="80" Width="150" Fill="{StaticResource MyImageBrush}" />
            <Ellipse Height="80" Width="150" StrokeThickness="20"
                    Stroke="{StaticResource MyImageBrush}" />
            <Button Height="80" Width="150" Content="按钮1" FontSize="24pt"
                    Foreground="White" Background="{StaticResource MyImageBrush}" />
        </StackPanel>
        <TextBlock FontWeight="Bold" FontSize="48pt" HorizontalAlignment="Center"
                Text="文本 Text" Foreground="{StaticResource MyImageBrush}" />
    </StackPanel>
</Page>
```

13.4.3　绘制画笔（DrawingBrush）

DrawingBrush 使用 Drawing 派生类来绘图。这种画笔可将绘图对象（图形、图像、文本、视频）作为"内容"绘制到某个区域。即首先根据"内容"来构造"图块"，构造后再根据需要决定如何绘制。另外，DrawingBrush 内还可以包含另一个 DrawingBrush，即 Drawing 对象也可能本身就是使用纯色、渐变、图像甚至其他 DrawingBrush 绘制而成的。

在 DrawingBrush 的 Drawing 属性中，可使用以下类定义要绘制的内容：

- GeometryDrawing：用图形填充一个区域。
- ImageDrawing：用图像填充一个区域。
- DrawingGroup：将各种绘图结果组合在一起。
- DrawingImage：将用 Drawing 绘制的结果作为图像来处理。

除了以上常用类以外，还可以用 GlyphRunDrawing（用文本填充一个区域）和 VideoDrawing（用视频填充一个区域），不过，由于用 VisualBrush 实现文本和视频绘制更简单，所以一般不在 DrawingBrush 内用这两个类来实现。

由于 DrawingBrush 继承自 TileBrush，所以用绘制画笔将绘图结果绘制到某个 WPF 元素上以后，除了可以对其进行拉伸和平铺以外，还可以对其进行各种变换，包括平移、旋转、缩放、扭曲等。

1. 绘制图形（GeometryDrawing）

所有控件都可以在 DrawingBrush 的 Drawing 属性中用 GeometryDrawing 绘制或填充图形。GeometryDrawing 类可使用指定的画笔（Brush 属性）和钢笔（Pen 属性）来绘制 Geometry，Brush 描述如何填充封闭区域，Pen 描述如何绘制形状的轮廓。

如果有多个绘图对象，可以用 DrawingGroup 将其组合在一起。

【例 13-22】 演示如何用 DrawingGroup 将多个绘图组合在一起。运行效果如图 13-23 所示。

图 13-23 用 GeometryDrawing 绘图

该例子完整的源程序见 GeometryGroup1.xaml，主要代码如下。

```xaml
<Rectangle Stroke="Red" StrokeThickness="5">
    <Rectangle.Fill>
        <DrawingBrush>
            <DrawingBrush.Drawing>
                <DrawingGroup>
                    <GeometryDrawing>
                        <GeometryDrawing.Pen>
                            <Pen Brush="Blue" Thickness="20" />
                        </GeometryDrawing.Pen>
                        <GeometryDrawing.Geometry>
                            <GeometryGroup>
                                <LineGeometry StartPoint="0,0"
                                    EndPoint="1,1" />
                                <LineGeometry StartPoint="1,0"
                                    EndPoint="0,1" />
                            </GeometryGroup>
                        </GeometryDrawing.Geometry>
                    </GeometryDrawing>
                    <GeometryDrawing>
                        <GeometryDrawing.Pen>
                            <Pen Brush="Blue" Thickness="20" />
                        </GeometryDrawing.Pen>
                        <GeometryDrawing.Geometry>
                            <GeometryGroup>
                                <LineGeometry StartPoint="0,0"
                                    EndPoint="1,1" />
                                <LineGeometry StartPoint="1,0"
                                    EndPoint="0,1" />
                            </GeometryGroup>
                        </GeometryDrawing.Geometry>
```

```
        </GeometryDrawing>
      </DrawingGroup>
    </DrawingBrush.Drawing>
  </DrawingBrush>
</Rectangle.Fill>
</Rectangle>
```

【**例 13-23**】 演示如何用 GeometryDrawing 绘制复合图。运行效果如图 13-24 所示。

图 13-24　用 GeometryDrawing 绘图

该例子完整的源程序见 GeometryDrawing1.xaml 及其代码隐藏类。

GeometryDrawing1.xaml 的主要代码如下。

```xml
<Page ……>
  <Page.Resources>
    <GeometryDrawing x:Key="gd1" Brush="{StaticResource rb1}">
      <GeometryDrawing.Geometry>
        <EllipseGeometry RadiusX="80" RadiusY="80" />
      </GeometryDrawing.Geometry>
    </GeometryDrawing>
    <GeometryDrawing x:Key="gd2" Brush="{StaticResource rb2}">
      <GeometryDrawing.Geometry>
        <EllipseGeometry RadiusX="80" RadiusY="80" />
      </GeometryDrawing.Geometry>
    </GeometryDrawing>
    <Style TargetType="TextBlock">
      <Setter Property="FontSize" Value="14" />
      <Setter Property="Margin" Value="15,0,0,0" />
      <Setter Property="VerticalAlignment" Value="Center" />
    </Style>
  </Page.Resources>
  <StackPanel VerticalAlignment="Center">
    <TextBlock Text="用 XAML 实现：" />
    <StackPanel Background="Green" Orientation="Horizontal">
      <Ellipse Margin="10 0 0 0" Width="75" Height="83" Stroke="White">
        <Ellipse.Fill>
          <DrawingBrush Drawing="{StaticResource gd1}" />
        </Ellipse.Fill>
      </Ellipse>
      <TextBlock Margin="20 0" Text="和" FontSize="20"
          VerticalAlignment="Center" />
      <Ellipse Width="124" Height="83" Stroke="White">
```

```xml
            <Ellipse.Fill>
                <DrawingBrush Drawing="{StaticResource gd2}" />
            </Ellipse.Fill>
        </Ellipse>
        <TextBlock Margin="20 0 0 0" Text="可组合成" FontSize="20"
            VerticalAlignment="Center" />
        <Canvas Name="canvas1" Width="120">
            <Ellipse Canvas.Left="25" Canvas.Top="10" Width="34" Height="85">
                <Ellipse.Fill>
                    <DrawingBrush Drawing="{StaticResource gd1}" />
                </Ellipse.Fill>
            </Ellipse>
            <Ellipse Canvas.Left="58" Canvas.Top="10" Width="34" Height="85">
                <Ellipse.Fill>
                    <DrawingBrush Drawing="{StaticResource gd1}" />
                </Ellipse.Fill>
            </Ellipse>
            <Polygon Points="60,0 0,50 120,50">
                <Polygon.Fill>
                    <DrawingBrush Drawing="{StaticResource gd2}" />
                </Polygon.Fill>
            </Polygon>
        </Canvas>
    </StackPanel>
    <TextBlock Text="用C#实现: " />
    <StackPanel Name="stackPanel1" Background="Green"
            Height="70" Orientation="Horizontal"/>
  </StackPanel>
</Page>
```

GeometryDrawing1.xaml.cs 的主要代码如下。

```csharp
public partial class GeometryDrawing1 : Page
{
    public GeometryDrawing1()
    {
        InitializeComponent();
        this.Loaded += GeometryDrawing1_Loaded;
    }
    void GeometryDrawing1_Loaded(object sender, RoutedEventArgs e)
    {
        DrawingBrush db1 = CreateDrawingBrush("gd1");
        DrawingBrush db2 = CreateDrawingBrush("gd2");
        AddTextToStackPanel("g1:");
        AddEllipseToStackPanel(db1,false);
        AddTextToStackPanel("g2:");
        AddEllipseToStackPanel(db2, true);
        AddTextToStackPanel("g3:");
        DrawingBrush db = new DrawingBrush()
        {
            Viewport=new Rect(0,0,1,1),
            ViewportUnits= BrushMappingMode.RelativeToBoundingBox,
            Stretch= Stretch.Fill,
            TileMode= TileMode.None,
            Drawing = GetDrawingGroup()
        };
        Rectangle r = new Rectangle()
```

```
    {
        Width = 120,
        Height = 100,
        Fill=db
    };
    stackPanel1.Children.Add(r);
}
private DrawingGroup GetDrawingGroup()
{
    DrawingGroup dg = new DrawingGroup();
    GeometryDrawing gd1 = new GeometryDrawing();
    gd1.Brush = this.FindResource("rb1") as GradientBrush;
    gd1.Geometry = new EllipseGeometry()
    {
        Center = new Point(55, 65),
        RadiusX = 30,
        RadiusY = 60
    };
    dg.Children.Add(gd1);
    GeometryDrawing gd2 = gd1.Clone();
    gd2.Geometry = new EllipseGeometry()
    {
        Center = new Point(100, 65),
        RadiusX = 30,
        RadiusY = 60
    };
    dg.Children.Add(gd2);
    GeometryDrawing gd3 = new GeometryDrawing();
    gd3.Brush = this.FindResource("rb2") as GradientBrush;
    gd3.Geometry = Geometry.Parse("M80,0 L0,60 160,60Z");
    dg.Children.Add(gd3);
    return dg;
}
private void AddEllipseToStackPanel(DrawingBrush db, bool isDrawStroke)
{
    Ellipse ep = new Ellipse()
    {
        Margin = new Thickness(5, 0, 0, 0),
        Width = 60,
        Height = 60,
        Fill = db,
    };
    if (isDrawStroke == true)
    {
        ep.Stroke = Brushes.White;
        ep.StrokeThickness = 5;
    }
    stackPanel1.Children.Add(ep);
}
private DrawingBrush CreateDrawingBrush(string GeometryDrawingResourceName)
{
    DrawingBrush db = new DrawingBrush();
    db.Drawing =
        this.FindResource(GeometryDrawingResourceName) as GeometryDrawing;
    db.Freeze();
```

```
        return db;
    }
    private void AddTextToStackPanel(string text)
    {
        TextBlock textBlock = new TextBlock();
        textBlock.Text = text;
        textBlock.Margin = new Thickness(20, 0, 0, 0);
        stackPanel1.Children.Add(textBlock);
    }
}
```

2. 绘制图像（ImageDrawing）

用绘制画笔绘制图像时，有两种实现方式：ImageDrawing 和 DrawingImage。

DrawingImage 和 ImageDrawing 的关系是：DrawingImage 类是一个绘制容器，可将绘制的结果作为一个图像来处理，在该容器内既可以绘制图形，也可以绘制文本、图像和视频，包括用 DrawingGroup 组合后的结果；而 ImageDrawing 类是在 DrawingImage 内用 Rect 绘制图像的一种具体实现。

（1）ImageDrawing

所有控件都可以在 DrawingBrush 的 Drawing 属性中用 ImageDrawing 绘制或填充图像。ImageDrawing 类可用 ImageSource 属性指定要绘制的图像，用 Rect 属性指定将图像绘制到区域内的哪个局部区域。

下面的代码示意如何用 ImageDrawing 在一个矩形的（50，40）位置处绘制一个大小为 120 × 120 像素的图像，并将其定义为 XAML 资源来使用。

```xaml
<ImageDrawing x:Key="Res1" Rect="50,40,120,120" ImageSource="/images/img1.jpg"/>
......
<Rectangle Width="160" Height="80">
    <Rectangle.Fill>
        <DrawingBrush Drawing="{StaticResource Res1}" />
    </Rectangle.Fill>
</Rectangle>
```

【**例 13-24**】演示如何用 ImageDrawing 将图像绘制到控件的指定区域内。运行效果如图 13-25 所示。

图 13-25　用 ImageDrawing 绘制图像

源程序见 ImageDrawing1.xaml，代码如下。

```xml
<Page ……>
    <Page.Resources>
        <ImageDrawing x:Key="Res1" Rect="0,0,1,1"
            ImageSource="/Resources/Images/img1.jpg" />
    </Page.Resources>
    <StackPanel VerticalAlignment="Center">
        <StackPanel Orientation="Horizontal" HorizontalAlignment="Center">
            <Rectangle Width="160" Height="80">
                <Rectangle.Fill>
                    <DrawingBrush Drawing="{StaticResource Res1}" />
                </Rectangle.Fill>
            </Rectangle>
            <Ellipse Width="160" Height="80" Margin="10 0 0 0">
                <Ellipse.Fill>
                    <DrawingBrush Drawing="{StaticResource Res1}" />
                </Ellipse.Fill>
            </Ellipse>
            <Ellipse Width="160" Height="80" StrokeThickness="20" Margin="10 0 0 0">
                <Ellipse.Stroke>
                    <DrawingBrush Drawing="{StaticResource Res1}" />
                </Ellipse.Stroke>
            </Ellipse>
        </StackPanel>
        <StackPanel Orientation="Horizontal" HorizontalAlignment="Center">
            <TextBlock Text="Hello" VerticalAlignment="Center"
                FontSize="60pt" FontWeight="Bold">
                <TextBlock.Foreground>
                    <DrawingBrush Drawing="{StaticResource Res1}" />
                </TextBlock.Foreground>
            </TextBlock>
            <TextBlock Height="80" Foreground="White" Text="Hello"
                VerticalAlignment="Center" FontSize="40pt" FontWeight="Bold">
                <TextBlock.Background>
                    <DrawingBrush Drawing="{StaticResource Res1}" Stretch="Fill" />
                </TextBlock.Background>
            </TextBlock>
        </StackPanel>
    </StackPanel>
</Page>
```

（2）DrawingImage

DrawingImage 可将绘制的结果作为图像来处理，该类是使用 Visual 对象对背景、剪贴画进行低级别绘制的理想选择。

DrawingImage 类有一个 Drawing 属性，利用该属性可将绘制结果转换为一个图像，然后就可以对其做进一步的处理。在 DrawingImage 内可利用 GeometryDrawing 类绘制图形，利用 ImageDrawing 类绘制图像。

【例 13-25】 演示如何用 DrawingImage 将图像绘制到控件的指定区域内。运行效果如图 13-26 所示。

图 13-26　用 DrawingImage 绘制图像

源程序见 DrawingImage1.xaml，主要代码如下。

```xml
<Image Width="240">
    <Image.Source>
        <DrawingImage>
            <DrawingImage.Drawing>
                <DrawingGroup>
                    <GeometryDrawing Brush="LightBlue">
                        <GeometryDrawing.Pen>
                            <Pen Brush="Blue" Thickness="20" />
                        </GeometryDrawing.Pen>
                        <GeometryDrawing.Geometry>
                            <RectangleGeometry Rect="0,0,240,200" />
                        </GeometryDrawing.Geometry>
                    </GeometryDrawing>
                    <ImageDrawing Rect="30,30,180,140"
                            ImageSource="/images/img1.jpg" />
                </DrawingGroup>
            </DrawingImage.Drawing>
        </DrawingImage>
    </Image.Source>
</Image>
```

13.4.4　可视画笔（VisualBrush）

VisualBrush 在所有画笔中功能最多、最强大，它有一个 Visual 属性，利用该属性可将几乎所有的 WPF 对象绘制到某个区域内。

1. 基本用法

可以将 VisualBrush 的 Visual 属性理解为一个绘制容器，但放在 Visual 内部的所有控件都会自动失去交互能力，而只保留绘制功能。

指定 VisualBrush 的 Visual 内容有两种方法：

- 创建一个新 Visual，并使用它来设置 VisualBrush 的 Visual 属性。

- 使用现有 Visual，这会创建目标 Visual 的重复图像。然后可以使用 VisualBrush 来创建一些特殊的效果，例如反射（类似于水中的倒影效果）和放大（如放大镜）。

这里需要说明一点，如果为 VisualBrush 定义一个新的 Visual，并且将该 Visual 绘制到某个控件上，此时必须显式指定控件的大小。

【**例 13-26**】 演示 VisualBrush 的基本用法。运行效果如图 13-27 所示。

图 13-27　用 VisualBrush 绘制图像

源程序见 VisualBrush1.xaml，主要代码如下。

```
<Page ……>
  <Page.Resources>
    <StackPanel x:Key="sp1" Background="Transparent">
    <Ellipse Width="50" Height="25" Fill="{StaticResource RGBrush2}" Margin="2" />
    <TextBlock Text="Hello World" FontSize="10pt" Margin="2"
        Background="{StaticResource LGBrush2}"/>
    <Button Margin="2">Button1</Button>
    </StackPanel>
    <Style TargetType="Rectangle">
        <Setter Property="Width" Value="250" />
        <Setter Property="Height" Value="200" />
        <Setter Property="Stroke" Value="Black" />
        <Setter Property="Margin" Value="0,0,5,0" />
    </Style>
  </Page.Resources>
  <StackPanel VerticalAlignment="Center" Orientation="Horizontal" Margin="10"
      Background="White" HorizontalAlignment="Left">
    <Rectangle>
      <Rectangle.Fill>
        <VisualBrush Visual="{StaticResource sp1}"
            Viewport="0,0,50,50" ViewportUnits="Absolute" TileMode="Tile"/>
      </Rectangle.Fill>
    </Rectangle>
    <Rectangle>
      <Rectangle.Fill>
        <VisualBrush Visual="{StaticResource sp1}"/>
      </Rectangle.Fill>
    </Rectangle>
    <Rectangle>
      <Rectangle.Fill>
        <VisualBrush Visual="{StaticResource sp1}" Viewport="0,0,50,50"
            ViewportUnits="Absolute" TileMode="Tile">
          <VisualBrush.RelativeTransform>
            <RotateTransform Angle="45" CenterX="0.5" CenterY="0.5" />
          </VisualBrush.RelativeTransform>
        </VisualBrush>
```

```
        </Rectangle.Fill>
      </Rectangle>
   </StackPanel>
</Page>
```

2. 绘制视频

用 VisualBrush 将视频绘制到某个区域时，可结合使用 MediaElement。首先使用 MediaElement 加载和播放视频，再使用该元素设置 VisualBrush 的 Visual 属性，最后用 VisualBrush 绘制即可。

这里需要注意一点，必须将视频文件作为内容文件来处理，即将其【生成操作】属性值设置为 "内容"，将【复制到输出目录】属性值设置为 "如果较新则复制"，否则发布后将无法正常播放视频文件。

【例 13-27】 用 VisualBrush 将视频在文字笔画内播放。运行效果如图 13-28 所示。

图 13-28　用 VisualBrush 将视频绘制到文字笔画内

源程序见 VideoInText.xaml，代码如下。

```
<Page ……>
   <Page.Resources>
      <MediaElement x:Key="media1" Source="Resources/Content/xbox.wmv"
         IsMuted="True" />
   </Page.Resources>
   <StackPanel>
      <TextBlock FontSize="100pt" Text="视频文字 TEXT" FontWeight="Bold">
         <TextBlock.Foreground>
            <VisualBrush Viewport="0,0,0.5,0.5" TileMode="Tile"
               Visual="{StaticResource media1}" />
         </TextBlock.Foreground>
      </TextBlock>
      <Rectangle Margin="0 20 0 0" Height="1" Stroke="Black" StrokeThickness="1" />
      <Rectangle Width="200" Height="100" Margin="0 20 0 0">
         <Rectangle.Fill>
            <VisualBrush Visual="{StaticResource media1}" />
         </Rectangle.Fill>
      </Rectangle>
   </StackPanel>
</Page>
```

3. 创建反射效果

利用可视画笔可很容易地实现类似水面倒影的反射效果，下面通过例子说明具体用法。

【例 13-28】 演示用 VisualBrush 创建反射效果的基本用法。运行效果如图 13-29 所示。

图 13-29 用 VisualBrush 实现反射效果

源程序见 Reflection1.xaml，代码如下。

```xml
<Page ……>
  <StackPanel Background="White" VerticalAlignment="Center">
    <Canvas Name="canvas1" Height="120" Width="600"
        Background="{StaticResource LGBrush4}">
    <Ellipse Name="ellipse1" Height="50" Width="50" Fill="{StaticResource rb5}"/>
    <TextBlock Text="反射效果的文字" Width="260" FontSize="26pt"
        Canvas.Top="60" Canvas.Left="300"/>
    </Canvas>
    <Rectangle Height="1" Fill="Black" Width="600" />
    <Canvas Height="{Binding Path=(Canvas.ActualHeight), ElementName=canvas1}"
         Width="{Binding Path=(Canvas.ActualWidth), ElementName=canvas1}">
      <Canvas.Background>
        <VisualBrush x:Name="myVisualBrush" Stretch="None" AlignmentX="Left"
            AlignmentY="Top" Opacity="0.75"
            Visual="{Binding ElementName=canvas1}">
          <VisualBrush.RelativeTransform>
            <TransformGroup>
              <ScaleTransform ScaleX="1" ScaleY="-1" />
              <TranslateTransform Y="1" />
            </TransformGroup>
          </VisualBrush.RelativeTransform>
        </VisualBrush>
      </Canvas.Background>
      <Canvas.OpacityMask>
        <LinearGradientBrush StartPoint="0.5,0" EndPoint="0.5,1">
          <LinearGradientBrush.GradientStops>
            <GradientStop Color="#FF000000" Offset="0.0" />
            <GradientStop Color="#00000000" Offset="0.8" />
          </LinearGradientBrush.GradientStops>
        </LinearGradientBrush>
      </Canvas.OpacityMask>
    </Canvas>
  </StackPanel>
```

```
<Page.Triggers>
    <EventTrigger RoutedEvent="Page.Loaded">
        <BeginStoryboard>
            <Storyboard>
                <DoubleAnimation Storyboard.TargetName="ellipse1"
                    Storyboard.TargetProperty="(Canvas.Top)"
                    From="0" To="70" Duration="0:0:3"
                    RepeatBehavior="Forever" AutoReverse="True"
                    AccelerationRatio="1.0" />
                <DoubleAnimation Storyboard.TargetName="ellipse1"
                    Storyboard.TargetProperty="(Canvas.Left)"
                    From="0" To="150" Duration="0:0:20"
                    RepeatBehavior="Forever" AutoReverse="True"
                    AccelerationRatio="1.0" />
            </Storyboard>
        </BeginStoryboard>
    </EventTrigger>
</Page.Triggers>
</Page>
```

4. 创建放大镜效果

利用可视画笔还可对绘制结果进行放大处理，例如可在一个区域内显示原始大小，而在另一个区域内显示放大或缩小后的大小。另外，还可以用它实现类似"放大镜"的效果。

【例13-29】 演示用 VisualBrush 创建放大镜效果的基本用法。运行效果如图 13-30 所示。

图 13-30　用 VisualBrush 实现放大镜效果

源程序见 Magnifying1.xaml 及其代码隐藏类。

Magnifying1.xaml 的主要代码如下。

```
<Page ……>
    <Grid>
        <Image Name="myPanel" Width="600" Height="300"
            MouseMove="updateMagnifyingGlass"
            Source="/Resources/images/img3.jpg" Stretch="Uniform" />
        <Canvas Name="canvas1">
            <Ellipse Name="ellipse1" Width="150" Height="150" Stroke="Black">
            <Ellipse.Fill>
                <DrawingBrush>
                    <DrawingBrush.Drawing>
                        <DrawingGroup>
```

```xml
                    <DrawingGroup.Children>
                        <!-- 为放大镜提供透明背景 -->
                        <GeometryDrawing Brush="White">
                            <GeometryDrawing.Geometry>
                                <RectangleGeometry Rect="0,0,1,1" />
                            </GeometryDrawing.Geometry>
                        </GeometryDrawing>
                        <!-- 放大镜放大的区域 -->
                        <GeometryDrawing>
                            <GeometryDrawing.Brush>
                                <VisualBrush x:Name="myVisualBrush"
                                    ViewboxUnits="Absolute"
                                    Visual="{Binding ElementName=myPanel}"/>
                            </GeometryDrawing.Brush>
                            <GeometryDrawing.Geometry>
                                <RectangleGeometry Rect="0,0,1,1" />
                            </GeometryDrawing.Geometry>
                        </GeometryDrawing>
                    </DrawingGroup.Children>
                </DrawingGroup>
            </DrawingBrush.Drawing>
        </DrawingBrush>
    </Ellipse.Fill>
</Ellipse>
        </Canvas>
    </Grid>
</Page>
```

Magnifying1.xaml.cs 的主要代码如下。

```csharp
public partial class Magnifying1 : Page
{
    public Magnifying1()
    {
        InitializeComponent();
    }
    /// <summary>distanceFromMouse</summary>
    private static readonly double d = 5;
    private void updateMagnifyingGlass(object sender, MouseEventArgs args)
    {
        Mouse.SetCursor(Cursors.Cross);
        Point p = args.GetPosition(this);
        if (this.ActualWidth - p.X > ellipse1.Width + d)
        {
            Canvas.SetLeft(ellipse1, p.X + d);
        }
        else
        {
            Canvas.SetLeft(ellipse1, p.X - d - ellipse1.Width);
        }
        if (this.ActualHeight - p.Y > ellipse1.Height + d)
        {
            Canvas.SetTop(ellipse1, p.Y + d);
        }
        else
        {
            Canvas.SetTop(ellipse1, p.Y - d - ellipse1.Height);
```

```
        }
        myVisualBrush.Viewbox =
            new Rect(p.X - 10, p.Y - 10, 20, 20);
    }
}
```

至此，我们学完了 WPF 应用程序中有关二维图形图像处理最基本的技术。除此之外，还有命中测试、捕获和拖放、蒙版以及数字墨迹等技术。限于篇幅，我们不再逐一介绍，有兴趣的读者请参考相关资料。

习　　题

1. WPF 使用的图形图像呈现技术与 WinForm 使用的 GDI+呈现技术有什么不同？
2. WPF 提供了哪些抽象基类来实现绘制功能？它们的主要特点是什么？
3. WPF 提供了几种定义路径几何图形的类？分别有什么特点？
4. WPF 对图像处理提供几个常用的类？

第 **14** 章
三维图形和三维呈现

随着用户对应用呈现效果的要求越来越高，三维设计也逐步从高端技术快速融入到普通的应用开发中。这一章我们主要学习如何在 WPF 应用程序中进行三维设计，以及如何将三维模型在 WPF 窗体或页面中呈现出来，并对其进行各种处理。

14.1　WPF 三维设计基本知识

在 WPF 应用程序中，可直接创建三维几何图形模型，此外，也可以用其他三维建模软件建模并在 WPF 中将其呈现出来。创建三维模型以后，就可以在应用程序中对 3D 对象进行控制，比如修改三维模型的颜色或贴图、对模型进行各种变换和动画处理等。

WPF 与三维相关的类和结构大部分都在 System.Windows.Media.Media3D 命名空间下。

14.1.1　Viewport3D 控件

System.Windows.Controls 命名空间下的 Viewport3D 控件是在二维平面上呈现三维场景的容器控件。一个窗口或页面中可以包含多个由 Viewport3D 组成的 3D 场景，就像在一个页面中可以有多个二维控件一样。不过，一般情况下，应尽可能在一个三维场景中去呈现各种三维模型。

1．WPF 三维坐标系

在 WPF 中，三维坐标系中的每个点由 x、y、z 三个坐标轴来描述，原点（0，0，0）默认在三维坐标系的中心，如果 x 轴正方向朝右，y 轴的正方向朝上，则 z 轴的正方向从原点指向屏幕外。

2．Viewport3D 类

在 Viewport3D 内，可指定一个照相机以及由一个或多个从 Visual3D 继承的对象。除此之外，Viewport3D 具有其他二维元素所具有的属性，例如动画、触发器等。

Viewport3D 类继承的层次结构如下。

```
Object→DispatcherObject→DependencyObject
→Visual→UIElement→FrameworkElement→Viewport3D
```

Viewport3D 的子元素可指定以下属性。

（1）Camera 属性

Camera 属性用于指定该场景使用哪种照相机。如果不指定照相机，Viewport3D 会在加载时自动创建一个默认的相机。不过，一般情况下，都需要开发人员明确指定使用哪种相机。

下面的代码示意将透视相机（PerspectiveCamera）放在三维坐标（0,0,7）处，如果相机的观察点是三维坐标系的原点（0,0,0），还需要将 LookDirection 设置为（0,0,-7）。

```
<Viewport3D.Camera>
    <PerspectiveCamera Position="0,0,7" LookDirection="0,0,-7"/>
</Viewport3D.Camera>
```

每个 Viewport3D 控件内只能使用一个照相机。

（2）Children 属性

该属性用于获取 Viewport3D 的所有 Visual3D 构成的集合。

3．ModelVisual3D 对象

ModelVisual3D 类用于在 Viewport3D 内呈现三维模型。

（1）Content 属性

ModelVisual3D 的 Content 属性用于获取或设置从 Model3D 继承的对象。Model3D 是一个抽象类，该类为三维模型提供命中测试、坐标转换和边界框计算等通用的功能，其继承的层次结构如下。

```
Object→DispatcherObject→DependencyObject→Freezable→Animatable→Model3D
```

从 Model3D 继承的类包括 GeometryModel3D（三维几何模型）、Light（灯光）和 Model3DGroup（多个三维模型的组合）。这些类的实例必须在 ModelVisual3D 对象的 Content 属性中声明。例如：

```
<ModelVisual3D>
    <ModelVisual3D.Content>
        <DirectionalLight Color="#FFFFFFFF" Direction="-3,-4,-5" />
    </ModelVisual3D.Content>
</ModelVisual3D>
```

如果有多个 Model3D，可以用 Model3DGroup 将其组合在一起作为一个模型来处理。例如：

```
<ModelVisual3D>
    <ModelVisual3D.Content>
        <Model3DGroup>
            <Model3D>……</Model3D>
            <Model3D>……</Model3D>
        </Model3DGroup>
    </ModelVisual3D.Content>
</ModelVisual3D>
```

（2）Children 属性

ModelVisual3D 的 Children 属性用于获取 ModelVisual3D 的子级的集合。利用该属性可将其子级的集合组合在一起作为一个对象来处理。

在 XAML 中也可以省略该属性声明，例如：

```
<ModelVisual3D>
    <ModelVisual3D>……</ModelVisual3D>
    <ModelVisual3D>……</ModelVisual3D>
</ModelVisual3D>
```

这段代码和下面的代码是等价的。

```
<ModelVisual3D>
    <ModelVisual3D.Children>
        <ModelVisual3D>……</ModelVisual3D>
        <ModelVisual3D>……</ModelVisual3D>
    </ModelVisual3D.Children>
</ModelVisual3D>
```

ModelVisual3D 是从 Visual3D 继承而来的。Visual3D 是一个抽象基类，从该类继承的类有 ModelVisual3D、Viewport2DVisual3D 和 UIElement3D。

Visual3D 类继承的层次结构如下。

```
Object→DispatcherObject→DependencyObject→Visual3D
```

在 ModelVisual3D 对象的子集中，还可以包含一个或多个 ModelVisual3D，即可以将树状结构的 ModelVisual3D 对象组合成一个对象来处理。

如果有多个地方要使用相同的 Model3D 对象，一般先将其定义为 XAML 资源或者用 C#编写单独的模型类，然后在多处重用即可。例如先用 ModelVisual3D 构建一辆汽车模型，然后在场景中同时放置 10 辆汽车。

（3）Transform 属性

ModelVisual3D 的 Transform 属性用于对该对象进行三维变换（平移、旋转、缩放等）。本章后面我们还要单独介绍它。

4．Viewport3D 基本用法

下面我们先通过例子演示如何创建一个简单的三维场景，当我们对其有一个直观的感性认识后，再逐步深入学习相关的技术。

【例 14-1】 演示 Viewport3D 的基本用法。

该例子完整的源代码请参见 ch14 项目 Examples 文件夹下的 Page1.xaml。

（1）创建一个名为 ch14 的 WPF 应用程序项目，然后按照与前面章节介绍的类似方法创建主程序。

（2）在 ch14 项目中创建一个 Examples 文件夹，在该文件夹下添加一个名为 Page1.xaml 的页，将代码改为下面的内容。

```
<Page ……>
  <Grid>
    <Viewport3D>
      <Viewport3D.Camera>
        <PerspectiveCamera x:Name="myCamera" Position="0,0,4"/>
      </Viewport3D.Camera>
      <ModelVisual3D x:Name="world">
          <ModelVisual3D x:Name="lights">
              <ModelVisual3D>
                  <ModelVisual3D.Content>
                      <AmbientLight x:Name="light0" Color="White"/>
                  </ModelVisual3D.Content>
              </ModelVisual3D>
              <ModelVisual3D>
                  <ModelVisual3D.Content>
          <DirectionalLight x:Name="light1" Color="White" Direction="0,0,-1" />
                  </ModelVisual3D.Content>
              </ModelVisual3D>
          </ModelVisual3D>
          <ModelVisual3D x:Name="model1">
              <ModelVisual3D.Content>
                  <GeometryModel3D>
                      <GeometryModel3D.Geometry>
                          <MeshGeometry3D
                          Positions="-1 -1 0,  1 -1 0,  -1 1 0"
                          TriangleIndices="0 1 2" />
```

```
                          </GeometryModel3D.Geometry>
                          <GeometryModel3D.Material>
                              <MaterialGroup>
                                  <EmissiveMaterial Brush="Green"/>
                                  <DiffuseMaterial Brush="Red"/>
                              </MaterialGroup>
                          </GeometryModel3D.Material>
                      </GeometryModel3D>
                  </ModelVisual3D.Content>
              </ModelVisual3D>
          </ModelVisual3D>
      </Viewport3D>
  </Grid>
</Page>
```

在这段代码中，我们用 GeometryModel3D 构建了一个三角形。

（3）在 MainWindow.xaml 中添加对应的代码，然后按<F5>键调试运行，效果如图 14-1 所示。

图 14-1　例 14-1 的运行效果

至此，我们创建了一个最简单的三维场景。

14.1.2　照相机（Camera）

在 WPF 应用程序中，照相机的行为与实际照相机的摄像功能极其相似，在屏幕上绘制 3D 场景相当于用照相机的摄像功能去拍摄大自然的场景，同样需要确定相机的位置、方向、视角、焦距（近平面和远平面）等。

WPF 提供了多种类型的相机，其中最常用的有两种：透视相机（PerspectiveCamera 类）和正交相机（OrthographicCamera 类），这两个类都是从 ProjectionCamera 类继承而来的，而 ProjectionCamera 类又是从 Camera 类继承而来的。换言之，Camera 和 ProjectionCamera 为其扩充类提供了基本的功能，PerspectiveCamera 和 OrthographicCamera 提供了专用的功能。

1. Camera 类和 ProjectionCamera 类

Camera 类是所有相机的基类，其作用是为三维场景指定观察位置等基本信息。

ProjectionCamera 类的作用是指定不同的投影方式以及其他属性来更改观察者查看三维模型的方式。例如指定相机的位置、方向、视野以及定义场景中"向上"方向的向量。该类继承的层次结构如下。

```
Object→DispatcherObject→DependencyObject→Freezable→Animatable
→Camera→ProjectionCamera
```

由于相机可以位于场景中的任何位置，因此当相机位于模型内部或者紧靠模型时，可能无法区分不同的对象。为了能正确观察场景中的所有模型，可通过 ProjectionCamera 提供的 NearPlaneDistance 指定相机拍摄的最小距离，用 FarPlaneDistance 指定相机拍摄的最大距离，不在

NearPlaneDistance 和 FarPlaneDistance 范围内的对象将不再绘制。

2.　透视相机（PerspectiveCamera）

透视相机也叫远景相机，这种相机提供消失点透视功能，是在实际应用项目中最常用的相机。该类是从 ProjectionCamera 类继承而来的，继承的层次结构如下。

```
Object→DispatcherObject→DependencyObject→Freezable→Animatable
→Camera→ProjectionCamera→PerspectiveCamera
```

透视相机的工作原理与普通照相机的镜头类似，观察的对象有"远小近大"的效果。例如让相机沿 z 轴朝向观察目标移动，当相机位置靠近 z 轴中心时，随着 z 坐标值越来越小，观察的对象也会越来越大。

表 14-1 列出了 PerspectiveCamera 的常用属性。

表 14-1　　　　　　　　　　　　　　PerspectiveCamera 的常用属性及其含义

属　　性	说　　明
Position	获取或设置以世界坐标表示的相机位置（Point3D 类型）
LookDirection	获取或设置相机在世界坐标中的拍摄方向（Vector3D 类型），即照相机在三维虚拟空间中对准的点
FieldOfView	获取或设置相机的透视视野（以度为单位），默认值为 45。该属性仅适用于远景相机，通过它可更改通过照相机所看到的内容部分，以及文档中的对象因照相机而显得变形的程度。减小该数值可减少对象因远景拍摄而变形的程度，而增大该数值则会像使用鱼眼镜头一样导致对象大幅变形
UpDirection	获取或设置相机向上的方向（Vector3D 类型）
NearPlaneDistance FarPlaneDistance	获取或设置相机可拍摄的最近距离和最远距离,超出该范围的对象将从所呈现的视图中消失
Transform	获取或设置应用到相机的 3D 变换（Transform3D 类型），包括平移、旋转、缩放、扭曲等

下面的代码演示了如何用 C#创建透视相机。

```
PerspectiveCamera myCamera = new PerspectiveCamera()
{
    Position = new Point3D(0,0,2),  //相机放在 z 轴正方向
    LookDirection = new Vector3D(0,0,-1), //从 z 轴正方向向 z 轴负方向观察
    FieldOfView = 45,   //视角为 45 度
    UpDirection = new Vector3D(0,1,0),
    NearPlaneDistance = 1,
    FarPlaneDistance = 20
};
myViewport3D.Camera = myCamera;
```

3.　正交相机（OrthographicCamera）

正交相机只是描述了一个侧面平行的取景框，而不是侧面汇集在场景中某一点的取景框，因此对观察的对象没有透视感，观察目标也不会随着距离的变化而变小或变形。换句话说，用这种相机观察某个对象时，不论距离远近，该对象都一样大。

OrthographicCamera 类也是从 ProjectionCamera 类继承而来的，继承的层次结构如下。

```
Object→DispatcherObject→DependencyObject→Freezable→Animatable
→Camera→ProjectionCamera→OrthographicCamera
```

由于只有在特殊情况下才会使用这种相机，所以我们不再对其进行过多介绍。

14.1.3　三维几何模型（GeometryModel3D）

定义相机后，就可以观察场景中的 3D 模型了。

WPF 用 Geometry 来构造三维模型，称为三维几何模型（GeometryModel3D 类）。在每个三维几何模型内，可以用三维网格指定构造的三维几何形状。

由于三角形的三个点可构成一个平面，因此可在三维空间中用顶点来构建多个三角形，再由这些三角形构成三维网格（Mesh），从而形成各种三维模型的表面。

1.　Geometry 属性

Geometry 属性用于获取或设置三维几何图形的形状，该类是从 Geometry3D 继承而来的。在 Geometry 属性内，用 MeshGeometry3D 类来构造三维几何形状。例如：

```
<GeometryModel3D>
    <GeometryModel3D.Geometry>
        <MeshGeometry3D
                Positions="-1 -1 0,  1 -1 0,  -1 1 0"
                TriangleIndices="0 1 2" />
    </GeometryModel3D.Geometry>
</GeometryModel3D>
```

在这段 XAML 代码中，Positions 属性定义了 3 个顶点（序号分别为 0、1、2）。Positions 中顶点序号默认从零开始编号，按声明顺序从左到右依次递增。

TriangleIndices 属性指定构造三角形时顶点的顺序。该属性决定了用顶点构造的三角形是正面显示还是背面显示，按逆时针声明表示是正面显示，按顺时针声明表示是背面显示。

2.　Material 属性和 BackMaterial 属性

Material 属性表示绘制 3D 模型的正面时使用的材料，BackMaterial 属性表示绘制 3D 模型的背面时使用的材料。例如：

```
<GeometryModel3D.Material>
    <MaterialGroup>
        <DiffuseMaterial Brush="Red"/>
    </MaterialGroup>
</GeometryModel3D.Material>
<GeometryModel3D.BackMaterial>
    <MaterialGroup>
        <DiffuseMaterial Brush="Black"/>
    </MaterialGroup>
</GeometryModel3D.BackMaterial>
```

如果只指定顶点而不指定使用的材料，界面中将看不到任何效果。

Material 和 BackMaterial 属性也可以是 Transparent 或 null。如果材料是透明的，则无法看到该模型的表面（类似于透明玻璃），但点击测试可以照常运行；如果材料为 null，则既无法看到该模型，而且也无法对其进行点击测试。

14.1.4　光照类型

WPF 三维图形中的光照效果与实际的光照效果相似，其作用是照亮场景中的 3D 模型。没有光照，便无法看清 3D 模型，就像在黑夜中看不清某种物体一样。准确地说，光照确定了将场景的哪个部分包括在投影中。

下面是 WPF 提供的光类型，这些光类型都是从基类 Light 派生而来的。

1. 环境光（AmbientLight）

环境光将光投向三维场景中的各个方向，它能使所有 3D 对象都能均匀受光，与被光照的 3D 对象的位置或方向无关。但是要注意，如果只用环境光，则这些 3D 对象可能会像褪了色的物体一样。为了获得最佳的光照效果，一般还需要添加非环境光。

下面的代码演示了如何设置环境光。

XAML：

```
<ModelVisual3D.Content>
    <AmbientLight Color="#333333" />
</ModelVisual3D.Content>
```

C#：

```
AmbientLight ambLight = new AmbientLight(Brushes.DarkBlue.Color);
```

2. 锥形投射光（SpotLight）

锥形投射光的投射效果和手电筒的光照效果类似，这种光既有位置又有方向，而且离目标越远光照效果越暗。

- InnerConeAngle 属性：内部锥角。表示光最亮的中心部分的角度。
- OuterConeAngle 属性：外部锥角。表示光较暗的外围部分的角度。

如果创建强光，需要将内部锥角和外部锥角设置为同一值。如果内部锥角值大于外部锥角值，则以外部锥角值为准。

锥形投射光不会影响到位于锥形发光区域以外的三维对象部分。

3. 定向直射光（DirectionalLight）

定向直射光沿着特定的方向均匀地投射到 3D 对象，其效果与地球上的阳光照射效果相似，即光的强度衰减可以忽略不计。或者说，这种光没有位置，只有方向。

4. 点光（PointLight）

点光从一个点向所有方向投射光，其效果与普通的灯泡照明效果相似。PointLight 公开了多个衰减属性，这些属性确定了光源的亮度如何随距离的增加而减小。

14.1.5　材料（Meterial）

材料也叫材质，用于描述 3D 模型表面的特征，包括颜色、纹理和总体外观。为了和开发工具的叫法一致，我们仍然将其称为材料。

材料也是靠照明来体现的，它和光的不同之处在于，光影响的是场景中所有的 3D 模型，而材料影响的是该 3D 模型自身的表面。

在二维图形中，用 Brush 类在屏幕的指定区域绘制颜色、图案、渐变或其他可视化内容。但是，由于三维对象的外观是照明模型，而不是仅仅显示表面的颜色或图案即可，所以还需要指定使用哪种材料。材料的质量不同，其反射光的方式也会不同，比如有些材料表面粗糙、有些材料表面光滑，有些材料可以吸收光，而有些材料则具有自发光功能等。

WPF 用 Material 抽象类来定义模型使用的材料基本特征，然后通过从该类继承的子类向基类传递 SolidColorBrush、TileBrush、VisualBrush 等 Brush 属性来构造使用的材料。

1. 漫反射材料（DiffuseMaterial）

DiffuseMaterial 类用于确定三维对象在环境光（AmbientLight）照射下材料的颜色，其效果和墙面的喷漆相似。该类常用的属性如下。

- AmbientColor 属性：获取或设置一种颜色，该颜色表示材料在 AmbientLight 指定的某种颜色照射下材料本身的反射颜色。

- Color 属性：获取或设置应用到材料的颜色。

- Brush 属性：获取或设置应用到材料的画笔。

如果材料比较复杂，一般将其定义为可以重用的 XAML 资源。例如：

```xml
<GeometryModel3D.Material>
  <DiffuseMaterial>
    <DiffuseMaterial.Brush>
      <DrawingBrush Viewport="0,0,0.1,0.1" TileMode="Tile">
        <DrawingBrush.Drawing>
          <DrawingGroup>
            <DrawingGroup.Children>
              <GeometryDrawing Geometry="M0,0.1 L0.1,0 1,0.9, 0.9,1z"
                Brush="Gray" />
              <GeometryDrawing Geometry="M0.9,0 L1,0.1 0.1,1 0,0.9z"
                Brush="Gray" />
              <GeometryDrawing Geometry="M0.25,0.25 L0.5,0.125 0.75,0.25 0.5,0.5z"
                Brush="#FFFF00" />
              <GeometryDrawing Geometry="M0.25,0.75 L0.5,0.875 0.75,0.75 0.5,0.5z"
                Brush="Black" />
              <GeometryDrawing Geometry="M0.25,0.75 L0.125,0.5 0.25,0.25 0.5,0.5z"
                Brush="#FF0000" />
              <GeometryDrawing Geometry="M0.75,0.25 L0.875,0.5 0.75,0.75 0.5,0.5z"
                Brush="MediumBlue" />
            </DrawingGroup.Children>
          </DrawingGroup>
        </DrawingBrush.Drawing>
      </DrawingBrush>
    </DiffuseMaterial.Brush>
  </DiffuseMaterial>
</GeometryModel3D.Material>
```

2. 高光反射材料（SpecularMaterial）

SpecularMaterial 类可使对象自身产生对强光的反射，从而产生表面坚硬、发亮等效果。这种材料对光照反射的颜色由材料的颜色属性来决定。

- Color 属性：获取或设置应用到材料的颜色。

- Brush 属性：获取或设置应用到材料的画笔。

- SpecularPower 属性：获取或设置材料反射光照的角度值，值越大，反射闪光的大小和锐度也越大。

下面的代码演示了如何将材料定义为 XAML 资源。

```xml
<MaterialGroup x:Key="LeavesMaterial1">
  <DiffuseMaterial>
    <DiffuseMaterial.Brush>
      <ImageBrush Stretch="UniformToFill" ImageSource="/images/img1.jpg"
          TileMode="None" ViewportUnits="Absolute" Viewport="0 0 1 1"
          AlignmentX="Left" AlignmentY="Top" Opacity="1.0" />
    </DiffuseMaterial.Brush>
  </DiffuseMaterial>
  <SpecularMaterial SpecularPower="85.3333">
    <SpecularMaterial.Brush>
      <SolidColorBrush Color="#FFFFFF" Opacity="1.0"/>
```

```
      </SpecularMaterial.Brush>
    </SpecularMaterial>
  </MaterialGroup>
```

3. 自发光材料（EmissiveMaterial）

EmissiveMaterial 类使模型表面所发出的光与画笔设置的颜色相同，其效果就像材料正在发射与 Brush 的颜色相同的光一样，但它只对该模型本身起作用，即这种效果不会影响别的模型。

- Color 属性：获取或设置材料的颜色。
- Brush 属性：获取或设置材料的画笔。

下面的代码含义为在 DiffuseMaterial 上面增加一层 EmissiveMaterial。

XAML：

```xml
<GeometryModel3D.Material>
  <MaterialGroup>
    <DiffuseMaterial>
      <DiffuseMaterial.Brush>
        <LinearGradientBrush StartPoint="0,0.5" EndPoint="1,0.5">
          <LinearGradientBrush.GradientStops>
            <GradientStop Color="Yellow" Offset="0" />
            <GradientStop Color="Red" Offset="0.25" />
            <GradientStop Color="Blue" Offset="0.75" />
            <GradientStop Color="LimeGreen" Offset="1" />
          </LinearGradientBrush.GradientStops>
        </LinearGradientBrush>
      </DiffuseMaterial.Brush>
    </DiffuseMaterial>
    <EmissiveMaterial>
      <EmissiveMaterial.Brush>
        <SolidColorBrush x:Name="mySolidColorBrush" Color="Blue" />
      </EmissiveMaterial.Brush>
    </EmissiveMaterial>
  </MaterialGroup>
</GeometryModel3D.Material>
```

C#：

```csharp
LinearGradientBrush myHorizontalGradient = new LinearGradientBrush();
myHorizontalGradient.StartPoint = new Point(0, 0.5);
myHorizontalGradient.EndPoint = new Point(1, 0.5);
myHorizontalGradient.GradientStops.Add(new GradientStop(Colors.Yellow, 0.0));
myHorizontalGradient.GradientStops.Add(new GradientStop(Colors.Red, 0.25));
myHorizontalGradient.GradientStops.Add(new GradientStop(Colors.Blue, 0.75));
myHorizontalGradient.GradientStops.Add(new GradientStop(Colors.LimeGreen, 1.0));
DiffuseMaterial myDiffuseMaterial = new DiffuseMaterial(myHorizontalGradient);
MaterialGroup myMaterialGroup = new MaterialGroup();
myMaterialGroup.Children.Add(myDiffuseMaterial);
Color c = new Color();
c.ScA = 1;
c.ScB = 255;
c.ScR = 0;
c.ScG = 0;
EmissiveMaterial myEmissiveMaterial = new EmissiveMaterial(new SolidColorBrush(c));
myMaterialGroup.Children.Add(myEmissiveMaterial);
myGeometryModel.Material = myMaterialGroup;
```

在一个模型中，可以同时指定不同类型的材料，此时模型表面的外观将是这些材料综合的效果。

14.2　在窗口或页面中呈现三维场景

当我们了解了三维场景是由照相机、三维模型、灯光和材料这些对象来组成以后，接下来就要重点学习如何设计和呈现三维模型了。这一节我们先学习如何创建一个自定义的模型观察器，然后再了解如何用 XAML 构造三维模型。这些内容是进一步深入学习三维设计的基础。

14.2.1　利用相机变换制作 3D 场景观察器

为了观察照相机的各种属性，以及观察场景中三维模型的各个表面，我们首先需要做一个自定义的 3D 场景观察器，通过控制相机属性实现旋转、缩放等处理；另外，还需要创建一些预定义的 3D 模型，以方便在程序中重复使用它。

所有这些功能我们都将其放在 ch14 解决方案中项目名为 V3dLibrary 的 WPF 用户控件库中。在实际的应用开发中，只需要对 V3dLibrary 进行相应扩充，就可以方便地实现各种复杂的 3D 模型的建模，并在应用程序中直接使用它。

1. V3dView 控件

自定义的 3D 场景观察器在 V3dView.cs 文件中，这是一个可在其中包含 Viewport3D 对象的容器控件。V3dLibrary 的设计也是对本书所有章节的综合应用。但是，限于篇幅限制，我们不准备介绍这些代码的实现细节，而只通过例子介绍如何使用它。等读者明白了如何使用后，再看 V3dLibrary 的具体实现以及在此基础上继续添加更多的三维模型也就很容易了。

2. V3dView 的基本用法

默认情况下，V3dView 显示鼠标操作帮助信息，但不显示相机信息。通过设置 V3dView 对象的 ShowHelp 属性值（true 或 false，默认为 true）和 ShowCamera 属性值（true 或 false，默认为 false）可进行更改。基本用法如下。

```
<t:V3dView ShowHelp="True" ShowCameraInfo="True">
    <Viewport3D>
     ......
    </Viewport3D>
</t:V3dView>
```

声明以后，就可以通过鼠标对三维场景进行缩放和旋转来观察模型的各个表面。

14.2.2　动态显示相机的属性

这一节我们学习如何利用 V3dLibrary 的 V3dView 实现缩放和旋转 3D 场景，并演示如何动态显示透视相机各种属性的变化情况。

【例 14-2】演示 3D 场景观察器的基本用法。

（1）在 ch14 项目中，鼠标右击【引用】→【添加引用】命令，勾选 V3dLibrary，然后单击【确定】按钮。

（2）在 Examples 文件夹下，添加一个名为 Page2.xaml 的页，将代码改为下面的内容。

```
<Page …… xmlns:t="clr-namespace:V3dLibrary;assembly=V3dLibrary" ……>
    <Grid>
        <t:V3dView Background="AntiqueWhite" ShowHelp="True" ShowCameraInfo="True">
        <Viewport3D>
```

```
            <Viewport3D.Camera>
                <PerspectiveCamera x:Name="myCamera" Position="6,6,6"
                    LookDirection="-6,-6,-6" UpDirection="0,1,0"/>
            </Viewport3D.Camera>
            <Viewport3D.Children>
                <ModelVisual3D x:Name="light1">
                    <ModelVisual3D.Content>
                        <DirectionalLight Color="White" Direction="0,0,-1" />
                    </ModelVisual3D.Content>
                </ModelVisual3D>
                <ModelVisual3D x:Name="model1">
                    <ModelVisual3D.Content>
                        <GeometryModel3D>
                            <GeometryModel3D.Geometry>
                                <MeshGeometry3D
                                Positions="-1,-1,0  1,-1,0  -1,1,0"
                                TriangleIndices="0,1,2" />
                            </GeometryModel3D.Geometry>
                            <GeometryModel3D.Material>
                                <MaterialGroup>
                                    <DiffuseMaterial>
                                        <DiffuseMaterial.Brush>
                                            <SolidColorBrush Color="Red" Opacity="1.0" />
                                        </DiffuseMaterial.Brush>
                                    </DiffuseMaterial>
                                </MaterialGroup>
                            </GeometryModel3D.Material>
                            <GeometryModel3D.BackMaterial>
                                <MaterialGroup>
                                    <DiffuseMaterial Brush="Black"/>
                                </MaterialGroup>
                            </GeometryModel3D.BackMaterial>
                        </GeometryModel3D>
                    </ModelVisual3D.Content>
                </ModelVisual3D>
            </Viewport3D.Children>
        </Viewport3D>
    </t:V3dView>
  </Grid>
</Page>
```

（3）按<F5>键调试运行，经过旋转缩放后某时刻的运行效果如图 14-2 所示。按照界面下方的提示，滚动鼠标滚轮观察缩放效果，按住鼠标右键沿不同的方向移动观察旋转效果，双击鼠标右键观察复位效果（复位到 PerspectiveCamera 定义的初始状态）。

（a）正面

（b）背面

图 14-2　例 14-2 的运行效果

（4）结束程序运行，然后修改 XAML 中的 PerspectiveCamera，在其中添加相机的其他属性，重新运行观察界面的变化。

（5）注释掉下面的代码，按<F5>键再次运行，观察三角形旋转到背面时的情况，此时我们会发现，正面时逆时针定义的三角形将不可见，这就是背面消隐的含义，即它旋转到背面时就变成了顺时针的。如果不指定 3D 模型的背面材料，当旋转到背面时将什么也看不到。

```
<GeometryModel3D.BackMaterial>
    <MaterialGroup>
        <DiffuseMaterial Brush="Black"/>
    </MaterialGroup>
</GeometryModel3D.BackMaterial>
```

另外，如果只有一种材料，可省略代码中的 MaterialGroup。此处保留它的目的只是为了让读者明白，当同时应用多种材料时需要将其包含在 MaterialGroup 中。

14.2.3 三维网格几何（MeshGeometry3D）

在前面的例子中，我们已经了解了最简单的三角形面的构造形式，这一节我们进一步学习如何构造由多个三角形构成的三维网格几何。

WPF 提供了 MeshGeometry3D 类用于指定构造三维几何形状的顶点集合，每个顶点都用一个 Point3D 结构来定义。除了顶点位置（Positions 属性）之外，可能还需要指定构造三角形网格的法线（Normals 属性）、纹理坐标（TextureCoordinates 属性）以及三角形顶点索引（TriangleIndices 属性）等信息。

在 MeshGeometry3D 中，Positions 属性是必需的，其他属性是可选的。

1. 定义顶点（Positions）

三维空间中的表面是由三角形来构造的，而三角形是由三维空间中的点来构造的。构造三角形表面的这些点即称为顶点。

（1）Point3D 结构

WPF 用 Point3D 结构来描述三维空间中的一个顶点。该结构提供了对顶点进行运算的基本方法。

（2）Positions 属性

MeshGeometry3D 的 Positions 属性用于获取或设置该 3D 模型的使用的顶点集合。定义了顶点后，就可以用 TriangleIndices 属性声明如何用这些顶点来构造三角形。

2. 定义顶点法线（Normals）

我们知道，既有方向又有大小的量叫做向量（Vector）或矢量。向量在数学上用一条有向线段来表示，有向线段的长度表示向量的大小，箭头所指的方向表示向量的方向。长度等于 1 个单位的向量叫做单位向量。

WPF 用 Vector 结构表示二维向量。

从几何的角度来看，两个向量 a、b 相加构成平行四边形的对角线（$c = a + b$），a 和 b 相减构成三角形的第 3 条边（$c = a - b$），体现在几何图形的实际含义上就是对图形进行偏移计算，如图 14-3 所示。

图 14-3　向量加减运算

（1）Vector3D 结构

System.Windows.Media.Media3D 命名空间下的 Vector3D 结构表示 WPF 三维空间中的三维向量。Vector3D 结构提供了以下属性：

- x，y，z：获取或设置此 Vector3D 结构的 X 分量、Y 分量、Z 分量。
- Length：获取此 Vector3D 结构的长度。
- LengthSquared：获取此 Vector3D 结构长度的平方值。

下面的代码演示了如何对两个三维向量进行减法运算。

```
Vector3D vector1 = new Vector3D(20, 30, 40);
Vector3D vector2 = new Vector3D(45, 70, 80);
Vector3D vectorResult1 = vector1 - vector2;   //结果为(-25, -40, -40)
```

Vector3D 结构提供了很多执行各种三维向量运算的方法。

（2）Normals 属性

法线（Normal，也叫法向量）指垂直于面的向量。在三维空间中，用法线可描述物体表面的反光效果。

WPF 用 Vector3D 结构来表示法线。法线是相对于模型的正面而言的，顶点的环绕顺序确定了给定面是正面还是背面。如果未指定法线，则法线的生成方式取决于开发人员是否为网格指定了三角形索引。如果指定了三角形索引，则用相邻面来生成法线；如果未指定三角形索引，则只为三角形生成一条法线，此时可能导致网格外形呈小平面形状。

3. 指定三角形索引（TriangleIndices）

在三维空间中，将三角形形状依次相连构成的平面或曲面称为三维网格（Mesh）。

（1）三角形环绕顺序

构建三角形时，有两种环绕方式。正面三角形以逆时针顺序环绕，背面三角形以顺时针顺序环绕。

WPF 采用逆时针环绕顺序；也就是说，当从模型的正面观察时，应以逆时针顺序定义三角形的顶点。

（2）背面消隐

背面消隐是指剔除按顺时针构成的三角形面或是剔除按逆时针构成的三角形面，即将其剔除掉而不再绘制它。

WPF 默认剔除顺时针方向顶点构成的"背面"，即只绘制按逆时针方向排列的顶点构成的三角形"正面"。对于图 14-4 来说，只显示按 2、3、4 顺序构成的三角形面，而不会显示按 1、2、3 顺序构成的面。

图 14-4　三角形面

背面消隐有什么用呢？我们知道，当观察一个不透明的物体时，物体背面的部分是看不见的。系统在绘制模型的表面时，在正面是逆时针的三角形，当旋转到背面时，仍然从正面来看这个三角形，它就变成了顺时针的，因此也就不需要再绘制，即可以被消隐掉。这样一来，就可以节省大量内存，也将提高程序执行的效率。

（3）TriangleIndices 属性

TriangleIndices 属性用于获取或设置用顶点构造的每个三角形环绕的顺序。如果不指定三角形顶点索引，则以非索引的方式绘制三角形，即每 3 个顶点构成一个三角形。

三角形索引按照 Positions 属性定义的顺序从零开始编号。假如顶点 1、2、3、4 的坐标分别为(-1,-1,0)、(-1,1,0)、(1,-1,0)、(1,1,0)，如果希望将两个三角形都显示出来，有以下两种构造三角形索引的方式。

方式 1（指定 6 个点）：

```
<MeshGeometry3D Positions="-1,-1,0  1,-1,0  -1,1,0  -1,1,0  1,-1,0  1,1,0"
                TriangleIndices="0,1,2  3,4,5" />
```

方式 2（指定 4 个点）：

```
<MeshGeometry3D Positions="-1,-1,0  -1,1,0  1,-1,0  1,1,0"
                TriangleIndices="0,2,1  2,3,1" />
```

第 2 种方式没有定义重复的顶点，而是靠指定三角形索引来重复使用这些顶点，这种技术称为索引缓冲技术。当用大量的顶点来构造 3D 几何图形时，使用该技术可节省很多内存占用量。

如果将 Positions 定义的顺序改为"1,-1,0 -1,-1,0 -1,1,0"，则顶点(1,-1,0)的序号是 0，顶点(-1,-1,0)的序号是 1，顶点(-1,1,0)的序号是 2。因此在 TriangleIndices 中指定正面显示时构造的三角形应该是以下之一："0,2,1"、"2,1,0" 或者 "1,0,2"；构造 3D 背面时，TriangleIndices 应该是以下之一："0,2,1"、"2,1,0" 或者 "1,0,2"。

用 XAML 声明顶点时，既可以用逗号分隔，也可以用一个或多个空格分隔，两者的作用完全相同，都是为了让人容易区分，使之看起来清晰易理解。

4. 指定纹理坐标（TextureCoordinates）

纹理（Texture）是指三维表面的贴图，贴图的范围由纹理坐标（TextureCoordinates）来指定。

在 WPF 中，用 Brush 来描述纹理。由于 Brush 包含线性渐变画笔、径向渐变画笔、图像画笔、绘制画笔以及可视画笔，所以利用它可在三维模型的表面绘制丰富的颜色和贴图效果。

纹理坐标描述了按照 100%大小将二维图像"贴"到三维表面时顶点在贴图表面的位置（百分比）。因为纹理是二维的，所以将它贴在三维表面时，需要对每个三维顶点指定贴图时的纹理坐标。有多少个顶点，就需要指定多少个纹理坐标。

如果不指定纹理坐标，WPF 默认会将整个 3D 模型挤压成一个面，然后对其应用纹理贴图。

纹理坐标和渐变画笔类似，使用相对坐标值指定贴图区域，区域的左上角是（0，0），右下角是（1，1），区域中其他坐标的分量的取值都是 0 到 1 之间的数。

假如用两个三角形来构造由 4 个顶点构成的面，左上(0,0)、左下(0,1)、右上(1,0)、右下(1,1)的顶点序号分别为 1、2、3、4，将纹理正方向朝上贴在 1、2、3、4 构成的矩形面上，此时顶点 1 的纹理坐标应该是（0，0），顶点 4 的纹理坐标应该是（1，1），顶点 3 的纹理坐标应该是（1，0），而中心点处的纹理坐标则是（0.5，0.5）。

如果指定的贴图区域是非矩形区域，则区域外的部分将被自动剪切掉。

下面的代码演示了如何定义纹理坐标。

```
<GeometryModel3D>
  <GeometryModel3D.Geometry>
      <MeshGeometry3D
          Positions="-1,-1,0  1,-1,0  -1,1,0  1,1,0"
          Normals="0,0,1  0,0,1  0,0,1  0,0,1"
```

```
                TextureCoordinates="0,1  1,1  0,0  1,0"
                TriangleIndices="0,1,2  1,3,2" />
        </GeometryModel3D.Geometry>
        <GeometryModel3D.Material>
            <DiffuseMaterial>
                <DiffuseMaterial.Brush>
                    <SolidColorBrush Color="Cyan" Opacity="0.3"/>
                </DiffuseMaterial.Brush>
            </DiffuseMaterial>
        </GeometryModel3D.Material>
</GeometryModel3D>
```

5. 在 Viewport3D 中定义和呈现三维几何模型

下面我们通过例子演示如何在 Viewport3D 中定义和呈现三维几何模型。

【例 14-3】 演示三维几何模型的基本呈现方法。运行效果如图 14-5 所示。

（a）正面

（b）背面

图 14-5　例 14-3 的运行效果

该例子完整的源程序见 Page3.xaml，代码如下。

```
<Page ……
      xmlns:t="clr-namespace:V3dLibrary;assembly=V3dLibrary"
      ……>
<Grid>
    <t:V3dView Background="#FFD3CFCF" >
        <Viewport3D>
            <Viewport3D.Camera>
                <PerspectiveCamera x:Name="myCamera"
                Position="7,7,7" LookDirection="-7,-7,-7" UpDirection="0,0,1"/>
            </Viewport3D.Camera>
            <Viewport3D.Children>
                <ModelVisual3D x:Name="model1">
                    <ModelVisual3D.Content>
                        <Model3DGroup>
                            <DirectionalLight Color="White" Direction="0,0,-1" />
                            <GeometryModel3D>
                                <GeometryModel3D.Geometry>
                                    <MeshGeometry3D
                    Positions="-1,-1,-1  1,-1,-1  -1,1,-1  1,1,-1  -1,1,1  -1,-1,1"
                                    Normals="0,0,1  0,0,1  0,0,1  0,0,1  0,0,1  0,0,1"
                                    TextureCoordinates="0,1  0,0  1,1  1,0  1,0  0,0"
                                    TriangleIndices="0,1,2  3,2,1  2,4,0  0,4,5" />
                                </GeometryModel3D.Geometry>
                                <GeometryModel3D.Material>
```

```
                    <MaterialGroup>
                        <EmissiveMaterial Brush="Blue"/>
                        <DiffuseMaterial>
                            <DiffuseMaterial.Brush>
                     <ImageBrush ImageSource="/images/tree.png"/>
                            </DiffuseMaterial.Brush>
                        </DiffuseMaterial>
                    <SpecularMaterial Brush="Green" SpecularPower="1"/>
                    </MaterialGroup>
                </GeometryModel3D.Material>
                <GeometryModel3D.BackMaterial>
                    <MaterialGroup>
                        <DiffuseMaterial Brush="Black"/>
                    </MaterialGroup>
                </GeometryModel3D.BackMaterial>
            </GeometryModel3D>
        </Model3DGroup>
    </ModelVisual3D.Content>
</ModelVisual3D>
        </Viewport3D.Children>
    </Viewport3D>
    </t:V3dView>
    </Grid>
</Page>
```

可见，用 XAML 直接构造和呈现三维几何模型虽然直观，但代码较多，而且比较难以理解，因此一般用建模工具来创建模型。

另外，为了简化实现代码，还需要对模型进一步封装。但是，上面这些基本的构建方法是进一步封装的基础，只有理解了顶点、法线、三角形索引以及纹理坐标这些概念及其基本用法，才能明白如何封装。

14.3　三维建模和自定义三维模型类

有两种三维建模的方式，一种是利用各种 3D 建模工具建模，另一种是编写 C#代码实现动态建模。

用 3D 建模工具建模时，又有两种办法，一种是利用 VS2012 自带的模型编辑器直接创建三维模型，另一种是利用其他专业建模工具创建三维模型。

14.3.1　利用模型编辑器创建和编辑三维模型

VS2012 自带了一个 3D 模型编辑器，利用它可直接创建和编辑三维模型。

模型编辑器可直接创建和编辑的三维模型只有 FBX 格式，但可以将其另存为 OBJ 格式或者 DAE 格式的三维模型文件。

这一节我们简要学习模型编辑器的基本用法。

1. 创建 FBX 文件

运行 VS2012（或者打开 ch14 项目），选择主菜单的【文件】→【新建】→【文件】命令，在弹出的界面中，选择左侧的"图形"，然后选择"3D 场景(.fbx)"，单击【打开】按钮，即可看到如图 14-6 所示界面。

图 14-6　模型编辑器界面

新建或打开 FBX 文件后，在模型编辑模式下，可看到【工具箱】中包含了一些基本的 3D 模型形状，包括圆锥、立方体、圆柱体、圆盘、平面、球体和茶壶体。选择某个基本模型，将其拖放到编辑器中即可在场景中添加该模型。

在模型编辑器的【属性】窗口中，包含了场景中对象的相关属性。

模型编辑器中包含上方和左侧两个工具栏。上方工具栏用于对照相机、3D 场景等进行操作，同时还包含了一些高级功能。

左侧工具栏的上部 3 个图标用于对场景中的 3D 模型进行操作（旋转、缩放、转换）。下部 4 个图标用于选择操作的目标（对象、面、边、点）。编辑模型时，可以同时按住<Alt>键、<Ctrl>键或者空格键进行辅助操作。例如按住<Alt>键用鼠标左键可旋转目标，按住<Ctrl>键用鼠标滚轮可缩放目标，按住空格键用鼠标左键可平移目标。

默认情况下，模型编辑器使用右侧坐标系。在设计界面右下角的"轴指示器"上，红色表示 X 轴，绿色表示 Y 轴，蓝色表示 Z 轴，这些规定与 WPF 编辑模式下的规定和显示形式是一致的。

2. 打开和编辑 FBX 文件

如果 FBX 文件保存在项目中的某个文件夹下，在【解决方案资源管理器】中，双击.fbx 文件可直接打开该文件并进入模型编辑模式。

3. 细分面和延伸面

下面通过操作步骤演示如何通过细分面和延伸面编辑模型的形状。

（1）从【工具箱】中向模型编辑器中拖放一个立方体。

（2）利用细分面分割模型表面。

细分面是指将模型的平面细分为 n 等分（按一次细分一次）。细分以后，就可以对分割后的某一个或多个部分单独进行操作（拉伸、旋转、缩放）。例如选择模型编辑器左侧工具栏的【更改为面选择模式】图标，再选择立方体顶部表面，然后单击模型编辑器左侧工具栏的【细分面】图标，将顶部表面一分为四。如图 14-7（a）所示。

（3）利用延伸面加长模型。

延伸面是指增加某个面或面的一部分的长度。选择某个表面（选择的部分变为黄色），或者选择表面中的某部分（即细分后的部分，按住<Ctrl>键可多选），然后单击模型编辑器左侧工具栏的【延伸面】图标，按一次增加一次长度。例如单击左侧表面，再多次单击【延伸面】图标，即可得到如图 14-7（b）所示的模型。按照相同的办法，可得到图 14-7（c）到图 14-7（e）的效果。

（a）四等分面　　　　（b）延伸面 1　　　　（c）延伸面 2　　　（d）延伸面 3　　（e）延伸面 4

图 14-7　细分面和延伸面

也可以用编辑器左上角的【通过在画布上绘制来选择矩形区域】图标，一次性选择细分后的多个区域，然后再对其进行延伸。

4. 三角化

通过对模型的边、面或者顶点进行三角化处理，可将模型进行各种变形处理。

先选中某个模型（场景中可放置多个模型），然后选择模型编辑器上方工具栏中的【高级】→【工具】→【三角化】，再选择左侧工具栏的【更改为边选择模式】或者【更改为面选择模式】或者【更改为点选择模式】，然后选择模型中不同的边、面或者点，单击【转换】图标（或者旋转、缩放图标），即可通过拖动鼠标左键将其拉伸为各种形状，如图 14-8 所示。

图 14-8　利用三角化对模型进行变换、缩放和旋转处理

按住<Ctrl>键可同时选择面的多个分块。

5. 反转多边形绕组

通过反转多边形绕组，可得到另外一些特殊的变形效果。

选择模型编辑器上方工具栏中的【高级】→【工具】→【反转多边形绕组】，再进行与三角化类似的操作，即可得到如图 14-9 所示的形状。

图 14-9　利用反转多边形绕组对模型进行变换、缩放和旋转处理

6. 平面着色

平面着色是指将对象显示为某种颜色或者纹理。通过【属性】窗口可更改材质的颜色，或者选择图像文件作为纹理。如图 14-10 所示。

图 14-10　对对象进行着色处理

7. 其他

除了这些基本功能外，模型编辑器还有其他多种功能，这里不再逐一介绍，有兴趣的读者可自行尝试。

14.3.2　创建自定义三维模型类

通过 VS2012 的模型编辑器创建模型后，即可利用 Blend for VS2012 将其转换为 XAML 表示形式，然后再利用它创建自定义的 3D 模型库，这样可大大简化直接用 XAML 定义模型的复杂度。

基本实现思路如下。

（1）先利用模型编辑器创建模型，然后将其另存为 OBJ 文件，再用 Blend for VS2012 将 OBJ 格式的三维模型拖放到页面中，此时它就会自动生成对应的 XAML 代码。

（2）在 VS2012 中，从自动生成的 XAML 代码中抽取出 MeshGeometry3D 对象，将其保存到自定义的 XAML 资源字典中。

（3）通过 C#代码读取这些资源，即可在场景中分别控制这些对象的照相机、材料、灯光、变换和动画属性，实现对三维模型的封装处理。

1. 通过 OBJ 格式将 FBX 模型转换为 XAML

下面以创建的 model1.fbx 模型为例说明如何将 FBX 模型转换为 XAML。这种办法也适用于转换用其他专业建模工具创建的模型。

（1）创建 model1.fbx。

（2）将该模型保存到 ch14 项目 Models\model1 文件夹下。如果项目下看不到该文件，可单击【解决方案资源管理器】上方的【显示所有文件】图标，将其显示出来。

（3）在模型编辑器中，单击其上方的 model1.fbx 文件，然后选择主菜单的【文件】→【另存为】命令，将 model1.fbx 另存为 model1.obj。

（4）退出模型编辑器，在【解决方案资源管理器】中，鼠标右击 model1.obj，选择【包括到项目中】命令，将该文件包含到 ch14 项目中，同时将与该文件相关的其他文件也全部保存到与该文件相同的文件夹下。

（5）在 Models\model1 文件夹下，添加一个名为 model1Page.xaml 的页，保存后退出 VS2012。

（6）鼠标右击 ch14.sln，用 Blend for VS2012 打开该项目，然后打开 model1Page.xaml，将 model1.obj 拖放到该页面中。

经过这些步骤，在 model1Page.xaml 中即自动生成了 Viewport3D 对象，并在该对象中包含了将 OBJ 文件转换为 XAML 后的 3D 模型数据。

2. 抽取三维网格几何到 V3dLibrary 模型库中

为了多次重复使用三维模型，我们需要编写一些自定义的 3D 模型类。此时需要从转换后生成的 XAML 中将三维网格几何单独抽取出来，添加到 V3dLibrary 的资源字典中。

（1）在 V3dLibrary 项目 Models\Resources 文件夹下，添加一个 MeshModel1.xaml 的资源字典，从 model1Page.xaml 中找到 MeshGeometry3D 对象，将其复制到 MeshModel1.xaml 资源字典中。

（2）在 Models 文件夹下，添加一个名为 Model1.cs 的文件，将代码改为下面的内容。

```
public class Model1 : ModelsBase
{
    protected override MeshGeometry3D CreateMeshGeometry3D()
    {
        return this.MeshGeometryBulider("MeshModel1.xaml");
    }
}
```

经过这些步骤以后，就可以在 WPF 应用程序中重复使用 Model1 模型了。

3. 显示模型

按照本节前面介绍的办法，在 V3dLibrary 中抽取一些预定义的基本模型，这些模型都保存在 V3dLibrary 的 Models 文件夹下。下面演示如何在 WPF 应用程序中使用这些模型。

【例 14-4】 演示在 WPF 应用程序中调用 Model1 模型基本方法。运行效果如图 14-11 所示。

图 14-11　例 14-4 的运行效果

该例子完整的源程序在 Page4.xaml 中，代码如下。

```
<Page ……xmlns:t="clr-namespace:V3dLibrary;assembly=V3dLibrary" ……>
    <Grid>
        <t:V3dView Background="AliceBlue">
            <Viewport3D>
                <Viewport3D.Camera>
                    <PerspectiveCamera x:Name="myCamera"
                        Position="6,6,6" LookDirection="-6,-6,-6" UpDirection="0,1,0"/>
                </Viewport3D.Camera>
                <Viewport3D.Children>
```

```
            <t:DefaultLights/>
            <t:Model1>
                <t:Model1.Material>
                    <DiffuseMaterial>
                        <DiffuseMaterial.Brush>
                            <ImageBrush ImageSource="/images/Earth08.png"/>
                        </DiffuseMaterial.Brush>
                    </DiffuseMaterial>
                </t:Model1.Material>
            </t:Model1>
        </Viewport3D.Children>
    </Viewport3D>
    </t:V3dView>
    </Grid>
</Page>
```

14.3.3 利用三维模型库简化场景构建

有了基本模型库，我们就可以利用它来构造各种三维场景了。进一步封装后的模型都可以保存在 Models 文件夹下。

下面演示如何在 WPF 应用程序中使用这些模型。

1. 构造球体

用 XAML 实现的球体模型在 V3dLibrary 的 Models 文件夹下的 Sphere.cs 文件中。

【例 14-5】 演示在 WPF 应用程序中调用球体模型的基本用法。运行效果如图 14-12 所示。

图 14-12 例 14-5 的运行效果

该例子完整的源程序请参见 Page5.xaml，代码如下。

```
<Page ……xmlns:t="clr-namespace:V3dLibrary;assembly=V3dLibrary" ……>
    <Grid>
        <t:V3dView Background="AntiqueWhite">
            <Viewport3D Name="v1">
                <Viewport3D.Camera>
<PerspectiveCamera Position="-4,4,4" LookDirection="4,-4,-4" UpDirection="0,1,0"/>
                </Viewport3D.Camera>
                <Viewport3D.Children>
                    <t:DefaultLights/>
                    <t:Sphere>
                        <t:Sphere.Material>
                            <DiffuseMaterial>
```

```
                    <DiffuseMaterial.Brush>
                        <ImageBrush ImageSource="/images/Earth08.png"/>
                    </DiffuseMaterial.Brush>
                </DiffuseMaterial>
            </t:Sphere.Material>
        </t:Sphere>
        <t:Sphere Position="-2,0,0"/>
        <t:Sphere Position="2,0,0"/>
            </Viewport3D.Children>
        </Viewport3D>
    </t:V3dView>
    </Grid>
</Page>
```

2. 构造立方体

用 XAML 实现的立方体模型在 V3dLibrary 的 Models 文件夹下的 Box.cs 文件中。

【例 14-6】 演示立方体模型的基本用法。运行效果如图 14-13 所示。

图 14-13　例 14-6 的运行效果

该例子完整的源程序在 Page6.xaml 中，代码如下。

```
<Page …… xmlns:t="clr-namespace:V3dLibrary;assembly=V3dLibrary" >
    <Grid>
        <t:V3dView Background="AliceBlue">
            <Viewport3D>
                <Viewport3D.Camera>
<PerspectiveCamera Position="7,7,7" LookDirection="-7,-7,-7" UpDirection="0,1,0"/>
                </Viewport3D.Camera>
                <Viewport3D.Children>
                    <t:DefaultLights />
                    <t:Box>
                        <t:Box.Material>
                            <DiffuseMaterial>
                                <DiffuseMaterial.Brush>
                                    <ImageBrush ImageSource="/images/img2.jpg"/>
                                </DiffuseMaterial.Brush>
                            </DiffuseMaterial>
                        </t:Box.Material>
                    </t:Box>
                    <t:Box Position="0,0,-2"/>
                    <t:Box Position="0,0,2"/>
                    <t:Box Position="-2,0,0"/>
```

```
                <t:Box Position="2,0,0"/>
            </Viewport3D.Children>
        </Viewport3D>
    </t:V3dView>
</Grid>
</Page>
```

3. 其他基本模型

除了球体和立方体之外，在 V3dLibrary 的 Models 文件夹下还包括其他一些基本模型，当然这些模型仅仅是作为示例。当我们熟悉了三维模型的设计思路后，就可以创建任意多的模型，从而构造一个内容丰富的三维模型库。

下面通过例子说明这些模型的基本用法。

【例 14-7】　演示在 WPF 应用程序中各种基本模型的用法。运行效果如图 14-14 所示。

图 14-14　例 14-7 的运行效果

该例子完整的源程序见 Page7.xaml，代码如下。

```xml
<Page ……xmlns:t="clr-namespace:V3dLibrary;assembly=V3dLibrary" ……>
    <Grid>
        <t:V3dView Background="AntiqueWhite">
            <Viewport3D Name="v1">
                <Viewport3D.Camera>
<PerspectiveCamera Position="7,7,7" LookDirection="-7,-7,-7" UpDirection="0,1,0"/>
                </Viewport3D.Camera>
                <t:DefaultLights/>
                <ModelVisual3D>
                    <t:Cone Position="0,0,0">
                        <t:Cone.Material>
                            <MaterialGroup>
                                <DiffuseMaterial Brush="YellowGreen"/>
                                <EmissiveMaterial Brush="Red"/>
                                <SpecularMaterial Brush="Blue"/>
                            </MaterialGroup>
                        </t:Cone.Material>
                    </t:Cone>
                    <t:Disc Position="0,0,0"/>
                    <t:Cylinder Position="3.5,0,0">
                        <t:Cylinder.Material>
                            <MaterialGroup>
                                <DiffuseMaterial Brush="Yellow"/>
                                <EmissiveMaterial Brush="Red"/>
```

```
                    <SpecularMaterial Brush="Blue"/>
                </MaterialGroup>
            </t:Cylinder.Material>
        </t:Cylinder>
        <t:Teapot Position="-4.5,1,0">
            <t:Teapot.Material>
                <MaterialGroup>
                    <DiffuseMaterial Brush="Green"/>
                    <EmissiveMaterial Brush="Red"/>
                    <SpecularMaterial Brush="White"/>
                </MaterialGroup>
            </t:Teapot.Material>
        </t:Teapot>
        <t:Box Position="-4.5,0,0" />
        <t:Sphere Position="0,1.5,-2">
            <t:Sphere.Material>
                <DiffuseMaterial Brush="Red"/>
            </t:Sphere.Material>
        </t:Sphere>
        <t:Box Position="2,0,-4">
            <t:Box.Material>
    <DiffuseMaterial Brush="Green" Color="White" AmbientColor="Red" />
            </t:Box.Material>
        </t:Box>
        <t:Plane Position="-1.5,-1.4,3">
            <t:Plane.Material>
                <DiffuseMaterial>
                    <DiffuseMaterial.Brush>
                        <ImageBrush ImageSource="/images/img1.jpg"/>
                    </DiffuseMaterial.Brush>
                </DiffuseMaterial>
            </t:Plane.Material>
        </t:Plane>
    </ModelVisual3D>
</Viewport3D>
    </t:V3dView>
</Grid>
</Page>
```

14.4   对模型进行变换和动画处理

创建模型以后，虽然可以将其在场景中呈现出来，但是如果不能动态更改模型的位置、大小以及对场景中的模型进行移动、旋转等处理，这样的场景在实际项目中是没有多大用处的，所以我们还需要学习对模型或场景进行变换和动画处理的技术。

14.4.1   三维变换处理基础

在 WPF 中，每个模型都对应有一个 Transform 属性。利用该属性，即可实现对模型进行移动、缩放、旋转或调整大小等处理。

这里需要注意一点，当对模型进行三维变换时，实际上是将一个模型看作一个整体来处理的，即对模型中的所有顶点都做相应的变换，而不是只对其中的一部分顶点进行操作。这是因为模型中的顶点相互关联，而且实际的模型中可能会包括多达成千上万个的顶点，因此试图只改变其中的一部分顶点来动态修改模型的办法显然是不切实际的。

三维变换的本质是矩阵变换，在 WPF 中用 MatrixTransform3D 类来实现。矩阵运算虽然算法简单，但是由于其运算的复杂性，变换后是个什么效果很难想象出来，这也是很多人对三维技术"望而却步"的主要原因。因此，为了简化三维变换的复杂性，WPF 又提供了 TranslateTransform3D、ScaleTransform3D 和 RotateTransform3D 类，这些类都继承自抽象基类 Transform3D 类。利用从 Transform3D 继承的对象，开发人员就可以用比较容易理解的方式对三维模型进行变换处理。

1. 平移变换（TranslateTransform3D）

TranslateTransform3D 提供了沿着 OffsetX、OffsetY 和 OffsetZ 属性所指定的偏移向量来移动 Model3D 中的所有点的办法。例如立方体的一个顶点位于(2, 2 ,2)，则偏移向量(0, 1.6, 1)会将该顶点移到(2, 3.6, 3)。

2. 缩放变换（ScaleTransform3D）

ScaleTransform3D 可用于沿着指定的缩放向量，相对于中心点来更改模型的缩放比例。模型上的 X、Y 和 Z 值分别通过 ScaleX、ScaleY 和 ScaleZ 实现缩放。通过这种方式，既可以实现同时缩放，也可以分别缩放。例如只要有一个正方形的模型，就可以通过缩放将其变为长方形。

默认情况下，ScaleTransform3D 会围绕原点(0,0,0)拉伸或收缩。但是，如果要变换的模型不是在原点绘制的，由于平移和缩放处理是靠矩阵相乘来实现的，因此所得到的结果就可能不是我们想象的结果，比如让它旋转时我们想象它应该绕自身旋转，但实际上却可能绕三维坐标系的中心旋转。因此，除了 ScaleX、ScaleY 和 ScaleZ 属性以外，还需要指定缩放原点，可通过 ScaleTransform3D 的 CenterX、CenterY 和 CenterZ 属性来设置。

3. 旋转变换（RotateTransform3D）

旋转三维模型比旋转二维图形显然要复杂得多。在三维空间中，我们可能希望它围绕坐标系的中心旋转、围绕自身旋转或者围绕另一个模型旋转等。但是，即使是围绕自身旋转，由于可以朝任意方向旋转（可以理解为绕一条直线旋转，而这条直线可在三维空间中任意放置），因此实现时还需要确定"这条直线是怎么放置的"。

为了简化旋转实现的复杂性，WPF 提供了一个 Rotation3D 基类，然后用继承自该基类的扩充类实现不同的旋转变换。

（1）AxisAngleRotation3D

在 Rotation3D 派生类中，最常用的是 AxisAngleRotation3D 类，该类可以指定旋转轴和旋转角度，如果再加上旋转的中心点，就可以实现任意位置任意方向的旋转了。

旋转中心点可通过 RotateTransform3D 的 CenterX、CenterY 和 CenterZ 属性来指定。

这里再强调一遍，三维变换实际是矩阵相乘变换，而矩阵相乘不符合交换律，因此先缩放后旋转和先旋转后缩放得到的效果是不一样的。

如果希望模型绕自身旋转，还需要将模型的实际中心指定为旋转中心。由于三维几何形状通常是围绕原点建模的，因此，必须按照下面的顺序操作才可以得到预期的效果：先调整模型大小（缩放该模型），然后设置模型方向（旋转该模型），最后再将模型移到所需的位置（平移该模型）。

（2）四元数（Quaternion）

指定了旋转轴和旋转角度的旋转变换非常适用于静态变换和某些动画处理的情况（例如始终绕某个不变的轨迹重复旋转）。但是，考虑这样一种情况：先围绕 x 轴将立方体模型旋转 60°，然后再围绕 z 轴将其旋转 45°。虽然可将其描述为两个离散的仿射变换或者描述为一个矩阵变换，可按照这种方式旋转时，将很难平滑地进行动画处理。这是因为模型经过的中间位置是不确定的。为了解决这个问题，WPF 又提供了一个四元数（Point4D），利用它可在旋转的起始位置和结束位置之间计算内插值。

四元数表示三维空间中的一个轴以及围绕该轴的旋转角度。例如四元数可以表示(1,1,2)轴以及 50°的旋转角度。四元数在旋转方面的价值在于可以在旋转过程中执行合成和内插运算。

应用于一个几何形状的两个四元数的合成是指"先围绕 axis2 将几何形状旋转 rotation2°，然后再围绕 axis1 将其旋转 rotation1°"。通过使用合成运算，可以将应用于几何形状的两个旋转合成在一起，从而获得一个代表合成结果的四元数。由于四元数内插可以计算出从一个轴和方向到另一个轴和方向的平滑而又合理的路径，因此可以从原始位置到合成的四元数之间进行内插，从而实现从一个位置到另一个位置的平滑过渡，使对该变换进行的动画处理看起来自然流畅。

如果项目对三维动画的流畅性要求较高，可通过 QuaternionRotation3D 的 Rotation 属性来指定旋转目标（Quaternion）。

4. 同时应用多种变换（Transform3DGroup）

生成三维场景时，可通过 Transform3DGroup 的 Children 属性，向模型同时应用多个变换，即将多个变换组合在一起。

 将变换添加到 Children 集合中的顺序至关重要，集合中的变换是按照从第一个到最后一个的顺序依次应用变换的。

5. 三维变换基本用法举例

下面通过例子说明变换模型的基本用法。

【例 14-8】 演示对模型进行变换处理的基本用法。运行效果如图 14-15 所示。

图 14-15 例 14-8 的运行效果

该例子的源程序见 Page8.xaml，代码如下。

```
<Page ……xmlns:t="clr-namespace:V3dLibrary;assembly=V3dLibrary" ……>
    <Grid>
        <t:V3dView Background="AliceBlue" ShowCameraInfo="False" ShowHelp="True">
            <Viewport3D>
                <Viewport3D.Camera>
<PerspectiveCamera Position="6,6,6" LookDirection="-6,-6,-6" UpDirection="0,1,0"/>
                </Viewport3D.Camera>
                <ModelVisual3D>
                    <t:DefaultLights/>
                    <t:Sphere x:Name="ss">
                        <t:Sphere.Material>
```

```
                    <SpecularMaterial Brush="Green"/>
                </t:Sphere.Material>
                <t:Sphere.Transform>
                    <Transform3DGroup>
                        <ScaleTransform3D ScaleX="4" ScaleY="1" ScaleZ="4"/>
                        <RotateTransform3D>
                            <RotateTransform3D.Rotation>
                                <AxisAngleRotation3D Axis="0,1,0" Angle="0"/>
                            </RotateTransform3D.Rotation>
                        </RotateTransform3D>
        <TranslateTransform3D OffsetX="-1" OffsetY="-1" OffsetZ="-1"/>
                    </Transform3DGroup>
                </t:Sphere.Transform>
            </t:Sphere>
        </ModelVisual3D>
    </Viewport3D>
  </t:V3dView>
 </Grid>
</Page>
```

14.4.2　将三维变换封装到模型库中

从前面的例子中我们可以看到，即使是最简单的三维变换，用 XAML 实现时仍需要编写很多代码，使用非常繁琐，因此需要对其进行封装。

封装后的代码在 V3dLibrary 的 ModelsBase.cs 文件中，具体代码请读者自学。这里只介绍用C#进一步封装后，如何以非常简单的方式对模型进行三维变换处理。

【例 14-9】 演示利用模型库对模型进行变换处理的基本用法。运行效果如图 14-16 所示。

图 14-16　例 14-9 的运行效果

该例子完整的源程序见 Page9.xaml，代码如下。

```
<Page ……xmlns:t="clr-namespace:V3dLibrary;assembly=V3dLibrary" ……>
    <Grid>
        <t:V3dView Background="AntiqueWhite">
            <Viewport3D Name="v1">
                <Viewport3D.Camera>
<PerspectiveCamera Position="7,7,7" LookDirection="-7,-7,-7" UpDirection="0,1,0"/>
                </Viewport3D.Camera>
                <t:DefaultLights/>
                <ModelVisual3D>
```

```xml
<t:Cone Position="1,0,0">
    <t:Cone.Material>
        <MaterialGroup>
            <DiffuseMaterial Brush="YellowGreen"/>
            <EmissiveMaterial Brush="Red"/>
            <SpecularMaterial Brush="Blue"/>
        </MaterialGroup>
    </t:Cone.Material>
</t:Cone>
<t:Disc Position="1,0,0" Scale="2,2,2"/>
<t:Cylinder Position="3.5,0,0" Scale="0.5,0.5,0.5">
    <t:Cylinder.Material>
        <MaterialGroup>
            <DiffuseMaterial Brush="Yellow"/>
            <EmissiveMaterial Brush="Red"/>
            <SpecularMaterial Brush="Blue"/>
        </MaterialGroup>
    </t:Cylinder.Material>
</t:Cylinder>
<t:Teapot Position="-4.5,0.3,0">
    <t:Teapot.Material>
        <MaterialGroup>
            <DiffuseMaterial Brush="Green"/>
            <EmissiveMaterial Brush="Red"/>
            <SpecularMaterial Brush="White"/>
        </MaterialGroup>
    </t:Teapot.Material>
</t:Teapot>
<t:Box Position="-5,0,0" Scale="3,0.4,1" />
<t:Sphere Position="0,1.5,-2" Scale="1,1.5,1">
    <t:Sphere.Material>
        <DiffuseMaterial>
            <DiffuseMaterial.Brush>
        <LinearGradientBrush StartPoint="0,0.5" EndPoint="1,0.5">
                <LinearGradientBrush.GradientStops>
                    <GradientStop Color="LimeGreen" Offset="0" />
                    <GradientStop Color="Blue" Offset="0.25" />
                    <GradientStop Color="Red" Offset="0.75" />
                    <GradientStop Color="Yellow" Offset="1" />
                </LinearGradientBrush.GradientStops>
            </LinearGradientBrush>
            </DiffuseMaterial.Brush>
        </DiffuseMaterial>
    </t:Sphere.Material>
</t:Sphere>
<t:Box Position="2,0,-4">
    <t:Box.Material>
<DiffuseMaterial Brush="Green" Color="White" AmbientColor="Red" />
    </t:Box.Material>
</t:Box>
<t:Model1 Position="0.5,0,3" Scale="0.4,0.4,0.4">
    <t:Model1.Material>
        <MaterialGroup>
            <DiffuseMaterial Brush="YellowGreen"/>
            <EmissiveMaterial Brush="Red"/>
            <SpecularMaterial Brush="Blue"/>
```

```
                    </MaterialGroup>
                </t:Model1.Material>
            </t:Model1>
  <t:Plane Position="0,-2,0" Scale="20,1,20" RotateAxis="0,1,0" RotateAngle="65">
                <t:Plane.Material>
                    <DiffuseMaterial>
                        <DiffuseMaterial.Brush>
                            <ImageBrush ImageSource="/images/img1.jpg"/>
                        </DiffuseMaterial.Brush>
                    </DiffuseMaterial>
                </t:Plane.Material>
            </t:Plane>
        </ModelVisual3D>
    </Viewport3D>
  </t:V3dView>
 </Grid>
</Page>
```

14.4.3　对模型进行动画处理

在动画和多媒体一章中，我们已经学习了各种动画的用法，这些动画也适用于对三维模型进行处理。

既然可以对 Model3DGroup 对象及其各个模型进行变换，当然也可以将 Model3DGroup 作为一个整体向其应用一组动画，并向其中的一部分对象应用另一组动画。此外，还可以通过对场景的照明属性进行动画处理来实现各种可视化的照明变换效果。

由于三维场景中的所有对象都是 Viewport3D 的 Children，因此应用到场景中的任何动画也都可以看作是对 Viewport3D 的属性进行处理。但也正是因为这一点，可能会导致 XAML 表示的语法极为冗长，因此设计时一定要注意动画的属性路径不要弄错，否则就可能看不到希望的动画效果。

下面的代码演示了如何利用 WPF 提供的 Vector3DAnimation 对模型的旋转变换进行动画处理。

```
RotateTransform3D myRotateTransform = new RotateTransform3D(
        new AxisAngleRotation3D(new Vector3D(0, 1, 0), 1));
Vector3DAnimation myVectorAnimation = new Vector3DAnimation(new Vector3D(-1, -1, -1),
        new Duration(TimeSpan.FromMilliseconds(5000)));
myVectorAnimation.RepeatBehavior = RepeatBehavior.Forever;
```

由于照相机也是模型，因此也可以对照相机的属性进行变换和动画处理。但是，尽管我们确实可以通过改变照相机的位置或平面距离来改变场景的外观（实际上是变换整个场景的投影），可对于观察者来说，以这种方法实现的许多效果不如将变换应用于场景中模型的地点或位置更有"视觉意义"。因此，本章介绍的模型库中的 V3dView 仅仅用于观察模型。换句话说，要真正实现模型的各种变换，还需要在此基础上做更加深入的工作。

下面我们通过例子演示如何让三维模型旋转起来。

【例 14-10】演示三维动画处理的基本用法。运行效果如图 14-17 所示。单击"自转"单选按钮，椭球将自动绕自身旋转（和地球的自转相似）；单击"绕中心点旋转"，椭球将围绕中间的小立柱不停地一圈又一圈地旋转，就像地球绕太阳不停地旋转一样。

图 14-17 · 例 14-10 的运行效果

该例子完整的源程序见 Page10.xaml 及其代码隐藏类。

Page10.xaml 的代码如下。

```xml
<Page ……xmlns:t="clr-namespace:V3dLibrary;assembly=V3dLibrary" ……>
    <Page.Resources>
        <Storyboard x:Key="Storyboard1" RepeatBehavior="Forever" AutoReverse="False">
            <Rotation3DAnimationUsingKeyFrames
Storyboard.TargetProperty="(Visual3D.Transform).(Transform3DGroup.Children)[2].(Rotate
Transform3D.Rotation)" Storyboard.TargetName="ss">
                <EasingRotation3DKeyFrame KeyTime="0">
                    <EasingRotation3DKeyFrame.Value>
                        <AxisAngleRotation3D Axis="0,1,0" Angle="0"/>
                    </EasingRotation3DKeyFrame.Value>
                </EasingRotation3DKeyFrame>
                <EasingRotation3DKeyFrame KeyTime="0:0:1">
                    <EasingRotation3DKeyFrame.Value>
                        <AxisAngleRotation3D Axis="0,1,0" Angle="90"/>
                    </EasingRotation3DKeyFrame.Value>
                </EasingRotation3DKeyFrame>
                <EasingRotation3DKeyFrame KeyTime="0:0:2">
                    <EasingRotation3DKeyFrame.Value>
                        <AxisAngleRotation3D Axis="0,1,0" Angle="180"/>
                    </EasingRotation3DKeyFrame.Value>
                </EasingRotation3DKeyFrame>
                <EasingRotation3DKeyFrame KeyTime="0:0:3">
                    <EasingRotation3DKeyFrame.Value>
                        <AxisAngleRotation3D Axis="0,1,0" Angle="270"/>
                    </EasingRotation3DKeyFrame.Value>
                </EasingRotation3DKeyFrame>
                <EasingRotation3DKeyFrame KeyTime="0:0:4">
                    <EasingRotation3DKeyFrame.Value>
                        <AxisAngleRotation3D Axis="0,1,0" Angle="360"/>
                    </EasingRotation3DKeyFrame.Value>
                </EasingRotation3DKeyFrame>
            </Rotation3DAnimationUsingKeyFrames>
        </Storyboard>
    </Page.Resources>
    <Page.Triggers>
        <EventTrigger RoutedEvent="RadioButton.Checked">
            <BeginStoryboard Storyboard="{StaticResource Storyboard1}"/>
        </EventTrigger>
    </Page.Triggers>
```

```
<Grid>
    <t:V3dView Background="AliceBlue" ShowCameraInfo="False" ShowHelp="True">
        <Viewport3D>
            <Viewport3D.Camera>
                <PerspectiveCamera Position="15,15,15" LookDirection="-15,-15,-15"
                    UpDirection="0,1,0" />
            </Viewport3D.Camera>
            <ModelVisual3D>
                <t:DefaultLights/>
                <t:Cylinder Position="1,0,0"/>
                <t:Box Position="-4,1,1" Scale="0.5 5 0.5" RotateAngle="40">
                    <t:Box.Material>
                        <DiffuseMaterial Brush="Green" Color="White"
                            AmbientColor="Yellow"/>
                    </t:Box.Material>
                </t:Box>
                <t:Sphere x:Name="ss" Position="-4,1,1" Scale="2,2,4"
                    RotateAxis="-3,1,1" RotateAngle="30"
                    RotateCenter="1,0,0" Transform3dMode="RotateBySelf"/>
            </ModelVisual3D>
        </Viewport3D>
    </t:V3dView>
    <StackPanel HorizontalAlignment="Right" Width="110" Margin="20"
        VerticalAlignment="Top" Background="BlanchedAlmond" >
        <RadioButton Name="r1" Margin="5 5 0 0" Content="自转"
            Checked="RadioButton_Checked"/>
        <RadioButton Name="r2" Margin="5 5 0 0" Content="绕中心点旋转"
            Checked="RadioButton_Checked"/>
    </StackPanel>
</Grid>
</Page>
```

Page10.xaml.cs 的主要代码如下。

```
private void RadioButton_Checked(object sender, RoutedEventArgs e)
{
    if (((RadioButton)sender).Name == "r1")
        ss.Transform3dMode = V3dLibrary.Transform3DTransMode.RotateBySelf;
    else
        ss.Transform3dMode = V3dLibrary.Transform3DTransMode.RotateAroundCenter;
}
```

到这里为止，本书已经基本涵盖了 WPF 的大部分基础知识。实际上，WPF 涉及的技术非常多，但其他各种高级功能都是以这些知识为基础的。相信读者掌握了这些基本知识后，一定能很快开发出令人耳目一新的三维程序。

习　题

1. 在 WPF 应用程序中，常用的照相机类型有哪些？
2. WPF 提供的光照类型有哪些？
3. WPF 提供的从 Material 继承的类有哪些？

为了让学生能充分利用上机时间，本附录提供了多个上机练习题，学生可根据自己对所学内容的熟悉情况，自主选择一个或多个题目去练习。不同学生练习的题目数可以不相同。

A.1　上机练习要求

源程序和调试记录是学生平时上机成绩的依据，不需要学生再写纸质的实验报告，但对上机调试成功的题目数有要求。

每周上机 2 小时：要求每两章至少调试成功 1 个题目。

每周上机 4 小时：要求每两章至少调试成功 2 个题目。

1. 分组

按学号顺序，每 5 人为 1 个学习合作小组，最后一组少于 5 人时既可以合并到其他小组中，也可以单独作为一组。

开学时每组推荐一个组长，班长或学习委员统计后，在点名册的姓名前标注"组长"字样，然后将点名册交给实验指导教师一份，班长或学习委员自己保留一份。

也可以由学习委员按另一种方式统一分组，但不论采用哪种分组方式，一旦小组确定后，学期中间不准再自行调整分组。

2. 学生上机练习和记录

（1）解决方案名命名规定

每人整个学期的所有上机练习都放到同一个解决方案中，解决方案以"A+学号+姓名拼音缩写"命名，例如保存解决方案后张三雨的解决方案名为：A02100301zsy.sln。

（2）项目名命名规定

上机练习时，每个练习题的项目都以"LX+2 位的上机起始次数+2 位的练习题序号"命名，例如第 3 次上机创建的上机练习题项目为第 1 题，则项目名为：LX0301。

（3）调试记录规定

要求每个项目中都包含一个 Record 文件夹，在该文件夹下用文本文件（.txt）保存一个上机调试记录，文本文件以"姓名+2 位的起始周数"命名。例如：张三雨 03.txt，表示本项目为第 3 周上机练习时创建的项目。

调试记录中应说明题目序号、开始调试时间（年月日）、调试通过时间（年月日）、遇到的问题和解决办法（没有就写"无"）、其他说明（没有就写"无"）。

如果该项目本次调试不成功，下次可继续调试，文本文件名不需要修改。

3. 学生源程序提交

学生每三周都要向各组组长提交一次这三周内本人上机调试的所有源程序，组长将源程序以组为单位压缩到一个扩展名为.rar 的文件中，压缩文件用"T_组号_上机起止周序号_组长姓名拼音首字母"命名。例如：T01_0103_zsy.rar，表示第 1 组第 1 周到第 3 周张三雨小组所有成员的全部源程序。

组长收集后统一将压缩文件上传到指定的 FPT 上，或者下次上机时复制到实验指导教师的 U 盘上。

4. 教师指导和问题综合

教师要将各组每次提交的电子版完整保存下来，期末一块刻到光盘中存档。该存档记录将作为教师给学生平时上机练习的成绩打分依据。

教师根据学生每次提交的源程序和记录情况，给学生本阶段成果打分，并将成绩保存到 Excel 表中，同时将学生遇到的问题综合到一个 Word 文档中，以备下次上机时和学生当面指导解决办法。

学期结束时，将平时成绩原始记录（Excel 表）打印出来，同时将平时成绩的电子版随学生源程序一块刻盘存档。

5. 教师抽查

教师在学生上机练习过程中，可随时抽查学生，让学生当面介绍和演示某个已经练习过的练习题调试和运行的情况，查看学生提交的阶段成果是否真实。

A.2 第 1 章和第 2 章上机练习

本节上机练习的目标是熟悉 WinForm 应用程序和控制台应用程序的基本设计方法，以及 C#基本数据类型和流程控制语句的基本用法。

A.2.1 密码输入和显示练习（WinForm）

编写一个 Windows 窗体应用程序，界面中有 1 个 Label、2 个 TextBox、1 个 CheckBox 和一个 Panel。第 1 个文本框用于让用户输入密码，第 2 个文本框用于显示密码；复选框用于让用户选择是否立即显示输入的密码。如果用户选中"显示密码"，则每当用户在密码文本框中输入一个字母，在另一个文本框中立即将输入的密码显示出来。运行效果如图 A2-1 所示。

图 A2-1 用户密码输入显示

A.2.2 简单计算器设计练习（WinForm）

编写一个 Windows 窗体应用程序，实现如图 A2-2 所示的简单计算器，具体要求如下。

（1）文本框内容居中，且用户不能修改运算结果。

（2）当用户选择不同的运算类型时，下方 GroupBox 的标题自动与所选运算类型相对应，且文本框中的数字立即清空。

（3）单击【计算】按钮时，如果文本框输入的内容非法，结果文本框显示问号。

图 A2-2　简单计算器

A.2.3　字符提取和整数整除练习（Console）

用控制台应用程序实现下列功能：从键盘接收一个大于 100 的整数，然后分别输出该整数每一位的值，并输出这些位相加的结果。要求分别用字符提取法和整数整除法实现。字符提取法是指先将整数转换为字符串，然后依次取字符串中的每个字符，再将每个字符转换为整数求和。整数整除法是指利用取整和求余数的办法求每一位的值，再求这些位的和。

程序运行效果如图 A2-3 所示。

图 A2-3　字符提取和整数整除

A.2.4　数组排序和计算练习（Console）

编写控制台应用程序实现下列功能：从键盘接收一行用逗号分隔的 5 个整数值，将这 5 个数保存到一个具有 5 个元素的一维数组中，然后分别输出正序和逆序排序的结果，并输出数组中元素的平均值和最大值，平均值保留小数点后 1 位。

要求当输入非法数值时，提示重新输入；当直接按回车键时结束循环、退出程序。运行效果如图 A2-4 所示。

图 A2-4　数组排序和计算

A.3　第 3 章和第 4 章上机练习

本节上机练习的目标是熟悉类、属性、方法和事件的基本用法。

A.3.1　类及其属性和方法的实现练习（WinForm）

编写一个 Windows 窗体应用程序，实现以下功能。

（1）定义一个 CourseInfo 类，该类包含以下成员。

- 具有 CourseName（课程名）、CourseTime（开课时间）、BookName（书名）、Price（定价）4 个属性，其中开课时间为枚举值（秋季、春季）。
- 具有一个静态变量 Counter，每创建一个 Course 实例，该变量值自动加 1。
- 提供无参构造函数和带参的构造函数，在构造函数中设置相应的属性值。
- 提供一个 Print 方法，显示该实例的 4 个属性值。

（2）在主窗体的代码实现中，分别创建 CourseInfo 实例，测试类中提供的功能，并将结果在 ListBox 中显示出来。

程序运行效果如图 A3-1 所示。

图 A3-1　类及其属性和方法的实现练习

A.3.2　定时器和随机数练习（WinForm）

编写 Windows 窗体应用程序实现以下功能：定义一个 RandomHelp 类，该类提供一个静态的 GetIntRandomNumber 方法、一个静态的 GetDoubleRandomNumber 方法。

在主窗体中，让用户指定随机数范围，当用户单击【开始】按钮时，启动定时器，在定时器事件中调用 RandomHelp 类中的静态方法生成随机数，并在窗体上显示出来。当用户单击【停止】按钮时，停止定时器，然后用比原字体大一号的字体显示最后生成的随机数。

程序运行效果如图 A3-2 所示。

图 A3-2　定时器和随机数

A.4 第5章和第6章上机练习

本节上机练习的目标是熟悉泛型、LINQ以及文本文件读写的基本用法。

A.4.1 泛型和LINQ练习（WinForm）

编写一个Windows窗体应用程序，完成下列功能。

（1）定义一个Person类。

- 类中包含姓名、年龄、手机号码3个属性值，年龄范围在15～130之间，手机号码为11位。
- 类中仅包含默认的无参构造函数。
- 为Person类添加一个Print方法，在一行内输出实例的3个属性值。

（2）在主窗体的代码实现中，定义一个Person类的泛型列表并赋初值，然后循环用LINQ分别查询用户指定的查询信息，并将查询结果显示出来。

程序运行效果如图A4-1所示。

图A4-1 泛型和LINQ练习

A.4.2 文本文件读写练习（WinForm）

编写一个Windows窗体应用程序，实现图A4-2所示的功能。

图A4-2 文本文件读写

（1）文件选择：用户可在文本框中输入文件路径，输入完毕后，程序判断文本文件是否存在，如果不存在弹出对话框提示用户；用户也可以通过【浏览】按钮用浏览文件夹的方式选择某一文件，选定文件后，文件路径显示在文本框中。

（2）文件操作：当文件路径不为空时，若用户单击【读取文件】按钮，可将文本文件内容读取到窗体左侧的 TextBox 中，让用户修改其内容。用户单击【保存文件】按钮，可将当前 TextBox 中的文本保存回原文件，同时清空 TextBox 中的内容。

A.5　第 7 章和第 8 章上机练习

本节上机练习的目标是熟悉 WPF 控件的基本用法。

A.5.1　用户登录练习（WPF）

编写一个 WPF 应用程序，实现以下功能。

（1）设计一个登录界面，其中可让用户输入用户名、密码，并选择登录的用户类型，如图 A5-1（a）所示。用户类型有两种：管理员（正确密码为"123abc"）和一般用户（正确密码为"abcabc"）。当用户单击登录界面中的【确定】按钮时，判断登录密码是否正确，如果密码正确，登录窗口自动消失，然后显示主窗口界面；如果密码不正确，在其右侧闪烁错误图标，让其重新登录；如果三次登录都失败，直接退出程序。

当用户在登录界面中单击【取消】按钮时，直接退出程序。

（2）在主窗体中，实现如图 A5-1（b）所示的功能。当用户单击【自动填写文本框】按钮时，自动给文本框填充一些非空字符串值；当用户输入主界面中的文本框信息后，将这些信息按自定义的格式保存到一个字符串变量中，并在用户单击【弹出对话框】按钮时，用 MessageBox 显示该字符串；当用户单击【弹出新窗体】按钮时，弹出一个自定义的窗口，将字符串拆分为数组，用 Label 分别显示数组中的每一部分。

（a）登录界面

（b）主窗体

图 A5-1　用户登录

A.5.2　控件基本功能练习（WPF）

编写一个 WPF 应用程序，实现下列功能。

（1）设计一个名为 ClicksCounter.xaml 的窗口，窗口上有一个文本框、一个按钮。每当用户单击按钮时，文本框都会增加一行文字来反映按钮单击的次数，如"第 3 次单击按钮"。

（2）设计一个名为 MoveTesting.xaml 的窗口，让一个带边框的文本字符串按照按钮操作上、下、左、右移动。

（3）设计一个如图 A5-2 所示的字体大小和颜色测试器，通过按钮控制标签中文本的字体大小和前景色。具体要求如下。

- 单击【确定】按钮，可将文本框中的文字添加到标签控件中。
- 标签中的字体大小可按"小、中、大"三种形式切换，初始状态下字体为"小"，且"缩小字体"按钮不可用，每单击一次【增大字体】按钮，可使字体增大一号，当字体增大到预定的大小时，【增大字体】按钮不可用。【缩小字体】的规定和【增大字体】的规定相似，区别只是每单击一次字体减小一号。
- 单击【改变字体颜色】按钮，可使标签中的字体颜色随机改变。

图 A5-2　字体大小调整

（4）在主窗口中显示以上功能让用户选择，并根据用户的选择弹出相应的窗口。

A.5.3　按钮外观设计练习（WPF）

根据图 A5-3 所示界面中的按钮外观实现类似于播放器控制按钮组。

图 A5-3　按钮外观设计

A.5.4　三角形和矩形显示练习（WPF）

编写一个 WPF 应用程序，实现下列功能。

（1）定义一个抽象类 MyShape，类中包含一个抽象方法 Area。

（2）定义一个 MyTriangle 类（三角形类），并让其继承 MyShape 类。

- MyTriangle 类中包括三个数据成员：两条边长，和这两条边的夹角。
- 在 MyTriangle 类中定义布尔类型属性值 IsEquilateralTriangle（是否为等边三角形）。
- 在 MyTriangle 类中实现父类 MyShape 的 Area 方法（计算并输出三角形的面积）。

（3）定义一个 MyRectangle 类（矩形类），让其继承 MyShape 类。

- MyRectangle 类中包含两个数据成员：长和宽。

- MyRectangle 类中包含两个方法的实现：一是父类抽象方法 Area，用于计算并输出矩形的面积；二是 Perimeter 方法，用于计算矩形的周长。

（4）根据图 A5-4 所示界面实现如下功能。

- 显示三角形，输出三角形的面积，并判断三角形是否为等边三角形。

- 显示矩形，输出矩形的面积和周长，并判断该矩形是否为正方形。

图 A5-4　三角形和矩形显示练习

A.5.5　调色板设计练习（WPF）

编写一个 WPF 应用程序，运行效果如图 A5-5 所示。

图 A5-5　调色板

（1）调色板区域的背景色由 Color.FromArgb 方法获得，该方法的参数既可以从右侧的文本框获取，也可以从下方的 trackBar 获取。

（2）当修改文本框的值时，trackBar 的滑块也自动做相应的移动。另外，要求 4 个文本框的取值都在 0～255 之间，若用户输入错误，则弹出对话框提示。

（3）当 trackBar 滑动时，文本框的值也随之发生相应的变化。

A.5.6　数学测验过关小游戏（WPF）

编写一个 WPF 应用程序，设计一个计时的数学测验游戏。在该游戏中，玩家必须在规定的时间内回答 4 道随机的加减乘除数学计算题。如果在规定的时间内正确回答 4 道随机出现的题目答案，弹出对话框显示"恭喜，过关成功。"，否则弹出对话框显示"过关失败，请继续努力！"。程序主界面如图 A5-6 所示。

图 A5-6　数学测验过关小游戏主界面

A.5.7　自助型存款计算器（WPF）

编写一个 WPF 应用程序，为客户提供一个自助型定期存款计算器，让客户自主计算银行存款本息到期金额结算的结果。程序运行效果如图 A5-7 所示。

图 A5-7　自助型存款计算器

当用户输入存款金额及相应信息，单击【计算】按钮后，程序能自动在【到期结算总额】中显示到期应得的本金和利息合计总金额。如果输入内容不符合要求，在其单击【计算】按钮时弹出对话框显示错误信息。

结算具体要求如下。

（1）初始存款金额不能低于 100 元，否则不进行计算并弹出对话框显示相应的提示信息。

（2）用下拉框显示利息计算方式，下拉框提供"按月计息"、"按季度计息"和"按年计息"3 种选项。

按月计息是指每月计算一次应得的利息，并将应得的利息作为新存款，自动添加到用户的现有存款金额中。例如，存款人第一次存入金额 1 000 元，年利率为 2%，则第一个月的利息为 $1\,000 \times (0.02 \div 12)$ 元，第二个月的利息为（1 000+第一个月的利息）$\times (0.02 \div 12)$ 元，依次类推。

按季度计息是指每季度计算一次应得的利息，并将应得的利息作为新存款添加到用户存款金额中。例如，存款人第一次存入金额 1 000 元，年利率为 2%，则第一个季度的利息为 $1\,000 \times (0.02 \div 4)$ 元，第二个季度的利息为（1 000+第一个季度的利息）×(0.02 ÷ 4)元，依次类推。

按年计息是指每年计算一次应得的利息，并将应得的利息作为新存款添加到用户存款金额中。例如，存款人第一次存入金额 100 元，年利率为 2%，则

第一年的利息 x_1：100×0.02 元。第一年结算余额 y_1：$100+x_1$

第二年的利息 x_2：$y_1 \times 0.02$ 元。第二年结算余额 y_2：y_1+x_2

第三年的利息 x_3：$y_2 \times 0.02$ 元。第三年结算余额 y_3：y_2+x_3

……

（3）到期结算的总金额四舍五入到小数点后两位。

A.6　第 9 章和第 10 章上机练习

本节上机练习的目标是熟悉 WPF 样式设置和动画设计的基本用法。

A.6.1　样式定义和应用练习

创建一个 WPF 应用程序，界面上有两行内容，每一行都由按钮和文本框两个控件横向排列而成。要求在窗体内用隐式样式定义第 1 行控件的样式，在 App.xaml 中定义第 2 行控件的样式，而且这两行控件显示的样式不一样。程序运行效果如图 A6-1 所示。

图 A6-1　样式定义练习

A.6.2　垂直柱状图动画练习（WPF）

编写一个 WPF 应用程序，在 TextBox 中输入仅由大写字母 A ~ G 组成的字符串，然后用垂直柱状图从 A 到 G 依次动画显示每个大写字母出现的次数，动画效果是从 A 到 G 的每个柱子依次在 2 秒内从低到高逐渐增大。程序运行效果如图 A6-2 所示。

图 A6-2　垂直柱状图动画显示

A.6.3　WPF 计算器设计（WPF）

编写一个 WPF 应用程序，实现如图 A6-3 所示的 WPF 计算器。要求只计算两个数的加减乘除和求余数计算，而且单击每个数字按键时，动画显示按键的效果。

图 A6-3　WPF 计算器

A.7　第 11 章和第 12 章上机练习

本节上机练习的目标是熟悉 WPF 数据验证和数据库应用设计的基本用法。

A.7.1　数据验证练习（WPF）

编写一个 WPF 应用程序，设计类似图 A7-1 所示的界面，单击按钮显示 20 个 500 以内的随机数，并利用数据绑定显示其最小值、平均值和最大值。最小值作为红色分量、平均值作为绿色分量、最大值作为蓝色分量，要求对颜色的取值范围（0 到 255）进行验证，当取值范围超过规定的范围时，用红色框将非法范围标注出来。

图 A7-1　数据验证

A.7.2　数据库设计练习（WPF）

编写一个 WPF 应用程序，实现下列功能。

（1）在项目中添加一个名为 MyTestDb 的 SQL Server 2012 LocalDB 数据库，并按照表 A7-1、表 A7-2 和表 A7-3 建立表数据。

表 A7-1 专业编码对照表（Subject）

编　　码	名　　称
01	网络工程
02	软件工程
03	计算机科学与技术

表 A7-2 学生基本情况表（Student）

学号	姓名	性别	出生日期	专业编码	宿舍号	照片
13001001	张三雨	男	1990-5-4	01	1-202	
13001002	李四平	男	1990-6-1	01	1-202	
13001003	王五生	男	1989-7-1	03	1-202	
13001004	赵六博	男	1989-7-7	03	1-202	
13001005	武松燕	女	1990-8-1	03	2-203	
13001006	刘虎欣	女	1990-9-10	02	2-203	

表 A7-3 宿舍情况表（Dormitory）

宿舍号	人数上限	所属院系	成员数
1-202	4	计算机	4
2-203	4	计算机	2

（2）在项目中添加实体数据模型 MyTestDbModel。

（3）程序运行后，自动显示学生入住信息一览表和空余床位一览表，如图 A7-2 所示。

图 A7-2 数据库设计练习

A.8 第 13 章和第 14 章上机练习

本节上机练习的目标是熟悉二维图形图像和三维设计的基本用法。

A.8.1 简易 GIF 生成器练习（WPF）

编写一个 WPF 应用程序，实现图 A8-1 中所示的功能。

（1）单击【浏览...】按钮可选择一幅.jpg格式的图像并将其显示在界面中。

（2）可以通过按钮对选中的图进行灰度变换、旋转等操作。

（3）每次处理的结果都依次显示在图中下方的区域中。

（4）单击【生成GIF】按钮，可将下方产生的若干图像逐帧生成一个GIF格式的文件并保存到指定位置。

图 A8-1　简易 GIF 生成器

A.8.2　三维设计练习（WPF）

编写一个WPF应用程序，实现下列功能。

（1）利用VS2012自带的模型编辑器创建一个三维场景，并将其转换为XAML文件。

（2）在主窗体中将该场景显示出来，要求可通过鼠标操作旋转、缩放三维场景。

程序运行效果如图A8-2所示。

图 A8-2　三维设计练习

附录 B
综合实验

综合实验是对本书知识的综合应用，该实验贯穿整个课程环节，要求按上机练习的分组（每 5 人组成一个小组）共同合作完成。小组负责人负责整个系统的任务分配、模块划分、设计进度以及小组间的组织协调。学期结束前，各小组运行演示本组设计的成果，并介绍本组实现的特色。

为了使综合实验更容易些，本实验的源程序给出了实现程序的基本框架，小组成员可先读懂程序框架，然后按照系统功能要求逐一实现程序框架中没有实现的内容，并在此基础上对系统功能进行扩展。

B.1 系统功能要求

用 WPF 实现一个简易银行管理系统。系统至少要实现存款取款、汇总查询、职员管理、利率设置、辅助功能和帮助等模块。

1. 存款取款模块基本要求

存款取款业务要求至少提供活期存款、定期存款和零存整取三种类型。

（1）活期存款规定

活期存款 100 元起存，利率可调整（默认为 0.03%），每次存款时直接进行利息结算。利息结算方式为：

$$本次利息 = 本次存款金额 \times 利率$$

（2）定期存款规定

定期存款仅要求一次性存款、一次性取款，100 元起存，利率可调整，期限规定为只提供 1 年、3 年和 5 年三种定期。三种到期利率默认分别为 0.1%、0.3% 和 0.5%，如果到期后客户没有取款，超出存款期限部分的利率按 0.03% 计算。如果客户提前取款，取款时利率全部按 0.02% 计算。

利息结算方式如下。

到期利息 = 定期利率 × 存款金额

超期利息 = （存款金额 + 到期利息） × 超期利率

（3）零存整取规定

零存整取要求每月都必须存固定的金额，5 元起存，一次取款，利率可调整。存款期限规定为只提供 1 年、3 年和 5 年三种，到期利率默认分别为 0.05%、0.1% 和 0.3%，如果到期后客户没有取款，超出存款期限部分的利率按 0.025% 计算。如果客户没有按规定存款，取款时利率全部按 0.015% 计算。

利息结算方式如下。

到期利息 = 到期利率 × 每月固定金额 × 月数

超期利息 = （总存款金额 + 到期利息） × 超期利率

2. 其他模块基本要求

要求数据库采用 SQL Server 2012 Express LocalDB，用 ADO.NET 实体数据模型实现数据访问操作。

汇总查询模块要求至少实现当日汇总和存款查询功能。其中当日汇总功能可显示当日发生的所有金额收入和支出情况。存款查询功能要求能按身份证号查询该客户的所有类型的存款信息，并将其身份证号、姓名、性别、账号、存款类型和余额以表格的形式显示出来。

职员管理模块要求至少实现职员基本信息管理以及工资调整功能。

利率设置模块要求实现各种存款类型的利率修改功能。

辅助功能模块要求至少实现更改操作员密码和更改客户密码功能。不仅允许操作员修改自己的登录密码，也允许操作员修改指定客户的取款密码。

帮助模块要求提供系统操作帮助。

小组完成规定的功能后，如果时间允许，还可以进一步扩展系统功能，例如教育助学贷款服务、企业贷款服务、个人贷款服务、银行挂失服务、学生短期借款服务等。

B.2　成　果　提　交

系统设计完成后，要求以组为单位提供以下成果。

（1）每组提交一套电子版简易设计说明书和一套完整的源代码。

（2）每组提交一份纸质的说明书打印版。封皮包括课程名称、年级班级、指导教师姓名、小组负责人学号姓名以及本组其他人员的学号姓名。内容包括系统功能说明、小组人员分工、系统设计流程、数据库结构、操作步骤和页面运行截图。